教育部职业教育与成人教育司推荐教材

职业教育电力技术类专业教学用书

# 维修电工技能训练

主　编　李高明

副主编　杨金桃　宋美清

编　写　陈静　杨尧　陈威

主　审　谭绍琼　陈莉

中国电力出版社

CHINA ELECTRIC POWER PRESS

## 内 容 提 要

本书为教育部职业教育与成人教育司推荐教材。本书主要内容包括：维修电工安全知识与训练、维修电工基本技能训练、常用电工仪表技能训练、常用低压电器技能训练、变压器与电动机维修技能训练、电力拖动与电气控制电路安装技能训练、配电线路施工技能训练等内容。全书内容丰富，论述深入浅出，实用性强。本书重在维修电工实用技术的传授和动手能力的培养，突出技能操作训练，提高读者在实践中分析和解决问题的能力。

本书既可作为高职高专、技师学院、高级技工学校的教学用书，也可作为职业资格和岗位技能培训、电工技术培训用书。

**图书在版编目(CIP)数据**

维修电工技能训练/李高明主编；陈静，杨尧，陈威编写．—北京：中国电力出版社，2007.10（2020.1重印）
教育部职业教育与成人教育司推荐教材
ISBN 978-7-5083-5573-3

Ⅰ．维…　Ⅱ．①李…　②陈…　③杨…　④陈…　Ⅲ．电工-维修-高等学校：技术学校-教材　Ⅳ．TM07

中国版本图书馆 CIP 数据核字(2007)第 103180 号

中国电力出版社出版、发行
(北京市东城区北京站西街 19 号　100005　http://www.cepp.sgcc.com.cn)
三河市航远印刷有限公司印刷
各地新华书店经售

\*

2007 年 10 月第一版　2020 年 1 月北京第六次印刷
787 毫米×1092 毫米　16 开本　22 印张　458 千字
定价 **45.00** 元

# 前　言

本书是教育部职业教育与成人教育司推荐教材，是根据教育部审定的电力技术类专业主干课程的教学大纲编写而成，并列入教育部《2004～2007年职业教育教材开发编写计划》。本书经中国电力教育协会和中国电力出版社组织专家评审，同意列为全国电力高等职业教育规划教材，作为高等职业教育电力技术类专业教学用书。

本书的编写本着"理论够用，重在应用"的原则，力求突出以操作工艺为主线，对学生进行规范化的工程技能训练的思想，在内容上注意了广泛性、科学性和实用性，从工程实际的角度，培养学生的动手能力、分析和解决实际问题的能力。要求学生通过维修电工的技能训练，掌握安全用电的知识、模拟现场电击急救的方法、剩余电流动作保护装置的安装方法、常用电工工具和电工仪器仪表的使用方法、电气施工识图和屋内配线的方法、常用低压电器的使用、电力变压器的检查与安装、电动机运行的控制与检修、配电线路的施工与维护方法等内容。本书在内容上注重结合电力行业相关工种规程，突出技能训练，并详细列出各项技能的操作步骤、相关知识、应具有的正确态度、必需的资源（工器具、设备、材料）以及评价标准。通过本书的学习，能掌握初、中、高级维修电工应会的基本理论与技能，达到技术考核标准的要求。

全书共分七章，由长沙电力职业技术学院（湖南省电力培训中心）李高明担任主编，山西电力职业技术学院杨金桃、福州电力高级技工学校（福建电力培训中心）宋美清担任副主编。参加本书编写工作的有：李高明（第一章、第二章及前言等部分），湖南省岳阳电业局变电所陈静（第三章、第四章），长沙电力职业技术学院杨尧（第五章、第六章），湖南省岳阳电业局变电修试所陈威（第七章）。

本书由山西电力职业技术学院谭绍琼长沙电力职业技术学院陈莉承担主审工作，她们认真负责地审阅了书稿，并提出许多宝贵意见和建议。在本书的编写过程中，得到了长沙电力职业技术学院（湖南省电力培训中心）、山西电力职业技术学院、福州电力高级技工学校、湖南省岳阳电业局和很多个人的大力支持，在此一并表示衷心的感谢。

由于编者水平有限，书中难免有疏漏和不妥之处，敬请读者提出宝贵意见。

编者

2007 年 3 月

# 目　录

# 第一章

# 维修电工安全知识与技能训练

电力安全包括人身安全和设备安全两个方面。本章主要讲述电击的危害、形式、保证安全的组织措施和技术措施，剩余电流保护装置的安装、运行、维护，电击急救的操作方法等内容。

## 第一节　电力安全与电击预防的措施

### 一、安全电压

凡对地电压大于 1000V 及以上者称为高压电，如 10、35kV 等。凡对地电压为 1000V 以下者称为低压电，如 220/380V。

安全电压，是指为了防止电击事故而采用特定电源供电的电压系列。我国确定的安全电压标准是 42、36、24、12、6V。

### 二、电流对人体的伤害

电对人体的伤害有电击、电伤两种。电击是电流通过人体内部所造成的伤害，所以也称内伤。电伤也叫电灼伤，是一种外伤，包括电弧灼伤、电烙印、皮肤金属化及电伤引起的跌伤、骨折等二次伤害。

电流通过人体内部，对人体伤害的严重程度与多种因素有关，见表 1-1。

表 1-1　　　　　　　　　　　　　　　　电流对人体的影响

| 序号 | 对人体影响的因素 | | 对人体影响的程度 | 说　　明 |
|---|---|---|---|---|
| 1 | 电流的大小 | 感知电流 | 接触部位有微麻和刺痛感觉 | 约 0.6～1.5mA |
| | | 摆脱电流 | 肌肉痉挛、接触部位有剧疼感 | 男性 16mA，女性 10.5mA |
| | | 致命电流 | 呼吸麻痹，3s 以上心脏停跳 | 约 50mA 以上 |
| 2 | 电压的高低 | | 电压愈高，危险性愈大 | 电压升高，人体电阻下降，电流增大 |
| 3 | 电击时间 | | 时间越长，伤害程度越严重 | |
| 4 | 电流通过人体途径 | 流过心脏 | 心室颤动、心脏停跳 | 如因电击导致痉挛而摔倒，将使电流通过全身或摔伤、坠落等二次伤害发生 |
| | | 流过头部 | 立即昏迷、大脑损害严重 | |
| | | 一只脚到另一只脚 | 较危险的电流途径 | |
| | | 右手到脚 | 较危险的电流途径 | |
| | | 一只手到另一只手 | 危险的电流途径 | |
| | | 左手到胸 | 最危险的电流途径 | |
| 5 | 电流种类 | 50Hz 交流电 | 比直流电的危险性要大 3～4 倍 | 电压在 250～300V 以内时 |
| 6 | 人体状况 | 心脏病等 | 伤害程度比较严重 | 身体健康状况、精神状况不佳同样 |

### 三、常见电气事故

**1. 常见电气事故的分类**

电气事故按发生灾害的形式，可以分为人身事故、设备事故、电气火灾和爆炸事故等；按事故的严重性，可以分为特大事故、重大事故、一般事故等；按伤害的程度，可以分为死亡、重伤、轻伤三种。

**2. 常见的电击方式**

常见的电击方式见表1-2。

表 1-2 常见的电击方式

| 序号 | 电击方式 | 示 意 图 | 说 明 |
|------|---------|---------|------|
| 1 | 单相电击 | | 当人体的某一部位碰到相线或绝缘性能不好的电气设备外壳时，电流由相线经人体流入大地的电击，称单相电击 |
| 2 | 两相电击 | | 当人体的不同部位分别接触到同一电源的两根不同相位的相线，电流从一根相线经人体流入另一根相线的电击，叫两相电击 |
| 3 | 跨步电压电击 | | 当电气设备发生接地故障时，人在接地电流入地点周围行走时，其双脚将处于不同电位圈上，两脚间（一般人的跨步距离为0.8m）的电位差称为跨步电压。人体因承受跨步电压作用而导致电击称为跨步电压电击，人距电流入地点越近，其跨步电压越高 |

**3. 电击事故的一般规律**

(1) 季节性，一般是在6~9月为电击事故多发季节；

(2) 低压设备电击事故多；

(3) 携带式和移动式设备电击事故多；

(4) 电气触头及连接部位电击事故多；

(5) 农村用电、冶金、矿山、机械行业电击事故多；

(6) 中、青年及非电工电击事故多；

(7) 错误操作时电击事故多。

### 四、常用的预防电击措施

**(一) 安全用电的措施**

安全用电的措施见表1-3。

**表 1-3** 　　　　　　　　　　　安全用电措施

| 序号 | 示意图 | 说明 | 序号 | 示意图 | 说明 |
|---|---|---|---|---|---|
| 1 | | 不准采用"一线一地"制 | 5 | | 不准乱拉电线 |
| 2 | | 不准使用绝缘层已损坏的电器 | 6 | 接电冰箱　接洗衣机　接电炉 | 不准在插头上接过多或功率过大的用电设备 |
| 3 | 要用电源主控制开关 | 不准私拉乱接电线 | 7 | 熔丝 | 不准用铜丝做熔断器（熔丝） |
| 4 | | 未切断电源，不准对电气设备进行打扫 | 8 | 接地线　接地体　接地干线 | （1）对电气设备要做良好的接地保护<br>（2）对重要电气设备要设置明显的双接地保护 |

（二）从事电气工作安全措施

（1）绝缘保护：采取某种措施将带电部分包封在绝缘材料中，使人体不和带电部分接触。

（2）使用安全电压：对于不同的用电环境，采取特定的安全电源电压供电，如人体接触带电部分时，可使流过人体的电流小于安全电流，防止电击事故的发生。

（3）采用遮栏、护罩、护网等屏护措施。

（4）设置醒目的安全标志等。

（5）采用接地措施。

采用工作接地、保护接地、保护接中性线、重复接地的措施，可以保护人身和设备的安全，见表 1-4。具体采用时，要根据低压供电系统的接地情况而定，如 TT 系统、TN 系统、IT 系统等，见表 1-5。

一般情况下，同一低压电网内，保护接地与保护接中性线不允许混接。否则，当采取保护接地的设备漏电时，电源中性点电位升高，并通过保护接中性线传至接保护中性线的设备外壳，扩大事故范围。

**表 1-4　　　　　　　　　　接地保护的分类**

| 序号 | 保护的分类 | 示　意　图 | 说　明 |
|---|---|---|---|
| 1 | 工作接地 | 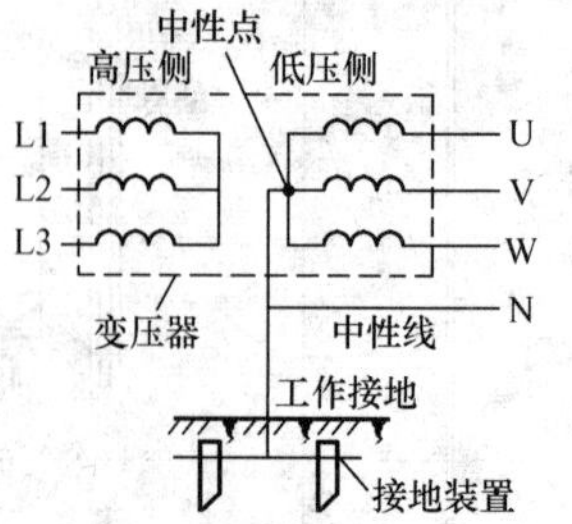 | 　为保证电气设备的安全，将变压器的中性点直接接地叫工作接地 |
| 2 | 保护接地 | 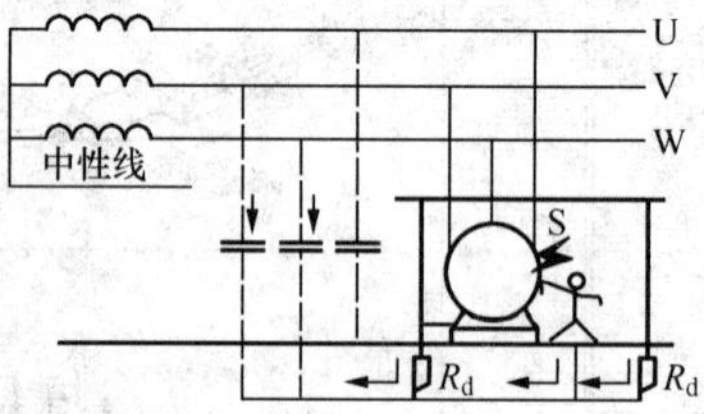 | 　将电气设备的外露可导电部分接地叫保护接地；在设备出现漏电故障，外露的金属部分带电时，人碰触带电部分，由于人体电阻比接地体的电阻大得多，几乎没有电流流过人体，从而保证了人身安全 |
| 3 | 保护接中性线 | 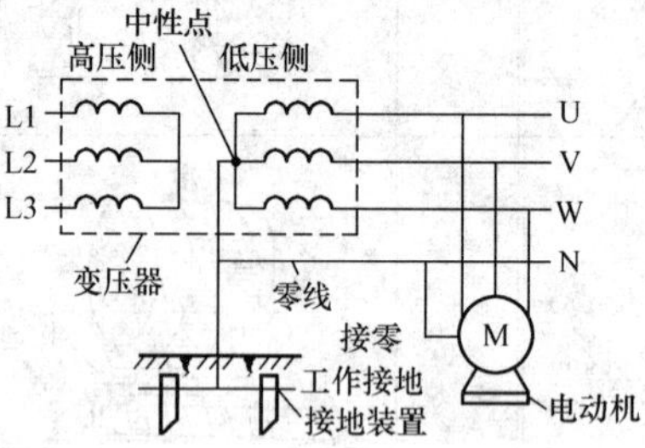 | 　电源中性点直接接地，设备的外露可导电部分与电源中性线相连接叫保护接中性线。<br>　在设备出现漏电故障时，电源相线相当于直接接在电源中性线上，流过故障相电流很大，使电源开关跳闸或熔断器熔断，短时内切除故障，所以人不会发生电击事故 |
| 4 | 重复接地 | 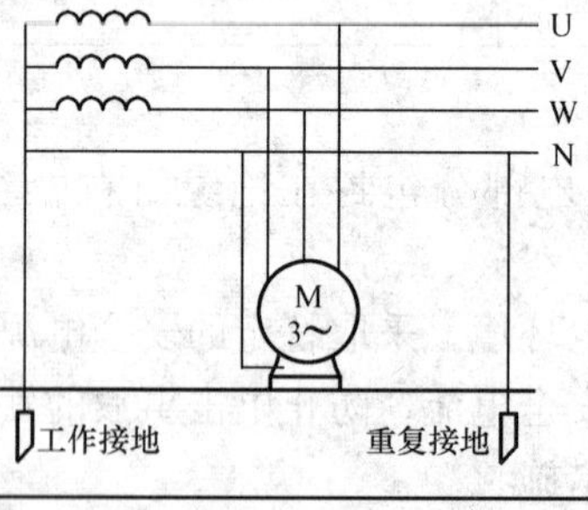 | 　保证中性线安全可靠，为防止中性线断线，在中性点直接接地的三相四线制低压供电系统中，中性线应重复接地 |

**表 1-5　　　　　　　　　　低压供电系统的接地情况**

| 序号 | 系统名称 | 接地情况 | 示　意　图 | 说　明 |
|---|---|---|---|---|
| 1 | TT系统 | 工作接地保护接地 | 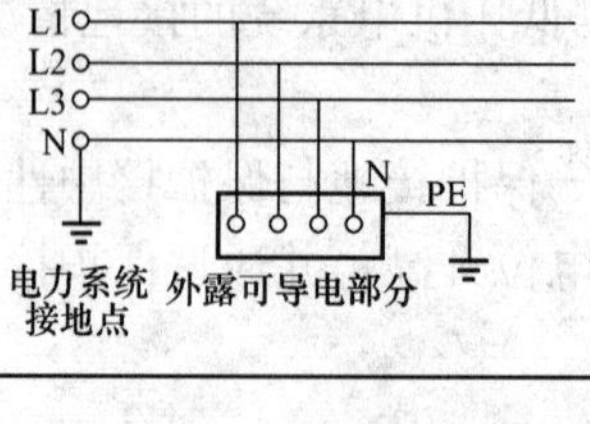 | 　电力系统中性点直接接地，电气设备的外露可导电部分也接地，但两个接地相互独立，接地电阻要求小于4Ω |

续表

| 序号 | 系统名称 | 接地情况 | 示意图 | 说明 |
|---|---|---|---|---|
| 2 | IT 系统 | 保护接地 | 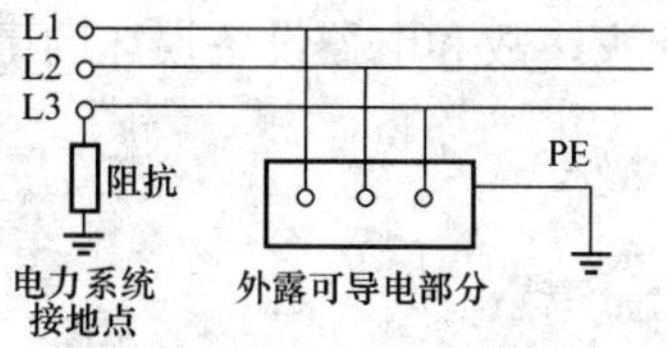 L1 L2 L3 阻抗 PE 电力系统接地点 外露可导电部分 | 电力系统的带电部分与大地间无直接连接（或有一点经高阻抗接地），电气设备的外露可导电部分接地。IT 系统一般不引出中性线，即三相三线制供电 |
| 3 | TN-C 系统 | 保护接中性线 | 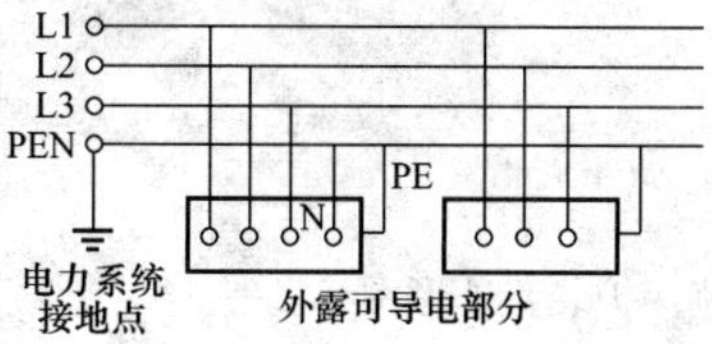 L1 L2 L3 PEN N PE 电力系统接地点 外露可导电部分 | 在系统中，保护导线（PE 线）和中性线（N 线）合成为 PEN 线，则供电系统常用三相四线制 |
| 4 | TN-S 系统 | 保护接中性线重复接地 | 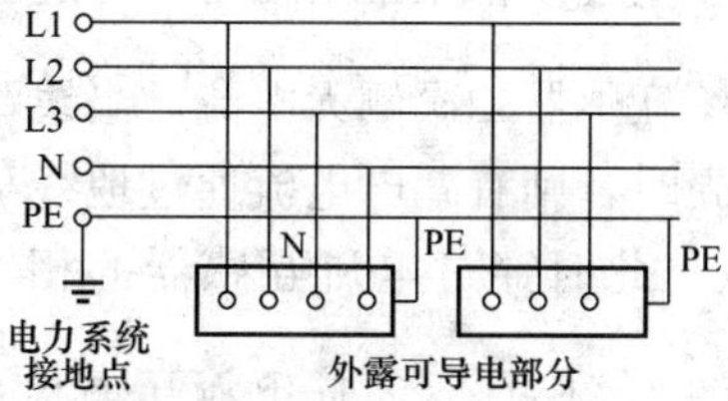 L1 L2 L3 N PE N PE PE 电力系统接地点 外露可导电部分 | 保护导线与中性线分开，保护导线为保护零线，中性线称为工作零线；此系统安全、可靠性高，施工现场必须使用，称为三相五线制；重复接地电阻值一般小于 $10\Omega$；一般规定：架空线路的干线与支线的终端及沿线每 1km 处，电源引入车间或大型建筑物处都要做重复接地 |
| 5 | TN-C-S 系统 | 保护接中性线 | 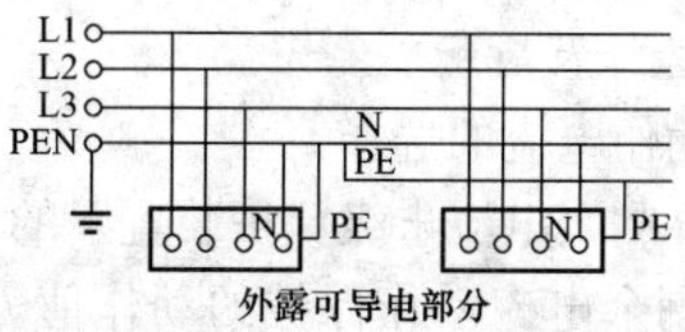 L1 L2 L3 PEN N PE N PE N PE 外露可导电部分 | 保护导线和中性线开始是合一，从某一位置开始分开；在实际供电中，从变压器引出往往是 TN-C 系统三相四线制，进入建筑物后，从总配电柜（箱）开始变为 TN-S 系统，加强建筑物内的用电安全，又称为局部三相五线制 |

## 第二节　单相剩余电流保护装置的安装与测试技能训练

**一、实训目的**

（1）学会进行单相剩余电流保护装置的安装与测试。

（2）正确地进行单相剩余电流保护装置的安装接线。

**二、工具、设备与材料**

单相剩余电流保护装置1台，低压熔断器2只，配电盘1块，单相电能表1只；单联开关1个，灯座、灯泡各1个，常用电工工具一套。

### 三、实训内容及步骤

（一）剩余电流保护装置的基本知识准备

1. 剩余电流保护装置的作用

剩余电流保护装置在中性点接地的低压电网中，用来防止由漏电引起的人身电击伤亡事故、由漏电或电压升高而引起的火灾事故和电器设备损坏的事故，还能切除一相一地窃电时的电源。

图 1-1　几种剩余电流保护装置外形图

2. 低压剩余电流保护装置的类型

剩余电流保护装置按其工作原理可分为电压型、电流型、脉冲相位型、多功能型等，其外形如图 1-1 所示。

3. 剩余电流保护装置的工作原理

电流型剩余电流保护装置的原理接线图如图 1-2 所示，是一种当漏电电流达到或超过设定值时能自动断开电路的开关。在电气设备正常运行时，穿过电流互感器的相线、中性线的电流矢量和为零，即 $\dot{I}_1 + \dot{I}_2 = 0$，互感器二次侧无电流。当线路或电气设备绝缘损坏而发生漏电、接地及人触及带电设备外壳时，则有漏电电流通过地线或人体、大地而流向电源中性点。此时穿过电流互感器的相线、中性线电流矢量和 $\dot{I}_1 + \dot{I}_2 = \dot{I}_0 \neq 0$，$\dot{I}_0$ 经零序电流互感器检出，并在其二次回路感应出电压信号，经过电子放大器放大。当漏电电流达到或超过设定值时，漏电脱扣器立即动作，带动开关切断电源，从而起到了漏电保护的作用。

4. 单相剩余电流保护装置的选择及应用

（1）单相剩余电流保护装置动作电流的选择：

单相剩余电流动作保护装置（剩余电流末级保护装置）的剩余电流动作值，应小于上一级剩余电流动作保护的动作值。但对于以下设备有：

1）手持式电动工具、移动电器、家用电器等设备应优先选用额定剩余动作电流不大于 30mA、一般型（无延时）的剩余电流保护装置。

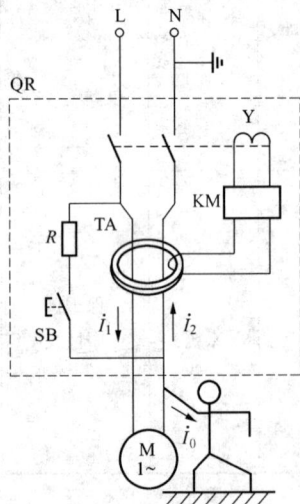

图 1-2　电流型剩余电流保护装置原理接线图

2）单台电气机械设备，可根据其容量大小选用额定剩余动作电流为 30mA 以上、100mA 及以下、一般型（无延时）的剩余电流保护装置。

对特殊负荷和场所应按其特点选用剩余电流保护装置：

3）医院中可能直接接触人体的医用电气设备安装剩余电流保护装置时，应选用额定剩余动作电流为 10mA、一般型（无延时）的剩余电流保护装置。

4）安装在潮湿场所的电气设备应选用额定剩余动作电流为 16～30mA、一般型（无延时）的剩余电流保护装置。

5）安装在游泳池、水景喷水池、水上游乐园、浴室等特定区域的电气设备应选用额定剩余动作电流为 10mA、一般型（无延时）的剩余电流保护装置。

6）在金属物体上工作，操作手持式电动工具或使用非安全电压的行灯时，应选用额定剩余动作电流为 10mA，一般型（无延时）的剩余电流保护装置。

7）连接室外架空线路的电气设备，可能发生冲击过电压时，可采取特殊的保护措施（例如采用电涌保护器等过电压保护装置），并选用增强耐误脱扣能力的剩余电流保护装置。

8）对应用电子元器件较多的电气设备，电源装置故障含有脉动直流分量时，应选用 A 型剩余电流保护装置。

对负荷带有变频器、三相交流整流器、逆变换器、UPS 装置及特殊医疗设备（例如：X 射线设备、CT）等产生平滑直流剩余电流的电气设备，应选用特殊的对脉动直流剩余电流和平滑直流剩余电流均能动作的剩余电流保护装置。

9）对弧焊变压器应采用专用的防电击保护装置。

（2）单相剩余电流保护装置的应用场所：

根据国标 GB 13955—2005《剩余电流动作保护装置安装和运行》规定，下列设备和场所应采用剩余电流末级保护装置。

1）属于Ⅰ类的移动式电气设备及手持式电动工具。

2）生产用的电气设备。

3）施工工地的电气机械设备。

4）安装在户外的电气装置。

5）临时用电的电气设备。

6）机关、学校、宾馆、饭店、企事业单位和住宅等除壁挂式空调电源插座外的其他电源插座或插座回路。

7）游泳池、喷水池、浴池的电气设备。

8）安装在水中的供电线路和设备。

9）医院中可能直接接触人体的医用电气设备。

10）其他需要安装剩余电流保护装置的场所。

5. 剩余电流保护装置的安装

（1）安装剩余电流保护装置对电网的要求。

剩余电流保护装置用于间接接触电击的防护时，应正确地与电网的系统接地形式相配合。

1）TN 系统。

a. 采用剩余电流保护装置的 TN-C 系统，应根据电击防护措施的具体情况，将电气设备外露部分可接接近导体独立接地，形成局部 TT 系统。

b. 在 TN 系统中，必须将 TN-C 系统改造为 TN-C-S 系统或局部 TT 系统后，才能安装使用剩余电流保护装置。在 TN-C-S 系统中，剩余电流保护装置只允许使用在 N 线与 PE 线分开部分。

2）TT 系统：TT 系统的电气线路或电气设备必须装设剩余电流保护装置作为防电击事故的保护措施。

3）剩余电流保护装置负荷侧的 N 线，只能作为中性线，不得与其他回路共用，且不能重复接地。

4）TN-C 系统的配电线路因运行需要，在 N 线必须有重复接地时，不应将剩余电流保护装置作为线路电源端保护。

5）安装剩余电流保护装置的电气线路或设备，在正常运行时，其泄漏电流必须控制在允许范围内，同时应满足剩余电流保护装置的额定剩余不动作电流，应不小于被保护电气线路和设备的正常运行时泄漏电流最大值的 2 倍。当泄漏电流大于允许值时，必须对线路或设备进行检查或更换。

6）安装剩余电流保护装置的电动机及其他电气设备在正常运行时的绝缘电阻不应小于 $0.5M\Omega$。

（2）剩余电流保护装置的安装要求。

1）必须选用符合国家标准的产品，应检查产品的合格证和生产资格认证标志。

2）剩余电流保护装置应安装在无爆炸危险、无腐蚀性气体的场所，并应注意防震、防潮、防尘、防电磁干扰。

3）剩余电流保护装置安装应充分考虑供电方式、供电电压、系统接地形式及保护方式。

4）剩余电流保护装置的形式、额定电压、额定电流、短路分断能力、额定剩余动作电流、分断时间应满足被保护线路和电气设备的要求。

5）剩余电流保护装置标有电源侧和负荷侧时，应按规定安装接线，不得反接。

6）安装剩余电流断路器时，应按要求，在电弧喷出方向有足够的飞弧距离。

7）组合式剩余电流保护装置其控制回路的连接，应使用截面积不小于 $1.5mm^2$ 的铜导线。

8）必须保证用电设备的接线正确。安装时要严格区分工作零线（N 线）和保护零线（PE 线），二者不得混用，正、误接线示意图如图 1-3 所示。N 线应接入剩余电流保护装置并穿过剩余电流保护装置的零序电流互感器，经过剩余电流保护装置的 N 线不得作为 PE 线用，不能作重复接地或可导电部分外露，重复接地的位置如图 1-4 所示。剩余电流保护装置后 N 线或相线均不得与其他回路共用，PE 线不能接入剩余电流保护装置，PE 线的接法如图 1-5 所示。

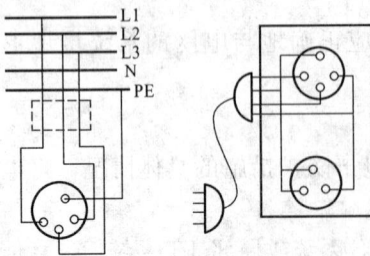

图 1-3　N 线、PE 线正、误接线示意图　　　　图 1-4　重复接地的位置

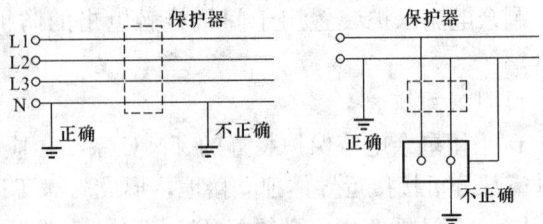

9）安装剩余电流保护装置后，仍应安装接地、接零保护措施。

10）有些开关因不具有过载保护作用，因此安装时必须在剩余电流保护装置之后串熔断器做后备保护，连接方法如图 1-6 所示。

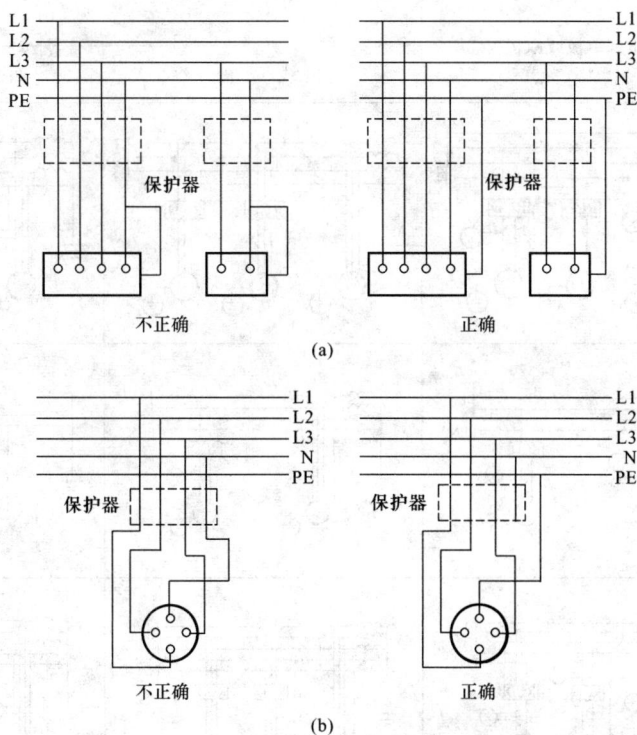

图 1-5　保护零线（PE 线）的接法
（a）保护零线（PE 线）的接法；（b）插座保护零线（PE 线）的接法

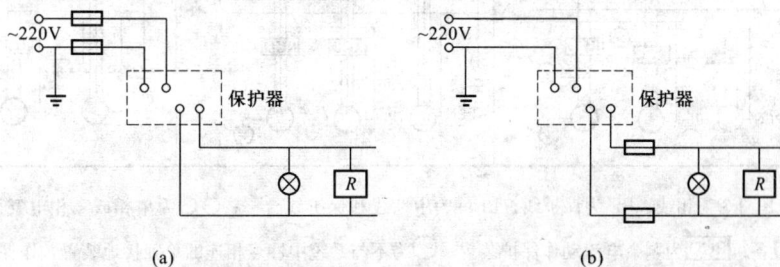

图 1-6　熔断器与剩余电流保护装置的连接方法
（a）错误；（b）正确

11）电路接好后，应首先检查接线是否正确，并通过试验按钮进行试验，检查剩余电流保护装置是否正常动作。

a. 用试验按钮试验 3 次，应正确动作；

b. 剩余电流保护装置带额定负荷电流分合三次，均应可靠动作。

（3）剩余电流保护装置的接线方式。

剩余电流保护装置在不同的系统接地形式中应正确接线。单相、三相三线、三相四线供电系统中的正确接线方式，见表 1-6。

**表 1-6　　剩余电流保护装置接线方式**

| 接地形式 \ 接线图 \ 极别 | | 单相（单极或双极） | 三相 三线（三极） | 三相 四线（三极或四极） |
|---|---|---|---|---|
| TT | |  |  |  |
| TN | TN-C |  |  |  |
| TN | TN-S |  |  |  |
| TN | TN-C-S |  |  |  |

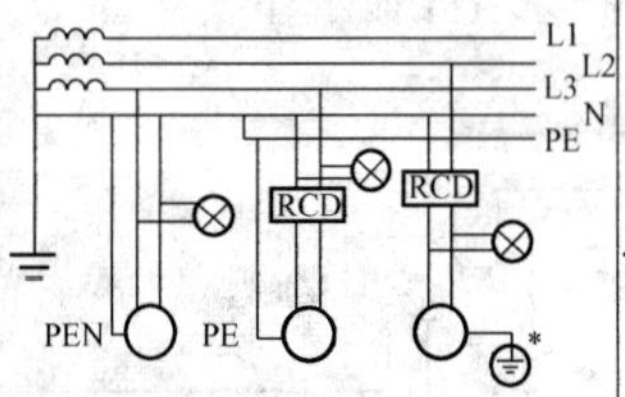

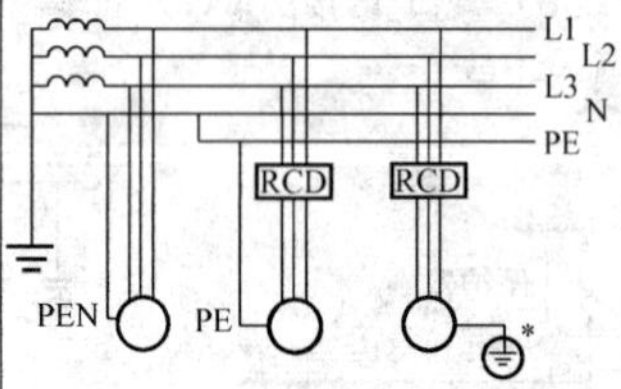

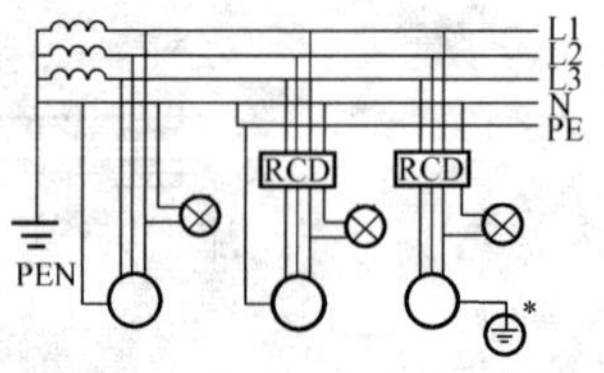

注　1. L1、L2、L3 为相线；PE 为保护线；PEN 为中性线和保护线合一；○○为单相或三相电气设备，⊗为单相照明设备；RCD为剩余电流动作保护装置；⊜为不与系统中性点相连的单独接地装置，作保护接地用。

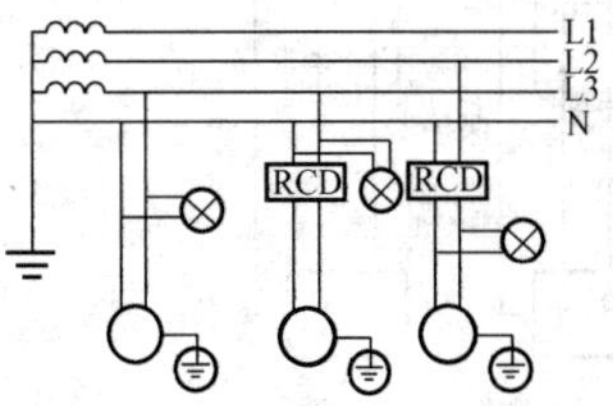

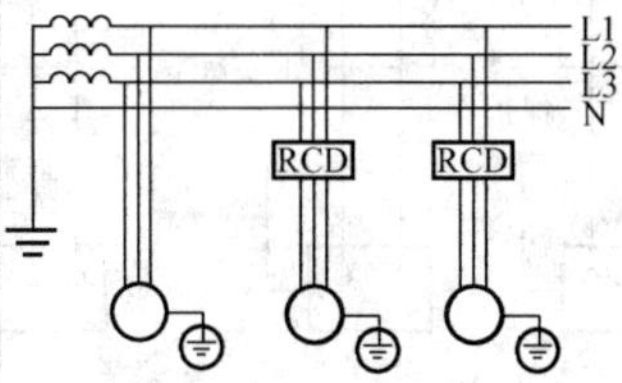

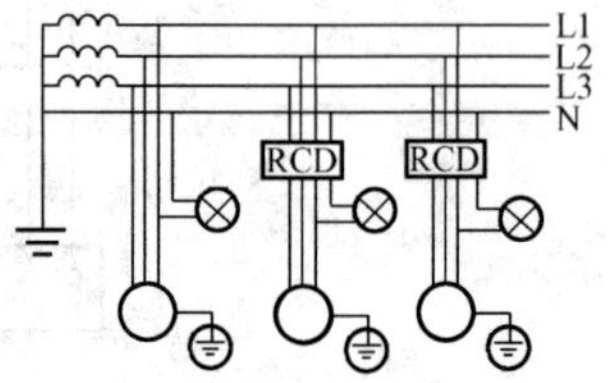

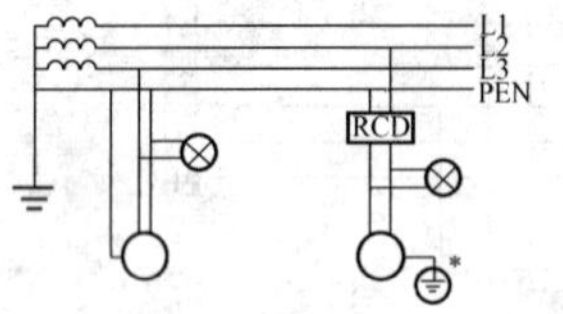

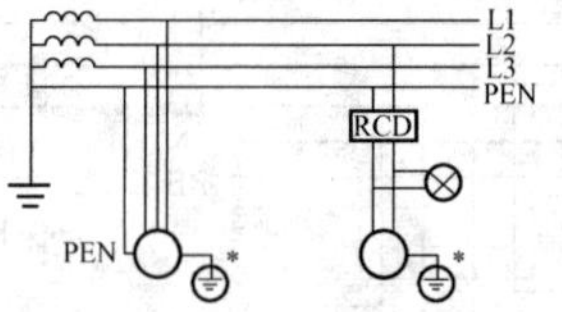

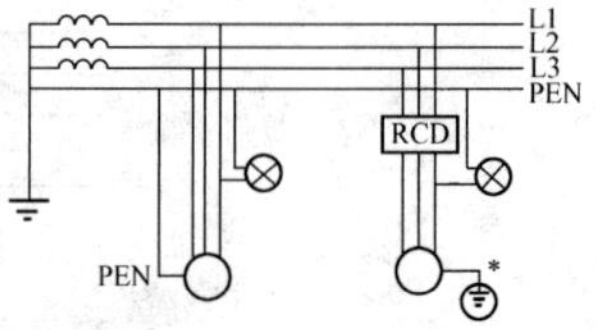

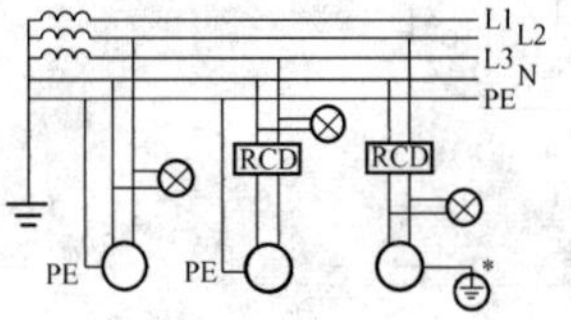

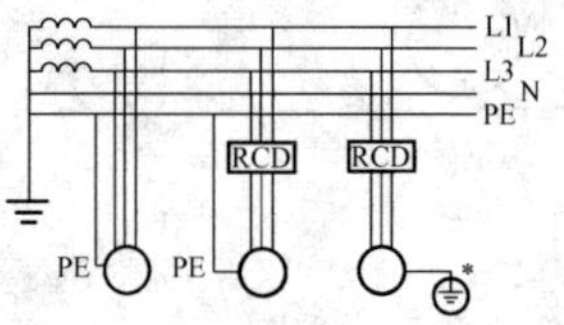

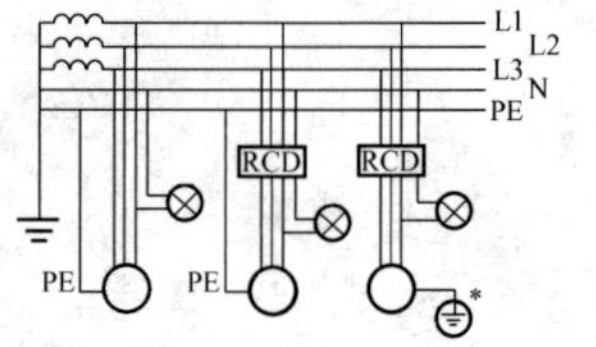

2. 单相负载或三相负载在不同接地保护系统中的接线图中，左侧设备为未装有剩余电流动作保护装置的接线图。

3. 在 TN-C 系统中使用剩余电流动作保护装置的电气设备，其外露可接近导体的保护线应接在单独接地装置上而形成局部 TT 系统，如 TN-C 系统接线方式图中的右侧设备带 * 的接线方式。

4. 表中 TN-S 及 TN-C-S 接地形式，单相和三相负荷的接线图中的中间和右侧接线图为根据现场情况，可任选其一的接地方式。

（二）实训步骤与内容

（1）正确着装，戴安全帽，穿绝缘鞋。

（2）根据设备清单核对各元器件，看懂说明书。

（3）根据图 1-7 在配电盘上安装上述材料、设备。

（4）检查安装好的单相剩余电流保护装置是否能正确动作。

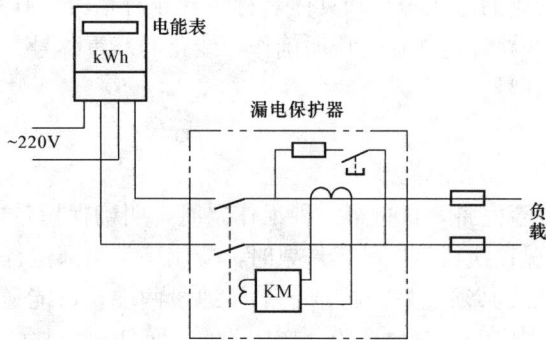

图 1-7 单相剩余电流保护装置安装接线原理图

# 第三节 安全生产及事故的预防技能训练

## 一、实训目的

通过观看《电工安全操作技术》VCD 碟片，掌握维修电工安全规范地从事电气工作的要领和方法，学会工作中保证安全的组织措施和技术措施具体实施方法。

## 二、设备与材料：

《电工安全操作技术》（中国电力出版社出版）VCD 碟片 1 套（5 盘）。

## 三、实训内容及步骤

（一）安全文明生产及事故预防知识准备

1. 文明生产

文明生产是工厂管理的一项十分重要的内容，是实现安全用电的可靠保证。参加电工专业操作前必须接受安全教育，掌握电工基本的安全知识。文明生产的基本要求如下：

（1）文明生产，要求每一个电气安装工作人员，以认真负责的态度从事工作。对设备周密组织，妥善布置，保证设备的安全可靠使用。

（2）操作电气工作场所应整洁干净、工具材料摆放整齐，仪表仪器和移动工具保管妥善。

（3）对电气设备和移动工具应建立档案，定期进行检修、试验并做好记录。

（4）工作后，应清扫现场，清除的废电线和电器应堆放到指定的地点，注意环境保护。

2. 保证安全的组织措施

保证安全的措施有组织措施和技术措施，只有认真执行，电击事故才可以避免。

（1）保证安全的组织措施。

电工安全的组织措施包括：现场勘察制度、工作票制度、工作许可制度、工作监护制度、工作间断制度、工作终结和恢复送电制度。在低压电气设备上工作，保证安全的组织措施包括：工作票制度，工作许可制度，工作监护制度和现场看守制度，工作间断制度和转移制度，工作终结、验收和恢复送电制度。这五个制度是一个有机的整体，彼此相辅相成，执行顺序不可颠倒。

（2）执行工作票中应注意的问题。

1）明确停电线路名称及停电范围。

2) 明确工作地段线路的电压等级和具体名称、起止杆塔号、挂接地线的杆塔号。双回线路或多回线路有一回线路停电作业,应明确作业线路的双重称号。变压器台停电时要明确变压器台的线路名称和杆号。

3) 明确工作任务。

4) 明确应拉开的断路器和隔离开关。

5) 明确安全措施是否完备,执行第一种工作票时,明确保留带电线路与停电线路交叉跨越、平行或并架等情况;执行第二种工作票时,应明确带电部位、安全距离等。

6) 明确应挂的接地线必须挂好,特别是工作地段两端,可能送电到停电线路上的分、支线,有感应电压反映到停电线路的地段,变压器高、低压侧应挂的地线。

3. 保证安全的技术措施

保证安全的技术措施包括停电、验电、装设接地线、使用个人保安线、装设遮栏和悬挂标示牌。

(1) 停电。

1) 工作地点需要停电的设备包括:①施工检修与试验的设备;②工作人员在工作中,正常活动范围边沿与设备带电部位的安全距离小于 0.70m(10kV 及以下)或 1.00m(20~35kV)时的设备;③在停电检修线路的工作中,如与另一带电线路相交叉或接近,其安全距离小于 1.00m(10kV 及以下)或 2.50m(20~35kV)时,则另一带电回路也应停电;④带电部分在工作人员后面或两侧无可靠安全措施的设备。

2) 施工检修设备所要断开的电源。

规程要求施工、检修与试验,必须把需要停电的各方面电源完全断开。禁止在只经断开电源的设备上工作。必须在拉开刀开关或取下熔断器,使各方面至少有一个明显的断开点后,方可工作。两台配电变压器低压侧共用一个接地引下线时,其中一台配电变压器低压出线端停电检修,另一台配电变压器也必须停电。

需要停电的电源。规程要求将需要停电的各方面电源完全断开,这些电源包括:①断开有可能形成变压器一次、二次绕组返送电压的回路;②断开可能产生迂回送电的低压回路;③断开电容器补偿回路;④断开低压发电机的并网回路;⑤断开危及线路停电工作,且不能采取安全措施的交叉跨越、平行和同杆并架的回路;⑥断开停电的中性线与运行中性线连接的中性线回路;⑦断开工作电杆上架设的通信线、广播线回路等。

3) 检修时应断开开关操作电源。

检修时要断开开关的操作电源,以防因误操作或因试验引起的保护误动,导致开关的跳合闸。

此外,还规定:开关的操作把手必须制动,以防检修人员误碰或受振动而发生意外。

(2) 验电。

1) 验电的作用。在停电线路的工作地段或停电设备上,在挂接地线前,要先验电。证明线路或停电设备确无电压,以防出现带电装设接地线或带电合接地隔离开关等恶性事故发生。

2) 验电设备。规程规定:验电必须采用合格的验电器。

3) 验电时注意事项。

(a) 检修开关、刀开关或熔断器时,应在断口两侧验电。

（b）同杆架设多层电力线路进行验电时；应先验低压，后验高压；先验下层，后验上层；先验距人体较近的导线，后验距人体较远的导线。

（c）当下层导线经验电证明其无电后，立即在三相导线上挂接地线，然后，再验上层导线，证明无电后，在三相导线上挂接地线。不得连续在上下层线路上验电。无电后，连续在上下层导线上分别挂接地线。

（3）挂接地线。

1）挂接地线的作用。

a. 接地线由一根接地段和三根或四根短路段组成。图1-8（a）中具有三根短路段，适于三相三线制电路；图1-8（b）中具有四根短路段，适于三相四线制电路。按规程要求，接地线必须采用多

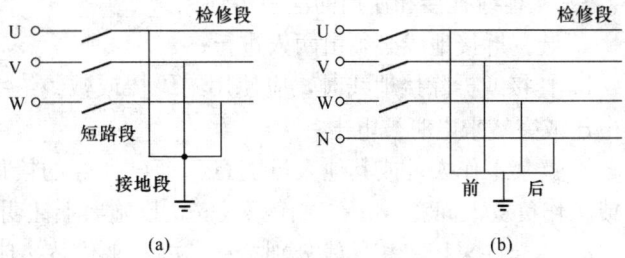

图 1-8  接地线的组成

股软裸铜线，低压接地线单根截面不得小于 $16mm^2$，高压接地线单根截面不得小于 $25mm^2$，严禁使用其他导线作接地线。

b. 由于相对电源来说，接地线挂接在检修工作段之前，如果因误操作或误动使开关合闸，线路突然来电，则短路电流将会经接地线流入大地，短路点对地电压很低，使工作人员免受电击。因此，接地线是保证工作人员人身安全的"生命线"。

c. 如果检修段的线路上有残余电荷或感应电荷存在，则经接地线可将其泄入大地，以保证工作人员的安全。

2）接地线的挂接。

a. 挂接地线，必须在验明线路或设备确无电压后才能进行。

b. 接地线应挂在检修工作的两端导线上；如果是"T"形回路，则应在工作处的三端导线上挂接地线；若是"十"字形连接处，则应在工作处四端导线上挂接地线。

c. 同杆架设的多层电力线路挂接地线时，应先挂下层导线，后挂上层导线；先挂离人体较近的导线，后挂离人体较远的导线。

d. 挂接地线时，必须先将接地端接好，然后在导线上挂接地线；拆除接地线时的顺序

图 1-9  挂、拆接地线的方法
（a）挂接地线；（b）拆接地线

与挂接的顺序相反。挂、拆接地线的方法如图 1-9 所示。

　　e. 接地线连接应可靠，不准缠绕，这是因为缠绕将连接不良，易使接地线烧断。连接应采用专用线夹。

　　f. 不准使用不接地的短路接地的短路线来代替接地线，以防有单相电源入侵时，使工作人员电击。

　　3）接地线挂接和使用的注意事项：

　　a. 装、拆接地线必须由两人进行；

　　b. 挂接或拆除接地线时，应使用绝缘棒或戴绝缘手套。人体不得碰触接地线，以免感应电压或突然来电时被电击；

　　c. 严禁工作人员或其他人员随意移动已挂好的接地线，如需移动，必须经过工作许可人或工作负责人同意，并在工作票或安全措施票上注明；

　　d. 不允许采用三相导线分别接地的办法来代替接地线；

　　e. 挂接地线时，人体不得接触接地线和未接地的导线，以防突然来电造成操作人员电击；

　　f. 挂接地线的操作如图 1-10 所示，10kV 高压系统挂接地线必须使用绝缘杆和戴绝缘手套，而 380V 低压系统挂接地线，允许只使用一种绝缘工具，即使用绝缘杆或戴绝缘手套；

　　g. 在配电室中挂接地线时，为保证接地线与设备导体之间的接触良好，应将接地线挂在停电侧的刀闸片上；

　　h. 接地线的接地点与检修设备之间不得连有断路器、隔离开关或熔断器；

　　i. 对带有电容的设备或电缆线路，在装设接地线之前应放电，以防工作人员被电击；

　　j. 接地线与带电部分应符合安全距离的规定。

　　（4）悬挂标示牌及装设遮栏：凡是容易出现危险的位置均应悬挂相应的警告牌，如在室外高压设备上工作，应在工作地点四周装设临时遮栏，其上应悬挂"止步高压危险"的标示牌等，如图 1-11 所示。标示牌式样及使用场所见表 1-7。

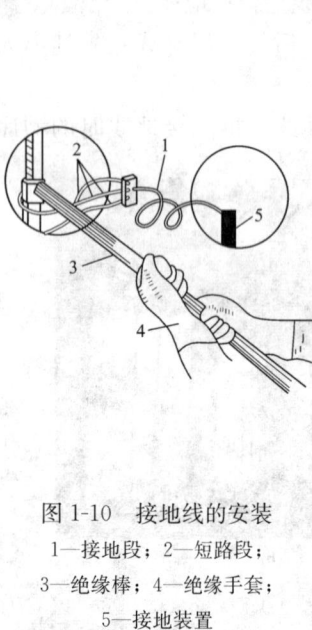

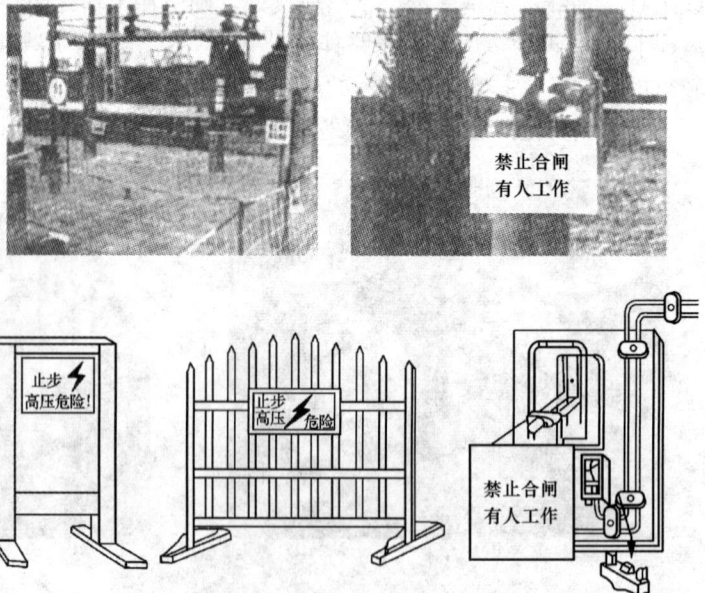

图 1-10　接地线的安装
1—接地段；2—短路段；
3—绝缘棒；4—绝缘手套；
5—接地装置

图 1-11　临时遮栏与标示牌的悬挂

**表 1-7**                            **标示牌式样及使用场所**

| 序号 | 名称及式样 | 悬挂处所 | 尺寸（长度/mm×宽度/mm） |
|---|---|---|---|
| 1 | 禁止合闸 有人工作 | 一经合闸即可送电到施工设备的断路器和刀开关操作把手上 | 200×100 和 80×50 |
| 2 | 禁止合闸 线路有人工作 | 线路开关和刀开关把手上 | 200×100 和 80×50 |
| 3 | 在此工作 | 室内外工作地点或施工设备上 | 250×250，白圆圈直径 $d$＝210mm |
| 4 | 止步 高压危险！ | 施工地点临近带电设备的遮栏上，室外工作地点的围栏上，禁止通行的过道上，高压试验地点，室外构架上，工作地点临近带电设备的横梁上 | 250×200 |
| 5 | 从此上下 | 工作人员上、下的铁架或梯子上 | 250×250，白圆圈直径 $d$＝210mm |
| 6 | 禁止攀登 高压危险！ | 工作人员上、下的铁架；临近可能上、下的另外的铁架上；运行中变压器的梯子上 | 250×200 |

4. 带电作业安全操作

（1）带电作业人员必须经过严格的培训，熟练地掌握带电操作技术，经考核合格后方可上岗，作业时要有人监护。

（2）工作人员与带电体间的距离必须符合编号《电业安全工作规程》规定，以保证在电力系统中发生各种过电压时不会发生闪络放电。工作中还要保证人体与大地、与周围接地金属及其他相线导体（包括零线）之间有良好的绝缘或适当的安全距离。

（3）对于比较复杂、难度较大的带电作业，必须经过现场勘察，编制相应操作工艺方案和严格的操作程序，并采取可靠的安全技术组织措施。

（4）低压带电作业人员工作时，必须穿长袖上衣和长裤、扣紧袖口、穿绝缘靴、戴安全帽和绝缘手套，站在绝缘垫上，使用有绝缘手柄的工具，严禁使用钢卷尺或有金属丝的皮卷尺进行测量。

（5）带电作业应在良好天气下进行。如遇雷、雨、雪、雾或风力大于 5 级的恶劣天气，一般不进行带电作业。

（6）高低压同杆架设的线路，在低压带电线路上操作时应确保与高压线的安全距离，并采取防止误碰高压线的措施；在低压带电导线未采取绝缘措施时，工作人员不得穿越导线；在带电的低压配电装置上工作时，应采取防止相间短路、接地短路的隔离防护措施。

5. 电工安全技术操作规程

（1）上岗前应经过严格的专业培训，上岗时必须穿戴好规定的安全防护用品。各项电气工作要认真严格执行相关的国家行业安全规程。

（2）工作前应详细检查各项安全措施，无论是带电作业还是停电作业，因故暂时中断工作，恢复工作前应重新检查原先的安全措施，无误后方可继续工作。

（3）对于出现故障的电气设备或线路必须及时进行检修。在线路、设备上进行检修时，要切断电源，验明确无电压后，装设临时接地线、挂上警告牌，然后才能进行工作。

（4）装接灯头时，开关必须控制相线。临时线敷设时，应有开关控制，先接地线；拆除时，先拆相线。有关设备应采用保护接中性线、遮栏或标示牌等安全措施。

（5）发生电击事故应立即切断电源，并采用安全、正确的方法对电击者进行救护。

（6）机电设备安装或修理完工后，在正式送电前必须仔细检查绝缘电阻、接地装置及传动部分防护装置，使之符合安全要求。

（7）雷、雨或大风天气严禁登杆工作和倒闸操作。

（8）登高作业时必须系好安全带。安全带要系在电杆和牢固的构架上，不得系在横担或电杆顶梢上。

（9）登杆作业人员应佩带工具袋（包），使用的工具材料应用吊送或传递，不得抛上抛下。工作时应防止落物伤人。地面上的人员应戴好安全帽，并离开施工区 2m 以外。

（10）低压架空电路带电作业时应有专人监护，使用专用绝缘工具，穿戴好专用防护用品。

（11）当发生电气火灾时，应立即切断电源。在未断电前，应用四氯化碳、二氧化碳或干粉灭火，严禁用水或普通酸、碱泡沫灭火器灭火。

（12）配电间严禁无关人员入内，参观者必须经有关部门批准，由专人带入。倒闸操作必须由专职电工进行，一人操作，一人监护，两人进行。

6. 故障处理中的安全措施

在进行电气设备的故障、事故处理中应注意如下事项：

（1）维修人员到达故障地点后，根据故障现象，找到故障点，填写工作票的实际部分，检查现场环境，分析判断故障性质和类型，确定操作项目和消除故障的程序。

（2）填写完工作票后，工作负责人和作业人员面对面宣读工作票，交代作业地点、工作内容、拉开的开关、采取的安全措施、保留的带电设备和其他注意事项，并进行提问。对作业过程中的危险点进行分析，对存在的不安全因素进行解决。

（3）在确保安全的情况下，工作负责人宣布开始进行操作并布置安全措施，工作负责人不允许参加任何作业和操作，对作业人员进行不间断的监护，作业过程中必须离开时，作业人员要停止作业。

（4）夜间作业应使用事故照明灯，并保证有足够的照明；遇有雷雨、大风等不宜进行操作的天气时不能进行操作作业。

（5）工作人员必须随身携带小地线。

7. 进行危险点控制

（1）工作票签发人、工作负责人必须认真学习、理解和掌握安全工作规程和相关规定，提高工作能力，增强安全的责任感。深入现场，对每项工作制定符合实际、有针对性、全面、准确的危险点控制措施，切不可照抄照搬、面面俱到进行罗列，没有针对性。

（2）工作班成员必须进行安全教育和安全知识的培训，经安全规程考试合格方可上岗工作，加强自我安全防护意识并自觉执行安全有关规定；掌握和认真执行工作中的技术要求；精神状态饱满。对于新工作的人员，尤其是没有工作经验的年青人，技术水平低下、工作马虎、懒散冒失的人员，参与由于家庭等因素思想不集中的人员，必须作为危险点控制的主要对象。

8. 事故与心理

电工作业时发生事故的原因是多方面的。例如：领导安全思想松懈，对安全不重视；工作负责人不负责任，严重失职；工人违章作业，作业中盲目蛮干，缺乏必要的安全技术知识等。此外，作业人员在作业时的心理状态不良，也是事故发生的原因，主要表现在：

（1）侥幸心理。

（2）习以为常，思想麻痹。

（3）过于自信，不求上进。

（4）情绪失调或心急求快。

（5）专注一点，顾此失彼。

以上是维修电工在作业时可能出现的几种心理状态，而这些心理状态的产生往往会导致事故的发生，故在电工作业时，作业人员应有良好的心理和精神状态，以避免由此造成事故发生。为此，家属之间、亲友同志之间要经常进行嘱咐。一是嘱咐亲人朋友工作时不要为家务烦心，去掉后顾之忧，发现其情绪反常，要主动询问和安慰，上班前不要喝酒，安安全全上班，高高兴兴下班。二是相互之间经常嘱咐遵守劳动纪律，工作要细致认真，不要马虎凑合，心急求快，遇事要冷静处理，注意安全。执行安全工作规程，制止违章，不要蛮干。三是要学技术求上进，工作不出差错。

（二）实训步骤与内容

（1）观看《电工安全操作技术》VCD 碟片。

（2）写出观看后的心得和体会，要求不少于 600 字。

# 第四节　模拟电击现场急救技能训练

**一、实训目的**

（1）培养学员的安全意识，乐于助人的高贵品质。

（2）培养学员临危不乱的良好工作作风，学会对电击者实施正确的急救。

**二、设备与材料**

FSR 心肺复苏模拟人 1 个、运动垫两块。

**三、实训内容与步骤**

（一）电击急救基本知识准备

发生电击事故时，救护人员切不可惊慌失措，束手无策，应迅速采取有效的急救措施，关键是"快"。基本原则是迅速、就地、准确、坚持。电击急救的要点是：抢救迅速，救护得法，其操作分为迅速脱离电源、就地急救、急送医院救护三个过程。

1. 迅速脱离电源

（1）脱离低压电源的方法。

1）切断电源：当电源开关或电源插头就在事故现场附近时，可立即将开关断开或将电源插头拔掉，使电击者脱离电源。如图 1-12 所示，必须指出：普通的电灯开关只切断一根导线，且有时断开的不一定是相线，因此关掉电灯开关不能认为是切断了电源。

2）用绝缘物移开带电导线：带电导线触及人体引起电击时，可用绝缘的物体（如木棒、竹竿、橡胶手套等）将导线移开，使电击者脱离电源，如图 1-13 所示。

图 1-12　断开开关或拔掉插头　　　　　图 1-13　挑、拉带电导线

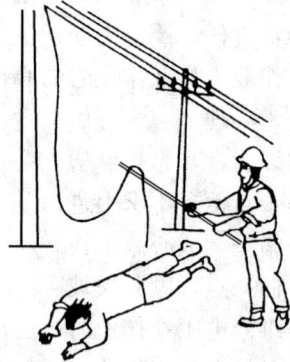

3）用绝缘工具切断带电导线：出现电击事故，必要时可用绝缘工具（如带有绝缘柄的电工钳、木柄斧、木把锄头等）割断带电导线，以断开电源。

4）拉拽电击者衣服使之摆脱电源：若现场不具备以上三种条件，而电击者衣服干燥，救护者可用包有干毛巾、干衣服等干燥物的手去拉拽电击者的衣服，使其脱离电源。

（2）脱离高压电源的方法。

高压电源由于电压等级高，一般的绝缘物不能保证救护人的安全，同时高压电源开关距现场较远，不能拉闸，所以救护高压电击者一定要注意做到如下几点。

1）立即打电话通知有关供电部门停电。

2）若电源开关离现场不远时，救护人应穿绝缘鞋、带绝缘手套，使用耐压高的绝缘棒或绝缘钳，拉开高压断路器或高压跌落熔断器来切断电源。

3）室外、架空线路上救护电击者。地面上无法施救时，可往架空线路抛挂裸金属软导线，人为造成线路短路，从而使电源开关跳闸断电。在救护中应注意以下两点：一是防止电弧伤人或断线造成人员伤害，也要防止抛重物砸伤人；二是注意让电击者从高空安全落地。

4）断落在地上的高压导线，在未确定线路是否有电之前，为防止跨步电压电击，救护人进入断线落地点 8～10m 区域，必须穿绝缘鞋或单脚落地（或双脚并拢）跳跃靠近电击者进行救护。

（3）电击者脱离电源的注意事项。

1）救护人员不得直接用手或其他金属及潮湿的物件当作救助工具。救护过程中，救护人最好单手操作，以保护自身安全。

2）电击者处于高位时，应采取措施，设法将电击者送回地面，方法如图 1-14 所示。预防因电击引起的二次事故发生，即使电击者在平地，也应注意电击者倒地的方向，应避免电击者头部摔伤。

3）夜间发生电击事故时，应迅速解决临时照明的问题。

4）在电缆线路或电容柜线路停电后，先经放电方可救护。

2. 就地急救

（1）确定急救方法。

1）电击者脱离电源后，应观察电击者是否存在呼吸。当有呼吸时，能看到胸廓或腹壁有呼吸产生的起伏运动；用耳朵听到及面额感觉到口鼻处有呼吸产生的气体流动；用手触摸胸部或腹部能感觉到呼吸时的运动；反之，则呼吸已停止。看、听、试的操作方法示意图如图1-15所示。

2）电击者神志清醒，但有些心慌、四肢发麻、全身无力或者电击者在电击过程中曾一度昏迷、但已清醒过来，应使

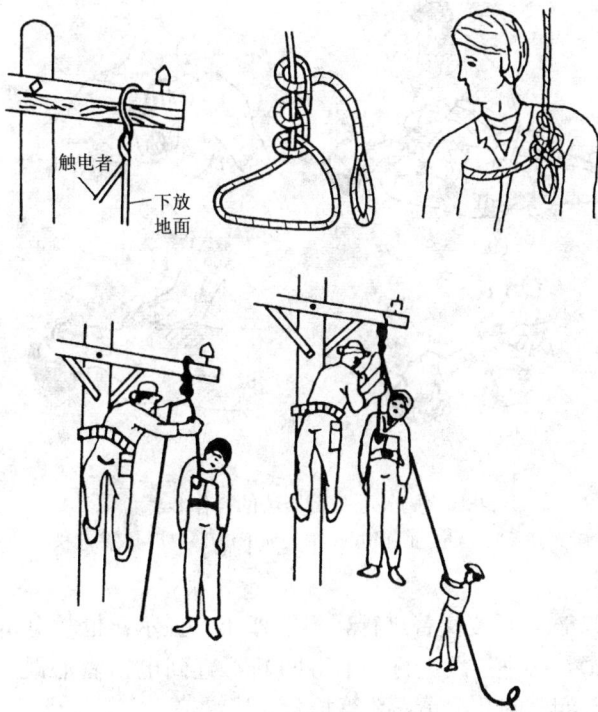

图 1-14　将高处电击者送回地面的方法

电击者安静休息、不要走动，注意观察并请医生前来诊治，最好及时送医院抢救。

3）电击者已失去知觉，但心脏还在跳动、还有呼吸，应使电击者在空气流通的地方舒适、安静地平躺，解开他的衣扣和腰带以利呼吸。如天气寒冷，应注意保温，并迅速通知医生到现场诊治或及时送往医院。

4）如果电击者失去知觉呼吸困难，应立即进行人工呼吸急救。

5）电击者呼吸或心脏跳动完全停止，应立即施行人工呼吸和胸外心脏挤压法急救。

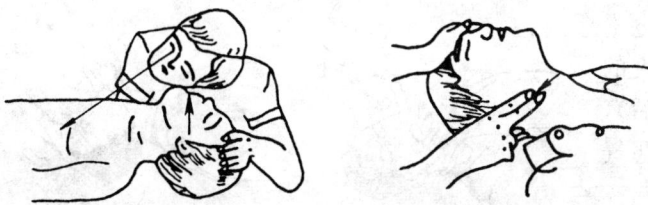

图 1-15　看、听、试的操作方法示意图

（2）急救的方法。

1）胸外心脏挤压法的操作步骤。

a. 将电击者仰卧于硬板上或地上，解开上衣并松开裤带，救护人跪跨在电击者腰间或胸侧，如图1-16（a）所示。

b. 救护人两手相叠，手掌根部放在心窝上方、胸骨下$\frac{1}{3} \sim \frac{1}{2}$处，把中指尖对准其颈部凹陷的下边缘，即"当胸一手掌，中指对凹腔"，手掌的根部就是正确的压点，如图1-16（b）所示。

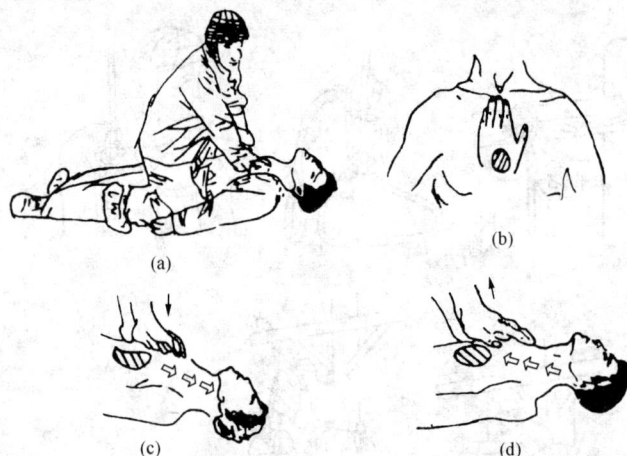

图 1-16　胸外心脏挤压法的操作步骤
(a) 跨跪腰间；(b) 正确压点；(c) 向下挤压；(d) 突然放松

c. 掌根用力垂直向下向脊柱方向挤压，压出心脏里的血液，如图 1-16 (c) 所示。对成人的胸骨可压下 3～4cm。

d. 挤压后，掌根要突然放松（但手掌不要离开胸壁），使电击者胸部自动复原。此时，心脏舒张后血液又回流到心脏里来，如图 1-16 (d) 所示。以上步骤连续不间断地反复进行，每一次 1s，每分钟不少于 60～70 次为宜。当电击者心跳、呼吸全部停止时，应同时进行口对口人工呼吸和胸外心脏挤压法。如果现场仅一个人抢救，两种方法应交替进行，每吹气 2～3 次，再挤压 10～15 次，反复交替进行，不能停止。提示：抢救电击者往往需要很长时间（有时要进行 1～2h），必须连续进行，不得间断，直到电击者心跳和呼吸恢复正常，电击者面色好转、嘴唇红润、瞳孔缩小，才算抢救完毕。

2) 口对口人工呼吸法的操作步骤。

a. 将电击者仰卧，解开衣领，松开上身的紧身衣并放松裤带，然后将电击者的头偏向一侧，张开其嘴，用手指清除口腔中的假牙、血块、呕吐物等，如图 1-17 (a) 所示，使呼吸道畅通。

b. 使电击者头部充分后仰，鼻孔朝天，如图 1-17 (b) 所示。为使电击者头部后仰，可在其颈下垫适量厚度的物品（最好用一只手托在电击者颈后），但严禁垫在头下，以防舌下坠阻塞气流，如图 1-18 所示。

c. 救护人在电击者头部的一侧，用一只手捏紧其鼻孔保持不漏气，另一只手将其下颌拉向前下方（或托住其后颈），使嘴巴张开，准备接受吹气。救护人深吸一口气，然后用嘴紧贴电击者的嘴巴向其大口吹气，时间约 2s，同时观察其胸部是否膨胀，以确定吹气是否有效和适度，如图 1-17 (c) 所示。

d. 救护人吹气完毕换气时，应立即离开电击者的嘴巴，并松开捏紧的鼻孔，让电击者自动地呼气，使肺内气体

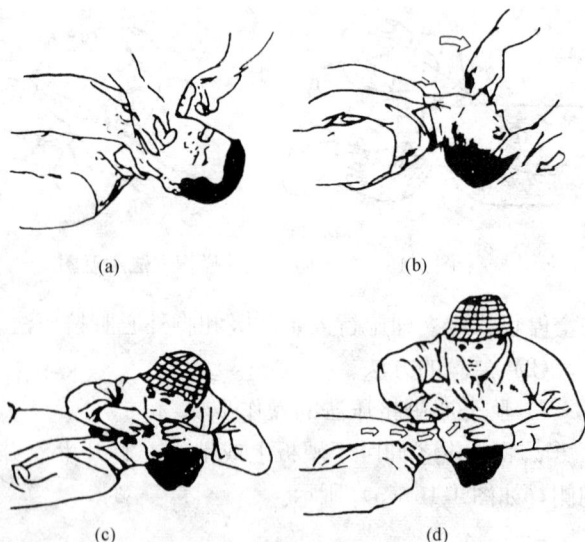

图 1-17　口对口人工呼吸法的操作步骤
(a) 清理口腔防阻塞；(b) 鼻孔朝天头后仰；
(c) 捏紧鼻子、大口吹气；(d) 放松鼻孔、自身呼气

排出，如图 1-17（d）所示。

（二）具体模拟电击急救操作

1. 准备

运动垫、FSR 心肺复苏模拟人。

2. 操作要领及要求

（1）胸外心脏挤压法的操作要领是：救护人手掌根的
压点要正确，用力的方向是垂直向下向脊柱方向挤压，并
在挤压后突然放松，使电击者的胸部自动复原，应连续不
断地反复进行，每分钟不少于 60～70 次。

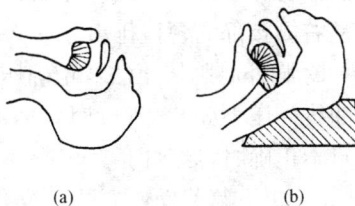

图 1-18　气道状况
(a) 气道通畅；(b) 气道阻塞

（2）口对口人工呼吸法的操作要领是：救护人向电击者嘴巴大口吹气时，要用一只手捏
住其鼻孔保持不漏气，吹气完毕换气时，应立即离开电击者的嘴巴并同时松开捏紧的鼻孔，
让电击者自由呼气。

要求学生能达到熟练掌握电击急救的正确操作方法。

（3）FSR 心肺复苏模拟人简介。FSR 心肺复苏人是一男性模
拟人体，其结构示意图如图 1-19 所示。其形态逼真，肤色自然，
能进行正确和实际的人工呼吸、胸外挤压等操作训练。为提高操作
训练的真实感和培训效果，该模拟人能对口对口人工呼吸和胸外挤
压法的操作正确与否、次数和效果进行显示、计数；记录瞳孔、颈
动脉的自行缩小、搏动。其使用方法如下。

1）使用前的检查：模拟人在使用前，应认真检查所有的设备
是否完好，功能是否正常，具体方法如下。

a. 将模拟人仰卧躺平后，将电控制器的 15 芯插头插入右侧腰
部的 15 芯插座上。

b. 按下电控制器的"电源"键，检查电源指示灯是否亮。

c. 按"清零"键，将两组计数器处于零态。

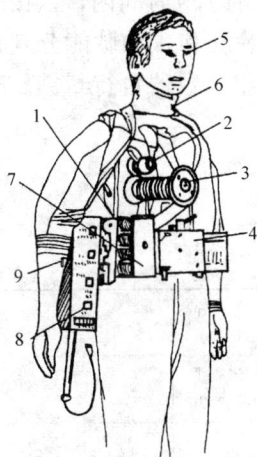

图 1-19　FSR 心肺复苏模
拟人结构示意图
1—男性成人躯体；2—呼吸
系统；3—按压装置；4—记
录仪；5—眼睛；6—颈动脉；
7—电池盒；8—电路控制器；
9—肘关节处浅表静脉

d. 尽量使模拟人头部后仰，吹气使胸部抬起，检查呼吸计数
器是否计数和绿灯是否亮。

e. 两手放在胸骨下半部、高于剑突的部位，将胸骨压下 3.8～
5cm，检查按压是否计数和黄灯是否亮；将手移到其他部位按压，
检查按压错位的红灯是否亮。

f. 检查两眼瞳孔是否处于放大状态，如不处于放大状态应按"复位"键。

g. 按下"节拍"键，应听到有节奏的节拍声。

h. 按下"记录键"，检查记录仪是否将记录纸从模拟人右侧的槽中输出等。

2）单项操作：操作前，先将选择开关置于"单项"处，然后按下"电源"键，再按
"清零"键。进行胸外按压前，还应按下"节拍"键。

a. 开放气道方法：当模拟人头部平躺时，其气道管路堵塞，气吹不进肺部；当模拟人
头部向后仰时，呼吸道通畅，空气进入肺部。

b. 人工呼吸方法：模拟人头部后仰进行口对口人工呼吸，肺部进气时，呼吸器带动肺
活量记录笔，在记录纸上画出进气量曲线；当进气量超过 800mL 时，微型开关动作，电路

控制器的呼吸计数器进行计数、绿灯亮；当进气量少于 800mL 时，绿灯熄灭，排气由排气管从右侧腰部的管口排出。

c. 胸外心脏挤压法：正确压点压下时，按压活塞带动按压记录笔，在记录纸上画出按压曲线。压下 3.8～5cm 时，微动开关动作，电路控制器的按压计数器进行计数、黄灯亮。压点不正确时，红灯亮。

3) 单人复苏操作方法：操作前，先将选择开关置于"单人"处，按下电源键后再按"复位"键和"节拍"键，使两眼瞳孔放大并听到有节奏的节拍声，最后清零。在按"清零"键后的 75s 时间内，以按压 15 次、进气 2 次，重复 4 遍，两组计数器应能分别计数和显示，两眼瞳孔和颈动脉能分别自行缩小和搏动，并有乐曲播出。若按压和进气不按 15：2 进行操作，分组计数器自行封锁，并出现连续音调；若单人操作时间超过 75s，计数器显示"88"不正确数字。

4) 双单人复苏操作方法：操作前，先将选择开关置于"双单人"处，按下电源键后再按"复位"键和"节拍"键，最后按"清零"键。在按"清零"键后的 75s 时间内，以按压 5 次、进气 1 次，重复 13 遍，则两组计数器分别计数和显示、两眼瞳孔和颈动脉能分别自行缩小和搏动，并有乐曲播出。若按压和进气不按 5：1 操作，则两组计数器自行封锁。若操作时间超过 75s，两组计数器显示"88"不正确数字。

**四、评分标准**

模拟电击现场急救技能考试项目及评分标准见表 1-8。

表 1-8           模拟电击现场急救技能考试项目及评分标准

| 姓 名 | | 学 号 | | 班 级 | | 总 分 100 分 | |
|---|---|---|---|---|---|---|---|
| 时 间 定 额 | | 实际操 作时间 | | 超 时 | | 考试 日期 | |
| 考核项目 | 考核内容及要求 | | 配 分 | 评分标准 | | 扣分 | 得分 | 备注 |
| 主 要 项 目 | 一、设备、材料准备 选用正确、戴安全帽 | | 10 | (1) 违反一项扣 5 分 (2) 不戴安全帽扣 5 分 | | | | |
| | 二、使用前的检查 认真按 8 个操作步骤进行 | | 10 | 一个步骤不正确扣 2 分 | | | | |
| | 三、开放气道方法 正确操作，空气吹入模拟人肺部 | | 10 | 空气吹不进肺部扣 10 分 | | | | |
| | 四、人工呼吸方法 进气量达到要求，操作姿势正确 | | 15 | 达不到进气量扣 10 分 | | | | |
| | 五、胸外心脏挤压法 压点正确，按压曲线符合要求 | | 15 | (1) 压点不正确扣 5 分 (2) 曲线不合要求扣 10 分 | | | | |
| | 六、单人复苏操作 正确操作，有乐曲播出 | | 15 | 无乐曲播出扣 10 分 | | | | |
| | 七、双人复苏操作 正确操作，有乐曲播出 | | 20 | 无乐曲播出扣 10 分 | | | | |
| 安全文明操作 | 工作结束整理设备、工具材料并清理现场 | | 5 | (1) 不做一项扣 2 分 (2) 违章扣 5 分 | | | | |

## 第五节　剩余电流总保护装置检修与现场测试技能训练

### 一、实训目的

（1）根据某单位现场对××变压器台区剩余电流总保护装置的检修测试作业指导书进行操作。

（2）通过现场规范化操作，掌握保证安全的组织措施和技术措施的实施步骤。

### 二、剩余电流总保护装置检修与测试作业指导书范本

指导书范本如下。

#### ××变压器台区剩余电流总保护装置检修测试作业指导书

编写：＿＿＿＿＿　＿＿＿＿＿年＿＿＿＿＿月＿＿＿＿＿日

审核：＿＿＿＿＿　＿＿＿＿＿年＿＿＿＿＿月＿＿＿＿＿日

批准：＿＿＿＿＿　＿＿＿＿＿年＿＿＿＿＿月＿＿＿＿＿日

作业负责人：＿＿＿＿＿＿＿＿＿＿＿＿＿＿＿＿＿＿＿

作业时间　　年　月　日　时至　　年　月　日　时

#### ××模拟实训场

### 一、实施范围

本作业指导书适用于××10kV××线 3# 杆配变台区剩余电流总保护装置检测作业。

### 二、引用文件

1. DL 408—1991《电业安全工作规程》（发电厂和变电所部分）
2. 国家电网总［2003］407 号安全生产工作规定
3. DL 477《农村低压电气安全工作规程》
4. DL 499《农村低压电力技术规程》
5. DL 493《农村安全用电规程》
6. DL/T 736—2000《剩余电流动作保护器农村安装运行规程》
7. GB 13955—2005《剩余电流动作保护装置安装和运行》

### 三、检修测试前准备

（一）准备工作安排

| 完成情况√ | 序号 | 内　容 | 标　准 | 责任人 | 备注 |
|---|---|---|---|---|---|
| | 1 | 现场勘察，查阅图纸资料 | 明确作业任务，技术标准 | | |
| | 2 | 准备好测试、检修用的工器具及材料 | 工器具必须有试验合格证，材料应充足齐全 | | |
| | 3 | 填写低压第二种工作票 | 安全措施符合现场实际，按《低压电气安全工作规程》要求进行填写 | | |
| | 4 | 正确着装 | 戴安全帽，穿工作服、绝缘鞋 | | |
| | 5 | 学习作业指导书、工作票，明确停电范围、带电部位、安全措施及危险点 | 工作班组必须全员参加，认真学习，全面分析 | | |

## （二）人员要求

| 完成情况√ | 序号 | 内　容 | 责任人 | 备　注 |
|---|---|---|---|---|
| | 1 | 本周期经县级以上医疗机构体检合格，工作人员作业前身体状况、精神状态良好 | | |
| | 2 | 所有作业人员必须具备必要的电气知识，基本掌握专业作业技能及《电业安全工作规程》的相关知识，会紧急救护法，并经《电业安全工作规程》考试合格 | | |
| | 3 | 工作负责人必须是经××部门批准的人员担任 | | |

## （三）备品备件

| 完成情况√ | 序号 | 名　称 | 规　格 | 单　位 | 数　量 | 备　注 |
|---|---|---|---|---|---|---|
| | 1 | 鉴相鉴幅漏电继电器 | JD41-250 | 台 | 1 | |
| | 2 | 漏电继电器 | DZL 18-20 | 台 | 3 | |
| | 3 | 接线灯 | 220V 40W | 只 | 3 | |
| | 4 | 熔断器 | RT14-20 | 只 | 1 | |
| | 5 | 自动空气开关 | C65N | 只 | 9 | |
| | 6 | 接触器 | MYC10-10 | 只 | 3 | |
| | 7 | 缠线管 | 3$^{\#}$ | m | 10 | |
| | 8 | 二次回路专用接线端子 | 三相四线 | 只 | 2 | |
| | 9 | 绝缘单股铜芯线 | BV-4mm² | m | 40 | 黄、绿、红、黑线各 10m |

## （四）工器具
### 1. 专用工具

| 完成情况√ | 序号 | 名　称 | 规　格 | 单　位 | 数　量 | 备　注 |
|---|---|---|---|---|---|---|
| | 1 | 电钻 | 10″ | 把 | | 按需求配备 |
| | 2 | 手钻 | 6″ | 把 | | 按需求配备 |
| | 3 | 绝缘鞋 | 高压 | 双 | | 按需求配备 |
| | 4 | 绝缘手套 | 低压 | 副 | | 按需求配备 |
| | 5 | 试跳接线灯组 | 220V 15W | 副 | | 按需求配备 |
| | 6 | 固定电阻器 | 220V 3~7kΩ | 只 | | 按需求配备 |

### 2. 常用工具

| 完成情况√ | 序号 | 名　称 | 规　格 | 单　位 | 数　量 | 备　注 |
|---|---|---|---|---|---|---|
| | 1 | 钢丝钳 | 8″ | 把 | 1 | |
| | 2 | 尖嘴钳 | 6″ | 把 | 1 | |
| | 3 | 剥线钳 | 6″ | 把 | 1 | |

续表

| 完成情况√ | 序 号 | 名 称 | 规 格 | 单 位 | 数 量 | 备 注 |
|---|---|---|---|---|---|---|
| | 4 | 斜口钳 | 6″ | 把 | 1 | |
| | 5 | 活动扳手 | 10″~12″ | 把 | 2 | 各1把 |
| | 6 | 十字螺丝刀 | 4″~6″ | 把 | 2 | 各1把 |
| | 7 | 一字螺丝刀 | 4″~6″ | 把 | 2 | 各1把 |
| | 8 | 电工刀 | | 把 | 1 | |
| | 9 | 试电笔 | 500V | 只 | 1 | |

### 3. 仪器、仪表

| 完成情况√ | 序 号 | 名 称 | 型 号 | 单 位 | 数 量 | 备 注 |
|---|---|---|---|---|---|---|
| | 1 | 钳形电流表 | 交直流 | 块 | 1 | |
| | 2 | 万用表 | 交直流 | 块 | 1 | |
| | 3 | 摇表 | 500V | 台 | 1 | |
| | 4 | 剩余电流保护装置测试仪 | LDC-J1 | 台 | 1 | |

### （五）危险点分析及控制措施

| 完成情况√ | 序 号 | 危 险 点 | 控 制 措 施 |
|---|---|---|---|
| | 1 | 工作负责人不熟悉工作环境，工作任务不明确 | 工作负责人必须认真审阅工作任务通知单或工作票，明确施工内容、地点以及采取相关的安全措施 |
| | 2 | 工作班成员不协调好，工作内容不详 | 工作负责人必须注意工作成员的思想动态和身体状况，合理安排施工人员 |
| | 3 | 使用超过试验周期的绝缘工具 | 设立工具材料保管员，定期对工具进行检查、检测 |
| | 4 | 未挂标示牌或施工地段未采取相应的安全措施 | 施工前要核对安全措施是否完善，竣工后要检查安全措施是否拆除 |
| | 5 | 未验电就从事电气工作 | 必须确保安全技术措施的落实，验电时须有专人监护 |
| | 6 | 运行漏电保护装置时，未注意送电顺序 | 测试前工作负责人交待好送电顺序，监护人按要求做好监护工作 |
| | 7 | 工器具使用不当导致事故 | 按规定要求正确使用工器具 |
| | 8 | 带电测试时，未按带电作业要求进行工作 | 工作负责人交待好带电作业要求，监护人按要求做好监护工作 |
| | 9 | 停电检修时，未验电就从事检修工作 | 必须确保安全技术措施的落实，验电时须有专人监护，检查是否有明显的断开点 |
| | 10 | 检修工作结束后，再次通电测试时，未按要求进行工作 | 必须确保安全技术措施的落实，监护人按要求做好监护工作 |

### （六）安全措施

| 完成情况√ | 序　号 | 内　　容 |
|---|---|---|
| | 1 | 现场施工须根据现场安全要求，制定出相应的安全措施，进行危险点预测分析，确保安全的组织措施和技术措施落实 |
| | 2 | 作业人员工作时必须着装正确，合理使用防护用品，不允许配带金属物品（如戒指，手链等）进行作业 |
| | 3 | 现场带电工作时，必须站在绝缘垫上，戴绝缘手套，使用带绝缘手柄的工具，并且将邻近的带电部分和导体用绝缘器材隔离，防止造成短路或接地 |
| | 4 | 验电时应查明线路供电方向，采取保护措施，并有专人监护并逐项进行 |
| | 5 | 工作人员及其所携带的工具、材料与带电体保持足够的安全距离 |
| | 6 | 必须由一人操作，另一人监护，监护人员由技术经验水平较高者担任 |
| | 7 | 工作现场设备带电运行时，必须有明显的带电区域标志 |
| | 8 | 导线拆、接时，应使用绝缘工具、手套，严防短路或接地，拆下的线头要包好，并做好标志和记录 |
| | 9 | 严禁酒后驾驶机动车辆 |
| | 10 | 设立现场工器具、材料管理专职人员，做好发放及回收清点工作 |
| | 11 | 一般废弃物应放在就近城市环卫系统设定的垃圾箱内，不得随便乱扔 |
| | 12 | 雷电时，严禁带电工作及装拆熔断器 |
| | 13 | 工作完毕后，应有专人检查安全设施是否拆除 |

### （七）作业分工

| 完成情况√ | 序号 | 作业内容 | 工作负责人 | 监护人 | 作业人员 |
|---|---|---|---|---|---|
| | 1 | 填写低压第二种工作票 | | | |
| | 2 | 工器具、材料的领用及检查 | | | |
| | 3 | 做好带电作业的安全技术措施 | | | |
| | 4 | 试运行漏电保护装置 | | | |
| | 5 | 带电测试漏电保护装置 | | | |
| | 6 | 停电、验电、挂接地线、悬挂标示牌及装设遮栏 | | | |
| | 6 | 检修漏电保护装置 | | | |
| | 7 | 测试剩余电流保护装置的动作电流和动作时间 | | | |
| | 8 | 填写故障记录、试验记录 | | | |
| | 9 | 竣工 | | | |

## 四、作业程序

### （一）开工

| 完成情况√ | 序号 | 内　　容 | 作业人员签字 |
|---|---|---|---|
| | 1 | 工作负责人对本班人员进行明确分工，并在开工前检查所有工作人员劳动防护用品及施工材料配置 | |
| | 2 | 在本作业负责人带领下进入作业现场，站队"三交"，详细交待工作任务、安全措施及注意事项，全体人员应明确作业范围，进度要求等内容，作业人员知晓后签字确认 | |
| | 3 | 工作负责人发布开工令 | |

（二）作业内容及标准

漏电保护装置检测及故障排除。

| 完成情况√ | 序号 | 作业步骤及标准 | 安全措施注意事项 | 责任人签字 |
|---|---|---|---|---|
| | 1 | 通电，试运行漏电保护装置 | （1）做好安全措施，保持足够的安全距离<br>（2）熟悉漏电保护装置安装接线原理图<br>（3）注意送电顺序为：闸刀开关—自动开关—剩余电流总保护装置—支路开关 | |
| | 2 | 如故障跳闸、则带电测试漏电保护装置，查线路和设备，查出故障原因 | （1）注意试电笔、万用表的正确使用方法<br>（2）注意带电作业的步骤和方法 | |
| | 3 | 停电检修 | （1）注意停电的步骤和方法，闸刀开关是否有明显的断开点<br>（2）检修时，注意更换的设备和导线是否一致 | |
| | 4 | 通电，试验 | （1）按正确步骤试验<br>（2）注意带电作业的步骤和方法 | |
| | 5 | 测试剩余电流保护装置的动作电流和动作时间 | （1）按剩余电流保护装置测试仪说明书进行接线和测试<br>（2）注意带电作业的步骤和方法 | |
| | 6 | 填写低压电网总保护运行记录、试验记录 | | |

（三）竣工

| 完成情况√ | 序号 | 内容 | 负责人员签字 |
|---|---|---|---|
| | 1 | 检修与试验完毕后，检查、清理工作现场 | |
| | 2 | 清理工作现场，将工器具全部收拢并清点，废弃物按相关规定处理，剩余材料及备品备件回收清点 | |
| | 3 | 检查工作完成后，拆除临时安全措施 | |
| | 4 | 经检查无问题后，工作负责人向工作许可人汇报，履行工作终结手续 | |
| | 5 | 所有工作班成员站队，进行本次作业小结，并整理资料，存档 | |

## 五、消缺记录

| 完成情况√ | 序号 | 缺陷内容 | 消除人员签字 |
|---|---|---|---|
| | 1 | | |
| | 2 | | |

## 六、验收总结

| 序号 | 检修总结 | |
|---|---|---|
| 1 | 验收评价 | |
| 2 | 存在问题及处理意见 | |

## 七、附录

附录一：剩余电流总保护装置分路安装接线参考图（见图1-20）

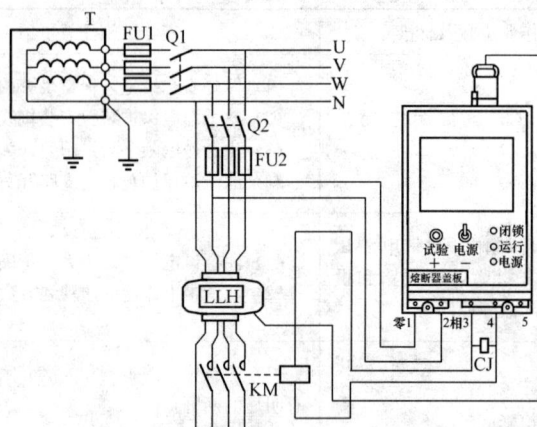

图 1-20　剩余电流总保护装置分路安装接线参考图

附录二：低压第二种工作票

### 低压第二种工作票（不停电作业）

编号：＿＿＿＿＿＿

1. 工作单位：＿＿＿＿＿＿＿＿＿＿＿＿＿＿＿＿＿＿＿＿＿＿＿＿＿＿＿＿＿＿＿＿＿＿

2. 工作负责人：＿＿＿＿＿＿＿＿＿＿＿＿＿＿＿＿＿＿＿＿＿＿＿＿＿＿＿＿＿＿＿＿

3. 工作班成员：＿＿＿＿＿＿＿＿＿＿＿＿＿＿＿＿＿＿＿＿＿＿＿＿＿＿＿＿＿＿＿＿

4. 工作任务：＿＿＿＿＿＿＿＿＿＿＿＿＿＿＿＿＿＿＿＿＿＿＿＿＿＿＿＿＿＿＿＿＿

5. 工作地点与杆号：＿＿＿＿＿＿＿＿＿＿＿＿＿＿＿＿＿＿＿＿＿＿＿＿＿＿＿＿＿

6. 计划工作时间：自＿＿＿＿年＿＿＿＿月＿＿＿＿日＿＿＿＿时＿＿＿＿分

　　　　　　　　至＿＿＿＿年＿＿＿＿月＿＿＿＿日＿＿＿＿时＿＿＿＿分

7. 注意事项（安全措施）：＿＿＿＿＿＿＿＿＿＿＿＿＿＿＿＿＿＿＿＿＿＿＿＿＿＿

＿＿＿＿＿＿＿＿＿＿＿＿＿＿＿＿＿＿＿＿＿＿＿＿＿＿＿＿＿＿＿＿＿＿＿＿＿＿＿＿

8. 工作票签发人（签名）：＿＿＿＿年＿＿＿＿月＿＿＿＿日＿＿＿＿时＿＿＿＿分

　工作负责人（签名）：（开工）＿＿＿＿年＿＿＿＿月＿＿＿＿日＿＿＿＿时＿＿＿＿分

　　　　　　　　　（终结）＿＿＿＿年＿＿＿＿月＿＿＿＿日＿＿＿＿时＿＿＿＿分

　工作许可人（签名）：（开工）＿＿＿＿年＿＿＿＿月＿＿＿＿日＿＿＿＿时＿＿＿＿分

　　　　　　　　　（终结）＿＿＿＿年＿＿＿＿月＿＿＿＿日＿＿＿＿时＿＿＿＿分

9. 现场补充安全措施（工作负责人填）：＿＿＿＿＿＿＿＿＿＿＿＿＿＿＿＿＿＿＿

＿＿＿＿＿＿＿＿＿＿＿＿＿＿＿＿＿＿＿＿＿＿＿＿＿＿＿＿＿＿＿＿＿＿＿＿＿＿＿＿

10. 备注：＿＿＿＿＿＿＿＿＿＿＿＿＿＿＿＿＿＿＿＿＿＿＿＿＿＿＿＿＿＿＿＿＿＿

11. 工作班成员签名：＿＿＿＿＿＿＿＿＿＿＿＿＿＿＿＿＿＿＿＿＿＿＿＿＿＿＿＿

注：此工作票除注明外均由工作负责人填写。

## 八、评分标准

剩余电流总保护装置检修与测试技能考试项目及评分标准见表1-10。

表 1-10　　　　　　剩余电流总保护装置检修与测试技能考试项目及评分标准

| 姓　名 | | 学　号 | | 班　级 | | 总　分 100分 | | |
|---|---|---|---|---|---|---|---|---|
| 时　间 定　额 | | 实际操 作时间 | | 超　时 | | 考　试 日　期 | | |
| 考核项目 | 考核内容及要求 | 配分 | | 评分标准 | | 扣分 | 得分 | 备注 |
| 主<br><br>要<br><br>项<br><br>目 | 一、设备、材料准备 选用正确、正确着装 | 10 | | (1) 违反一项扣5分 (2) 着装不标准扣5分 | | | | |
| | 二、试运行漏电保护装置送电顺序为：闸刀开关——自动开关——剩余电流总保护装置——支路开关 | 10 | | 一个步骤不正确扣2分 | | | | |
| | 三、带电测试 查出故障原因 | 20 | | (1) 没有按安全规定带电测试扣5分 (2) 不能查出故障原因扣15分 | | | | |
| | 四、检修 停电检修，有明显的电源断开点 | 20 | | (1) 停电顺序不正确扣5分 (2) 检修时的安全措施不完善一项扣5分，不做扣20分 | | | | |
| | 五、试验 (1) 按试验按钮3次，重合要间隔10s (2) 试验电阻接地3次，重合要间隔10s (3) 带负荷分合3次，重合要间隔10s | 20 | | (1) 按试验按钮次数不正确扣5分，重合间隔一次不正确扣5分 (2) 试验电阻接地操作不正确扣5分 (3) 带负荷分合次数不正确扣5分 | | | | |
| | 六、测试 利用剩余电流保护装置测试仪测试剩余电流保护装置的动作电流和动作时间 | 10 | | (1) 接线不正确扣5分 (2) 不能正确测试动作电流和动作时间各扣5分 | | | | |
| | 七、填写故障记录、试验记录 | 5 | | 不能正确填写故障记录、试验记录各扣5分 | | | | |
| 安全文明操作 | 工作结束整理设备、工具材料并清理现场 | 5 | | (1) 不做一项扣2分 (2) 违章扣5分 | | | | |

# 小　　结

安全以预防为主。电气安全主要包括人身安全和设备安全两大类。通过本章的学习、实训，要求学会和掌握如下内容。

（1）为了减免电击事故发生，必须采取有效的预防措施。常用的预防措施有：绝缘保护、安全电压、屏护、设安全标志等。此外还有采用保护接地、保护接中性线、中性线重复接地及安装使用剩余电流保护装置等措施。

（2）保证安全的组织和技术措施、文明生产是实现安全用电的可靠保证。维修电工专业人员操作前必须接受安全教育，掌握基本安全知识。

（3）人体因触及带电导体，电流会通过人体而造成电击。通过人体电流的大小、持续时间的长短、流过人体的路径、电流的种类与频率高低以及电击者身体健康状况等，都会影响电击对人体的伤害程度。

（4）电击形式有单相电击、两相电击和跨步电压电击。

（5）发生电击事故时，应迅速采取有效的急救措施。电击急救操作分为迅速脱离电源、就地急救、急送医院救护三个过程。

## 思 考 与 练 习 一

1. 电流对人体的伤害有哪几种？伤害程度与哪些因素有关？
2. 使用安全电压的意义是什么？
3. 电击的形式有几种？
4. 电击事故一般有什么规律？
5. 常用的预防电击措施有哪些？
6. 剩余电流保护装置有什么作用？哪些场所必须安装剩余电流保护装置？
7. 剩余电流保护装置的安装有什么要求？试述如何正确安装单相剩余电流保护装置。
8. 文明生产的基本要求有哪些？
9. 保证安全的组织措施和技术措施有哪些？
10. 试述如何进行停电、验电、装设接地线的操作。
11. 带电作业时应注意什么问题？
12. 如何防止维修电工在工作时存在不良的心理状态？
13. 发现有人电击，你如何办？
14. 保护接地与保护接中性线的作用各是什么？
15. 剩余电流保护装置的安装有什么要求？
16. 试述剩余电流总保护装置检修与现场测试的步骤。

# 第二章

# 维修电工基本技能实训

维修电工基本技能实训包括常用电工工具的使用、导线的连接、电工施工识图、屋内配线工艺等内容。它是培养维修电工实践操作能力的基础。

## 第一节 维修电工常用工具

常用维修电工工具主要包括通用电工工具和公用电工工具两个部分。

### 一、通用电工工具

通用电工工具是指电工工作时的常备工具，如试电笔、钢丝钳、尖嘴钳、电工刀、剥线钳及活络扳手等，如表2-1所示。

表 2-1　　　　　　　　　　　通 用 电 工 工 具

| 名 称 | 示 意 图 | 使 用 说 明 |
|---|---|---|
| 试电笔 | 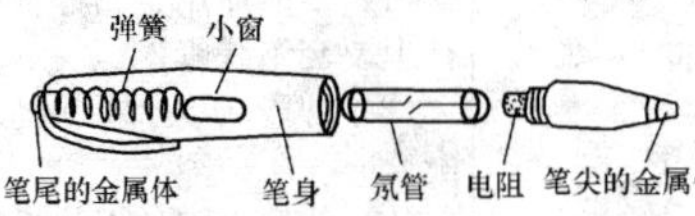 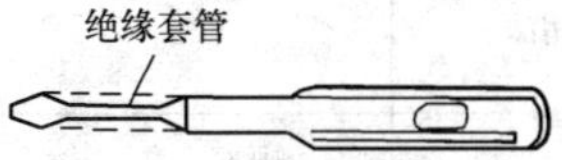 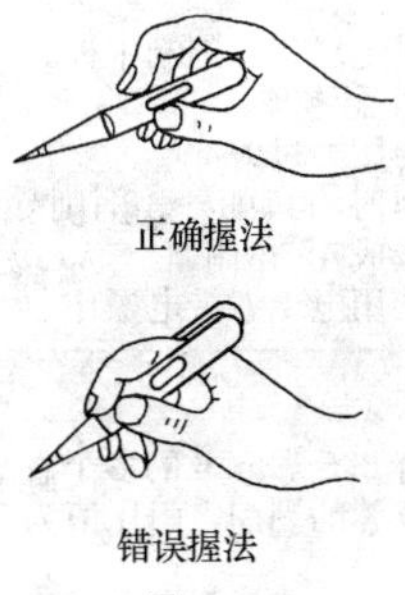 弹簧　小窗<br>笔尾的金属体　笔身　氖管　电阻　笔尖的金属体<br><br>绝缘套管<br><br>正确握法　　正确握法<br>错误握法　　错误握法<br>图（a） 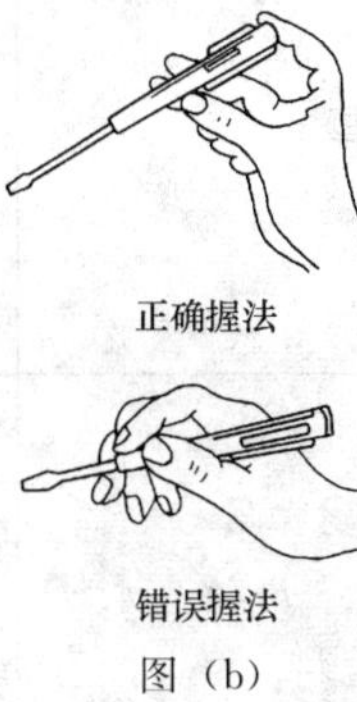　　图（b） | 1. 用途<br>（1）测试500V以下导体或各种用电设备外壳是否带电<br>（2）区别相线和中性线，相线发亮，零线一般不发亮<br>（3）区别电压高低：电压越高，光越亮<br>（4）检查接线接头：连接不良，氖灯出现闪烁<br>2. 使用注意事项<br>（1）检查试电笔是否损坏。合格后才可使用，每次使用前，应先在有电的带电体上试验<br>（2）用手指握住验电笔身，让笔尖的金属体接触带电部位，食指触及笔身金属体（尾部），验电笔的小窗口朝向自己眼睛，图（a）为钢笔式试电笔的用法，图（b）为螺丝刀式试电笔的用法 |
| 钢丝钳 | 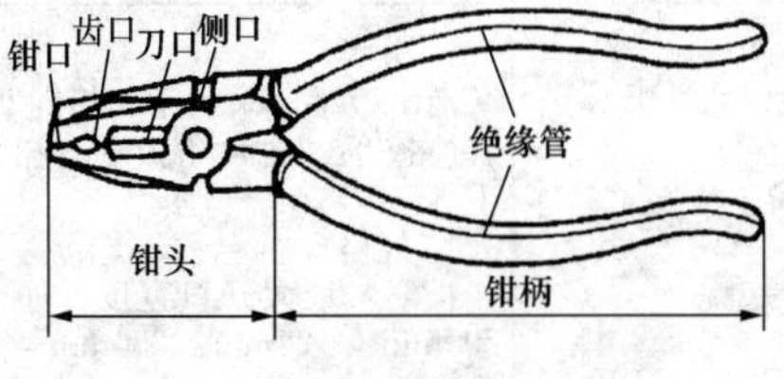 齿口　刀口　侧口<br>钳口<br>绝缘管<br>钳头<br>钳柄 | 1. 规格<br>150mm，175mm和200mm<br>2. 用途<br>弯绞导线、紧固螺母、剪切导线、侧切钢丝<br>3. 使用注意事项<br>（1）绝缘护套耐压值500V，只能适用于低压带电设备<br>（2）切勿将绝缘手柄碰伤、损伤或烧伤，并注意防潮<br>（3）带电操作时，手与钢丝钳的金属部分保持2cm以上的距离 |

续表

| 名　称 | 示　意　图 | 使　用　说　明 |
|---|---|---|
| 尖嘴钳 | 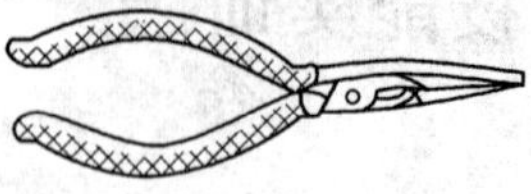 | 1. 规格<br>130mm，160mm，180mm，200mm<br>2. 用途<br>切断较小导线、夹持小螺钉、弯曲导线，剪断较粗的导线用断线钳<br>3. 使用注意事项<br>（1）绝缘手柄损坏，不能切断带电导线。手离金属部分距离不小于 2cm<br>（2）用力勿太猛，防损坏钳头<br>（3）防止生锈 |
| 断线钳 | | |
| 螺丝刀 | **大螺丝刀用法**　　　**小螺丝刀用法** | 1. 规格<br>一字形螺丝刀 100mm、150mm、300mm，十字形螺丝刀Ⅰ、Ⅱ、Ⅲ、Ⅳ号<br>2. 用途<br>一字形螺丝刀用来紧固或拆卸带一字槽的螺钉；十字形螺丝刀是专供紧固或拆卸带十字槽的螺钉<br>3. 使用注意事项<br>（1）不能使用金属杆直通柄顶的旋具，金属杆上要套绝缘管<br>（2）螺丝刀头部厚度应与螺钉尾部槽形相配合<br>（3）注意大螺丝刀与小螺丝刀的不同用法 |
| 电工刀 | 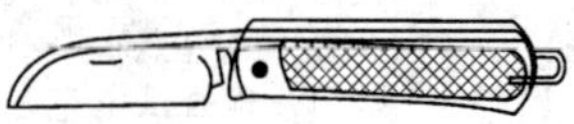 | 1. 规格<br>大号（112mm）和小号（88mm）<br>2. 用途<br>剖削导线绝缘层、削制木榫、割断绳索<br>3. 使用注意事项<br>（1）切勿用力过大<br>（2）割削时刀口朝外。剖削导线绝缘层时，刀面与导线成 45°角倾斜<br>（3）严禁用电工刀带电操作 |
| 剥线钳 | 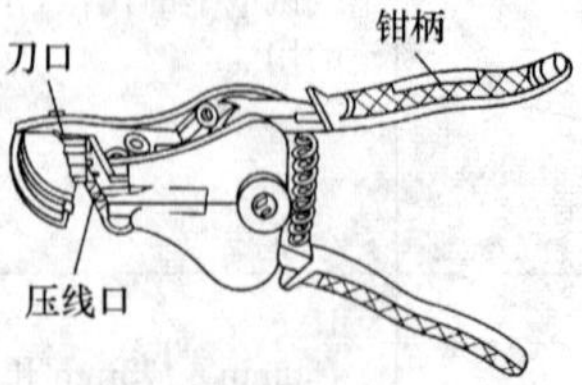 刀口　　钳柄<br>压线口 | 1. 规格<br>剥线钳有 0.5～3mm 的多个直径切口，用于不同规格线芯的剥削，耐压值为 500V<br>2. 用途<br>剥削截面积为 6mm² 以下塑料或橡胶绝缘导线的绝缘层<br>3. 使用注意事项<br>刀口大小必须与导线芯线直径相匹配 |
| 活络扳手 | 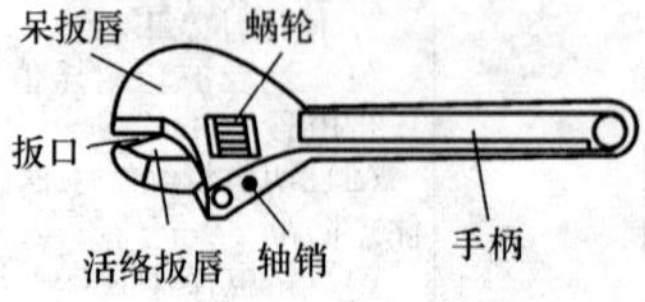 呆扳唇　蜗轮<br>扳口<br>活络扳唇　轴销　手柄 | 1. 分类<br>活络扳手、呆扳手、梅花扳手、两用扳手、套筒扳手、内六角扳手、扭力扳手、专用扳手等<br>2. 规格<br>长度×最大开口宽度，如 150mm×19mm、200mm×24mm、250mm×30mm、300mm×36mm |

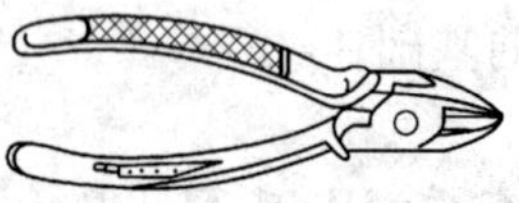

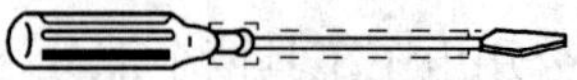

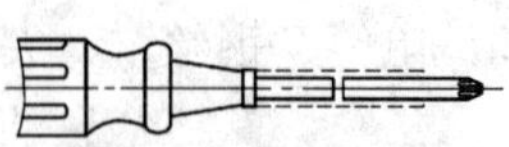

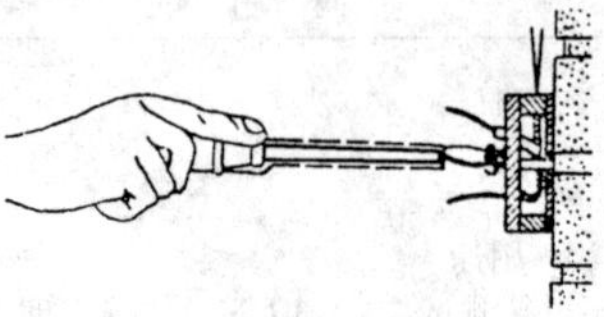

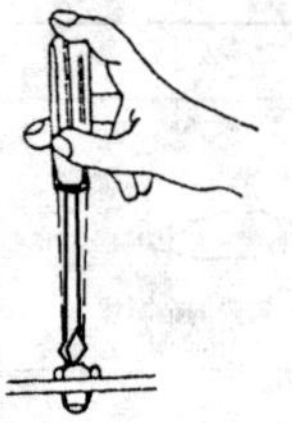

续表

| 名　称 | 示　意　图 | 使　用　说　明 |
|---|---|---|
| 活络扳手 | 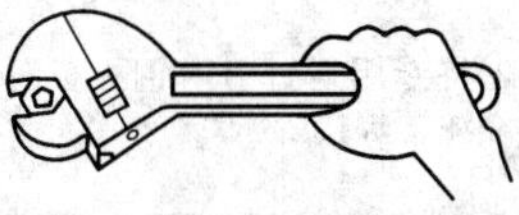 图（a）扳较大螺母时的握法<br><br>图（b）扳较小螺母时的握法<br><br>图（c）错误握法 | 3．用途<br>紧固和松开螺母的一种常用工具<br>4．使用注意事项<br>（1）两手指旋动蜗轮调节扳口的大小，调到比螺母稍大些，卡住螺母，再用手指旋蜗轮使扳口紧压螺母<br>（2）扳动大螺母，手握在柄尾处；扳动小螺母手可握在接近头部的位置<br>（3）不可反用力，不准用钢管套在手柄上作加力杆使用。不准将活络扳手用作撬棍撬重物或当手锤敲打 |

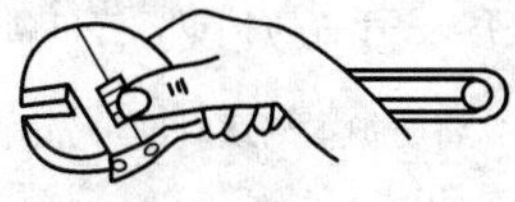

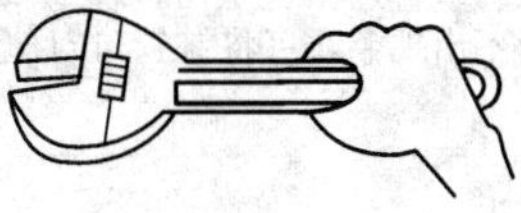

## 二、电工公用工具

电工公用工具包括电钻、射钉枪、喷灯、紧线器、安全带，脚扣、人字梯、压接钳、弯管器、割管器、钢锯、手锤、台钻、电烙铁、长卷尺等，如表 2-2 所示。

表 2-2　　　　　　　　　　　　　电 工 公 用 工 具

| 名称 | 示　意　图 | 使　用　说　明 |
|---|---|---|
| 电钻 |  图（a）<br><br>图（b）<br><br>锤、钻转换开关<br>电源开关<br>图（c） | 1．分类<br>手提式电钻如图（a）所示、手枪式电钻如图（b）所示、冲击电钻如图（c）所示<br>2．用途<br>专用电动钻孔工具<br>3．使用注意事项<br>（1）长期搁置不用的冲击钻，使用前必须用 500V 兆欧表测定相对地的绝缘电阻，其值应不小于 0.5MΩ<br>（2）检查冲击电钻的接地线是否完整，检查电源电压是否与铭牌相符，电源线路上是否有熔断器保护<br>（3）冲击电钻有"钻"和"锤"两个位置，钻头必须锋利，钻孔时遇到坚实物不能加过大压力。冲击钻因故突然堵转时，应立即切断电源<br>（4）钻孔时应经常把钻头从钻孔中拔出以便排除钻屑<br>（5）使用冲击电钻时严禁戴手套<br>（6）装卸钻头时，必须用钻头钥匙，不能用其他工具来敲打夹头 |

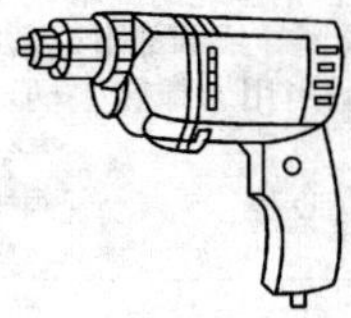

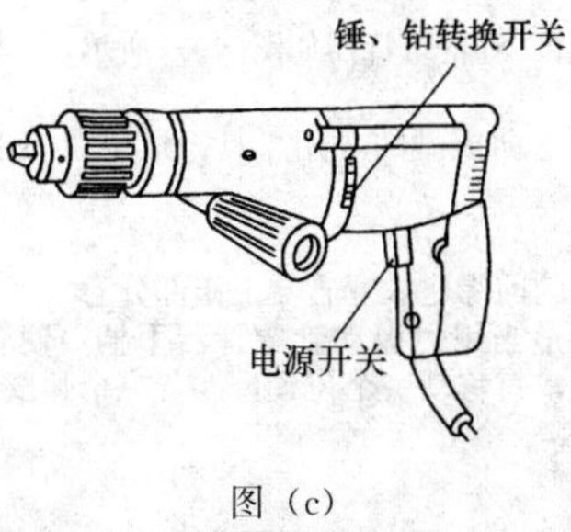

| 名称 | 示 意 图 | 使 用 说 明 |
|---|---|---|
| 射钉枪 | 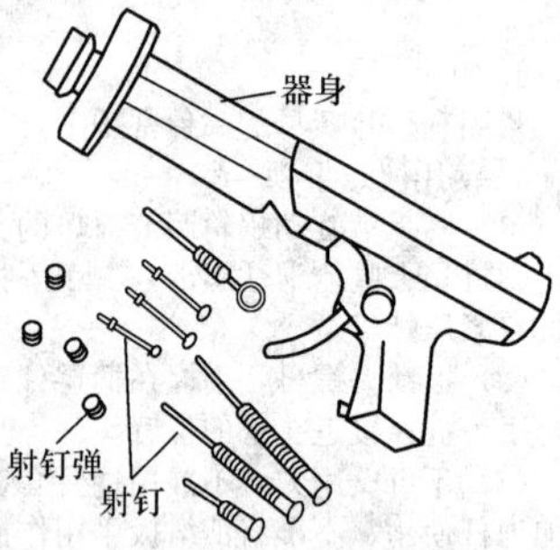 器身<br>射钉弹<br>射钉 | 1. 用途<br>紧固安装工具，将专用射钉射入钢板、混凝土、坚实砖墙内，代替预埋固定、打洞浇注、焊接等<br>2. 使用方法<br>（1）射前准备：把未装弹的射钉器前端抵在施工面上，然后再松开，垫圈夹应凸出防护罩20mm<br>（2）装弹：将前枪部扳开，选择合适的射钉放入管内，再放入相应的弹，一手握把手，一手握防护罩，管口朝下，合上前后部位，其前后管应成一直线<br>（3）作业准备：将防护罩刻线对准事先画的十字坐标线，钉管必须与施工面垂直抵紧<br>（4）击发：先按下保险阻铁，后扣动扳机。扣扳机有两个步骤：轻扣扳机，保险阻铁跳出；立即发火，完成作业<br>（5）退壳：钉管垂直退出施工面，各工作机构复位，扳开压弹处弹壳退出；如有退不出现象，可将钉管口对施工面，轻拍几下即可退出弹壳 |
| 喷灯 | 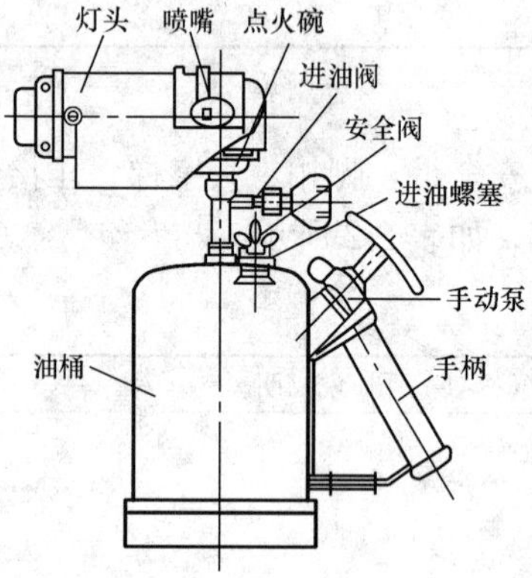 灯头 喷嘴 点火碗<br>进油阀<br>安全阀<br>进油螺塞<br>手动泵<br>油桶<br>手柄 | 1. 用途<br>利用喷射火焰对工件进行加热，如制作电力电缆终端头、焊接电力电缆接头等<br>2. 使用方法<br>（1）加注燃料油，先旋开加油螺塞，注入燃料油，注入油量要低于油桶最大容量的3/4，然后旋紧加油螺塞<br>（2）确认进油阀能可靠关闭，操作手动泵增加油桶内的油压，然后在点火碗中加入燃料油，点燃烧热喷嘴后，再慢慢打开进油阀门，观察火焰。如果火焰喷射力达到要求，即可开始使用<br>（3）手持手柄，使喷灯保持直立，将火焰对准工件即可 |
| 紧线器 | 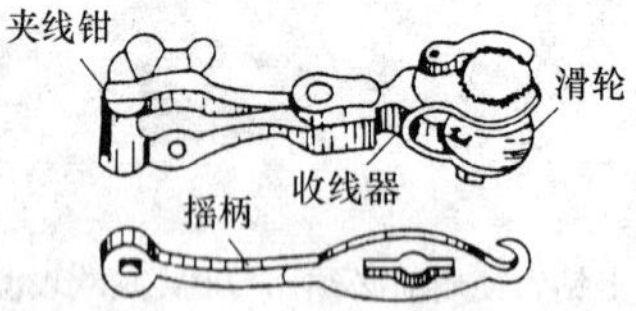 夹线钳<br>滑轮<br>收线器<br>摇柄 | 1. 用途<br>安装架空线路时用以收紧将要固定在绝缘子上的导线，调整弧垂<br>2. 使用方法<br>（1）先将 $\phi$14～16mm 的多股绞合钢丝绳的一端绕于滑轮上拴牢，另一端固定在角钢支架、横担或被收紧导线端部附近紧固的部位<br>（2）用夹线钳夹紧待收导线，适当用力摇转手柄，使滑轮转动，将钢丝绳逐步卷入滑轮内<br>（3）最后将架空线收紧到合适弧垂 |
| 弯管器 |  防锈弯头<br>铁管柄<br><br>图（a） | 1. 分类<br>管弯管器如图（a）所示、滑轮弯管器如图（b）所示<br>2. 用途<br>是在管道配线中将管道弯曲成型的专用工具。适于手工弯曲直径在50mm及以下的线管<br>3. 使用方法<br>（1）将管子要弯曲部分的前缘送入弯管器工作部分<br>（2）用脚踏住管子，手适当用力扳动管弯管器手柄，使管子稍有弯曲，再逐点依次移动弯头，每移动一个位置，扳弯一个弧度 |

续表

| 名称 | 示　意　图 | 使　用　说　明 |
|---|---|---|
| 弯管器 | 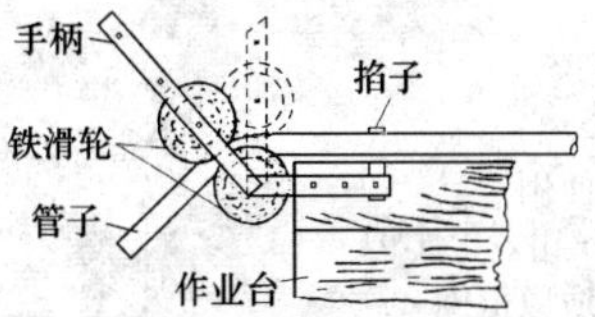 <br>手柄<br>铁滑轮<br>管子<br>拍子<br>作业台<br>图（b） | （3）最后将管子弯成所需要的形状<br>（4）弯曲批量曲率半径相同、直径在 50～100mm 的金属管道时，可采用滑轮弯管器。将钢管穿过两个滑轮之间的沟槽，扳动滑轮手柄，即可弯管 |

# 第二节　常用导线的连接技能训练

## 一、实训目的

（1）掌握常用导线绝缘层的剖削方法。

（2）正确进行导线线头连接和绝缘层的恢复。

## 二、工具、设备与材料

电工刀、剥线钳、钢丝钳、尖嘴钳、压接钳、护套线、橡皮线、花线、橡套电缆、7 芯多股铝线、$\phi$1mm 漆包线、接线耳、中性凡士林油或导电脂、砂布、工具袋、工具皮插等。

## 三、实训步骤与工艺要求

安装与检修线路时，经常需要把一根导线与另一根导线连接起来，或把导线端头固定于电气设备上。这些连接点通常称为接头。导线的连接方法主要有绞接、焊接、压接和螺栓连接等。

导线的连接应符合连接紧密、接触电阻最小、连接处的机械强度和绝缘强度与非连接处相同的要求。

导线连接分为四个步骤：剖削绝缘；导线线芯连接；接头焊接或压接；恢复绝缘。

### （一）导线绝缘层的剖削

导线线头绝缘层的剖削方法有直剖削法、斜剖削法和分段剖削法三种，见表 2-3。

**表 2-3**　　　　　　　　　　　导线线头绝缘层的剖削方法

| 剖削方法 | 示　意　图 | 适　用　范　围 |
|---|---|---|
| 直剖削法 | 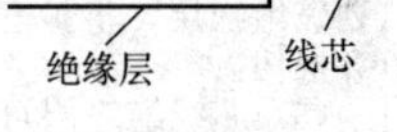 <br>绝缘层　　线芯 | 单层绝缘导线，如塑料绝缘线 |
| 斜剖削法 | 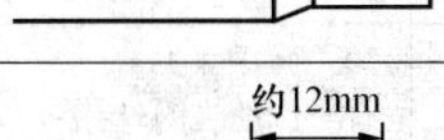 | 单层绝缘导线，如塑料绝缘线 |
| 分段剖削法 | 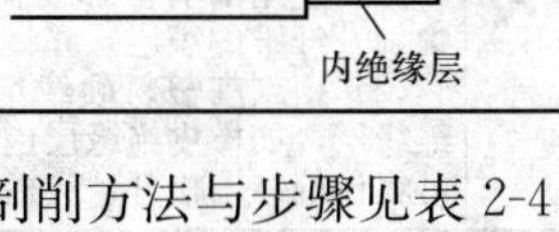 约12mm<br>内绝缘层 | 较多层绝缘导线，如橡皮线铅皮线 |

各种不同导线剖削方法与步骤见表 2-4。

| 表 2-4 | 导线剖削方法 | |
|---|---|---|
| 剖削类型 | 示　意　图 | 说　　明 |
| 塑料硬线 | 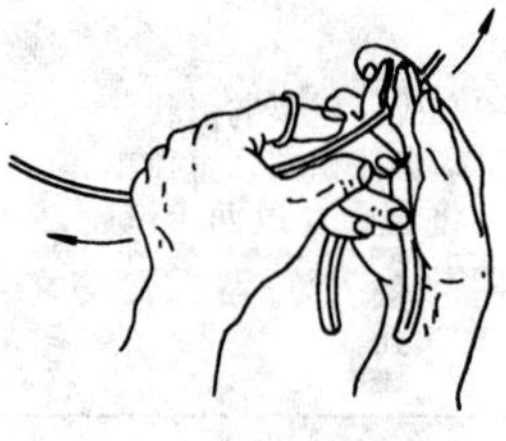 钢丝钳剖削导线图 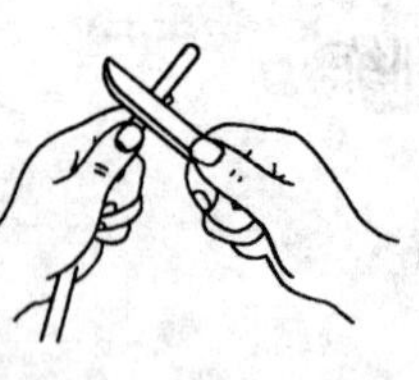<br><br>图（a） 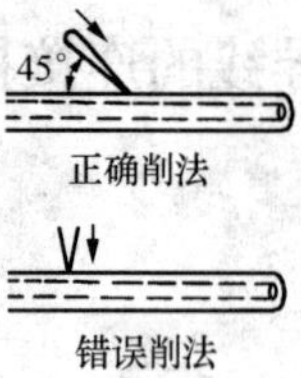 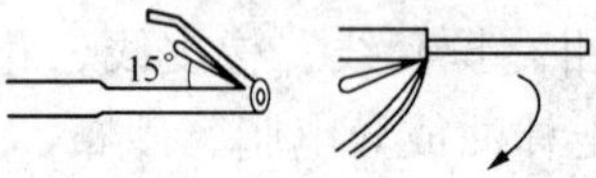　　　正确削法　错误削法　图（b）<br><br>15°　图（c） | 1. 使用工具<br>钢丝钳，电工刀<br>2. 适应范围<br>钢丝钳剖削线芯截面积 4mm² 及以下导线，电工刀剖削截面积 4mm² 以上的导线<br>3. 钢丝钳剖削步骤<br>（1）按所需导线长度，用钳头刀口轻切绝缘层<br>（2）用左手捏紧导线，右手适当用力捏住钢丝钳头部，两手反向同时用力即可使端部绝缘层脱离芯线<br>4. 电工刀剖削步骤<br>（1）按所需导线长度，刀口以 45°倾斜角切入塑料绝缘层，不可切入芯线，如图（a）所示<br>（2）刀面与芯线保持 15°角左右，用力向外削出一条缺口，如图（b）所示<br>（3）将没有削出的绝缘层向后扳翻，用电工刀切齐，如图（c）所示 |
| 塑料软线 | 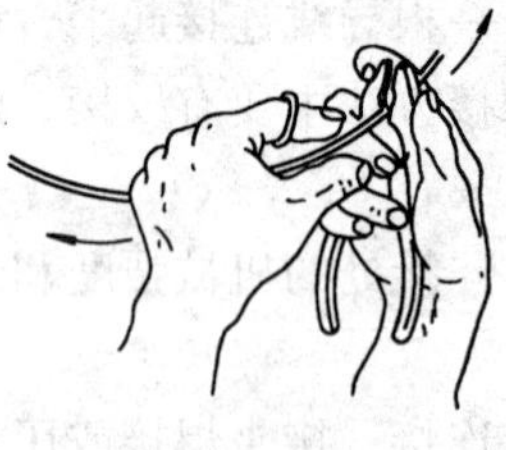 | 1. 使用工具<br>剥线钳，钢丝钳<br>2. 适应范围<br>线芯截面积 4mm² 及以下<br>3. 钢丝钳剖削步骤<br>与剖削塑料硬线绝缘层相同<br>4. 剥线钳剖削步骤<br>（1）选择与导线线径合适刀口，将导线伸入刀口<br>（2）右手握剥线钳把手，左手顶住线钳头部侧面，右手用力压切 |
| 塑料护套线 | 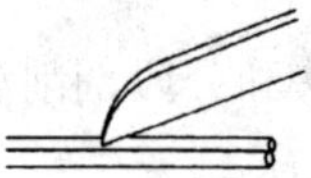 图（a）刀在两缝间划破绝缘层 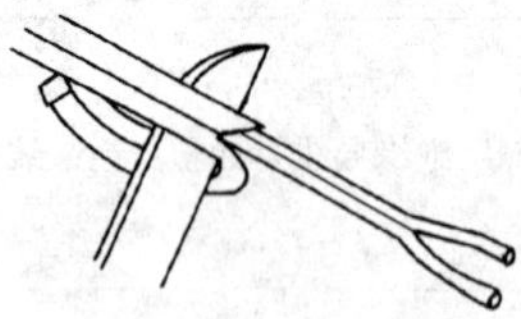<br><br>图（b）扳翻绝缘层并在根部切去 | 1. 使用工具<br>电工刀<br>2. 适应范围<br>剖削公共护套层和内部芯线绝缘层<br>3. 钢丝钳剖削步骤<br>（1）用刀口从导线端头两芯线夹缝中切入，切至连接所需长度后，在切口根部割断护套层<br>（2）按接头所需长度，将刀尖对准两芯线凹缝划破绝缘层，将护套层向后扳翻，然后用电工刀齐根切去<br>（3）芯线绝缘层可用钢丝钳或电工刀按照剖削塑料硬线绝缘层的方法分别剖削 |
| 橡皮线 | 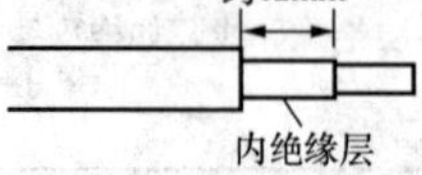 约12mm<br>内绝缘层 | 1. 使用工具<br>电工刀、钢丝钳<br>2. 剖削步骤<br>（1）先用剖削护套线护套层的办法，用电工刀尖划开纤维编织层，并将其扳翻后齐根切去<br>（2）用剖削塑料硬线绝缘层的方法，除去橡皮绝缘层，如橡皮绝缘层内的芯线上还包缠着棉纱，可将该棉纱层松开，齐根切去 |

续表

| 剖削类型 | 示　意　图 | 说　　明 |
|---|---|---|
| 花线 | 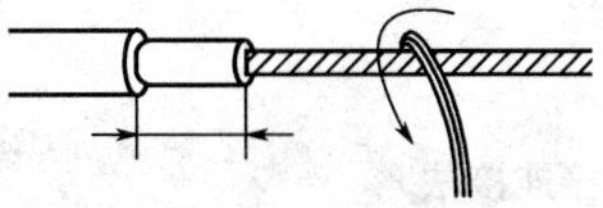 图（a）去除编织层和橡皮绝缘层 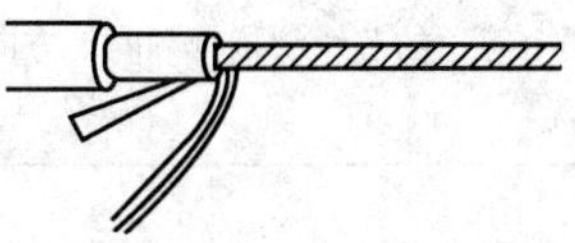<br><br>图（b）扳翻棉纱 | 1. 使用工具<br>电工刀、钢丝钳<br>2. 剖削步骤<br>（1）先用电工刀在线头所需长度处切割一圈拉去<br>（2）在距离棉纱编织层 10mm 左右处用钢丝钳按照剖削塑料软线的方法将内层的橡皮绝缘层勒去<br>（3）如花线在紧贴线芯处还包缠有棉纱层，在勒去橡皮绝缘层后，再将棉纱层扳翻，然后用电工刀齐根切去 |
| 橡套软电缆 | 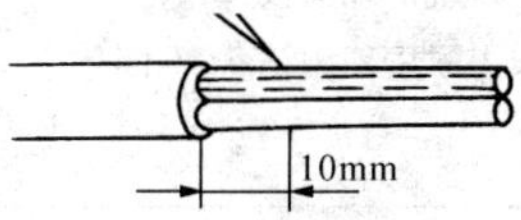 10mm | 1. 使用工具<br>电工刀<br>2. 剖削步骤<br>（1）用电工刀从端头任意两芯线缝隙中割破部分护套层<br>（2）割破已分成两片的护套层连同芯线（分成两组）一起进行反向分拉来撕破护套层，按所需长度将护套层向后扳翻，在根部分别切断 |
| 铅包线护套层 | 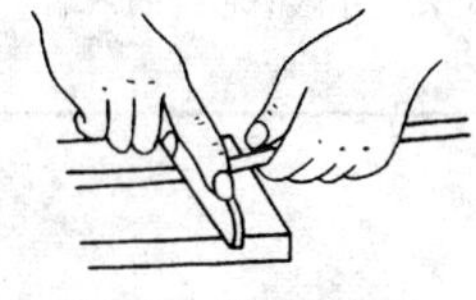 图（a）剖切铅包层 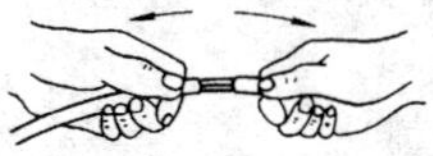　　图（b）折扳和拉出铅包层 | 1. 使用工具<br>电工刀、钢丝钳<br>2. 剖削步骤<br>（1）用电工刀在铅包层上切下一个刀痕<br>（2）用双手来回扳动切口处，将其折断，将它从线头上拉掉<br>（3）内部芯线绝缘层的剖削与塑料硬线绝缘层的剖削方法相同 |
| 漆包线 | 略 | 1. 使用材料<br>细纱布、薄刀片<br>2. 绝缘层去除方法<br>（1）直径在 1mm 以上的，可用细砂纸或细纱布擦去<br>（2）直径在 0.6mm 以上的，可用薄刀片刮去<br>（3）直径在 0.1mm 及以下的，小心地用细砂纸或细纱布擦除<br>（4）用微火烤焦其线头绝缘层，再轻轻刮去绝缘层 |

（二）常用导线的连接

常用的导线按芯线股数不同分为单股、7 股和 19 股等多种规格，导线的规格不同，其连接方法也各不相同。

1. 常用导线的连接方法

单股导线有绞接和缠绕两种连接方法，绞接连接法用于截面较小的导线，缠绕连接法用于截面较大的导线。

（1）单股导线绞接连接法见表 2-5。

**表 2-5** 单股导线的绞接连接法

| 序号 | 示意图 | 连接方法 |
|---|---|---|
| 1 | 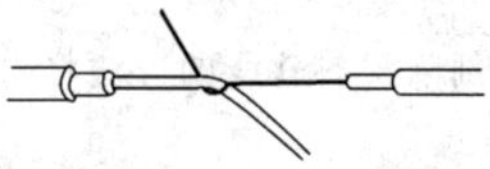 | 把两个等长的芯线绞接（顺时针方向） |
| 2 |  | 相互绞绕 2～3 圈 |
| 3 | 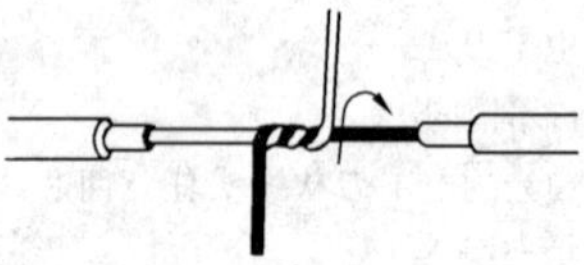 | 分别把绞绕的线头扳直，把其中一线头按绞绕方向在对应的一方芯线上紧密地缠绕 5～6 圈 |
| 4 | 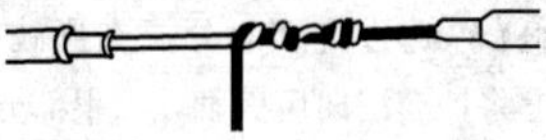 | 另一线头按绞绕方向在对应的一方芯线上紧密地缠绕 5～6 圈 |
| 5 |  | 用钢丝钳剪去余下的线头，并修平芯线的末端 |

（2）单股导线缠绕连接法见表 2-6。

**表 2-6** 单股导线的缠绕连接法

| 序号 | 图形 | 连接方法 |
|---|---|---|
| 1 | 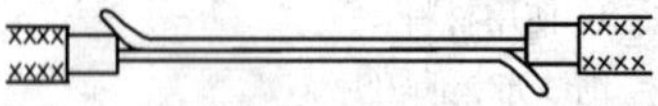 | 将已去除绝缘层和氧化层的线头相对交叠，对于较大截面（10mm² 以上）的单芯直接连接和分支连接，填一根 1.5mm² 铜线作辅助线 |
| 2 | 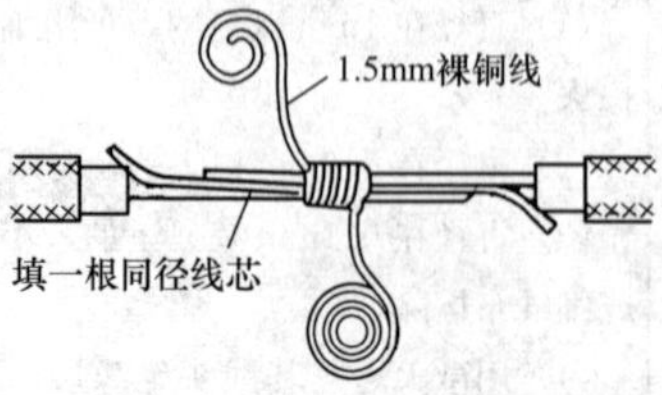 | 用直径为 1.5mm 的裸铜线做缠绕线在其上进行缠绕 |
| 3 | 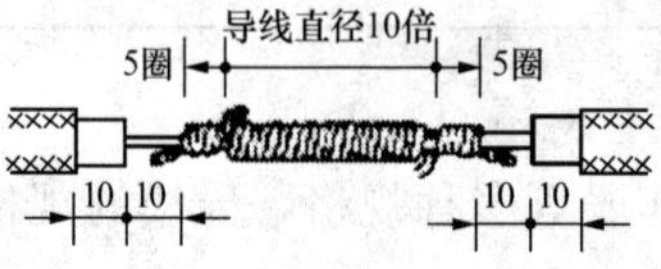 | 线头直径在 5mm 及以下的缠绕长度为 60mm，直径大于 5mm 的，缠绕长度为 90mm |

（3）单股导线的 T 形连接法见表 2-7。

**表 2-7　　　　　　　　　　　单股导线的 T 形连接法**

| 序号 | 图　形 | 连　接　方　法 |
|---|---|---|
| 1 | | 把分支线的芯线垂直放在干线上 |
| 2 | | 将支线线头按顺时针方向紧密地缠绕于线上 |
| 3 | | 缠绕 5～8 圈后，用钢丝钳剪去余下芯线，并整平支线芯线的末端，要求支线不能在干线上滑动 |

（4）单股导线与软线的连接、单股导线的终端接头连接方法见表 2-8。

**表 2-8　　　　单股导线与软线的连接、单股导线的终端接头连接方法**

| 序号 | 图　形 | 连　接　方　法 |
|---|---|---|
| 1 | | 单股导线与软线连接时：先将软线线芯往单股导线上缠绕 7～8 圈，再把单股导线的线芯向后弯 |
| 2 | | 单股导线的终端接头为两支导线时：将两线芯互绞 5～6 圈，然后再向后弯曲 |
| 3 | | 单股导线的终端接头为 3～4 支导线时：用其中一支线芯往其余线芯上缠绕 5～6 圈，然后再把其余导线头向后弯曲 |

（5）单股铜芯线与多股铜芯线的分支连接方法见表 2-9。

**表 2-9　　　　　　　单股铜芯线与多股铜芯线的分支连接方法**

| 序号 | 图　形 | 连　接　方　法 |
|---|---|---|
| 1 | | 先按单股铜芯线直径约 20 倍的长度剥除多股线连接处的中间绝缘层，并按多股线的单股芯线直径的 100 倍左右剥去单股线的线端绝缘层，并勒直芯线 |
| 2 | | 在离多股线的左端绝缘层切口 3～5mm 处的芯线上，用一字旋具把多股芯线分成较均匀的组（如 7 股线的芯线以 3、4 股分组） |
| 3 | | 把单股铜芯线插入多股铜芯线的两组芯线中间，但单股铜芯线不可插到底，应使绝缘层切口离多股铜芯线约 3mm 左右；同时，应尽可能使单股铜芯线向多股铜芯线的左端靠近，以达到距多股线绝缘层的切口不大于 5mm，用钢丝钳把多股线的插缝钳平、钳紧 |
| 4 | | 把单股铜芯线按顺时针方向紧缠在多股铜芯线上，紧缠要使每圈直径垂直于多股铜芯线轴心，并应使各圈紧挨密排，绕足 10 圈，然后切断余端，钳平切口毛刺 |

（6）7芯多股导线的直线绞接连接法见表2-10。

表 2-10　　　　　　　　　7芯多股导线的直线绞接连接法

| 序号 | 图　形 | 连　接　方　法 |
|------|--------|----------------|
| 1 | 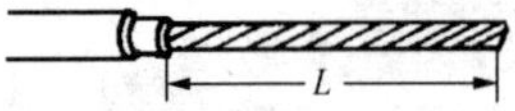 | 把线头的绝缘层剥去 |
| 2 | 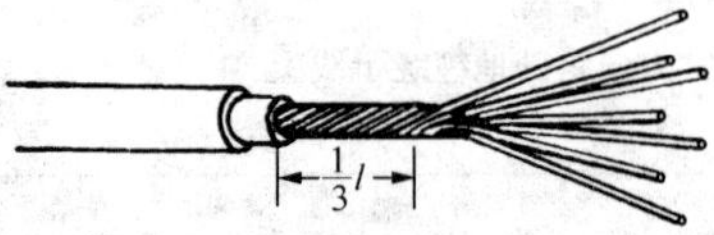 | 把线芯的$\frac{2}{3}$松开并扳直，把靠近绝缘层线芯的$\frac{1}{3}$绞紧，再把松开的芯线扳成伞骨状 |
| 3 | 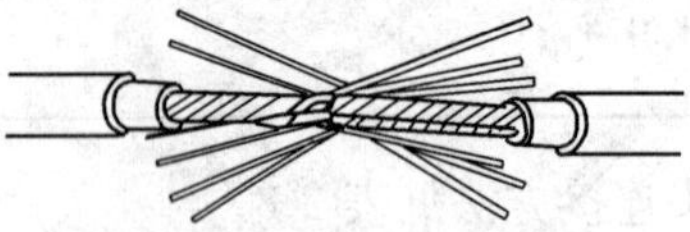 | 把两个伞骨形线芯一根隔一根地交叉插在一起 |
| 4 | 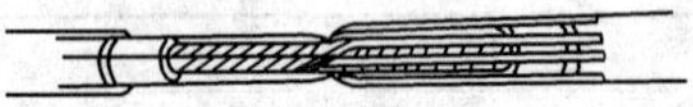 | 摆平互相交叉插入的线芯并夹紧 |
| 5 | 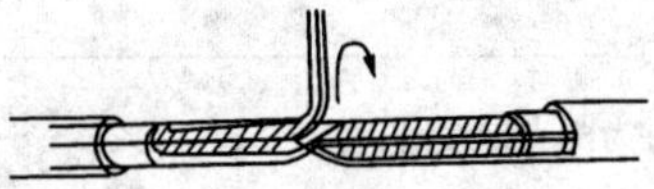 | 把左边线头任意两根相邻的线芯扳直，并按箭头方向（顺时针方向）缠绕 |
| 6 |  | 缠绕两圈后，把余下的线头向右折弯90°（紧靠并平行导线） |
| 7 | 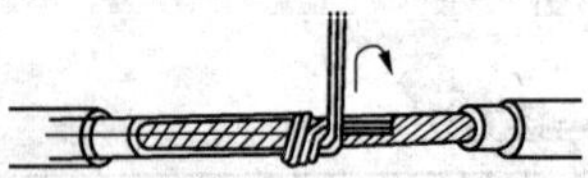 | 在上两线头的左侧把任意两根相邻的线头扳直，按箭头方向紧紧地压住前两根折弯的线头进行缠绕 |
| 8 |  | 缠绕两圈后，把余下的线头向右折弯90°（紧靠并平行导线），再把左边余下的三根线芯扳直，按同样的方法缠绕 |
| 9 |  | 缠绕三圈后切除余下的线芯，并整平端头 |
| 10 |  | 用5~9的方法再缠绕右边线头的芯线 |

（7）多股导线的 T 形分支绞接连接法见表 2-11。

表 2-11                        **多股导线的 T 形分支绞接连接法**

| 序号 | 图　形 | 连　接　方　法 |
|---|---|---|
| 1 |  | 将干线剥去绝缘层 |
| 2 |  | 将支线剥去绝缘层 |
| 3 |  | 将支线裸线部分的 $\frac{5}{6}L$ 散开扳直 |
| 4 |  | 把靠近绝缘层线芯的 $\frac{1}{6}L$ 绞紧，再把松开的芯线扳成伞骨状 |
| 5 | 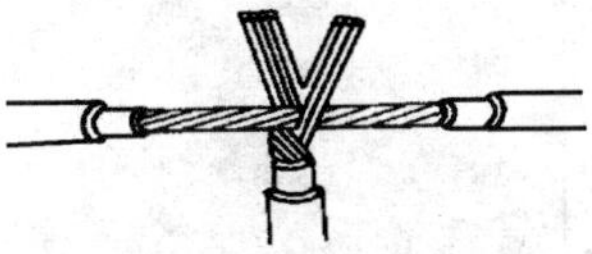 | 剪去中间的股线，把剩余股线分成相等的两部分并理顺，交叉插到干线的中点上 |
| 6 | 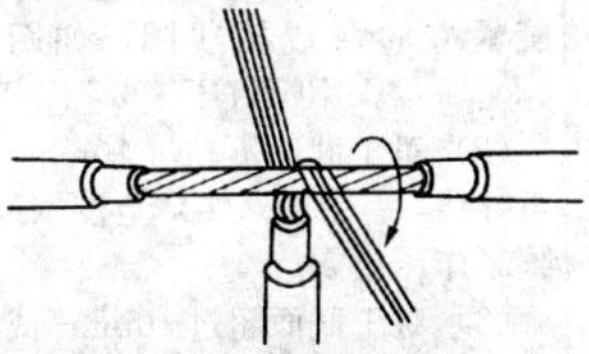 | 将插接的支线在右边干线上缠绕 3~4 圈 |
| 7 | 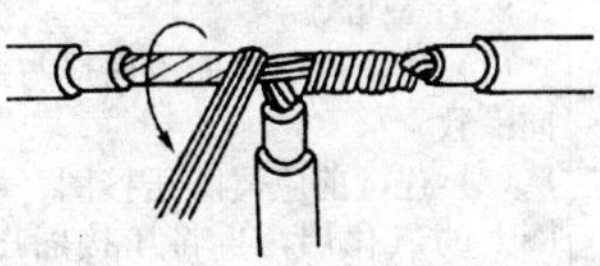 | 同样，将支线在左边干线上以相反方向缠绕 3~4 圈 |
| 8 | 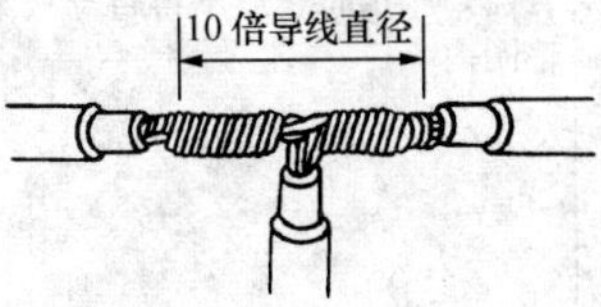 | 将支线稍微拧紧 |

2. 导线线头与接线柱的连接方法

接线柱又称接线桩或接线端子，是各种电气装置或设备的导线连接点，连接必须规范可靠。导线线头与接线柱的连接方法见表 2-12。

**表 2-12** **导线线头与接线柱的连接方法**

| 连接类别 | 图　形 | 连　接　方　法 |
|---|---|---|
| 导线与针孔式接线柱 | 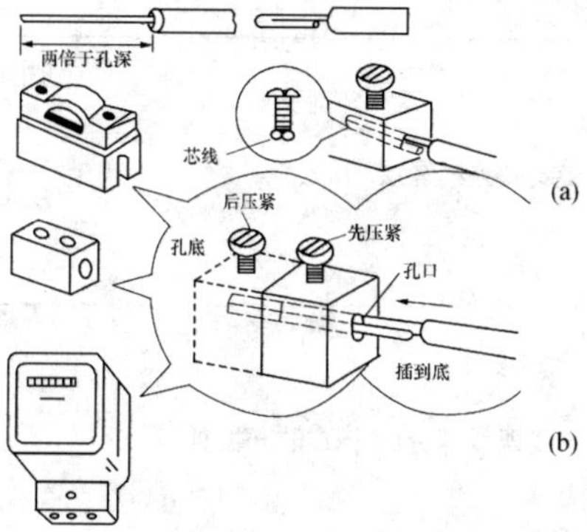 <br>两倍于孔深<br>芯线<br>(a)<br>后压紧　先压紧<br>孔底　孔口<br>插到底<br>(b) | 1. 连接方法<br>(1) 单股芯线，且线芯与接线桩插线孔大小适宜，将芯线线头插入针孔并旋紧螺钉即可<br>(2) 单股芯线较细，单股芯线端头应折成双根并列状后，再以水平状插入承接孔，使并列面承受压紧螺钉的顶压并旋紧螺钉<br>(3) 多股芯线时，先用钢丝钳将多股芯线进一步绞紧，以保证压接螺钉顶压时不致松散，芯线端头所需长度应是两倍孔深，压紧螺钉的顶压并旋紧螺钉<br>2. 注意事项<br>(1) 芯线端头必须插到孔的底部<br>(2) 不得使绝缘层进入针孔，针孔外的裸线头的长度不得超过 3mm<br>(3) 凡有两个压紧螺钉的，应先拧紧近孔口的一个，再拧紧近孔底的一个 |
| 线头与螺钉平压式接线桩 | 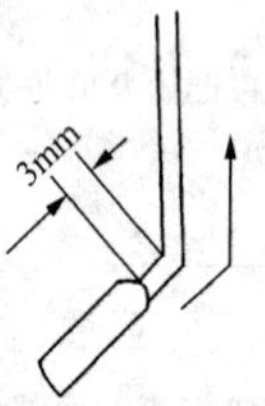 3mm<br>图（a）离根部 3mm 处向外侧折角 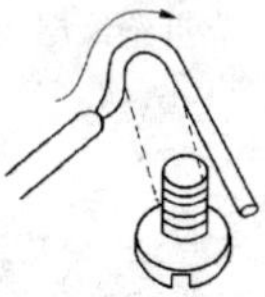　　图（b）按略大于螺栓直径弯圆弧 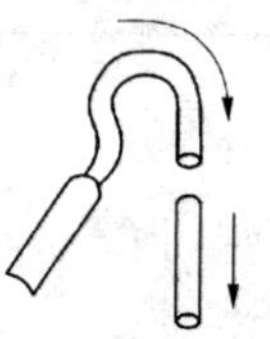<br>图（c）剪去芯线余端 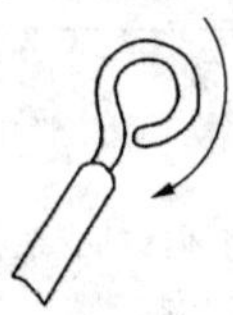　　图（d）修正圆圈致圆 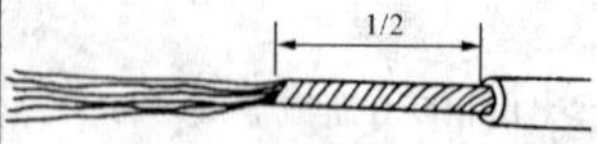<br>1/2<br>图（e） 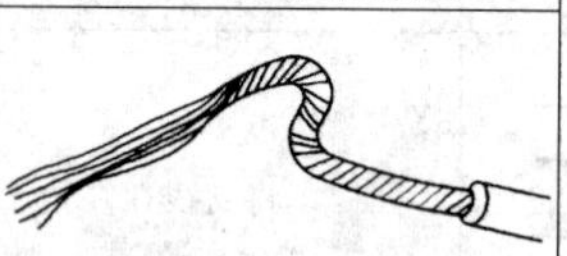　　图（f） 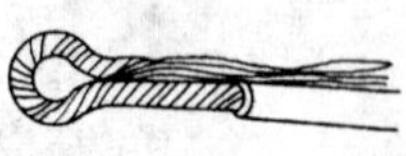<br>图（g） 　　图（h） 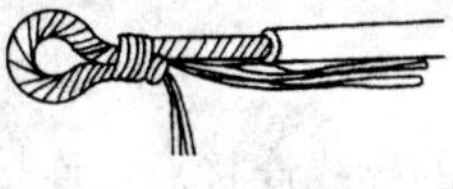<br>图（i） 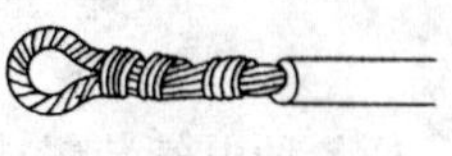　　图（j） | 1. 连接方法<br>(1) 较小截面的单股芯线将线头按螺钉旋紧方向弯成接线圈，如图（a）至图（d）所示，用螺钉压接<br>(2) 对于截面不超过 $10mm^2$ 的 7 股及以下导线，应按图（e）至图（j）所示的步骤制作压接圈<br>(3) 对于截面超过 $10mm^2$ 或多于 7 股的导线端头，应安装接线端子<br>2. 注意事项<br>(1) 压接圈的弯曲方向应与螺钉拧紧方向一致<br>(2) 连接前应清除压接圈、接线桩和垫圈上的氧化层，再将压接圈压在垫圈下面，用适当的力矩将螺丝拧紧<br>(3) 压接时注意不得将导线绝缘层压入垫圈内 |

续表

| 连接类别 | 图　　形 | 连 接 方 法 |
|---|---|---|
| 线头与瓦形接线桩 | 图（a）一个线头连接　　图（b）两个线头连接<br>图（c）大载流量接线耳　　图（d）铜铝过渡接线耳<br>图（e）小载流量接线耳　　图（f）导线与接线耳压接 | 1. 连接方法<br>（1）压接前先将已去除氧化层和污物的线头弯曲成 U 形，如图（a）所示，再卡入瓦型接线桩压接<br>（2）如接线桩上有两个线头连接，将弯成 U 形的两个线头相重合，再卡入接线桩瓦形垫圈下方，压紧，如图（b）所示<br>（3）铝导线与铜制接线柱连接，将铝导线和接线耳铝端内孔清理干净，涂中性凡士林油或导电脂，再将铝导线插入接线耳铝端，用压接钳压接，如图（e）、（f）所示 |

（三）导线的封端

为了保证导线线头与电气设备接触良好并具有较强的机械性能，对于多股铝线和截面大于 $2.5mm^2$ 的多股铜线，都必须在导线终端焊接或压接一个接线端子，再与设备相连。这种工艺过程叫做导线的封端。其方法见表 2-13，压接完工的铝接线端子如图 2-1 所示。

图 2-1　铝线线头的封端

（四）导线绝缘层的恢复

绝缘导线的绝缘层，因连接需要剥离后或遭到意外损伤后，均需恢复绝缘层；经恢复的绝缘性能不能低于原有的标准。导线绝缘层的恢复方法见表 2-14。

（五）实训步骤中数据记录

1. 剖削导线绝缘层

将有关数据记入表 2-15 中。

表 2-13　　　　　　　　　　　　导 线 的 封 端

| 导线的材质 | 封端的方法 | 封端的步骤及说明 |
|---|---|---|
| 铜 | 锡焊法 | （1）先将导线表面和接线端子孔用砂布擦干净，涂上一层无酸焊锡膏<br>（2）将线芯搪上一层锡，然后把接线端子放在喷灯火焰上加热，当接线端子烧热后，把焊锡熔化在端子孔内<br>（3）将搪好锡的线芯慢慢插入，待焊锡完全渗透到线芯缝隙中后，即可停止加热，使锡液冷却，线头与接线端子牢固连接 |
| 铜 | 压接法 | （1）将导线表面、压接管内用砂布擦干净<br>（2）将两根线头相对插入，并穿出压接管（伸出 25~30mm）<br>（3）压接钳压接 |
| 铝 | 压接法 | （1）压接前，剥掉导线端部的绝缘层，其长度为接线端子孔的长度加上 5mm<br>（2）除掉导线表面和端子孔内壁的氧化膜，涂上中性凡士林<br>（3）将线芯插入接线端子内，用压接钳进行压接<br>（4）当铝导线出线端与设备铜端子连接时，由于存在电化腐蚀问题，因此应采用预制好的铜铝过渡接线端子 |

**表 2-14**　　　　　　　　　　　**导线绝缘层的恢复方法**

| 名　称 | 示　意　图 | 操作说明 |
|---|---|---|
| 导线对接点绝缘层的恢复 | 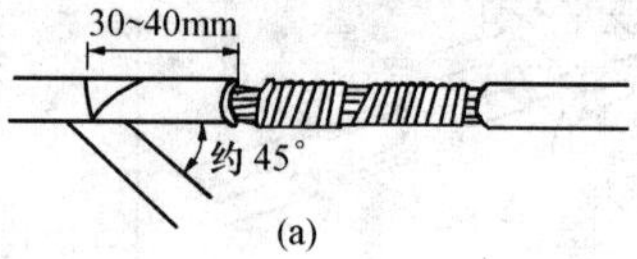 30~40mm 约45° (a)<br><br>1/2 带宽 (b)<br><br>黑胶带应包出绝缘带层 黑胶带接法 (c)<br><br>两端捏住作反方向扭旋(封住端口) (d) | 1. 材料<br>　低压线路上，常用的恢复材料有黄蜡布带、聚氯乙烯塑料带（简称塑料带）和黑胶带等，规格为 20mm，实际应用中均包两层绝缘带后再包一层黑胶带加以固封<br>2. 操作注意事项<br>　（1）绝缘带（黄蜡带或塑料带）应从左侧的完好绝缘层上开始包缠，应包入绝缘层 30～40mm，开始包缠时带与导线之间应保持约 45°倾斜<br>　（2）包缠时每圈应斜叠缠包，包一圈必须压叠住前一圈的 1/2 带宽<br>　（3）连接电气设备上的导线端头和接线耳或铜接头的导线端，应以橡胶布带或黄蜡布带先缠绕两层，然后再用黑胶布带缠绕两层 |
| 导线分支接点绝缘层的恢复 | 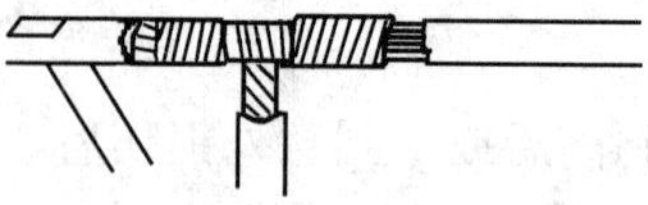 (a)<br><br>(b)　　　　(c)<br><br>(d)　　　　(e)<br><br>(f) | |

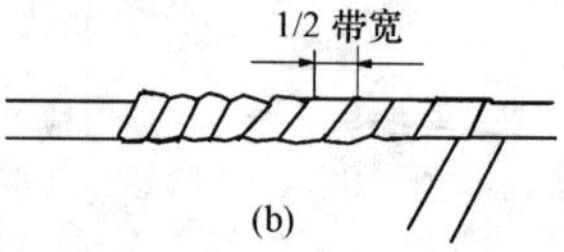

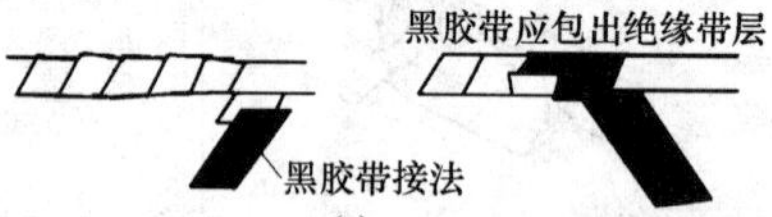

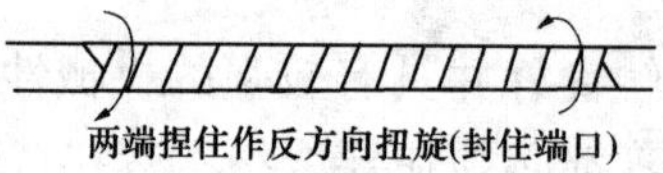

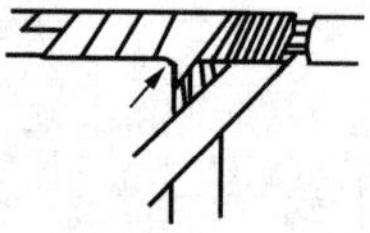

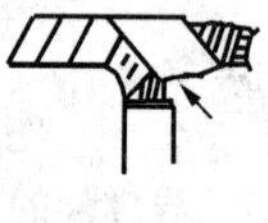

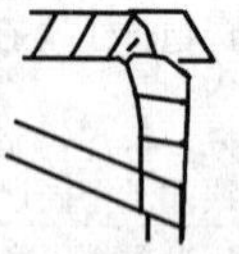

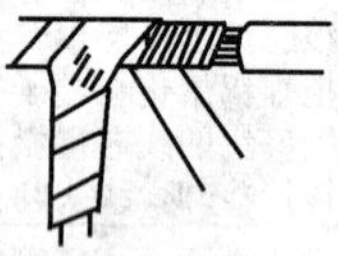

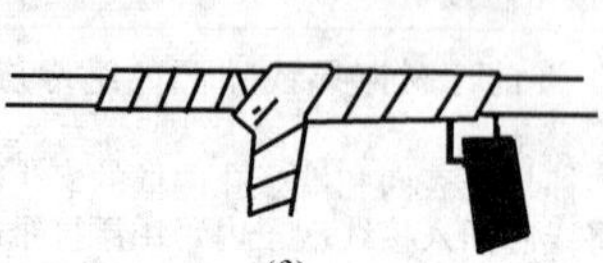

表 2-15                                          导线绝缘层剖削记录

| 导线种类 | 导线规格 | 剖削长度 | 剖削工艺要点 |
|---|---|---|---|
| 塑料硬线 | | | |
| 塑料软线 | | | |
| 橡皮线 | | | |
| 花　线 | | | |
| 橡套电缆 | | | |
| 7 芯多股铝线 | | | |
| 漆包线 | | | |

2. 导线线头连接训练

将常用导线进行连接，并将连接情况记入表 2-16 中。

表 2-16                                          常用导线连接记录

| 导线种类 | 导线规格 | 连接方式 | 线头长度 | 绞合圈数 | 密缠长度 | 线头连接工艺要求 |
|---|---|---|---|---|---|---|
| 单股芯线 | | 直接连接 | | | | |
| 单股芯线 | | T 形连接 | | | | |
| 多股芯线 | | 直接连接 | | | | |
| 多股芯线 | | T 形连接 | | | | |
| 漆包线 | | 直接连接 | | | | |

3. 线头绝缘层的恢复

用符合要求的绝缘材料包缠导线绝缘层，并将包缠情况记入表 2-17 中。

表 2-17                                          线头绝缘层包缠情况记录

| 线路工作电压 | 所用绝缘材料 | 各自包缠层数 | 包缠工艺要点 |
|---|---|---|---|
| 380V | | | |
| 220V | | | |

实训所用时间：　　　　　　参加实训者（签字）：　　　　　　实训日期：

## 四、评分标准

常用导线连接技能考试项目及评分标准见表 2-18。

表 2-18                          对 BV-16mm$^2$ 导线进行直线连接并对绝缘层进行恢复

| 姓名 | | 学号 | | 班级 | | 总分 100 分 | | |
|---|---|---|---|---|---|---|---|---|
| 时间定额 | | 实际操作时间 | | 超时 | | 考试日期 | | |
| 考核项目 | 考核内容及要求 | | 配分 | 评分标准 | | 扣分 | 得分 | 备注 |
| 主要项目 | 一、设备、材料准备选用正确、戴安全帽 | | 10 | （1）违反一项扣 5 分<br>（2）不戴安全帽扣 5 分 | | | | |
| | 二、剥削导线绝缘层 | | 20 | （1）剥削绝缘及展开长度过长（超过 300mm）扣 5 分<br>（2）电工刀削线方向不正确扣 5 分<br>（3）导线损伤过重扣 5 分<br>（4）未用砂布处理氧化层扣 5 分 | | | | |

续表

| 考核项目 | 考核内容及要求 | 配分 | 评分标准 | 扣分 | 得分 | 备注 |
|---|---|---|---|---|---|---|
| 主要项目 | 三、导线的连接 | 45 | (1) 未做伞骨的样子交叉扣 10 分<br>(2) 中间的单股绑线小于 50mm 或大于 60mm 扣 5 分<br>(3) 缠绕起始方式或缠绕方向错扣 5 分<br>(4) 导线连接不圆滑、不紧密扣 15 分<br>(5) 没拧小辫收尾扣 5 分<br>(6) 接头连接好后没涂中性凡士林油扣 5 分 | | | |
| | 四、导线绝缘层的恢复 | 15 | (1) 绝缘带包缠起点错误扣 5 分<br>(2) 包缠时带与导线之间倾斜不符合规定扣 5 分<br>(3) 包缠工艺不美观扣 5 分 | | | |
| 安全文明操作 | 工作结束整理设备、工具材料并清理现场 | 10 | (1) 不做一项扣 2 分<br>(2) 违章扣 5 分 | | | |

## 第三节　常用导线的焊接技能训练

### 一、实训目的
(1) 掌握常用导线绝缘层的剖削方法。
(2) 正确进行导线焊接和绝缘层的恢复。

### 二、工具、设备与材料
常用电工工具一套、工具袋和工具皮插各一个、50W 电烙铁一把、烙铁架一个、插线板一块，焊锡丝若干、焊锡膏、工业酒精、砂布、电工绝缘胶带、10mm² 塑料铜芯导线等各若干。

### 三、实训步骤与工艺要求
1. 导线焊接知识的准备工作
焊接分为熔化焊和压力焊两大类。电工操作的焊接工艺，常用的是熔化焊（钎焊俗称锡焊）和火焰钎焊两种（本节仅介绍烙铁钎焊）。具体焊接工具、材料使用方法介绍见表 2-19。

2. 焊接与导线焊接部位绝缘层的恢复
焊接与导线焊接部位绝缘层的恢复具体操作步骤见表 2-20。

**表 2-19** 焊接工具、材料使用方法

| 工具、材料名称 | 示　意　图 | 操作方法及说明 |
|---|---|---|
| 电烙铁 | 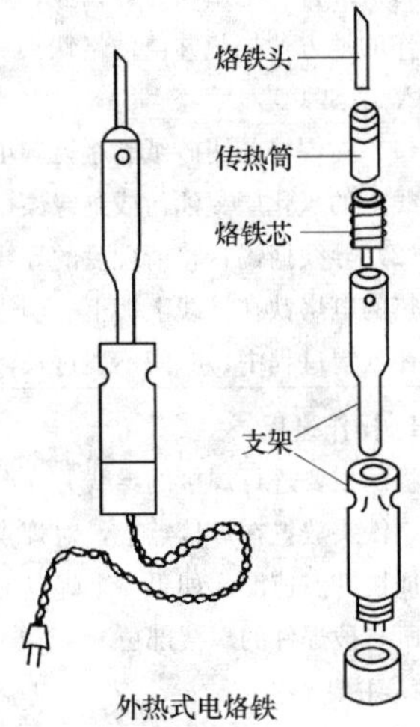 烙铁头<br>传热筒<br>烙铁芯<br>支架<br>**外热式电烙铁** 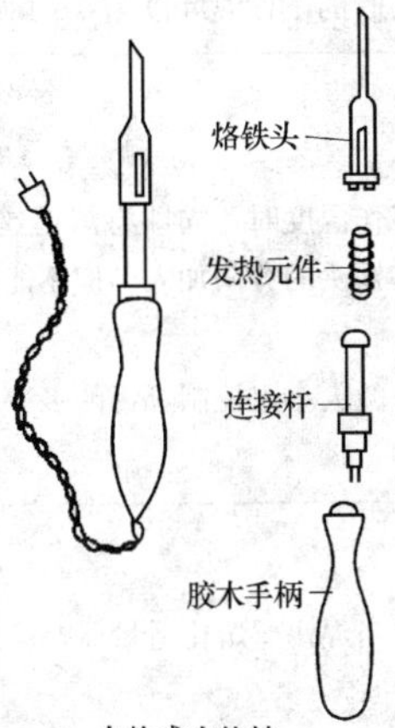<br>烙铁头<br>发热元件<br>连接杆<br>接地线<br>胶木手柄<br>**内热式电烙铁** 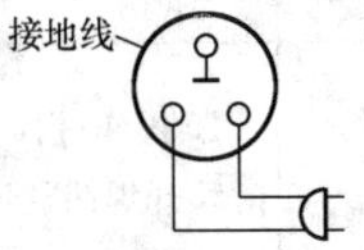　**电烙铁内部接线端子** | 1. 电烙铁规格<br>15、25、75、100、150、300、500W<br>2. 选择<br>25、50W 电烙铁一般用于焊接弱电元件，有内热式和外热式；50W 以上的电烙铁，一般焊接强电元件，均为外热式；粗导线间的焊接一般用 50W 以上的电烙铁<br>3. 内部接线端子如图所示<br>4. 使用注意事项<br>（1）检查电源电压与电烙铁上的额定电压是否相符，一般为 220V，检查电源和接地线接头是否接错<br>（2）新烙铁在使用前应先用砂纸把烙铁头打磨干净，然后在焊接时和松香一起在烙铁头上沾上一层锡（称为搪锡）<br>（3）电烙铁不能在易爆场所或腐蚀性气体中使用<br>（4）使用外热式电烙铁还要经常将铜头取下，清除氧化层，以免日久造成铜头烧死<br>（5）电烙铁通电后不能敲击，以免缩短使用寿命<br>（6）电烙铁使用完毕，应拔下插头，待冷却后放置干燥处 |
| 焊　锡 |  **焊锡丝** | 焊锡是由锡、铅和锑等元素组成的低熔点（185～260℃）合金；焊锡常制成条状和盘丝状 |
| 焊　剂 |  **焊锡膏** | 锡焊时常用下列三种焊剂：<br>（1）松香液，松香液是天然松香溶解在酒精中而形成的糊状液体，适用于铜及铜合金焊件<br>（2）焊锡膏，焊锡膏是用氧化锌、树脂和脂肪类材料调和而成的膏剂，适用于对绝缘及防腐要求不高的小焊件<br>（3）氧化锌溶液，氧化锌溶液是把适量的锌放在盐酸中，产生化学反应后得到的液体，适用于薄钢板焊件 |

**表 2-20**　　　　　　　　　　　　　**焊 接 操 作 步 骤**

| 操作步骤 | 示　意　图 | 操作方法及说明 |
|---|---|---|
| 1. 准备 | | 1. 操作过程<br>　将被焊件、电烙铁、焊锡丝、烙铁架、焊剂等放在工作台上便于操作的地方，加热并清洁烙铁头工作面，搪上少量焊锡<br>2. 主要工艺<br>　(1) 在焊接前用砂纸、小刀等工具，向着线头方向磨刮，以去除引线上的氧化层、油污或绝缘漆，直到露出原金属的本色为止<br>　(2) 导线搪锡，将清理后的导线及时涂上少量的助焊剂，然后用发热的电烙铁在导线上镀上一层很薄的锡层以提高可焊性。绝缘导线在搪锡过程中，时间不能过长，以免破坏导线的绝缘层 |
| 2. 加热被焊件 | | 1. 操作过程<br>　将两根要进行焊接的导线并在一起，保证有 30mm 以上的重叠，将烙铁头放置在焊接点上，对焊点升温；烙铁头工作面搪有焊锡，可加快升温速度；如果一个焊点上有两个以上元件，应尽量同时加热所有被焊件的焊接部位<br>2. 主要工艺<br>　焊接导线接头时的工作温度以 360～480℃ 为宜 |
| 3. 熔化焊料 | | 1. 操作过程<br>　焊点加热到工作温度时，立即将焊锡丝触到被焊件的焊接面上，焊锡丝应对着烙铁头的方向加入，但不能触到烙铁头上<br>2. 主要工艺<br>　根据焊接部位的大小来控制焊锡的多少；焊点光亮、平滑 |
| 4. 移开焊锡丝 | | 1. 操作过程<br>　移开焊锡丝：当焊锡丝熔化适量后，应迅速移开焊锡丝<br>2. 主要工艺<br>　根据焊接部位的大小来控制焊锡的多少，焊点光亮、平滑 |
| 5. 移开电烙铁 | | 1. 操作过程<br>　移开电烙铁：在焊点已经形成，但焊剂尚未挥发完之前，迅速将电烙铁移开<br>2. 主要工艺<br>　(1) 不要向焊锡吹气散热<br>　(2) 焊锡未冷却凝固时，不要摇动导线，否则焊锡会凝成砂粒状，或附着不牢固，形成虚焊 |
| 6. 绝缘恢复 | | 操作过程<br>　(1) 检查焊点质量合格后，用工业酒精把焊剂清洗干净<br>　(2) 进行导线焊接部位绝缘层的恢复 |

实训所用时间：　　　　　　　参加实训者（签字）：　　　　　　实训日期：

## 四、评分标准

常用导线焊接技能考试项目及评分标准见表 2-21 所示。

表 2-21　　　　　　　　　对 10mm² 塑料铜芯导线进行焊接并对绝缘层进行恢复

| 姓名 | | 学号 | | 班级 | | 总 分 100 分 | | |
|---|---|---|---|---|---|---|---|---|
| 时间定额 | | 实际操作时间 | | 超时 | | 考试日期 | | |
| 考核项目 | 考核内容及要求 | 配分 | | 评分标准 | | 扣分 | 得分 | 备注 |
| 主要项目 | 一、设备、材料准备选用正确、戴安全帽 | 10 | | (1) 违反一项扣 5 分<br>(2) 不戴安全帽扣 5 分 | | | | |
| | 二、导线的截取、整形与处理 | 20 | | (1) 截取、整形、处理、上锡，少一步扣 5 分<br>(2) 剥线钳、电烙铁、尖嘴钳、镊子等工具使用，有一处错扣 5 分 | | | | |
| | 三、导线焊接 | 45 | | (1) 10 个焊点，每少 1 个扣 5 分<br>(2) 焊点不牢或产生虚焊或焊点大小不均匀，每 5 点扣 5 分 | | | | |
| | 四、导线绝缘层的恢复 | 15 | | (1) 绝缘带包缠起点错误扣 5 分<br>(2) 包缠时带与导线之间倾斜不符合规定扣 5 分<br>(3) 包缠工艺不美观扣 5 分 | | | | |
| 安全文明操作 | 工作结束整理设备、工具材料并清理现场 | 10 | | (1) 一项不做扣 2 分<br>(2) 违章扣 5 分 | | | | |

# 第四节　电气识图技能训练

## 一、实训目的
掌握较简单的电气原理图与安装接线图的识读方法。
## 二、工具、设备与材料
本教材图 2-6 "某车间照明电路图" 一张（参考图）。
## 三、实训步骤与要求
（一）识图的基本知识准备

电气设备的设计、安装、调试与维修都要有相应的电气图作为依据或参考。电气图是用标准的图形符号和文字符号按照一定的规律绘制成的图纸。它是工程技术的通用语言，凡从事电气操作的人员，必须掌握识读电气图的基本知识，具备照图施工和检修的能力。

1. 电气图的分类

常见的有电气原理图、安装接线图、电器元件平面布置图、展开接线图等。本节将叙述在电气安装与维修中用得最多的电气原理图和安装接线图。

（1）电气原理图。

电气原理图是采用标准图形符号和文字符号并按工作顺序排列，用于描述电路结构和工作原理的图纸。它绘出了电气元件的导电部分及接线端点，但不涉及它们的结构尺寸、材料选用、安装位置和实际配线方式，电气原理图都画成展开图形式。

识读电气原理图应注意以下事项：

1) 电气原理图分为主电路和辅助电路两大部分。主电路又叫一次电路，是指电源向负载直接提供电能的电路，如图 2-1 所示由隔离开关 QS1、熔断器 FU1、接触器主触头 KM、热继电器 FR 和电动机 M 所组成的电路。辅助电路又叫二次电路，是除主电路之外，对主电路进行控制、保护、监视、测量并显示信号等的辅助回路。一般包含接触器辅助触头、线圈、继电器线圈和全部触头、控制开关、仪表及指示灯等，如图 2-2 所示从图区"6"以后的全部电路即为二次电路。

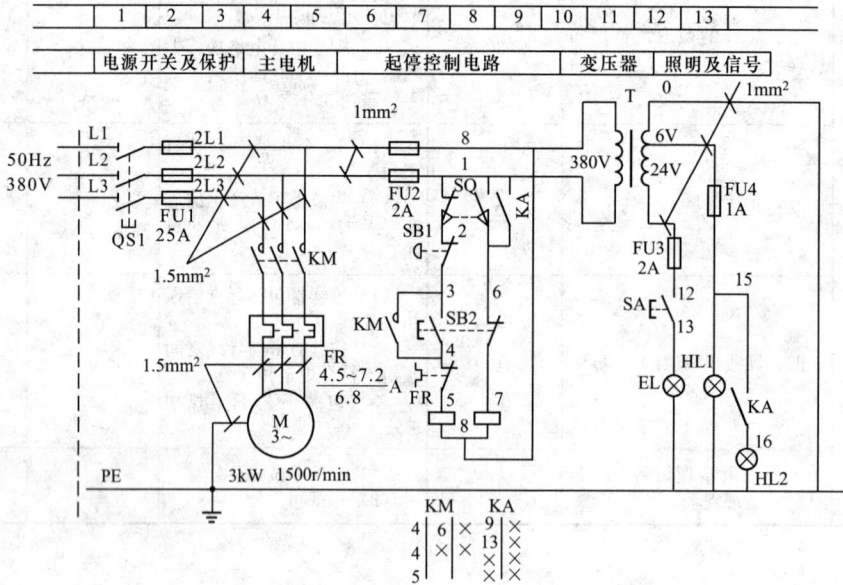

图 2-2　某机床电气原理图

2) 各电气元器件在原理图中的位置应根据便于阅读和分析的原则安排：同一元器件的各部件不一定画在一起，如在图 2-2 中接触器主触头 KM 画在主电路中，线圈和辅助触头画在二次电路中，但同一元件的不同部分均用相同的文字符号表示，用不同数字标于该部分两端以示区别。

3) 所有电器的触点都是按不通电、不受外力作用的断、合状态画出。如带电磁线圈的电器按线圈未通电时画出触点系统的断合状态。手动或机动控制装置应画手动或机动前的零位位态。

4) 无论是主电路还是辅助电路，各电气元件的动作顺序通常按从左到右、从上到下的规律排列，既可水平布置也可竖直布置，其目的是为阅读和分析提供方便。

5) 主电路因负荷大用粗实线画出，辅助电路因负荷小用细实线画出。凡有直接电连接交叉导线连接点，用黑圆点标注在连接点上。未用黑圆点的导线交叉点，则无直接电连接关系。

6) 电源可用线条加符号"＋"、"－"或 L1、L2、L3 及 N 等表示。前者表示直流电源，后者表示交流电源。

7) 原理图中的图区在稍复杂的电气原理图中，为了检索电路、方便阅读，阅读时不至遗漏，所以在原理图的上方（或下方）用数字标明图区编号。在图区编号的下方（或上方）用汉字注明该图区的元器件功能，以便于分析和理解全电路的工作原理。如图 2-2 中图区

12、13 下面标明：照明及信号，其意思是说这部分元器件将为机床的工作提供照明和发出工作状态的相应信号。

8）触头系统位置表示法在图 2-2 中，接触器线圈 KM 和继电器线圈 KA 下方有：

| | KM | | | KA | |
|---|---|---|---|---|---|
| 4 | 6 | × | | 9 | × |
| 4 | × | × | | 13 | × |
| 5 | × | × | | × | × |
| | | | | × | × |

该符号表示它们各自的触点在该原理图中的图区位置，即在原理图中对应线圈的下方，先注明文字符号，然后在文字符号下方标明相应触点所在图区编号。凡未使用的触头用"×"表示或不用符号表示。

对于接触器 KM，用 3 栏表示，其中左栏为主触头所在图区号，中栏为动合辅助触头所在图区号，右栏为动断辅助触头所在图区号。而继电器线圈 KA 下方只有两栏，其中左栏为动合触头所在图区号，右栏为动断触头所在图区号。

9）技术参数标注法。在电气原理图中，元器件型号，有关技术参数有时可用小号字体注明在电器代号的相应位置，以便识读和使用。在图 2-2 中注明了导线横截面1mm²、1.5mm²，热继电器电流动作范围和整定值 $\frac{4.5\sim7.2}{6.8}$ A 及电动机功率为 3kW，转速为1500r/min等参数。

（2）安装接线图。

安装接线图是电气安装与检修的主要图纸之一，是电气原理图的具体体现。绘图时要考虑项目（元器件）代号、端子号、导线类型、截面积、屏蔽要求以及其他材料规格、应用数据等，还要从图中显示出电气设备和元器件的空间位置，但不标明电气系统动作原理和电气元件之间的控制关系。元器件、部件、单元、组件和成套设备都采用简化外形（如正方形、矩形、圆形等），必要时也可用图形符号表示。符号旁注明项目代号并与原理图标注一致。如图 2-3 即为图 2-2 的安装接线图所示。

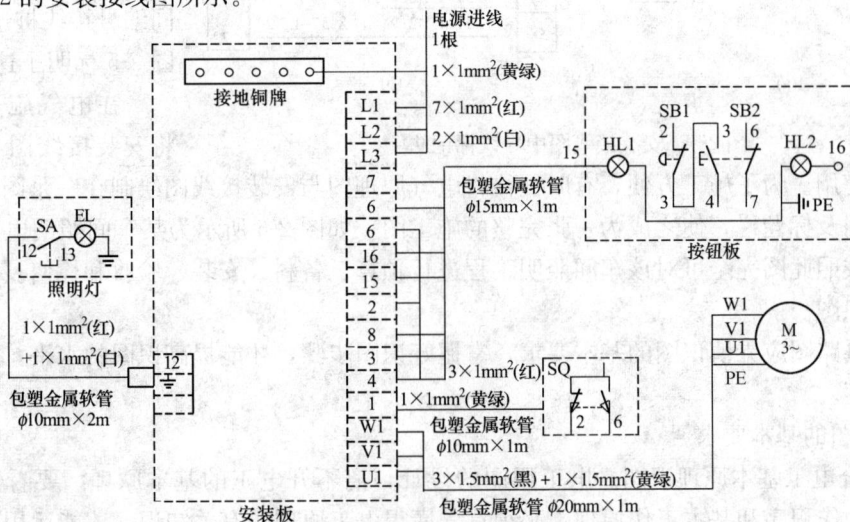

图 2-3　某机床电气安装接线图

安装接线图中的端子一般用图形符号和端子代号表示。若用简化外形表示端子项目时，可不画端子符号，仅用端子代号。

图中的导线，可用连续线或中断线表示，如图 2-4（a）、（b）所示。对于导线组、缆形线和电缆等可用一根粗实线表示若干根导线，如图 2-4（c）所示。为了便于连接和检查，图中的导线一般应加上标记，其标记应符合《绝缘导线标记》规定，如图 2-4 所示。

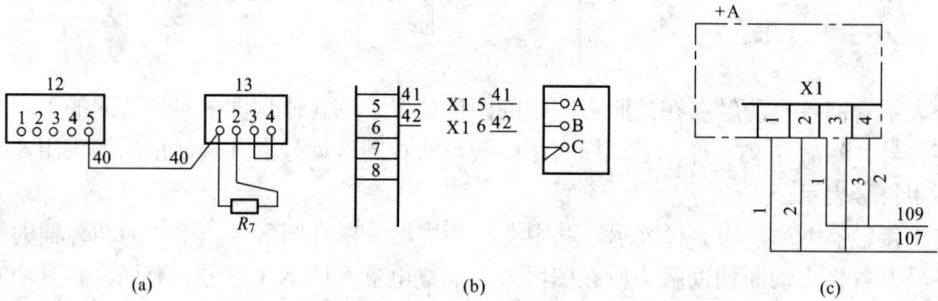

图 2-4　安装接线图中的导线表示法
（a）连续线表示；（b）中断线表示；（c）导线组、电缆表示

图 2-3 是根据图 2-2 的电气原理图绘制的安装接线图。根据该图即可对这一机床电路进行安装和维修。该图中标明了电源进线、按钮板、行程开关、电动机、照明灯与机床电气安装板之间的连接关系。同时标明了所用包塑金属软管的直径和长度、导线根数、横截面及颜色，便于安装前备料。对安装板外的某些元件，如按钮、行程开关的接线桩没有与端子排直接连通，但标明了它们与端子排之间对应的接线编号，施工时只需用图上指定规格的线材将元件接线桩与端子排相同编号接线桩连通即可，图 2-5 标明了这种关系。

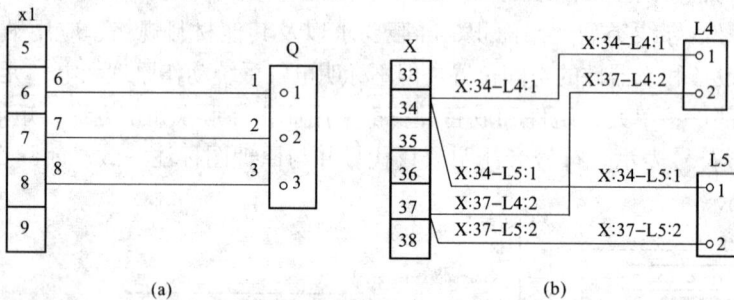

图 2-5　安装接线图中导线标记法

在电气施工中，需将安装接线图与电气原理图对照使用。为了施工方便，有时往往将电气原理图与安装接线图绘制在一张图纸上并加注技术说明及标题栏，使之成为一张完整的施工图，如图 2-6 所示为某车间照明电路的完整施工图。按照此图完全可对该车间照明工程进行预算、备料、安装、验收和检修。

（3）识图。

识读电路图应弄清识图的基本要求，掌握好识图步骤，才能提高识图的水平，加快分析电路的速度。

1）识图的基本要求。

a. 结合电工基本原理识图。电工用图的设计，离不开电工的基本原理。要看懂电路图的结构、动作程序和基本工作原理，必须首先懂得电工原理的有关知识，才能运用这些知识分析电路，理解图纸所含内容。

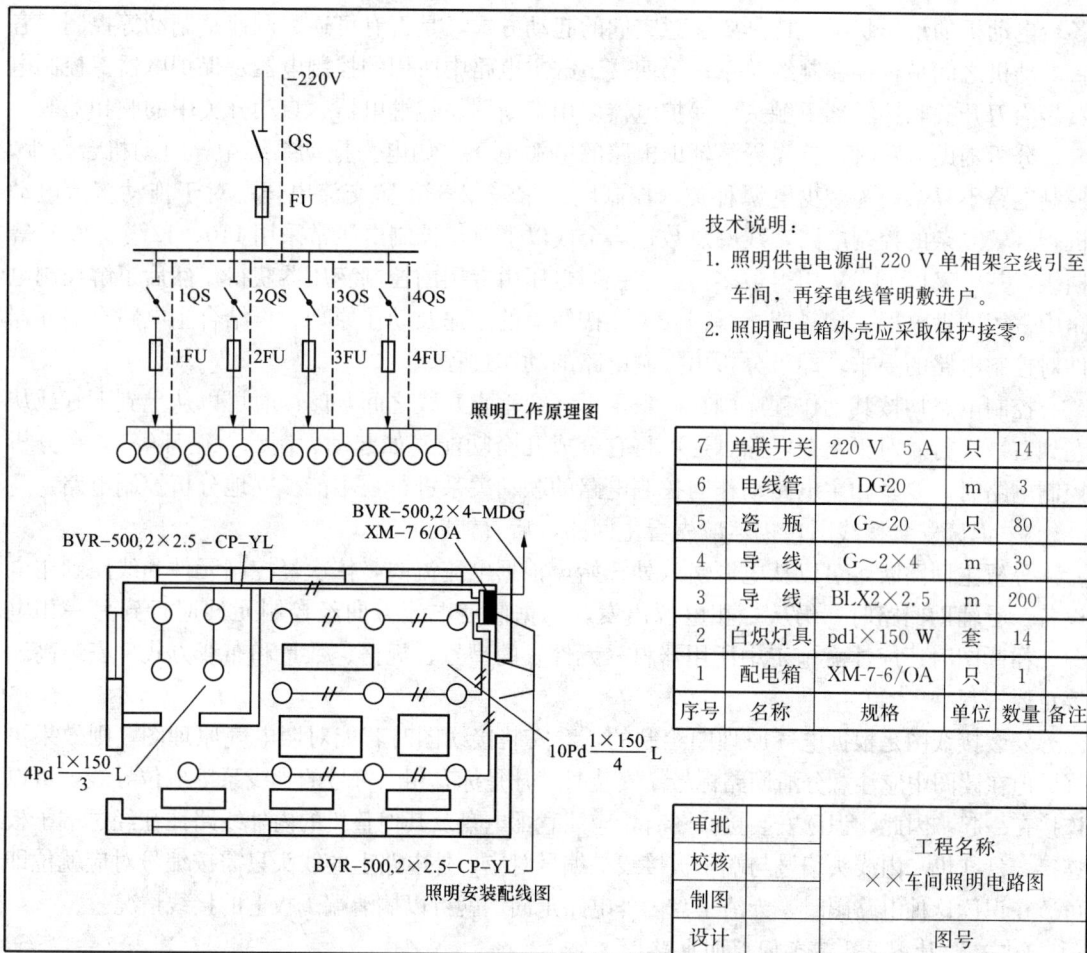

技术说明:
1. 照明供电电源出 220 V 单相架空线引至车间,再穿电线管明敷进户。
2. 照明配电箱外壳应采取保护接零。

| 7 | 单联开关 | 220 V　5 A | 只 | 14 | |
| 6 | 电线管 | DG20 | m | 3 | |
| 5 | 瓷瓶 | G~20 | 只 | 80 | |
| 4 | 导线 | G~2×4 | m | 30 | |
| 3 | 导线 | BLX2×2.5 | m | 200 | |
| 2 | 白炽灯具 | pd1×150 W | 套 | 14 | |
| 1 | 配电箱 | XM-7-6/OA | 只 | 1 | |
| 序号 | 名称 | 规格 | 单位 | 数量 | 备注 |

| 审批 | | 工程名称 |
| 校核 | | ××车间照明电路图 |
| 制图 | | |
| 设计 | | 图号 |

图 2-6　某车间照明电路图

b. 结合电气元件的结构和工作原理识图。电路图中必然包括着相关的电气元件,如各种继电器、接触器、控制开关等,必须首先懂得这些元件的基本结构、性能、动作原理、元件间的相互制约关系及其在整个电路中的地位和作用等,才能识读并理解电路图。

c. 结合典型电路识图。典型电路就是构成电路图的基本电路,如电动机起动、正反转控制、制动电路等。分析出典型电路,就容易看懂图纸上的完整电路。

d. 结合电路图的绘制特点识图。电路图的绘制是有规律性的,如前所述,主、辅电路在图纸上的位置及线条粗细有明确规定。在垂直方向绘制图纸时是从上向下,在水平方向则是从左到右,懂得这些绘制图纸的规律,有利于看懂图纸。

(4)识图步骤。

1)阅读图纸的有关说明,包括图纸目录、技术说明、器材(元件)明细表及施工说明书等,这一步主要是了解工程的整体轮廓、设计内容及施工的基本要求。

2)识读电气原理图,根据电工基本原理,在图纸上首先分出主回路与辅助回路,交流回路与直流回路。然后先看主回路,后看辅助回路。阅读主回路可按如下四步进行:第一,先看本电路及设备的供电电源。实际上生产机械多用 380 V、50 Hz 三相交流电源,应看懂电源引自何处;第二,分析主回路共用了几台电动机并了解各台电动机的功能;第三,分析各台电动机的动作状况，特别要注意它们的起动方式，是否有可逆、调速、制动等控制，各台电动机之间是否存在制约关系；第四，了解主电路中所用的控制电器及保护电器。控制电器多为刀开关和接触器主触头，保护电器多用熔断器、热继电器、自动开关中的脱扣器等。

分析辅助电路时，首先弄清辅助电路的电源电压。如电力拖动系统中，电动机台数少，控制电路不复杂，为减少电源种类，控制电路常采用 380 V 交流电压；对于拖动多台电动机，且较复杂的控制电路，线圈总数达 5 个或以上时，控制电压常采用 110、127、220 V 等挡级，其中又以 110 V 用得最多，这些控制电压由专用的控制变压器获得。然后了解控制电路中常用的继电器、接触器、行程开关、按钮等的用途及动作原理。再结合主电路有关元器件对控制电路的要求，即可分析出控制电路的动作过程。

控制电路均按其动作程序画在两条水平（或垂直）线之间，阅读时可以从上到下（或从左到右）巡行。对于复杂电路，还可将它分成几个功能（如起动、制动、循环等）。在分析控制电路时，要紧扣主电路动作与控制电路的联动关系进行，不能孤立地分析控制电路。

3）识读安装接线图，仍然应先看主回路，后看辅助回路。

分析主回路时，可以从电源引入处开始，根据电流流向，依次经控制元件和线路到用电设备。看辅助回路时，仍从一相电源出发，根据假定电流方向经控制元件巡行到另一相电源。在读图时还应注意施工中所用器材（元件）的型号、规格、数量和布线方式、安装高度等重要资料。

安装接线图是根据电气原理图绘制的，看安装接线图时若能对照电气原理图，则效果更好。但在读图中应注意分清回路标号。安装时，凡是标有相同符号的导线系等电位导线，可以连接在一起。因此，识读安装接线图时，应注意配电盘及其他整机的内外线路往往经过端子板连接。盘（机）内线头编号与端子板接线桩编号对应，外电路上的线头只需按编号对应就位即可。在识读这种电路图时，弄清了盘内外电路走向，就可以搞清端子板上的接线情况。

（二）识读图 2-6 某车间照明电路图

1. 备料

按图统计该车间照明工程安装所用的全部器材，并在当地调查相应的材料价格，编制器材支出预算。并将所用器材及支出情况按要求记入表 2-22 中。

表 2-22　　　　某车间照明工程器材预算表

| 序号 | 材料名称 | 型号规格 | 单位 | 数量 | 单价（元） | 小计（元） | 备注 |
|---|---|---|---|---|---|---|---|
| 1 | 配电箱 | | | | | | |
| 2 | 进户线 | | | | | | |
| 3 | 室内线 | | | | | | |
| 4 | 绝缘子 | | | | | | |
| 5 | 电线管道 | | | | | | |
| 6 | 控制开关 | | | | | | |
| 7 | 灯泡 | | | | | | |
| 8 | 灯头 | | | | | | |
| 9 | 灯罩 | | | | | | |
| 本工程器材购置总金额（元） | | | | | | | |

2. 线材及线路敷设要求

（1）室内线路敷设方式_____。

（2）导线敷设部位_____。

3. 灯具安装要求

将该车间办公室（安装配线图左上角）照明和生产照明（车间其他部分）的安装要求和有关数据记入表 2-23 中。

**表 2-23**　　　　　　　　　　　　　　　**某车间照明灯具安装要求**

| 安装要求<br>照明种类 | 高度（m） | 灯具套数 | 每套灯具数量 | 灯泡容量 | 安装方式 | 灯具型号含义 |
|---|---|---|---|---|---|---|
| 办公照明 | | | | | | |
| 生产照明 | | | | | | |

4. 配电箱内器材

参照图 2-6 中的车间照明电路图，将配电箱内所用三类器材名称、符号及数量记入表 2-24 中。

**表 2-24**　　　　　　　　　　　　　　　**配 电 箱 内 器 材**

| Ⅰ | | | Ⅱ | | | Ⅲ | | |
|---|---|---|---|---|---|---|---|---|
| 名称 | 符号 | 数量 | 名称 | 符号 | 数量 | 名称 | 符号 | 数量 |
| | | | | | | | | |

实训所用时间：　　　　　　　　　参加实训者（签字）：　　　　　　　　实训日期：

**四、评分标准**

电气施工识图技能考试项目及评分标准

见表 2-25。

**表 2-25**　　　　　　**根据某车间电气原理图与安装接线图编制工程**
**器材预算表写出车间器材安装要求**

| 姓 名 | | 学 号 | | 班 级 | | 总分 100 分 | | |
|---|---|---|---|---|---|---|---|---|
| 时间定额 | | 实际操作时间 | | 超 时 | | 考试日期 | | |
| 考核项目 | 考核内容及要求 | | 配分 | 评分标准 | | 扣分 | 得分 | 备注 |
| 主<br><br>要<br><br>项<br><br>目 | 一、正确着装 | | 8 | 穿工作服、戴安全帽等，每少一项扣 4 分 | | | | |
| | 二、图纸的领用及检查 | | 10 | 某车间电气原理图与安装接线图各一张等，每少一项或选错一项扣 5 分 | | | | |
| | 三、识图 | | 70 | （1）不能分清电源的进出线路、电路电源顺序，每一项扣 10 分；<br>（2）不能识读安装接线图设备名称一项扣 5 分；<br>（3）少填一项工程所需器材扣 8 分；<br>（4）不能正确填写所需器材型号规格、数量扣 4 分；<br>（5）估算工程器材购置总金额错误扣 8 分；<br>（6）线材及线路敷设方式与部位填写错误一项扣 5 分；<br>（7）供电电源选择错误扣 10 分 | | | | |
| 安全文明操作 | 工作结束整理设备、工具材料并清理现场 | | 12 | 图纸、材料、工具乱放、工作场地不整洁，每项扣 4 分 | | | | |

## 第五节　低压配线的基本知识

### 一、低压配线的供电方式

我国低压配电常用 220 V 单相制和 380 V 三相四线制两种制式。220 V 单相制供电适用

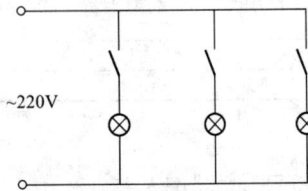

图 2-7　220 V 单相供电

于小容量的场合，如家庭、小实验室、小型办公场所等。它是由一根相线（火线）和一根零线构成的单相供电回路，如图 2-7 所示。用电容量较大的场所，如车间、礼堂、学校等采用380/220 V 三相四线制供电，如图 2-8 所示，在进行线路设计时，应将用电范围的负荷尽可能相等地分成三组，分别由三相电源供电，使三相负荷尽可能平衡，这样每相对地为 220 V 相电压。对于完全对称的三相负载，如三相电动机、三相电阻炉等，为节省导线，也可用三相三线制供电。

### 二、低压配线的类型

低压配线按敷设地点不同分为室内配线和室外配线两类。室内配线是指室内接到用电器具的供电和控制电路，导线沿建筑物外墙或由本建筑物引至附近建筑物的敷设称为室外配线。

室内配线有明配线和暗配线两种。导线沿墙壁、天花板及梁柱等明敷设，称为明配线。导线埋设在墙内，地坪内或装在顶棚里，称为暗配线。

室内配线的方式通常有护套线配线、塑料线槽配线、线管配线、瓷夹板配线、瓷瓶配线等。照明线路中普遍采用的是护套线配线、塑料线槽配线、线管配线。

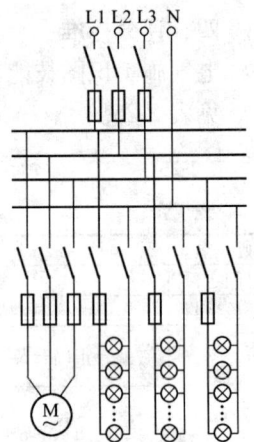

图 2-8　380/220 三相
四线制供电

### 三、低压配线的基本要求

#### 1. 导线额定电压和截面

导线的额定电压应大于线路的工作电压，导线截面的选择应符合下列要求。

（1）导线的长期允许负荷电流不应小于线路的计算负荷电流。

（2）导线应保证受电端的电压损失不超过表 2-26 中规定的数值。

表 2-26　　　　　　　　　　　　　　配线电压损失允许值

| 受电设备种类 | | | 允许电压损失（%） |
|---|---|---|---|
| 电动机 | 正常连续运转 | | 5 |
| | 起动时 | 频繁起动 | 10 |
| | | 不频繁起动 | 15 |
| | | 吊车电机 | 15 |
| 电焊设备（在正常尖峰焊接电流时） | | | 8~10 |
| 白炽灯 | | 室内主要场所 | 2.5 |
| | | 住宅照明 | 5 |
| | | 36 V 以下低压移动电器 | 10 |
| 荧光灯 | | 室内主要场所 | 2.5 |
| | | 短时电压波动及室外 | 5 |

（3）配线应保证导线机械强度的要求，绝缘导线线芯截面不得小于表 2-27 中规定的数值。

表 2-27　　　　　　　　　　　按机械强度要求导线线芯最小截面

| 敷设方式及用途 | | | 线芯最小截面（mm²） | | |
|---|---|---|---|---|---|
| | | | 铜芯软线 | 铜线 | 铝线 |
| 敷设在绝缘支持物上的导线与支持点的距离 | 1 m 及以下 | 室内 | | 1.0 | 1.5 |
| | | 室外 | | 1.5 | 2.5 |
| | 2 m 及以下 | 室内 | | 1.0 | 2.5 |
| | | 室外 | | 1.5 | 2.5 |
| | 6 m 及以下 | 室内 | | 2.5 | 4 |
| | 12m 及以下 | 室外 | | 2.5 | 6 |
| 穿管敷设的绝缘导线 | | | 1.0 | 1.0 | 2.5 |
| 槽板内敷设的绝缘导线 | | | | 1.0 | 1.5 |
| 塑料护套线敷设 | | | | 1.0 | 1.5 |

2. 距离要求

为确保安全，室内外电气管线与各种管道之间以及与建筑物、地面间的最小允许距离应符合规定，见表 2-28、表 2-29 和表 2-30。

表 2-28　　　　　　　　　　电气管线与各种管道之间的最小距离　　　　　　　　　mm

| 管道名称 | 配线方式 | 导线穿管配线 | 绝缘导线明配 | 裸母线 | 配电设备 |
|---|---|---|---|---|---|
| 煤气管 | 平行 | 100 | 1000 | 1000 | 1500 |
| | 交叉 | 100 | 300 | 300 | — |
| 乙炔管 | 平行 | 100 | 1000 | 2000 | 3000 |
| | 交叉 | 100 | 500 | 500 | — |
| 氧气管 | 平行 | 100 | 500 | 1000 | 1500 |
| | 交叉 | 100 | 300 | 500 | — |
| 蒸气管 | 平行 | 1000（500） | 1000（500） | 1000 | 500 |
| | 交叉 | 300 | 300 | 500 | — |
| 暖、热气管 | 平行 | 300（200） | 300（200） | 1000 | 100 |
| | 交叉 | 100 | 100 | 500 | — |
| 通风、上下水、压缩空气管 | 平行 | — | 200 | 1000 | 100 |
| | 交叉 | — | 100 | 500 | — |

表 2-29　　　　　　　　　　绝缘导线至建筑物之间的最小距离　　　　　　　　　mm

| 布线位置 | 最小距离 | 布线位置 | 最小距离 |
|---|---|---|---|
| 水平敷设时垂直距离： | | 垂直敷设时至阳台、 | |
| 在阳台、平台上和跨越屋顶 | 2500 | 窗户的水平距离 | 600 |
| 在窗户上 | 300 | 导线至墙壁和构件的距离 | 35 |
| 在窗户下 | 800 | | |

**表 2-30**　　　　　　　　　　　　**绝缘导线至地面之间最小距离**　　　　　　　　　　　　m

| 布　线　位　置 | | 最小距离 | 布　线　位　置 | | 最小距离 |
|---|---|---|---|---|---|
| 导线水平敷设时 | 室内 | 2.5 | 导线垂直敷设时 | 室内 | 1.8 |
| | 室外 | 2.7 | | 室外 | 2.7 |

3. 导线接头

配线时应尽量避免导线接头，因为导线接头接触不良很容易造成事故，如必须采用接头时应采用压接或焊接。穿在管内的导线在任何情况下都不能有接头，接头应放在接线盒内或灯头盒内连接。

4. 保护管

导线穿墙时，也应加装保护管（瓷管、塑料管或钢管），保护管伸出墙面的长度不应小于 10mm。

5. 导线穿越楼板的要求

导线穿越楼板时，应将导线穿入钢管或硬塑料管内保护，保护管上端口距地面不应小于 2m，下端口到楼板下出口为止。

6. 导线通过缝隙的要求

当导线通过建筑物伸缩缝或沉降缝时，导线敷设应稍有松弛；敷设线管时应装设补偿装置。

7. 导线交叉■的要求

导线相互交叉时为避免碰线，应在每根导线上加套绝缘管，并将套管在导线上固定牢靠。

**四、低压配线的一般工序**

（1）定位。按施工要求，在建筑物上确定出照明灯具、插座、配电装置、起动和控制设备等的实际位置，并注上记号。

（2）划线。在导线沿建筑物敷设的路径上，划出线路走向线，并确定绝缘支持件固定点、穿墙孔、穿楼板孔的位置，并标明记号。

（3）凿孔与预埋。按上述标注位置凿孔并预埋紧固件。

（4）安装绝缘支持件、线夹或线管。

（5）敷设导线。

（6）完成导线间连接、分支和封端，处理线头绝缘。

（7）检查线路安装质量。检查线路外观质量、直流电阻和绝缘电阻是否符合要求，有无短路、断路。

（8）完成线端与设备的连接。

（9）通电试验，全面验收。

**五、室内配线的工程图**

内线工程图包括系统图和平面图。电气系统图是用单线图表示电能或电信号按回路分配出去的图样，主要表示各个回路的名称、用途、容量以及主要电气设备、开关元件及导线电缆的规格型号等。通过电气系统图可以知道该系统的回路个数及主要用电设备的容量和控制方式。电气平面图是在建筑平面图上标出电气设备、元件、管线实际布置的图样。主要表示其安装位置、安装方式、规格型号数量等。

（一）线路及敷设方法在工程图上的表示方法

内线敷设所使用的导线主要有 BV 型和 BLV 型塑料绝缘导线，BX 型和 BLX 型橡皮绝缘导线，BVV 型塑料护套线（型号中第二个 V 表示在塑料线外面又加一层塑料护套。护套线大多是多芯的，有二芯、三芯、四芯等多种，线芯可以是单股线也可以是多股软线），RVB 型和 RVS 型塑料软导线（型号中 R 表示软线，B 表示两根线粘在一起的并行线，S 表示双绞线）。

工程图中线路的配线方法及施工部位都要用文字标注，文字符号见表 2-31，表中旧代号 M 表示明敷设，A 表示暗敷设；新代号 E 表示明敷设，C 表示暗敷设。

表 2-31　　　　　　　　标注线路安装方式和敷设部位的文字符号

| 序号 | 导线敷设方式的标注 | | 序号 | 导线敷设方式的标注 | |
| --- | --- | --- | --- | --- | --- |
| | 名　称 | 代号 | | 名　称 | 代号 |
| 1 | 用瓷瓶或瓷柱敷设 | K | 14 | 沿钢索敷设 | SR |
| 2 | 用塑料线槽敷设 | PR | 15 | 沿屋架或跨屋架敷设 | BE |
| 3 | 用钢线槽敷设 | SR | 16 | 沿柱或跨柱敷设 | CLE |
| 4 | 穿水煤气管敷设 | RC | 17 | 沿墙面敷设 | WE |
| 5 | 穿焊接钢管敷设 | SC | 18 | 沿天棚面或顶板面敷设 | CE |
| 6 | 穿电线管敷设 | TC | 19 | 在能进入的吊顶内敷设 | ACE |
| 7 | 穿聚氯乙烯硬质管敷设 | PC | 20 | 暗敷设在梁内 | BC |
| 8 | 穿聚氯乙烯半硬质管敷设 | FPC | 21 | 暗敷设在柱内 | CLC |
| 9 | 穿聚氯乙烯塑料波纹电线管敷设 | KPC | 22 | 暗敷设在墙内 | WC |
| 10 | 用电缆桥架敷设 | CT | 23 | 暗敷设在地面内 | FC |
| 11 | 用瓷夹敷设 | PL | 24 | 暗敷设在顶板内 | CC |
| 12 | 用塑料夹敷设 | PCL | 25 | 暗敷设在不能进入的吊顶内 | ACC |
| 13 | 穿金属软管敷设 | CP | | | |

线路标注的一般格式为：

$$a - d(e \times f) - g - h$$

a——线路编号或功能符号；

d——导线型号；

$e$——导线根数；

$f$——导线截面积，$mm^2$；

g——导线敷设方法的符号；

h——导线敷设部位的符号。

图 2-9 是线路表示方法示例图。

图 2-9（a）中线路的各符号表示格式如下：

"1MFG-BLV-3×6+1×2.5-K-WE"

含义是：一号照明分干线（1MFG）；铝芯塑料绝缘导线（BLV）；共有 4 根线，其中 3 根为 6 mm²，1 根为 2.5 mm²（3×6+1× 2.5）；敷设方式为瓷瓶配线（K）；敷设部位

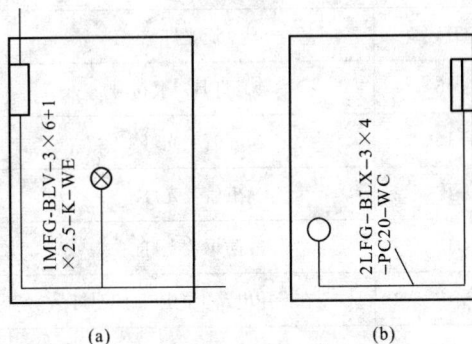

1MFG-BLV-3×6+1×2.5-K-WE

2LFG-BLX-3×4-PC20-WC

(a)　　　　　　　　(b)

图 2-9　线路表示方法示例
(a) 照明线路；(b) 动力线路

为沿墙敷设（WE）。

图 2-9（b）中线路的各符号表示格式如下：

"2LFG-BLX-3×4-PC20-WC"

含义是：2 号动力分干线（2LFG）；铝芯橡皮绝缘线（BLX）；3 根导线，分别为 4 mm²（3×4）；穿直径为 20 mm 的硬塑料管（PC20）；沿墙暗敷设（WC）。

（二）照明设备在工程图上的表示方法

在内线施工时，使用的工程图纸主要有系统图和平面图，照明设备的各种标注符号主要是用在平面图上。电气照明设备包括灯具和开关，此外，单相日用电器也属于照明线路上的设备，它们包括各种插座、空调器、电风扇、电铃、电钟等。在电气平面图上还要标出配电箱。表 2-32～表 2-35 列出了各种照明设备的图形符号。

**表 2-32** 常用照明灯具在平面图上的图形符号

| 序　号 | 名　　称 | 图 形 符 号 | 备　注 |
|---|---|---|---|
| 1 | 灯具一般符号 | ○ | |
| 2 | 深照型灯 | ⊗ | |
| 3 | 广照型灯（配照型灯） | ⊗ | |
| 4 | 防火防尘灯 | ⊗ | |
| 5 | 安全灯 | ⊖ | |
| 6 | 隔爆灯 | ○ | |
| 7 | 天棚灯 | ◗ | |
| 8 | 球形灯 | ● | |
| 9 | 花灯 | ⊗ | |
| 10 | 弯灯 | ⌐○ | |
| 11 | 壁灯 | ⊖ | |
| 12 | 投光灯一般符号 | ◉⊗ | |
| 13 | 聚光灯 |  ◉⊗→ | |
| 14 | 泛光灯 |  ◉⊗⇒ | |
| 15 | 荧光灯具一般符号 |  ⊢─┤ | |
| 16 | 三管荧光灯 | 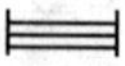 ▤ | |
| 17 | 五管荧光灯 | 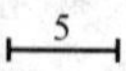 ─5─ | |
| 18 | 防爆荧光灯 |  ⊢─◀ | |
| 19 | 在专用电路上的应急照明灯 | ✕ | |
| 20 | 自带电源的应急照明装置（应急灯） | ▣ | |
| 21 | 气体放电灯的辅助设备 |  ▬ | 用于辅助设备与光源不在一起时 |

续表

| 序　号 | 名　称 | 图形符号 | 备　注 |
|---|---|---|---|
| 22 | 疏散灯 | | |
| 23 | 安全出口标志灯 | | |
| 24 | 导轨灯导轨 | | |

**表 2-33**　　　　　　　　　　照明开关在平面图上的图形符号

| 序号 | 名　称 | | 图形符号 | 备　注 |
|---|---|---|---|---|
| 1 | 单极开关 | 明装 | | 除图注明外，选用 250 V，10 A，面板底距地面 1.4 m |
| | | 暗装 | | |
| | | 密闭（防水） | | |
| | | 防爆 | | |
| 2 | 双极开关 | 明装 | | |
| | | 暗装 | | |
| | | 密闭（防水） | | |
| | | 防爆 | | |
| 3 | 三极开关 | 明装 | | |
| | | 暗装 | | |
| | | 密闭（防水） | | |
| | | 防爆 | | |
| 4 | 单极拉线开关 | | | (1) 暗装时，圆内涂黑；<br>(2) 除图注明外，选用 250 V，10 A，室内净高低于 3 m 时，面板底距顶 0.3 m，高于 3 m 时，距地面 3 m |
| 5 | 双极拉线开关（单极三线） | | | |
| 6 | 单极限时开关 | | | (1) 暗装时，圆内涂黑；<br>(2) 除图注明外，选用 250 V，10 A，面板底距地面 1.4 m |
| 7 | 双控开关（单极三线） | | | |
| 8 | 具有指示灯的开关 | | | (1) 暗装时，圆内两侧涂黑；<br>(2) 除图注明外，选用 250 V，10 A，面板底距地面 1.4 m |
| 9 | 多拉开关（如用于不同照度） | | | (1) 暗装时，圆内涂黑；<br>(2) 除图注明外，选用 250 V，10 A，地板底距地面 1.4 m |
| 10 | 中间开关 | | | |
| 11 | 调光器 | | | |

续表

| 序号 | 名　称 | 图形符号 | 备　注 |
|---|---|---|---|
| 12 | 钥匙开关 | | |
| 13 | "请勿打扰"门铃开关 | | (1) 暗装时，圆内涂黑；<br>(2) 除图注明外，选用 250 V、10 A，地板底距地面 1.4 m |
| 14 | 导轨灯导轨 | | |
| 15 | 风机盘管控制开关聚光灯 | | (1) 暗装时，圆下半涂黑；<br>(2) 除图注明外，面板底距地面 1.4 m |

表 2-34　　　　　　　　　　插座在平面图上的图形符号

| 序号 | 名　称 | | 图形符号 | 备　注 |
|---|---|---|---|---|
| 1 | 单相插座 | 明装 | | (1) 除图注明外，选用 250 V，10 A；<br>(2) 明装时，面板底距地面 1.8 m，暗装时，面板底距地面 0.3 m；<br>(3) 儿童活动场所的明、暗装插座除具有保护板的插座外，其余距地面均为 1.8 m；<br>(4) 插座在平面图上的画法 |
| | | 暗装 | | |
| | | 密闭（防水） | | |
| | | 防爆 | | |
| 2 | 带接地插孔的<br>单相插座 | 明装 | | |
| | | 暗装 | | |
| | | 密闭（防水） | | |
| | | 防爆 | | |
| 3 | 带接地插孔的<br>三相插座 | 明装 | | (1) 除图注明外，选用 380 V，15 A；<br>(2) 明装时，面板底距地面 1.8 m，暗装时，面板底距地面 0.3 m |
| | | 暗装 | | |
| | | 密闭（防水） | | |
| | | 防爆 | | |
| 4 | 带中性线和接地插<br>孔的三相插座 | 明装 | | |
| | | 暗装 | | |
| | | 密闭（防水） | | |
| | | 防爆 | | |
| 5 | 多个插座（示出三个） | | | (1) 除图注明外，选用 250 V，10 A；<br>(2) 明装时，面板底距地面 1.8 m，暗装时，面板底距地面 0.3 m；<br>(3) 儿童活动场所的明、暗装插座除具有保护板的插座外，其余距地面均为 1.8 m |
| 6 | 具有保护板的插座 | | | |
| 7 | 具有单极开关的插座 | | | (1) 除图注明外，选用 250 V，10 A；<br>(2) 明装时，面板底距地面 1.8 m，暗装时，面板底距地面 0.3 m；<br>(3) 儿童活动场所的明、暗装插座除具有保护板的插座外，其余距地面均为 1.8 m |
| 8 | 具有连锁开关的插座 | | | |

| 序 号 | 名 称 | 图形符号 | 备 注 |
|---|---|---|---|
| 9 | 具有隔离变压器的插座<br>（如电动剃须刀插座） | | 除图注明外，选用 220/110 V，20 V·A，<br>面板底距地面 1.8 m 或距台面上 0.3 m |
| 10 | 带熔断器的单相插座 | | （1）除图注明外，选用 250 V，10 A；<br>（2）明装时，面板底距地面 1.8 m，暗装<br>时，面板底距地面 0.3 m |

**表 2-35**               **其他电气设备在平面图上的图形符号**

| 序 号 | 名 称 | 图形符号 | 备 注 |
|---|---|---|---|
| 1 | 电风扇 | | 若不引起混淆，方框可不画 |
| 2 | 空调器 | | 未示出引线 |
| 3 | 电铃 | | |
| 4 | 电钟 | | |
| 5 | 电阻加热装置 | | |
| 6 | 电热水器 | | |

照明灯具种类很多，安装方式各异，为了能在图上说明这些情况，在灯具符号旁还要用文字加以标注。灯具的安装方式，如图 2-10 所示。

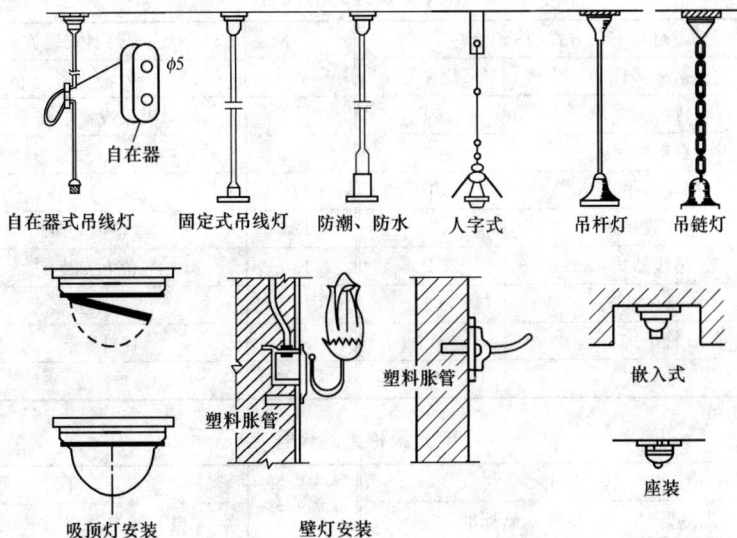

图 2-10 灯具的安装方式示意图

灯具标注的一般格式为：

$$a - \mathrm{b}\frac{c \times d \times \mathrm{L}}{e}\mathrm{f}$$

$a$——某场所同类灯具的个数；

b——灯具类型代号，见表 2-36；

　　$c$——灯具内安装的灯泡或灯管的数量；

　　$d$——每个灯泡或灯管的功率，W；

　　$e$——灯具安装高度，灯具底部至地面，m；

　　$f$——安装方式代号，见表 2-37；

　　$L$——电光源种类，见表 2-38。

例如：

$$6S\dfrac{100IN}{2.5}Ch$$

　　表示该场所有 6 盏这种类型的灯，灯具的类型是搪瓷伞罩灯（S），每个灯具内有 1 个灯泡，功率 100 W。光源种类是白炽灯（IN），采用链吊式安装（Ch），安装高度 2.5 m。

**表 2-36　　　　　　　　　　　常用灯具类型的代号**

| 序　号 | 灯具名称 | 符　号 | 序　号 | 灯具名称 | 符　号 |
|---|---|---|---|---|---|
| 1 | 普通吊灯 | P | 9 | 工厂一般灯具 | G |
| 2 | 壁　灯 | B | 10 | 荧光灯灯具 | Y |
| 3 | 花　灯 | H | 11 | 防爆灯 | G 或专用代号 |
| 4 | 吸顶灯 | D | 12 | 水晶底罩灯 | J |
| 5 | 柱　灯 | Z | 13 | 防水防尘灯 | F |
| 6 | 卤钨探照灯 | L | 14 | 搪瓷伞罩灯 | S |
| 7 | 投光灯 | T | 15 | 无磨砂玻璃罩万能型灯 | Ww |

**表 2-37　　　　　　　　　　　灯具安装方式的代号**

| 序　号 | 灯具安装方式的标注 名　称 | 代　号 | 序　号 | 灯具安装方式的标注 名　称 | 代　号 |
|---|---|---|---|---|---|
| 1 | 线吊式 | CP | 9 | 吸顶或直附式 | S |
| 2 | 自在器线吊式 | CP | 10 | 嵌入式 | R |
| 3 | 固定线吊式 | $CP_1$ | 11 | 顶棚内安装 | CR |
| 4 | 防水线吊式 | $CP_2$ | 12 | 墙壁内安装 | WR |
| 5 | 吊线器式 | $CP_3$ | 13 | 台上安装 | T |
| 6 | 链吊式 | Ch | 14 | 支架上安装 | SP |
| 7 | 管吊式 | P | 15 | 柱外安装 | CL |
| 8 | 壁装式 | W | 16 | 座装 | HM |

**表 2-38　　　　　　　　　　　电光源种类的代号**

| 序　号 | 代　号 电光源类型 | 新标准规定 | 序　号 | 代　号 电光源类型 | 新标准规定 |
|---|---|---|---|---|---|
| 1 | 氖灯 | Ne | 9 | 电发光灯 | EL |
| 2 | 氙灯 | Xe | 10 | 弧光灯 | AR |
| 3 | 钠灯 | Na | 11 | 荧光灯 | FL |
| 4 | 汞灯 | Hg | 12 | 红外线灯 | IR |
| 5 | 碘钨灯 | I | 13 | 紫外线灯 | UV |
| 6 | 白炽灯 | IN | 14 | 发光二极管 | LED |

在电气平面图上，经常还要说明线路施工的其他问题，如导线走向、照明情况等。说明这些问题的符号，见表 2-39。

**表 2-39　　　　　　　　　　　　　电气平面图上的一些其他符号**

| 序　号 | 名　称 | | 图形符号 | 备　注 |
|---|---|---|---|---|
| 1 | 走线槽 | 地面明槽 |  | |
| | | 地面暗槽 | 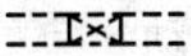 | |
| 2 | 线槽内配线 | |  | ※注明回路号及导线根数和截面 |
| 3 | 电缆桥架 | | 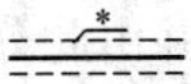 | ※注明回路号及电缆芯数和截面 |
| 4 | 向上配线 | |  | |
| 5 | 向下配线 | | 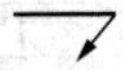 | |
| 6 | 垂直通过配线 | | | |
| 7 | 盒（箱）一般符号 | | ○ | |
| 8 | 连接盒或接线盒 | | ○ | |
| 9 | 伸缩缝，沉降缝穿线 | | | |
| 10 | 导线，导线组，电线，电缆，电路，传输通路（如微波技术）线路，母线（总线） | 一般符号 |  | （1）当用单线表示一组导线时，若需示出导线数，电力线和照明干线可加标注线标注所选导线，照明支线可加小短斜线或画一条短斜线加数字表示，当未画短斜线时，则表示为 2 根导线；<br>（2）照明支线除图注明外，均选用 BV—2.5 mm 聚氯乙烯绝缘铜线 |
| | | 示出三根导线 | 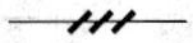 | |
| | | 示出三根导线 | 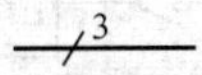 | |
| 11 | 电线引入、引出线 | 引入线 |  | （1）电力电缆由地下引入、引出时，埋地深度除图注明外，一般电缆上皮距室外地面下 800 mm；<br>（2）220～380 V 线路架空引入、引出时，管线与首层顶板面平，但从支持绝缘子起距室外地面不小于 2.7 m |
| | | 引出线 |  | |
| 12 | 挂在钢索上的线路 | | 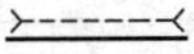 | |
| 13 | 应急照明线路 | | | 除图注明外，应急照明及低压线路选用 BV—2.5 mm 聚氯乙烯绝缘铜线，控制及信号线路选用 BV—1.0 mm² 聚氯乙烯绝缘铜线。 |
| 14 | 50 V 及其以下电力和照明线路 | | 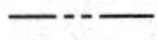 | |
| 15 | 照度 | | Ⓐ | A 照度值（$l_x$） |

（三）内线工程图的阅读

下面以某单位锅炉房为例介绍内线工程图的电气系统图和平面图的阅读。

1. 电气系统图的阅读

由图 2-11，2-12 可知，该系统包括以下内容：系统共分 5 个回路，其中 PG1 为动力配电箱 AP-4 供电回路；PG2 为（食堂）照明配电箱 AL-1 供电回路；PG3、PG4 为两台锅炉的电控柜 AP-3、AP-2 供电回路；AP-1 为锅炉房照明回路（图略）。AP-2、AP-3 两台锅炉控制柜回路相同，均采用接触器直接起动，空气开关 C45NAD 作短路保护，热继电器过载保护，AP-4 动力配电箱分三路，两路备用，一路为立式泵的直接起动电路，空气开关作短路保护，热继电器作过载保护。AL-1 照明配电箱有三个作用：作为食堂照明及单相插座的电源；作为食堂三相动力插座的电源，并由此分出两个插座箱；作为浴室照明的电源，并由

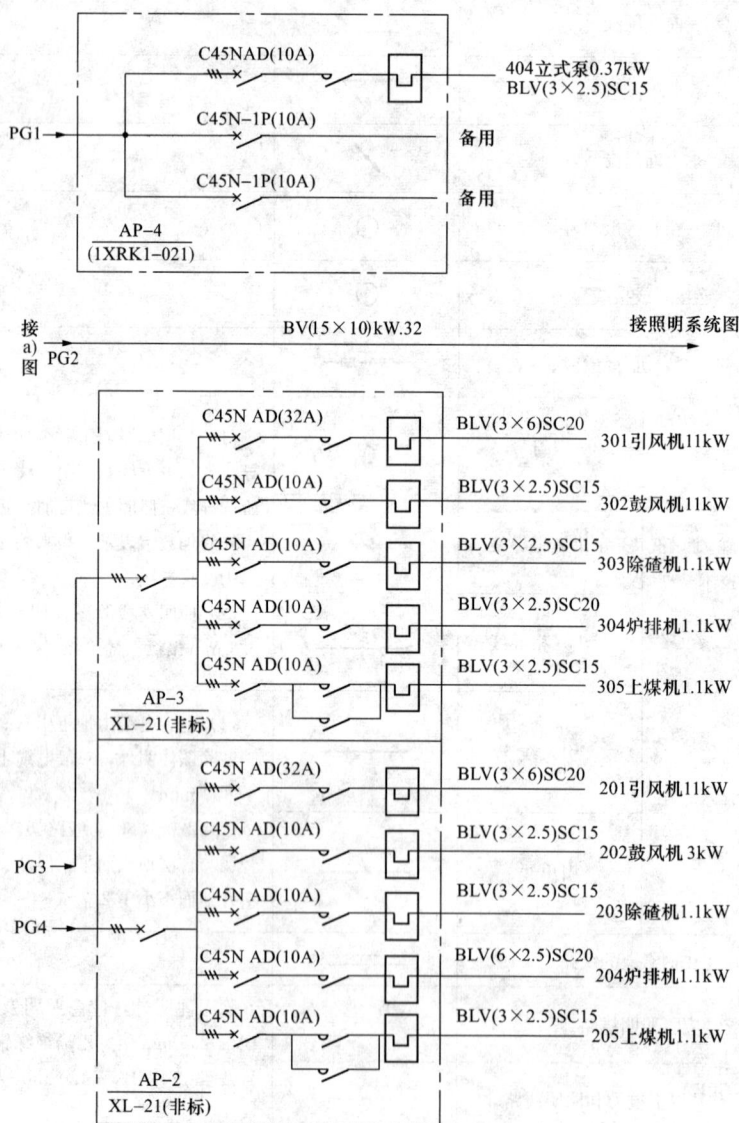

图 2-11　动力系统图

此分出一照明配电箱 AL-2。

2. 动力平面图的阅读

图 2-13 是锅炉房的动力平面图，图中的内容有以下几个方面。

（1）AP-1、AP-2、AP-3 三台柜设在控制室内，落地安装，电源 BX（3×70＋1×35）穿 Φ80 钢管、埋地经锅炉房由室外引来，引入 AP-1 柜。同时，在引入点处 13 轴设置了接线盒，见图中——符号。

（2）两台循环泵，每台锅炉的引风、送风、出碴、炉排、上炉 5 台电动机的负荷管线均由控制室的 AP-1 埋地引出至电动机接线盒处，导线规格、根数、管径见图中标注。其中有三根管线在 12 轴设置了接线盒，见图中——符号。

（3）循环泵房、锅炉房引风机室设置按钮箱各一个，分别控制循环泵以及引风机、鼓风机，标高 1.2 m，墙上明装，其控制管线也由 AP-1 埋地引出，控制线为 1.5 mm² 铜塑线，穿管 Φ15。按钮箱的箱门布置见大样图。

（4）AP-4 动力箱暗装于立式小锅炉房的墙上，距地 1.4 m，电源管由 AP-1 埋地引入。立式 0.37 kW 泵的负荷管由 AP-4 箱埋地引至电动机接线盒处。

（5）AL-1 照明箱暗装于食堂 Ⓔ 轴的墙上，距地 1.4 m，电源 BV（5×10）穿 Φ32 钢管埋地经浴室由 AP-1 引来，并且在图中标出了各种插座的安装位置，均为暗装，除注明标高外，均为 0.3 m 标高，管路全部埋地上翻至元件处，导线标注见系统图。

（6）接地极采用 Φ25×2500 镀锌圆钢，接地母线采用 40×4 镀锌扁钢，埋设于锅炉房前侧并经 12 轴埋地引入控制室于柜体上。

（7）其他内容详细看图，读者自行分析。

3. 照明平面图的识读

图 2-14 是该小型锅炉房的照明平面图，图中内容有以下几个方面。

（1）锅炉房采用弯灯照明，管路由 AP-1 埋地引至 12 轴 3 m 标高处沿墙暗设，灯头单独由拉线电门控制。该回路还包括循环泵房、控制室及小型立炉室的照明。

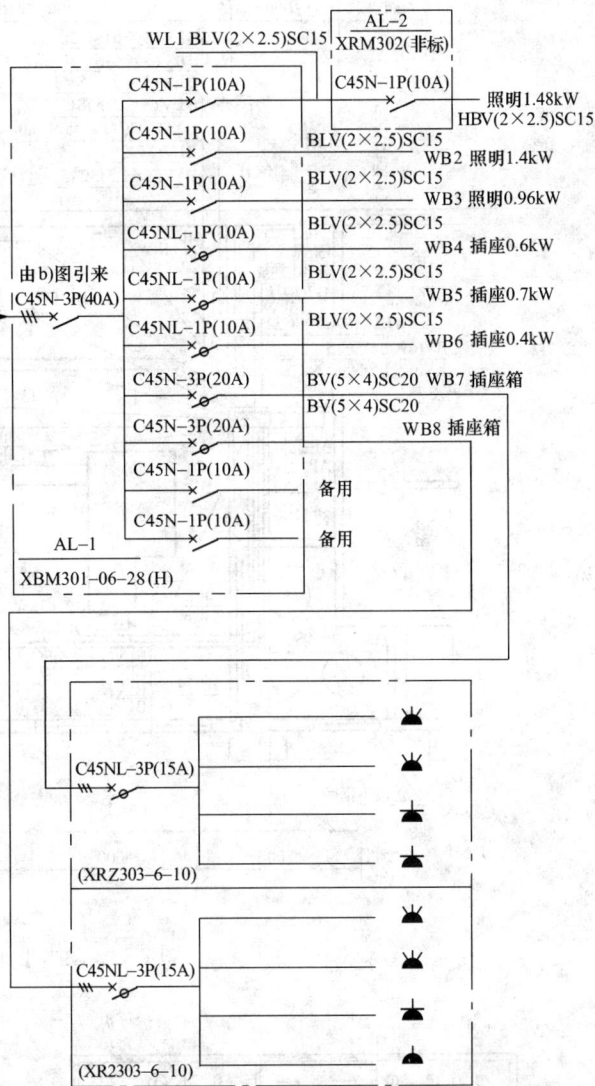

图 2-12　照明系统图

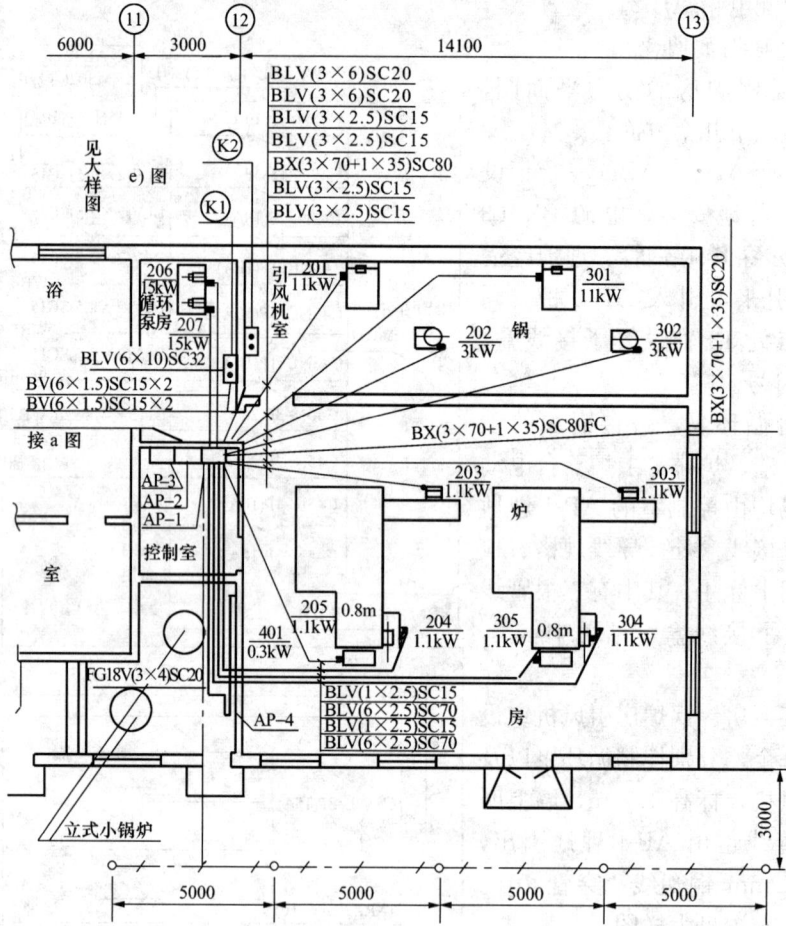

图 2-13 动力平面图

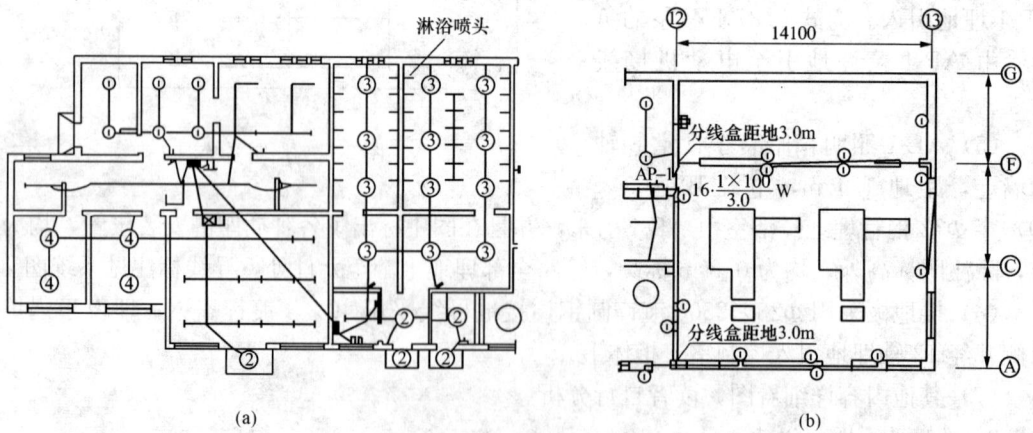

图 2-14 照明平面图

(a) 生活区照明 (b) 锅炉房照明

（2）食堂的照明均由 AL-1 引出，共分三路，其中一路 WL1 是浴室照明箱 AL-2 的电源。浴室采用防水灯，导线、管路见系统图的标注，其他内容读者自行分析。

## 第六节 护套线配线及灯具安装技能训练

### 一、实训目的

（1）掌握护套线的配线方法和步骤。

（2）学会安装照明灯具、开关、插座等电器元件。

### 二、工具、设备与材料

电工刀、剥线钳、钢丝钳、螺丝刀、尖嘴钳、试电笔、钢锯、剪刀、人字梯（在自制工作台上操作可不用）、卷尺、粉线袋、线坠、榔头等常用电工工具 1 套，电钻 1 个，木制配电板（850×850 mm）1 块，圆木 1 个，刀开关 1 个，单相电能表 1 块，漏电保护开关 1 个，单联明装开关 2 个，双极插座（明装）1 个，螺口平灯头 1 个，荧光灯一盏，熔断器（RC1A-5）2 只，挂线盒 1 个，护套线（BVV-2×1.5 mm²）2 m，护套线（BVV-3×1.5 mm²）2 m，塑料线卡、小铁钉、木螺丝等若干。

### 三、实训步骤与要求

1. 护套线的配线基本知识的准备

护套线的配线施工的主要材料及说明见表 2-40。

表 2-40 护套线配线施工的主要材料

| 材料名称 | 示意图 | 说明 |
| --- | --- | --- |
| 塑料线卡 | 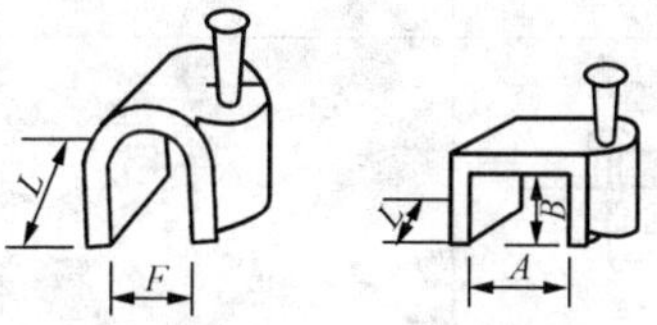 圆形塑料线卡　方形塑料线卡 | （1）用途：一般用于室内照明工程的明敷设，不得直接埋入到抹灰层内暗敷设。<br>（2）规格：塑料线卡 4、6、8、10、12，配线使用 BVV 或 RVV－0.5 mm² 以上护套线。 |
| 护套线 |  | |

2. 护套线配线的敷设要求

（1）护套线的型号、规格必须严格按照设计图纸规定。塑料线卡必须与所夹持的护套线规格相对应。

（2）护套线的敷设应横平竖直，不应松弛、扭绞和弯曲。护套线在同一墙面转弯时，必须保证相互垂直，导线弯曲要均匀，弯曲半径不应小于导线宽度的 3 倍，太小会损伤导线线芯，太大影响线路美观。两根护套线相互交叉时，交叉处要用四个塑料线卡固定；护套线在转弯前后要用塑料线卡固定。

（3）在混凝土结构或预制楼板上敷设护套线时，可采用环氧树脂粘接。

（4）室内使用护套线配线，其截面规定：铜芯不得小于 0.5 mm²；铝芯不得小于 1.5 mm²；室外使用塑料护套线配线时，其截面规定：铜芯不得小于 1.0 mm²；铝芯不得小于 2.5 mm²。

（5）护套线的分支接头和中间接头，应放在开关、灯头盒和插座等处，必要时可装设接线盒，以保证整齐美观。当护套线穿过建筑物的伸缩缝、沉降缝时，在跨缝的一段导线两端，应可靠固定，并做成弯曲状，留有一定伸缩长度。

（6）护套线直接暗敷在空心楼板孔内时，应将楼板孔内清除干净，导线的护套层不得损伤。在地下或墙壁内敷护套线时，必须穿管。根据规范，与热力管道进行平行敷设时，其间距不应小于 1 m；交叉敷设时，其间距不小于 0.2 m。否则，必须做隔热处理。此外，护套线在易受机械外力损伤的场所应穿保护管，与各种管道紧贴、交叉时也要加装保护管。

（7）在护套线配线时，严禁将护套线直接埋在墙壁或顶棚的抹灰层内，其原因如下：

1）导线绝缘不良，容易造成漏电事故，危及人身或建筑物的安全。

2）护套线直接埋在墙壁内，则无法进行检修与更换。

3）如果室内装修进行钻孔或钉钉，很容易损坏导线，造成漏电、断线等事故。

4）导线还会受到水泥、石灰等碱性物质的腐蚀而加速老化，严重时造成绝缘层开裂引起漏电。

3. 按表 2-41 步骤进行图 2-15 护套线配线施工

表 2-41 护套线配线施工步骤

| 配线步骤 | 示 意 图 | 施 工 说 明 |
|---|---|---|
| 1. 绘图定位 | 图（a）直线部分 150~220<br><br>图（b）转角部分 50~100 50~100<br><br>图（c）十字交叉 50~100 50~100 | 1. 操作步骤<br>（1）护套线的走向用粉线沿建筑物表面弹线定位，从始端到终端弹出线路的中心线；<br>（2）标出照明器具及支持点、穿墙套管、导线分支点及转角处的位置。<br>2. 注意事项<br>梯子下端应有防滑措施，不得缺挡，不得垫高使用；单面梯子与地面的夹角以 60°~70°为宜，人字梯在距梯脚 40~60 cm 处设拉绳，不准站在梯子最上层工作，不准两人同时登一梯操作（在操作台上操作可不用人字梯） |

续表

| 配线步骤 | 示 意 图 | 施 工 说 明 |
|---|---|---|
| 1. 绘图定位 |  图（d）进入木台 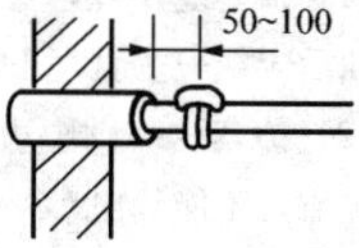<br><br>图（e）进入管子 | 1. 操作步骤<br>（1）护套线的走向用粉线沿建筑物表面弹线定位，从始端到终端弹出线路的中心线；<br>（2）标出照明器具及支持点、穿墙套管、导线分支点及转角处的位置。<br>2. 注意事项<br>梯子下端应有防滑措施，不得缺挡，不得垫高使用；单面梯子与地面的夹角以 60°～70° 为宜，人字梯在距梯脚 40～60 cm 处设拉绳，不准站在梯子最上层工作，不准两人同时登一梯操作（在操作台上操作可不用人字梯） |
| 2. 放线 | 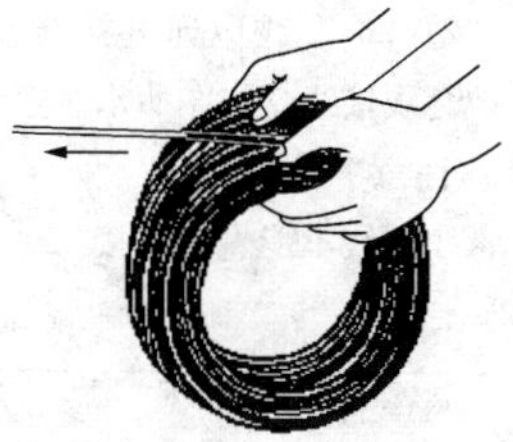 图（a）护套线放线 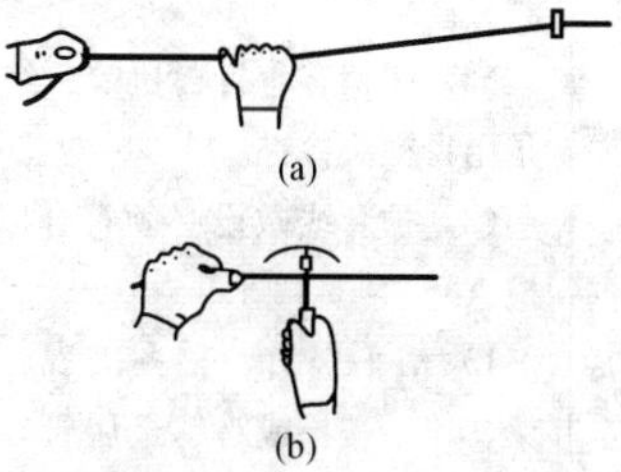<br><br>（a）<br>（b）<br>图（b）护套线的勒平、勒直方法 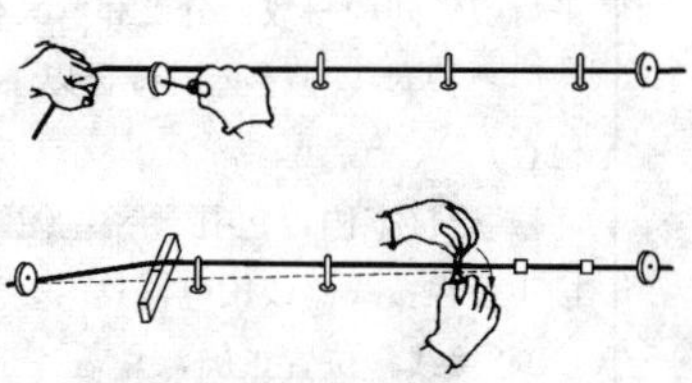<br><br>图（c）护套线的收紧方法 | 1. 操作步骤<br>护套线敷设时首先要放线，最好两人操作，如图（a），放线时线盘不能弄乱，导线不能产生扭曲、套结，不能在地上拖拉。如有扭弯要校直，校直时两人操作，一人握住导线的一端，一人用力在平坦的地面上甩直。护套线在敷设中也应注意校直，其勒直、勒平方法如图（b）所示。护套线的收紧方法如图（c）所示 |

续表

| 配线步骤 | 示 意 图 | 施 工 说 明 |
|---|---|---|
| 3. 钉塑料线卡 | 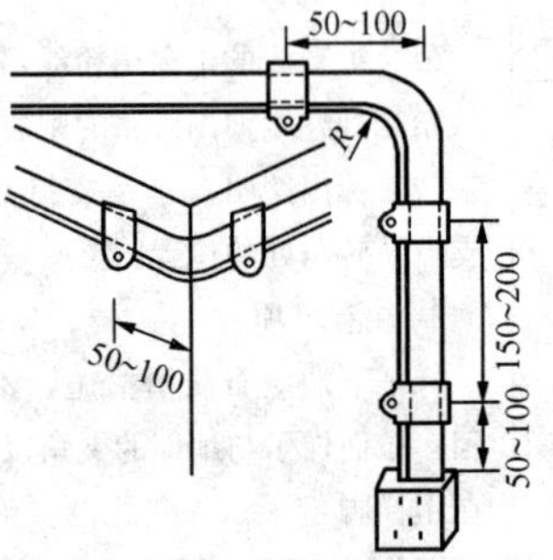 | 1. 操作步骤<br>　根据护套线不同的宽度的外形，选用相应的线卡，塑料线卡的钉制距离及位置为：直线敷设段每隔 150～200 mm，转角处距离转角 50～100 mm 处，距离开关、插座和灯具木台 50～100 mm 处钉塑料线卡，同一根护套线上固定单钉塑料线卡时钢钉的位置应在同一方向，其做法如图所示。<br>　2. 注意事项<br>　（1）护套线在转弯处需弯曲，可用手工进行操作，弯曲后导线应垂直，不能损伤护套线<br>　（2）护套线敷设中边操作边调整，保证护套线横平竖直，不能偏向 |
| 4. 接线盒内接线，与用电设备连接 | 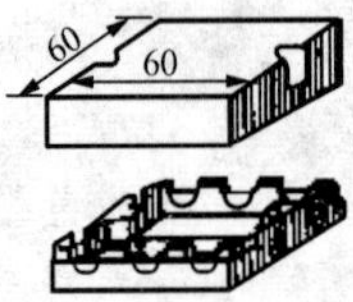 | 1. 操作步骤<br>　塑料护套线应通过接线盒或电器器具进行连接，护套线接线盒如图所示。<br>　2. 注意事项<br>　线与线不能直接连接 |
| 5. 绝缘测量、通电试验 | （操作图略） | （1）绝缘电阻测量：导线间导线对地的绝缘电阻值必须大于 0.5 MΩ，方法是用绝缘电阻表进行测量。<br>　（2）严禁有弯折、扭绞、绝缘层损坏等缺陷方法是用目视法检查。<br>　（3）护套线敷设必须符合以下规定（方法是目视检查）。<br>　1）横平竖直、整齐美观、牢固可靠；导线穿过梁、墙、楼板或跨越金属管线时要有保护管；跨越建筑物伸缩缝的导线两端固定可靠，并留有适当的伸缩长度；<br>　2）护套线明敷设部分紧贴建筑物表面；多根导线平行敷设间距一致，分支和弯头整齐。<br>　（4）护套线连接必须符合以下规定（方法是目视检查）。<br>　1）连接牢固，包扎严密，绝缘良好，不伤芯线；接头设在接线盒或用电器具内；<br>　2）接线盒位置正确，盒盖齐全、平整，导线进入接线盒或用电器具时要留有适当的长度 |

护套线的敷设如图 2-15 所示，其电器为一个开关控制一个白炽灯，另一个开关控制一盏荧光灯，并装有一个双极插座。

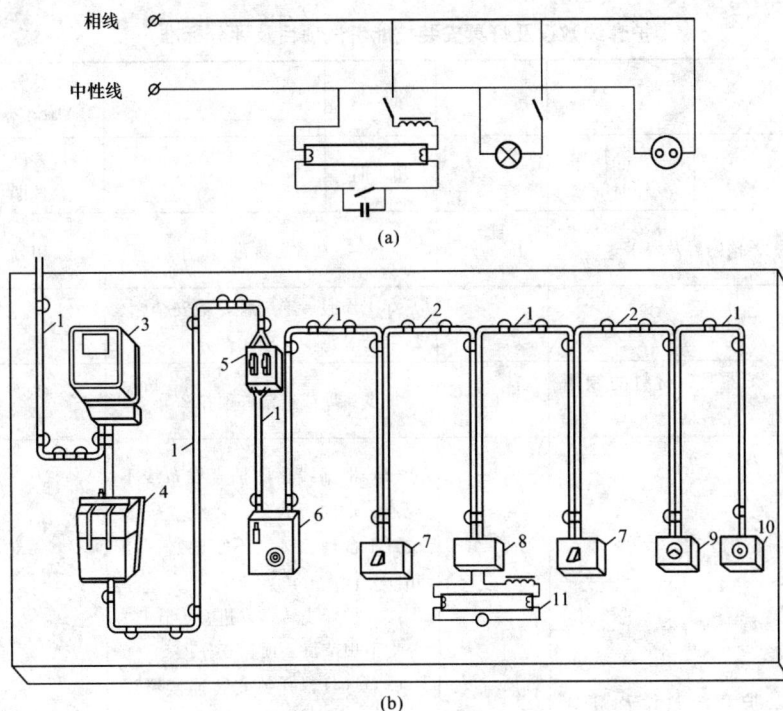

图 2-15　护套线敷设及灯具安装图

（a）原理图；（b）配线图

1—二芯护套线；2—三芯护套线；3—单相电能表；4—闸刀开关；5—熔断器；
6—漏电保护开关；7—开关；8—圆木；9—灯头；10—插座；11—荧光灯

4. 实训步骤

（1）先定位划线，然后安装单相电能表、开关、熔断器、圆木、灯座、插座及接线盒等。

（2）敷设护套线、固定塑料卡钉，将荧光灯接到挂线盒上。

（3）检查线路并通电试验，将有关数据记入表 2-42 中。

表 2-42　　　　　　　　护套线的敷设及开关、插座安装记录

| 材料规格 | 单相电度表 | | 闸刀开关 | | 熔断器 | | 开关 | | 插座 | | 二芯护套线 | | 三芯护套线 | |
|---|---|---|---|---|---|---|---|---|---|---|---|---|---|---|
| | 额定电流（A） | 抄见电量 | 型号 | 额定电流（A） | 型号 | 额定电流（A） | 型号 | 额定电流（A） | 型号 | 额定电流（A） | 型号 | 长度（cm） | 型号 | 长度（cm） |
| 安装要点 | | | | | 实际安装接线图 | | | | | | | | | |

## 四、评分标准

护套线敷设及灯具安装技能考试项目及评分标准见表 2-43。

**表 2-43　　　　　护套线敷设及灯具安装技能考试项目及评分标准**

| 姓　名 | | 学　号 | | 班　级 | | 总分<br>100 分 | | |
|---|---|---|---|---|---|---|---|---|
| 时间<br>定额 | | 实际操<br>作时间 | | 超　时 | | 考试<br>日期 | | |
| 考核项目 | 考核内容及要求 | 配　分 | | 评分标准 | | 扣分 | 得<br>分 | 备<br>注 |
| 主<br><br>要<br><br>项<br><br>目 | 一、正确着装 | 8 | | 穿工作服、绝缘鞋，戴安全帽、纱手套等每少一项扣 2 分 | | | | |
| | 二、工器具、材料的领用及检查 | 10 | | 每少一项或选错一项扣 2 分 | | | | |
| | 三、护套线敷设及灯具安装 | 70 | | (1) 根据线路图护套线布线不规范、走向不合理、接线盒安装位置不合理、接线不牢固每一项扣 5 分；<br>(2) 护套线转弯、进盒、连接、分支不规范每一项扣 5 分；<br>(3) 灯具、开关安装连接错误一处扣 5 分；<br>(4) 电器元件安排损坏一件扣 10 分；<br>(5) 工艺整体不美观扣 8 分；<br>(6) 通电验收时有一处故障扣 10 分；<br>(7) 通电发生短路事故扣 20 分； | | | | |
| 安全<br>文明<br>操作 | 工作结束整理设备、工具材料并清理现场 | 12 | | 图纸、材料、工具乱放、工作场地不整洁每项扣 4 分 | | | | |

# 第七节　槽板配线操作技能训练

## 一、实训目的

(1) 掌握槽板配线的方法步骤。

(2) 学会安装照明灯具、开关、插座等电器元件。

## 二、工具、设备与材料

电工刀、剥线钳、钢丝钳、螺丝刀、尖嘴钳、试电笔、钢锯、人字梯、卷尺、粉线袋、线坠、榔头等常用电工工具 1 套，电钻 1 个，1.5 mm$^2$ 导线约干、塑料线槽 6 m、塑料胀管 10 个、灯座、开关、插座各一个、40 W 日光灯一套、电工敷料等。

## 三、实训步骤与要求

1. 槽板配线基本知识的准备

槽板配线施工的主要材料及说明如表 2-44 所示。

表 2-44 槽板配线施工的主要材料

<table>
<tr><th>材料名称</th><th colspan="2">示意图</th><th>说明</th></tr>
<tr><td rowspan="2">塑料线槽</td><td>两线槽板</td><td>
40
6 8 12 8 6
6 8
40
6 8 12 8 6
5</td><td rowspan="2">（1）特点：槽板配线是将绝缘导线敷设在槽板的线槽内，上面用盖板盖住，导线不外露，显得整齐美观；<br>（2）用途：主要应用在干燥房间内的明配线路，便于维护和检修；<br>（3）分类：塑料槽板、木槽板（不用），塑料槽板的线槽有两线和三线两种，VXC-20 线槽尺寸为 20 mm×12.5 mm 每根长 2 m</td></tr>
<tr><td>三线槽板</td><td>
单位：mm
60
6 8 12 8 12 8 6
6 8
60
6 8 12 8 12 8 6
5</td></tr>
<tr><td>塑料线槽附件</td><td colspan="2">
线槽盖
线槽底
①塑料线槽
②阳角
③阴角
④直转角
⑤平转角
⑥平三通
⑦顶三通
⑧左三通
⑨右三通
⑩连接头
⑪终端头
⑫接线盒插口
⑬灯头盒插口
⑭接线盒
盖板
⑮灯头盒
盖板</td><td>作用：附件作为塑料线槽施工中的连接、接线盒、盖板等，如：塑料线槽分槽底和槽盖，施工时先将槽底用木螺钉固定在墙面上，放入导线后再把槽板盖盖上</td></tr>
</table>

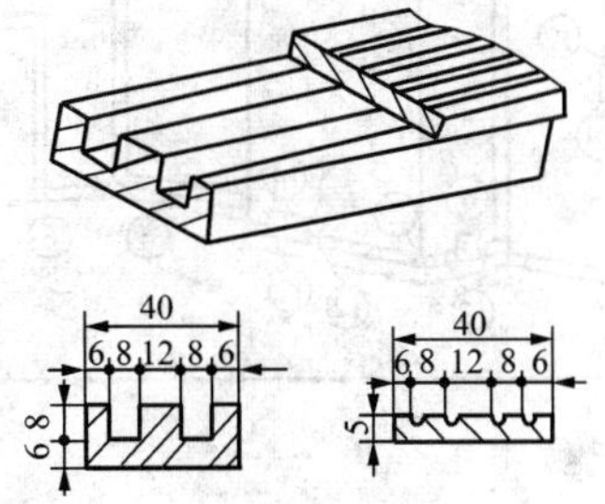

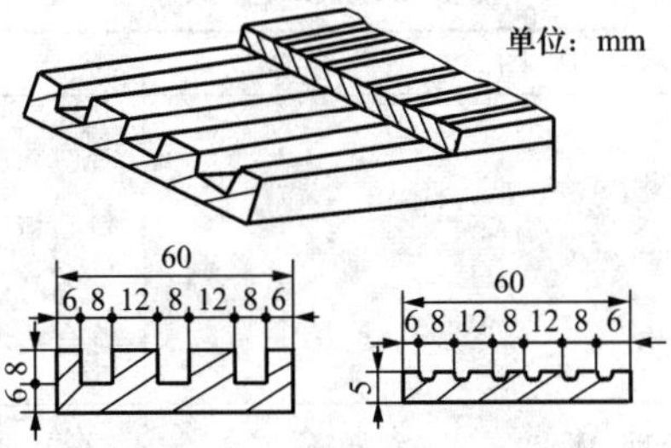

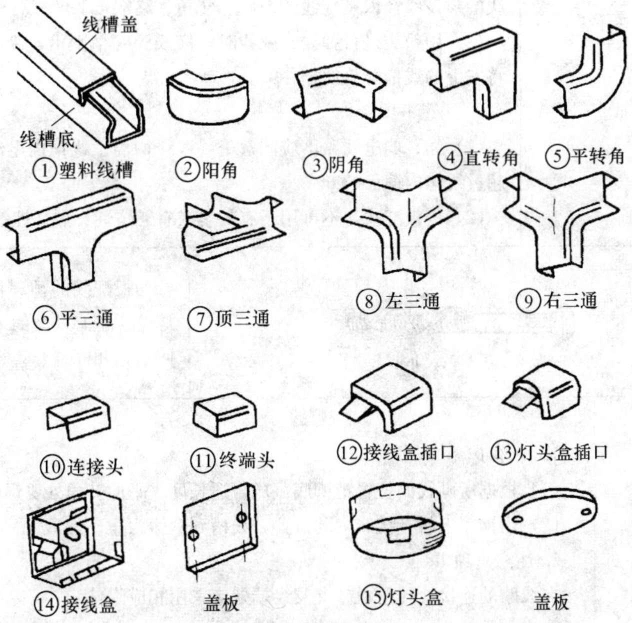

续表

| 材料名称 | 示意图 | 说明 |
|---|---|---|
| 塑料线槽安装示意图 | 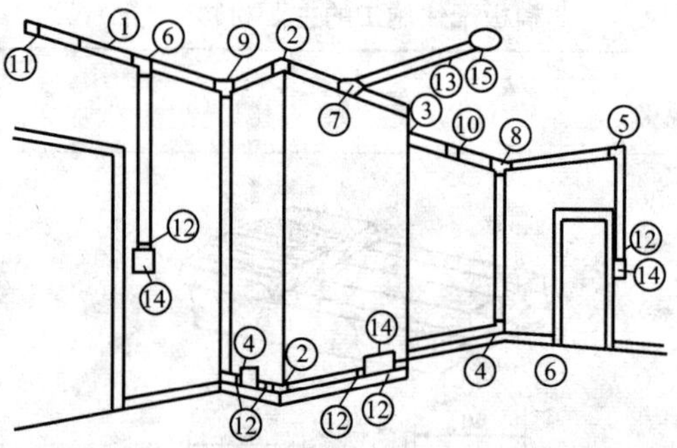 | 具有美观、耐用、方便、价廉和安全的特点，现已广泛用于明敷施工中 |

2. 按表 2-45 步骤进行槽板配线施工

**表 2-45** 　　　　　　　　　　　　**槽板配线施工步骤**

| 配线步骤 | 示意图 | 施工说明 |
|---|---|---|
| 1. 绘制施工配线图 | 略 | (1) 操作步骤：根据所给电路原理图、材料和指导老师的要求绘制施工配线图；<br>(2) 注意事项：绘制的施工配线图美观，符合技术要求和场地安装要求 |
| 2. 准备工作 | 略 | 1. 操作步骤<br>(1) 按照施工图在操作台上确定灯具、开关、插座等设备的安装位置、导线的敷设路径以及配线的起始、转角、终端；<br>(2) 用粉袋进行弹线，弹线时，横线弹在槽上沿，纵线弹在槽中央，保证将安上的线槽能将线挡住<br>2. 注意事项<br>(1) 强、弱电线路不应同敷于一根线槽内。线槽内电线或电缆总面积不应超过线槽内截面的 60%；<br>(2) 槽板配线，不可用于有灰尘或有燃烧性、爆炸性的危险场所 |
| 3. 凿孔预埋 | 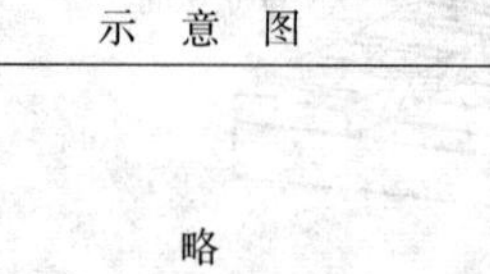 | 槽板配线的预埋件主要是木榫、膨胀螺栓、绕有铁丝的木螺丝预制件（如图所示）和穿墙套管等 |
| 4. 槽底下料 | 略 | 1. 操作步骤<br>(1) 根据所画线的位置把槽底截成合适长度，平面转角处要锯成 45°斜角<br>(2) 用钢锯下料有接线盒的位置，线槽到盒边为止。<br>2. 注意事项<br>在线路的连接、转角、分支及终端处应采用相应附件 |

续表

| 配线步骤 | | 示 意 图 | 施 工 说 明 |
|---|---|---|---|
| | 固定槽底和明装盒 | 略 | 1. 操作步骤<br>按照确定的敷设路线，将槽板和明装盒用钉子、木螺丝或膨胀管固定在预埋件上<br>2. 注意事项<br>（1）钉子或木螺丝的长度不应小于槽板厚度的一倍半，中间固定点间距不应大于500 mm，且要均匀；<br>（2）起点或终点端的固定点应在距起点或终点300 mm处，三线槽板应用双钉交错固定。<br>（3）塑料线槽敷设时，线槽的连接应连续无间断；每节线槽的固定点不应少于两个；在转角、分支处和端部均应有固定点，并应贴紧墙面固定，槽底固定点最大间距应根据线槽规定而定。<br>（4）线槽敷设时，线槽应紧贴在建筑物的表面，平直整齐；尽量沿房屋的线脚、墙角、横梁等敷设，要与建筑物的线条平行或垂直，水平或垂直允许偏差为其长度的2%，且全长允许偏差为20 mm；并列安装时，槽盖应便于开启。<br>（5）两根槽板不能叠压在一起使用。<br>（6）槽板配线在水平和垂直敷设时，平直度和垂直度的允许偏差均不大于5 mm。 |
| 5. 槽板安装 | 对接 | 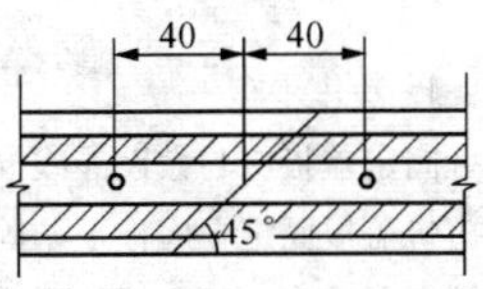 | 1. 操作步骤<br>槽板对接时，底板和盖板均锯成45°的斜口进行连接，如图所示<br>2. 注意事项<br>拼接要紧密，底板的线槽要对齐、对正，底板与盖板的接口应错开，错开的距离不应小于20 mm |
| | 转角连接 | 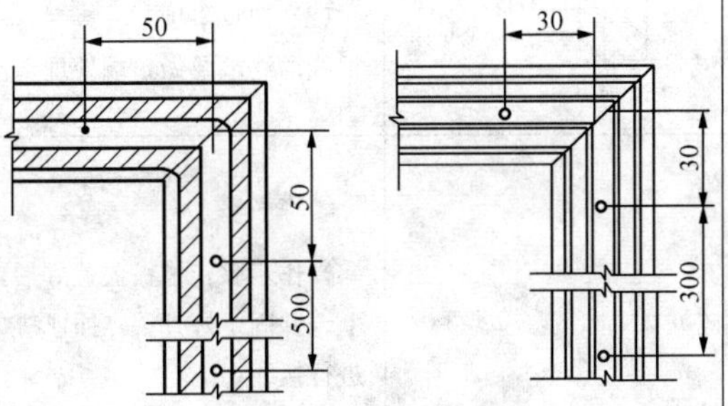 | 操作步骤：槽板转角连接时，将两块槽板的底板和盖板端头锯成45°断口，并把转角处线槽内侧削成圆弧形，以利于布线并避免碰伤导线，如图所示 |
| | 分支拼接 | 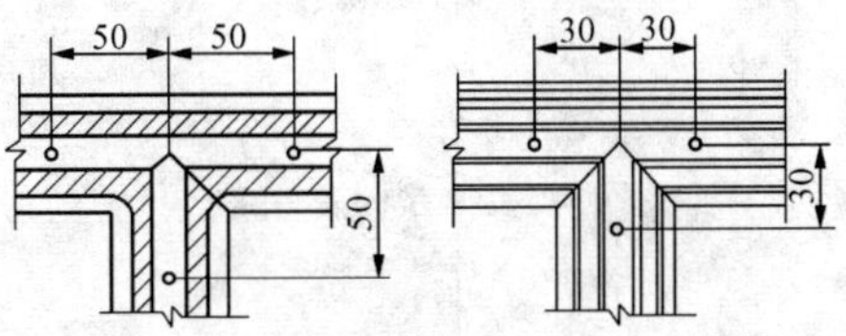 | 操作步骤：分支拼接时，在支路槽板的端头，两侧各锯掉腰长等于槽板宽度1/2的等腰直角三角形，留下夹角为90°的接头，干线槽板则在宽度的1/2处，锯一个与支路槽板尖头配合的90°凹角，如图所示，并在拼接点上把底板的筋用锯子锯掉铲平，使导线在线槽中能顺畅通过 |

续表

| 配线步骤 | 示 意 图 | 施 工 说 明 |
|---|---|---|
| 6. 敷设导线 | 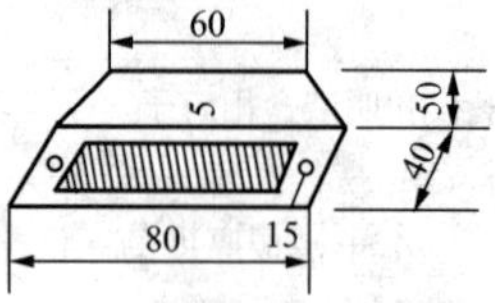 <br>接线盒 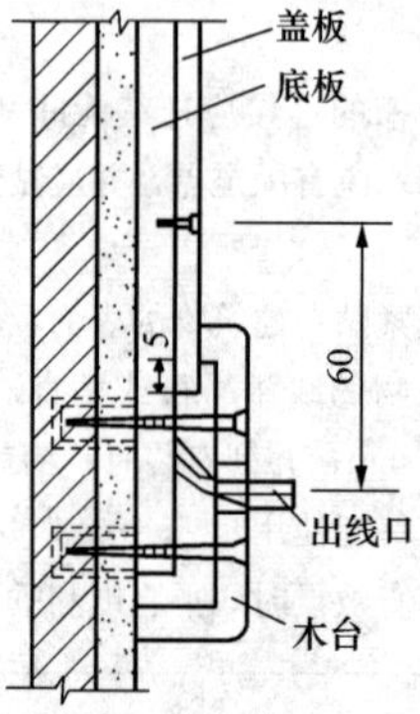<br><br>盖板<br>底板<br><br>出线口<br>木台<br><br>**槽板伸入木台做法** | 1. 操作步骤<br>将导线按顺序敷设在槽板内<br>2. 注意事项<br>(1) 敷设导线时，槽内导线不应受到挤压。<br>(2) 导线在灯具、开关、插座及接头等处，一般应留有 100 mm 的余量，在配电箱处则按实际需要留有足够的长度，以便于连接设备。<br>(3) 导线或电缆在线槽内不得有接头，分支接头应在接线盒内连接。<br>(4) 当导线敷设到灯具、插座、开关或接头处时，要预留出 100 mm 左右的线头便于连接，不允许在槽板上直接安装电器，安装电器必须要用木台并压住槽板头 |
| 7. 固定盖板 | 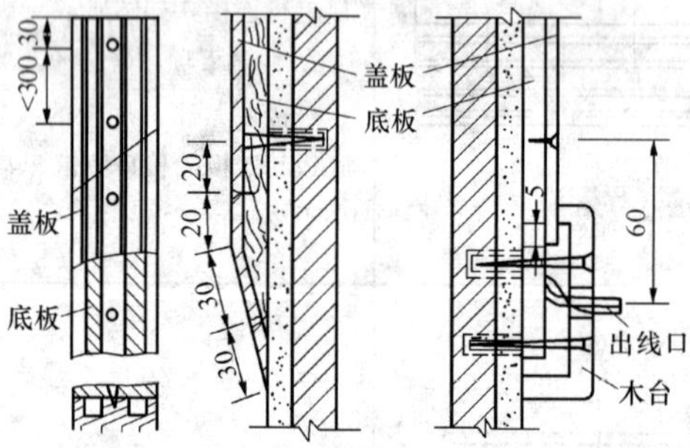 <br>盖板<br>底板<br><br>盖板<br>底板<br><br>出线口<br>木台 | 1. 操作步骤<br>固定盖板应与敷设导线同时进行，边敷线边将盖板固定在底板上；固定用的木螺钉或铁钉要垂直，防止偏斜而碰触导线，盖板固定点间距不应大于 300 mm，端部盖板固定点间距不大于 30～40 mm，进入木台盖板的固定点如图所示<br>(2) 注意事项<br>线槽终端要做封端处理 |
| 8. 电器接线安装 | （操作图略） | 操作步骤：槽板盖盖好后，把有关附件加上，并固定好开关、插座等电器部件，最后进行接线。 |
| 9. 绝缘测量及通电试验 | （操作图略） | 同表 2-38 |

## 四、槽板配线及灯具安装技能考试项目及评分标准

见表 2-46 所示。

表 2-46 槽板配线及灯具安装技能考试项目及评分标准

| 姓名 | | 学号 | | 班级 | | 总分100 分 | | |
|---|---|---|---|---|---|---|---|---|
| 时间定额 | | 实际操作时间 | | 超时 | | 考试日期 | | |
| 考核项目 | 考核内容及要求 | | 配分 | 评分标准 | | 扣分 | 得分 | 备注 |
| 主要项目 | 一、正确着装 | | 8 | 穿工作服、绝缘鞋，戴安全帽、纱手套等每少一项扣 2 分 | | | | |
| | 二、工器具、材料的领用及检查 | | 10 | 每少一项或选错一项扣 2 分 | | | | |
| | 三、塑料槽板配线及灯具安装 | 1. 绘图 | 70 | （1）图纸不整洁、每画错一项扣 5 分；<br>（2）准备工作不充分每一项扣 2 分；<br>（3）凿孔预埋不合理，重复施工扣 5 分；<br>（4）槽板下料合理、视材料浪费情况酌情扣 2～10 分；<br>（5）走线合理、剥皮适当、横平竖直不符合要求酌情扣 2～10 分；<br>（6）线槽固定可靠、横平竖直、胀管间距适中，每错一处扣 5 分；<br>（7）接口严密整齐、盖板无翘角、导线无外露，不符合要求视情况酌情扣 2～10 分；<br>（8）正确使用绝缘电阻表，绝缘电阻符合要求，错一处扣 5 分；<br>（9）电器元件安排损坏一件扣 10 分；<br>（10）工艺整体不美观扣 8 分，<br>（11）通电验收时有一处故障扣 10 分；<br>（12）通电发生短路事故扣 20 分 | | | | |
| | | 2. 准备工作 | | | | | | |
| | | 3. 凿孔预埋 | | | | | | |
| | | 4. 槽底下料 | | | | | | |
| | | 5. 槽板安装 | | | | | | |
| | | 6. 敷设导线 | | | | | | |
| | | 7. 固定盖板 | | | | | | |
| | | 8. 电器接线安装 | | | | | | |
| | | 9. 绝缘测量及通电试验 | | | | | | |
| 安全文明操作 | 工作结束整理设备、工具材料并清理现场 | | 12 | 图纸、材料、工具乱放、工作场地不整洁每项扣 4 分 | | | | |

## 第八节  低压线路线管敷设技能训练

### 一、实训目的

(1) 复习识读照明电气系统图，学会按图准备施工工具与材料。

(2) 掌握镀锌钢管、塑料 PVC 阻燃电线管配线的方法步骤。

(3) 学会安装照明灯具、开关、插座等电器元件。

(4) 掌握单相电能表的安装与接线方法。

(5) 掌握新装线路及灯具的安装质量检查方法与步骤。

(6) 学会对新装线路通电运行。

### 二、工具、设备与材料

电工刀、剥线钳、钢丝钳、螺丝刀、尖嘴钳、试电笔、钢锯、人字梯、卷尺、粉线袋、线坠、榔头等常用电工工具 1 套，电钻 1 个，4mm² 导线若干，灯座、开关、插座各一个，40W 日光灯一套，电工敷料等。镀锌钢管、塑料 PVC 阻燃电线管各 6m、镀锌钢管及 PVC 阻燃电线管附件若干个，接线盒若干个、管弯管器一台、液压弯管机一台、圆形钢丝刷一把等设备。

### 三、实训步骤与要求

(一) 低压线路线管敷设基本知识的准备

1. 设备材料

线管敷设使用的设备材料见表 2-47。

表 2-47 线管敷设使用的设备材料

| 设备材料名称 | | 示 意 图 | 说 明 |
|---|---|---|---|
| 管材 | 镀锌钢管 |  | 电气施工常使用黑管，在使用前先做防腐处理，现场浇注的混凝土结构中要使用厚壁钢管 |
| | PVC 管 | 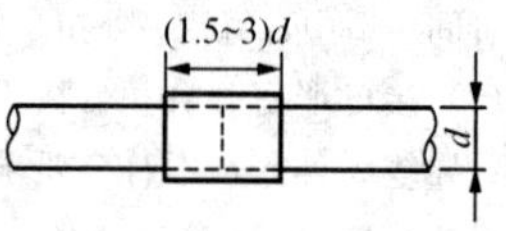 | (1) 特点：PVC（聚氯乙烯硬管）管，白颜色、绝缘性能好、耐腐蚀、抗弯强度大（可以冷弯）、不燃烧、附件种类多，是建筑物中暗敷最常用的器材。<br>(2) 规格：$\Phi16$、$\Phi20$、$\Phi25$、$\Phi32$、$\Phi40$ |
| | PVC 管附件 | 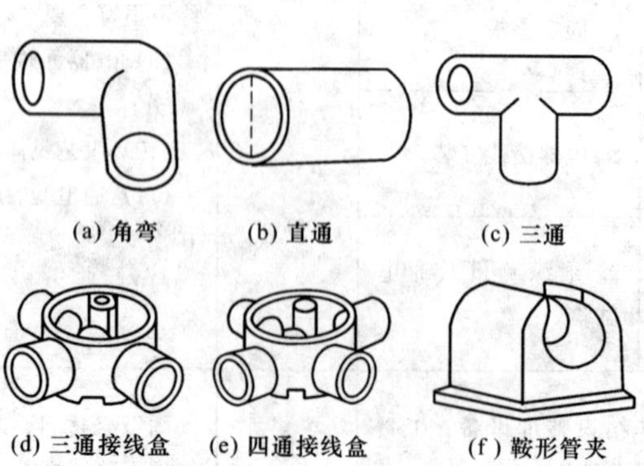 <br>(a) 角弯　　(b) 直通　　(c) 三通<br><br>(d) 三通接线盒　(e) 四通接线盒　(f) 鞍形管夹 | |

| 设备材料名称 | 示 意 图 | 说 明 |
|---|---|---|
| 预埋用<br>接线盒　铁盒 | 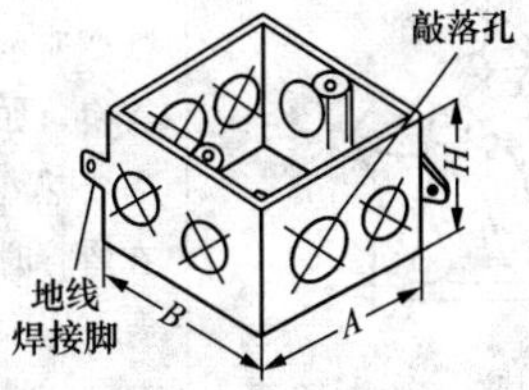 方形铁接线盒 | （1）分类：<br>　钢管配铁盒，塑料管配塑料盒；接线盒分为86盒（86mm×86mm）、75盒、灯头盒〔75（B）mm×60（H）mm〕<br>（2）用途：在预埋管路同时，在开关、插座、灯具的位置预埋接线盒 |
| 塑料盒 | 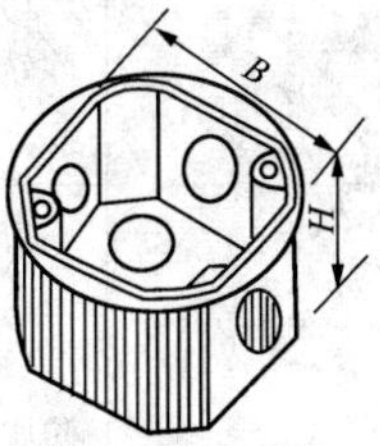 塑料灯头盒 | |
| 弯管机　液 压<br>弯管机 | 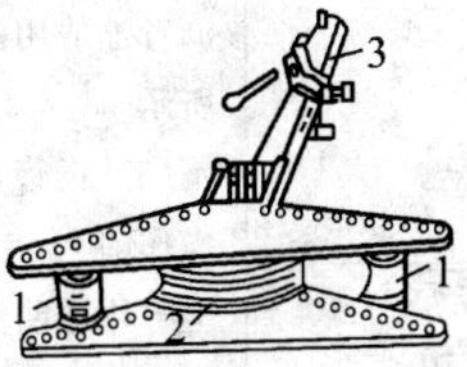 1—管托<br>2—顶胎<br>3—液压缸 | 用途：弯较大口径钢管 |
| 手 动<br>弯管器 | 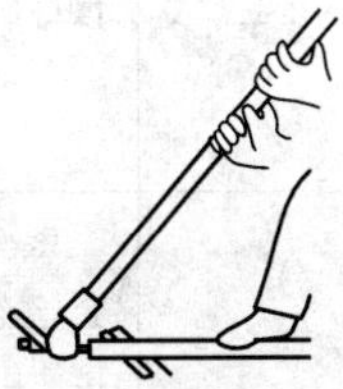 | 用途：弯较小口径钢管 |

2. 管材的加工与连接

（1）钢管的加工与连接步骤见表 2-48。

表 2-48　　　　　　　　　　　　钢管的加工与连接

| 步 骤 | 示 意 图 | 说 明 |
|---|---|---|
| 1. 下料 | 略 | 钢管长度每根6m，使用时，根据管线长度要截取适当的长度，一般使用手钢锯下料，不准使用管子割刀下料，较粗的管子可以用切割机下料，下料后要用圆锉把管内侧毛刺打光，并倒成圆角，以免穿线时划伤线皮 |

| 步　骤 | 示　意　图 | 说　明 |
|---|---|---|
| 2. 弯管 | 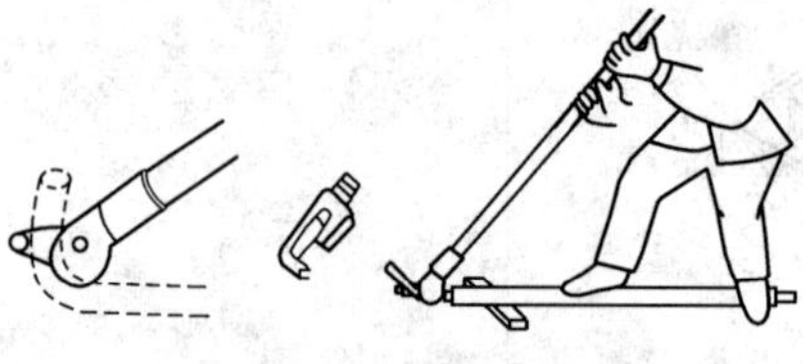 卡口型弯管器及其操作姿势 | 　　小直径钢管使用手动弯管器,操作如图所示,较大口径钢管使用液压弯管机,如果管壁较厚,口径很大,则需要热弯,用气焊加热后进行弯曲,在弯管时,为了防止管子弯瘪,有时要在管内填满砂子,两端用木塞堵住 |
| 3. 管子除锈 | 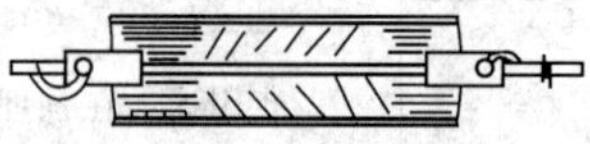 钢管内壁除锈示意图 | 　　管子除锈可用圆形钢丝刷清除,如图所示,其外壁除锈用钢丝刷或电动除锈机 |
| 4. 管子防腐处理 | 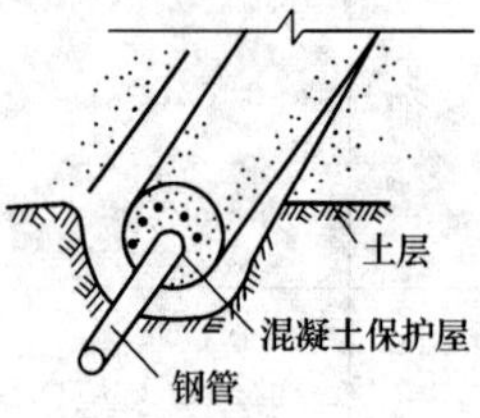 土层<br>混凝土保护層<br>钢管<br>土层内钢管防腐保护 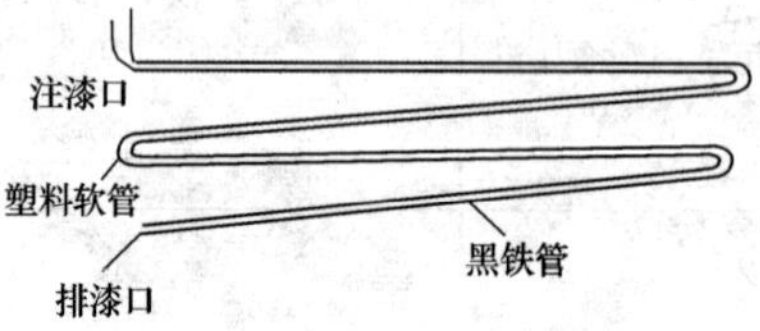<br><br>注漆口<br>塑料软管<br>黑铁管<br>排漆口<br>钢管内涂漆防腐保护方法 | 　　(1)钢管暗敷设采用黑管时应进行防腐处理,埋入砖墙内的钢管应刷樟丹油一遍<br>　　(2)埋入土层内的钢管,应刷两道沥青油或用混凝土保护层防腐,如图所示<br>　　(3)钢管内防腐可刷樟丹油一遍,操作时可将钢管交错倾斜放置在架上,用透明塑料软管串接钢管,在高一层管口灌入樟丹漆,由最低一层管口自然排出即可,如图所示 |
| 5. 管子连接 | 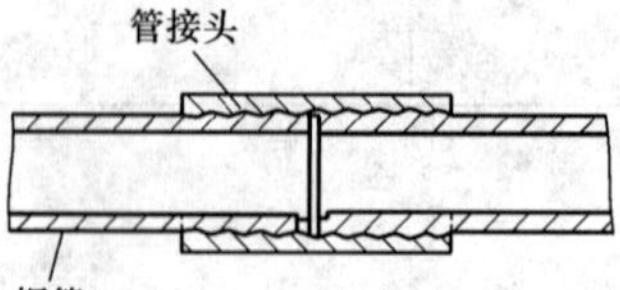 管接头<br>钢管<br>钢管套丝连接 | 　　套丝连接:电线管和镀锌钢管采用套丝连接,用管子铰板做管头丝,连接使用电工用通丝管接头,管端丝扣长度不小于管接头长度的1/2,连接后管接头外露出2~3扣,为了保证管口的严密性,管子丝扣部分应顺螺纹方向缠上麻丝再涂上一层厚白漆,或使用塑料生料带 |
| | 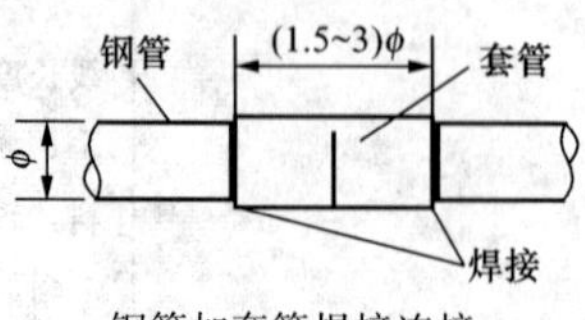 钢管　(1.5~3)φ　套管<br>φ<br>焊接<br>钢管加套管焊接连接 | 　　加套管焊接:使用黑管时,一般采用加套管焊接,取比管外径大的一段钢管做套管,套管长度为管径的1.5~3倍,两段管对插入套管,将套管两端环焊密封 |

续表

<table>
<tr><th>步　骤</th><th>示　意　图</th><th>说　　明</th></tr>
<tr><td>6. 管子连接</td><td>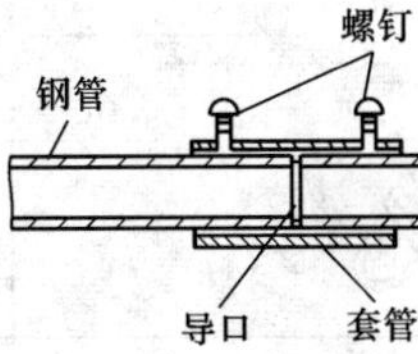
螺钉
钢管
导口
套管
套管顶丝连接</td><td>套管顶丝连接，在钢管明敷设时，还有一种连接方法，使用专用的带顶丝的套管进行连接</td></tr>
<tr><td>7. 管与接线盒的连接</td><td>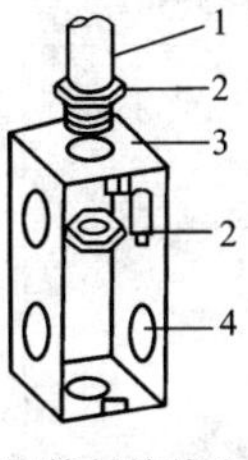
1
2
3
2
4
钢管与接线盒的连接固定<br>1—钢管<br>2—锁紧螺母<br>3—接线盒<br>4—敲落孔</td><td>（1）套丝连接。在镀锌钢管上套好丝扣，旋上一个薄形锁紧螺母，插入盒中，再旋上盒内锁紧螺母，如图所示<br>（2）焊接。使用黑管时可以直接焊接，将管子插入盒中，注意插入长度小于5mm，用电焊点住，由于盒壁较薄，不要焊接过度</td></tr>
<tr><td rowspan="2">8. 装跨接地线</td><td>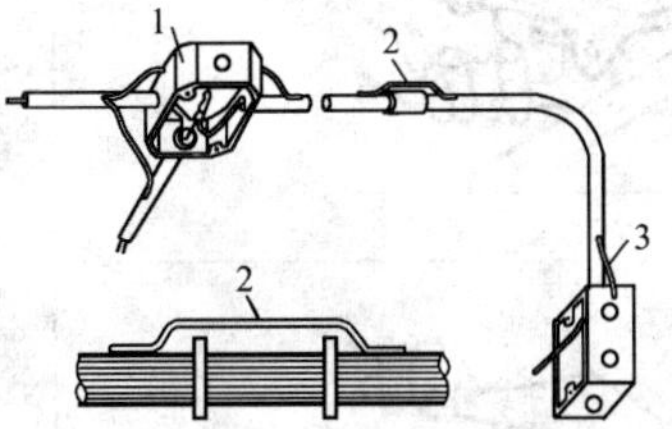
1
2
3
2
管、盒上焊接跨接地线</td><td>黑管，用6mm以上圆钢进行焊接，如图所示：<br>1——灯头箱与线管间<br>2——线管间的管接头处<br>3——开关、插座、接线盒与线管间</td></tr>
<tr><td>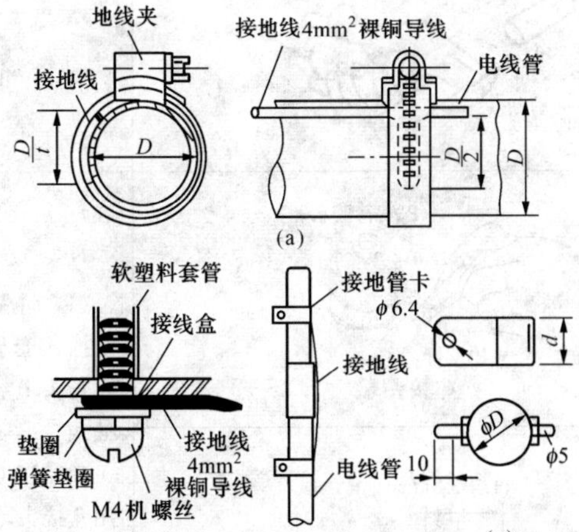
地线夹
接地线
D/I
D
接地线4mm² 裸铜导线
电线管
D/2
D
(a)
软塑料套管
接线盒
垫圈
弹簧垫圈
M4机螺丝
接地线
4mm²
裸铜导线
(b)
接地管卡
φ6.4
d
接地线
φD
φ5
电线管
10
(c)
用接地管卡子压接跨接地线</td><td>（1）镀锌钢管，不能使用电焊进行熔焊，可以用4～6mm²铜导线进行锡焊或用管卡子进行压接，压接时把线头折回增大接触面积<br>（2）如图所示：<br>图（a）地线夹接地线压接<br>图（b）接地线压接<br>图（c）DXA型接地管卡安装方法</td></tr>
</table>

（2）PVC 管的加工与连接步骤见表 2-49。

**表 2-49**　　　　　　　　　　　　　　　　**PVC 管的加工与连接**

| 步　骤 | 具体步骤 | 示　意　图 | 说　　明 |
|---|---|---|---|
| 1. PVC 管的弯曲 | 准备 PVC 管弯弹簧 | 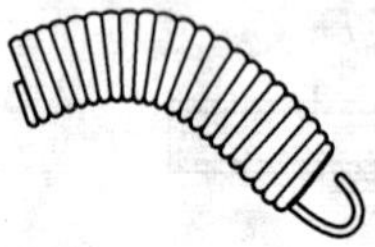 | PVC 管弯弹簧 |
| | 插入弹簧 | 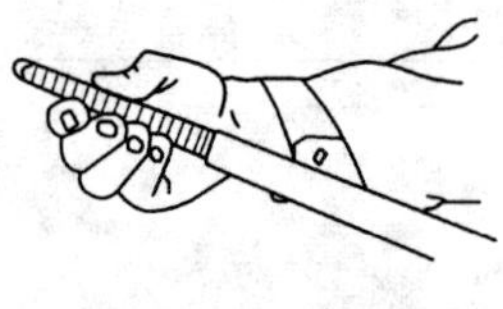 | （1）PVC 管的弯曲不需加热，可以直接冷弯，为了防止弯瘪，弯管时在管内插入弯管弹簧，弯管后将弹簧拉出，弯管半径不宜过小，如图所示<br>（2）在管中部弯管时，将弹簧两端拴上铁丝，便于拉动。不同内径的管子配不同规格的弹簧 |
| | 弯曲管子 | 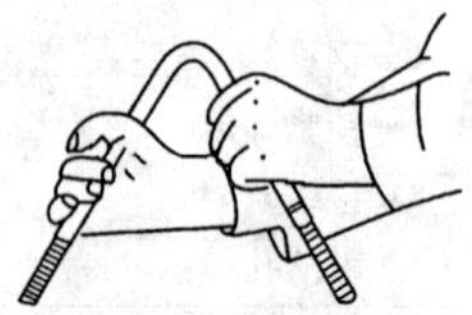 | |
| 2. PVC 管切割 | 入管 | 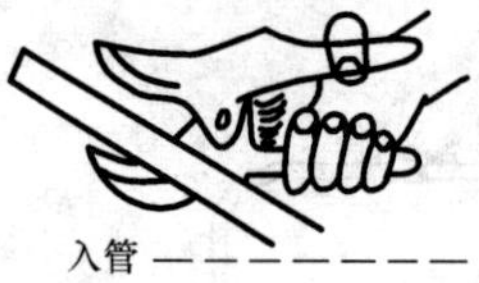 <br>入管 | PVC 管切割可以用手钢锯，也可以用专用剪管钳，如图所示 |
| | 渐进加力 | 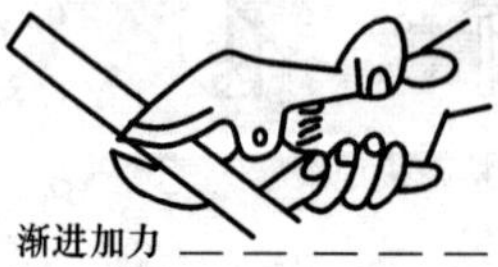 <br>**渐进加力** | |
| | 剪断 |  <br>→ 剪断 | |
| 3. PVC 管连接 | 管头涂胶 |  <br>PVC管胶水<br>PVC管<br>接头 | （1）将管头涂上专用接口胶，对插入套管，如套管稍大，可在管头上缠塑料胶布然后涂胶插入<br>（2）PVC 管与接线盒连接使用盒接头，做法如图所示 |
| | 对插入套管 | 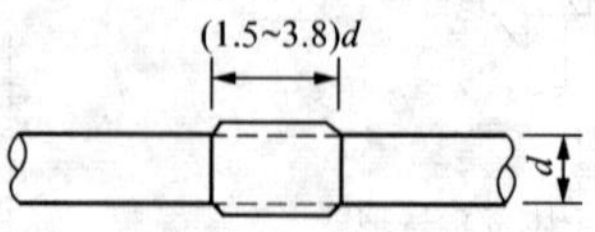 <br>(1.5~3.8)$d$ | |

续表

| 步　骤 | 具体步骤 | 示　　意　　图 | 说　　明 |
|---|---|---|---|
| 4. PVC管连接 | 缠塑料胶布然后涂胶插入 |  (1.1~3)d  d | (1) 将管头涂上专用接口胶，对插入套管，如套管稍大，可在管头上缠塑料胶布然后涂胶插入<br>(2) PVC管与接线盒连接使用盒接头，做法如图所示 |
| | PVC管与接线盒的连接 |  开关盒　入盒锁扣　入盒接头　PVC管 | |
| 5. 使用钢卡环、铁绑线固定管口 | 扩口插接 |  | 不使用管接头，可在管口附近锯两道口，用专用卡环或铁绑线固定 |
| | 套管连接 |  铜口　φ1钢丝钢卡环　3 | |
| | 套管剖面 |  铁绑线　锯口 | |

### 3. 线管的固定

（1）线管明线敷设。如图 2-16 所示，当线管进入接线盒、开关、灯头、插座和线管拐角处，两边需要用管卡固定。

（2）线管在混凝土内暗敷设。预先将管子绑扎在钢筋上，也可固定在浇灌模板上，且应将管子用垫块垫离混凝土表面 15mm 以上，如图 2-17 所示。

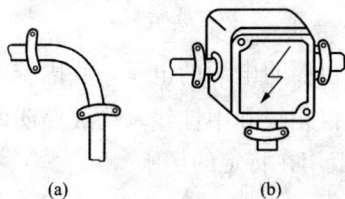

(a)　　　　　(b)

图 2-16　两种管卡固定方式

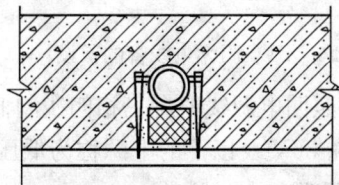

图 2-17　线管在混凝土模板上的固定

4. 扫管穿线

一般在建筑物土建地坪和粉刷工程结束后，进行穿线工作。

（1）首先用压缩空气或绑结抹布的钢丝穿线管，清除管内的杂物和水分。

（2）用 $\phi$1.2mm 的钢丝作为引线，如图 2-18 所示绑缠，在弯头少的地方，钢丝可直接穿出线套管出口端。在弯头多的地方，两边可同时穿钢丝；在钢丝端弯曲挂钩，试探着将挂钩互相勾住，引出牵引钢丝绳。

（3）在导线穿入线管前，应在管口套护圈，以防止割伤导线绝缘。线管入口和出口各有一人，相互配合拉出导线，如图 2-19 所示。

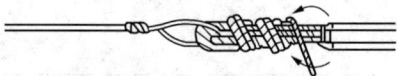

图 2-18　导线与引线的缠绕

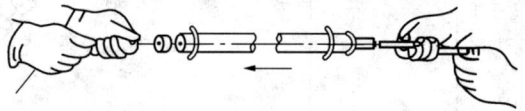

图 2-19　导线穿入管内的方法

5. 线管敷设的注意事项

（1）线管内导线的绝缘强度应不低于 500V；铜芯导线的截面积应不小于 $1mm^2$，铝芯导线的截面积应不小于 $2.5mm^2$。

（2）管内不准有接头，也不准有绝缘破损后经包缠恢复绝缘的导线。

（3）不同电压和不同电能表的导线不得穿在同一根管内。

（4）为便于穿线，线管应尽可能减少转弯或弯曲，且规定线管长度超过一定值，必须加装接线盒时，要求直线段不超过 30m、一个弯头不超过 30m、两个弯头不超过 20m、三个弯头不超过 12m。

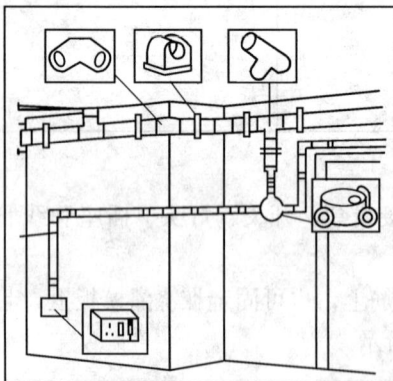

图 2-20　PVC 阻燃电线管的敷设

（5）在混凝土内暗敷线管时，必须使用厚度为 3mm 的电线管；当线管外径超过混凝土厚度的 1/3 时，不准采用暗敷线管的方式，以免影响混凝土强度。

（6）钢线管必须可靠接地，即在线管始末端分别与接地体可靠地连接。

6. 低压线路 PVC 阻燃电线管的敷设

PVC 阻燃电线管的敷设方法与钢管、硬塑管的敷设方法类同，如图 2-20 所示。

（二）低压照明设备安装基本知识的准备

1. 照明电源供电方式

电力网提供照明电源的电压，我国统一的标准为 220V，照明电源线取自三相四线制低压线路上的一根相线和中性线，构成照明电路的线路。电压在 36V 及以下的电源称为低压安全电源，一般用在特定的场所。

2. 常用照明电光源

（1）白炽灯。白炽灯是利用电流在灯丝电阻上的热效应，使灯丝温度上升到白度而发光的。白炽灯有螺口灯头和插口灯头两种，灯泡的构造如图 2-21 所示。

（2）荧光灯。荧光灯又称日光灯，光效较高，显色性能好，表面温度低，是目前使用最广泛的气体放电光源。荧光灯是使用量最大的一般照明电光源。它由灯管、镇流器和起辉器三个主要部件组成。荧光灯的灯管结构如图 2-22 所示，电子型镇流器荧光灯的接线如图2-23所示，电感式镇流器荧光灯的原理接线如图 2-24 所示。

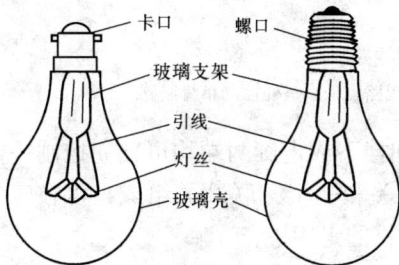

图 2-21　白炽灯的构造

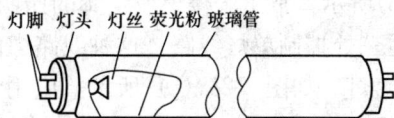

图 2-22　荧光灯的灯管结构

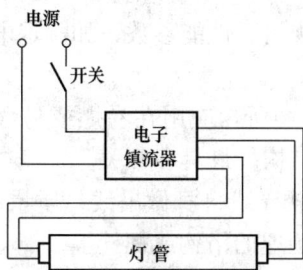

图 2-23　电子型镇流器的接线图

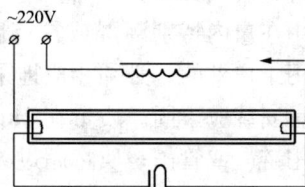

图 2-24　电感式荧光灯的原理接线图

3. 室内照明线路的组成与基本形式

（1）室内照明线路的组成。

室内照明线路一般由电源、导线、开关和负载（照明灯）组成。交流电源常用三相配电变压器供电，每一根相线与中性线构成一个单相电源，在负载分配时要尽量做到配电变压器三相负载对称。电源与负载之间用导线连接。选择导线时，要注意导线的允许载流量，一般以允许电流密度作为选择导线截面的依据。一般明配线路铝导线取 $5A/mm^2$，铜导线可取 $6A/mm^2$，软铜导线可取 $5A/mm^2$。开关用来控制电流的通断。负载即照明灯，它能将电能转换为光能。

（2）室内照明线路的基本形式。

室内照明线路常见的基本形式有单处控制单灯线路，两处控制单灯线路，三处控制单灯线路。

1）单处控制单灯线路。这种线路由一个单联开关单处控制一盏灯或一组灯，如图 2-25（a）所示。接线时应将相线接入开关，零线接入灯座，使开关断开后灯座上无电压，确保修理的安全。这是室内照明线路中最基本、最普遍的一种线路。

2）两处控制单灯线路。这种线路由两个双联开关在两处同时控制一盏灯，如图

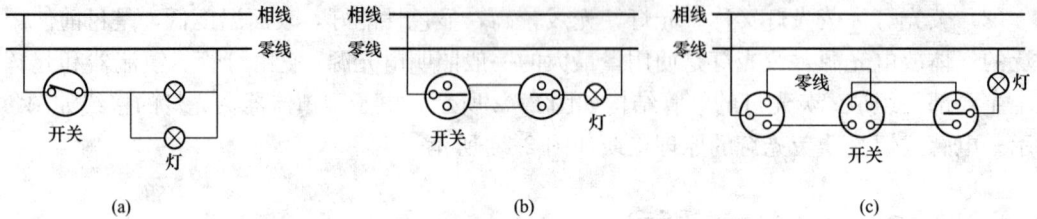

图 2-25　室内照明线路

(a) 单处控制单灯线路；(b) 两处控制单灯线路；(c) 三处控制单灯线路

2-25 (b) 所示。常用于楼梯或走廊的照明，在楼上和楼下或走廊两端均可独立控制一盏灯。

3）三处控制单灯线路。这种线路由两个双联开关和一个三联开关组成，可在三处同时控制一盏灯，如图 2-25 (c) 所示，应用于楼梯和较长的走廊上。

4. 室内照明线路的安装要求

对室内照明线路的安装要求，可概括为八个字，即正规、合理、牢固、美观。具体原则如下。

(1) 各种灯具、开关、插座、吊线盒及所有附件品种规格、性能参数，如额定电压、电流等，必须符合使用要求。

(2) 应用在户内特别潮湿或具有腐蚀性气体和蒸汽的场所，应用在易燃或易爆炸的场所，以及应用于户外的，必须相应地采用具有防潮或防爆结构的灯具和开关。

(3) 灯具安装应牢固。质量在 1kg 以内的灯具可采用软导线自身做吊线；质量超过 1kg 的灯具应采用链吊或管吊；质量超过 3kg 时，必须固定在预埋的吊钩或螺栓上。

(4) 灯具的吊管应由直径不小于 10mm 的薄壁钢管制成。

(5) 灯具固定时，不应因灯具自重而使导线承受额外的张力，导线在引入灯具处不应有磨损，不应受力。

(6) 导线分支及连接处应便于检查。

(7) 必须接地或接零的金属外壳应由专门的接地螺栓连接牢固，不得用导线缠绕。

(8) 灯具的安装高度：室内一般不低于 2.4m，室外一般不低于 3m。如遇特殊情况难以达到上述要求时，可采取相应的保护措施或采用 36V 安全电压供电。

(9) 室内照明开关一般安装在门边易于操作的位置。拉线开关的安装高度一般离地 2~3m，扳把开关一般离地 1.3m，离门框的距离一般为 150~200mm。安装时，同一建筑物内的开关宜采用同一系列的产品，并应操作灵活、接触可靠，还要考虑使用环境以选择合适的外壳防护形式。

(10) 插座的安装高度距地面应为 1.8m；低装插座一般离地 0.3m，并采用安全插座。

5. 开关和插座的安装

(1) 明装开关和明插座安装时，应在定位处预埋木楔或膨胀螺栓以固定木台，然后在木台上安装开关和插座，如图 2-26 所示。

(2) 暗装开关和暗插座安装时，应设有专用接线盒，一般是先进行预埋，再用水泥砂浆充填抹平，接线盒口应与墙面粉刷层平齐，待穿线完毕后再安装开关和插座，其面板或盖板应端正紧贴墙面，如图 2-27 所示。

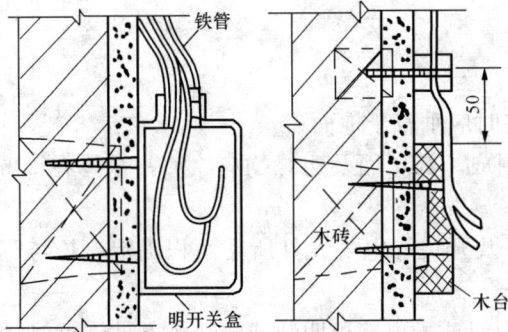

图 2-26　明开关和明插座的安装　　　　　　图 2-27　暗开关和暗插座的安装

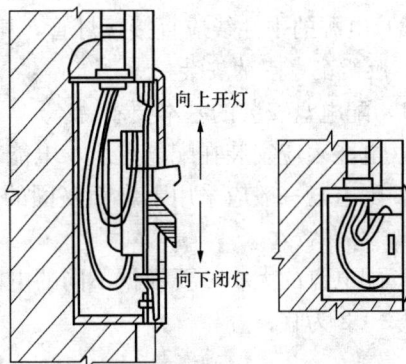

（3）无论明开关还是暗开关，装好后的位置应是往上扳电路接通，往下扳电路断开。

（4）在安装插座时，插座孔要按一定顺序排列；单相双孔插座双孔垂直排列时，相线孔在上方，中性线孔在下方；单相双孔水平排列时，相线在右孔，中性线在左孔；单相三孔插座，保护接地在上孔，相线在右孔，中性线在左孔，如图 2-28 所示。当交直流或不同电压的插座安装在同一场所时，应有明显的区别，并且插头和插座不能相互插入。

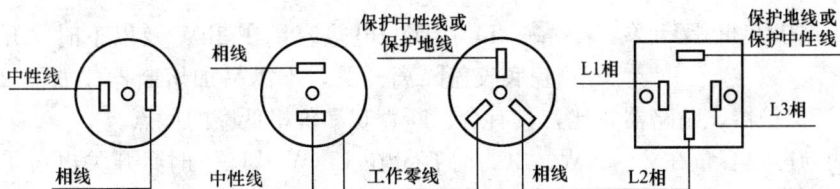

图 2-28　插座插孔的极性连接方法

6. 荧光灯安装操作

（1）熟悉电路原理，熟悉每个组件的作用和装接方法，检查电路元件是否良好。

（2）按图 2-24 用 PVC 管进行线路敷设并进行电路安装；若荧光灯采用弹簧灯座，其接线步骤如下：

1）拆卸灯座支架及松脱弹簧座的弹簧；

2）安装灯座支架（安装位置已在灯架上标好）；

3）穿越电线；

4）灯座接线桩接线；

5）收紧电线，装上灯座。

（3）固定插座、开关，其安装要求见插座、开关的安装要求。

（4）检查电路的接线是否正确并检查绝缘性能。经查对无误后，通电实验；若线路发生故障应切断电源并重复操作过程。

安全注意事项：

（1）不同的灯管须配用不同的镇流器和起辉器，不可错配；

（2）镇流器一般安装在灯架内的中间，以免左右倾斜；

（3）电源的中性线应直接接灯管，相线进开关。

**7. 照明配电盘的安装**

（1）配电盘安装的基本要求。

1）电能表应安装在配电盘上，电能表安装时应垂直于地面；

2）配电盘一般应采用干燥而坚固的木材制成，其正面及边缘均应涂漆，盘厚在 20mm 以上；

3）配电盘的大小，要根据不同的电能表以及开关等电气元件所需面积确定，长与宽的比例以 3：2 为宜；

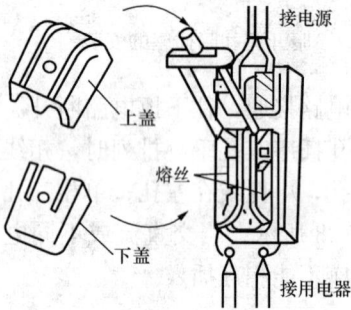

图 2-29　双极单相闸刀开关

4）配电盘或配电箱可明装或暗装，条件许可时尽量暗装，安装时，配电盘或配电箱的底柜在土建施工中预埋入墙内，面框在土建装饰结束后配置；

5）装设在墙上的配电盘，应安装牢固可靠，其装设高度，通常以表箱下沿距地 1.8m 左右为宜。

（2）低压用户开关的选择。

低压用户配电装置中的开关，应根据用电负荷的性质及容量大小，分别选用不同形式的开关，选择的根据如下。

1）照明与电热容量在 2kW 及以下时，开关可采用瓷底胶盖隔离开关，不需另加熔断器。如图 2-29 所示。它与剩余电流保护器、断路器相比，具有合、断直观和价格低廉的优点。

2）照明与电热容量在 2～5kW、电力总容量在 15kW 及以下时，开关也可采用瓷底胶盖隔离开关，但应将开关内的熔丝部分短接（直接接通），另行加装熔断器。

3）负荷功率在 15kW 以上时，开关应采用铁壳开关或低压断路器。

（3）低压用户熔丝的选择。

选配熔丝必须以实际工作电流为依据，电灯和电热器具（电饭煲、微波炉、电炉等）用的熔体，其额定电流应大于或等于所有用电器具的额定电流之和。

（4）低压用户剩余电流动作保护器的选择。

剩余电流动作保护器应在检验合格后方可使用，其额定电流应大于用户最大电流的 1.5 倍以上，并应考虑家用电器增加的可能性。一般普通农户用 20A 剩余电流动作保护器就可满足需要。剩余电流动作保护器应安装在进户总配电箱或照明配电箱内，剩余电流保护器要求安装在熔断器前。

（5）配电盘的安装工艺。

配电盘通常由电能表、熔断器和负荷开关等部分组成，如图 2-30、2-31 所示。

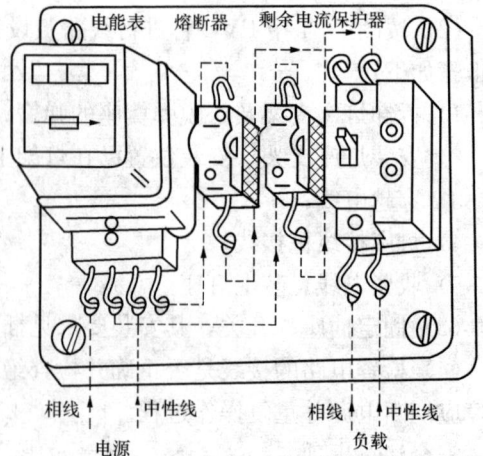

图 2-30　暗装配电盘图

1）电能表的安装接线。单相电能表共有 4 个接线桩头，从左到右按 1、2、3、4 编号。接线方法一般按号码 1、3 接电源进线，2、4 接出线，如图 2-32 所示。

2）板面器件安装。照明配电盘上的电器力求布局匀称、美观。一般不常操作的电能表、剩余动作电流保护器等装置安装在左方（或上方），需要操作的则布置在右方（或下方），以便于操作，电器在配电盘上的安装多采用暗装，即把导线布置在配电盘的内部，在需要连接导线处，可钻孔以引进或引出盘内的导线，如图 2-30 所示。照明配电盘的另一种安装方法叫明装，即导线布置在配电盘的表面，如图 2-31 所示。便于安装、查线。如线路有发热、烧焦现象，一眼就可看出来。

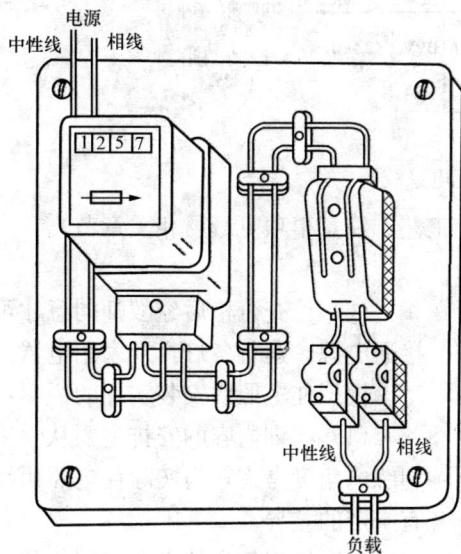

图 2-31　明装配电盘

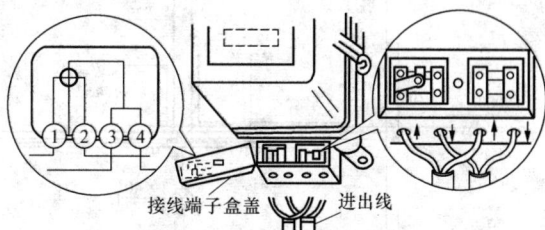

图 2-32　单相电能表的接线

面板器件布置，如图 2-31 所示。板面上器件之间的距离应满足表 2-50 的要求。

表 2-50　　　　　　　　　　　　配电板上各器件间距离　　　　　　　　　　　　（mm）

| 相邻设备名称 | 上下距离 | 左右距离 | 相邻设备名称 | 上下距离 | 左右距离 |
|---|---|---|---|---|---|
| 仪表与线孔 | 80 | | 指示灯与设备 | 30 | 30 |
| 仪表与仪表 | | 60 | 熔断器与设备 | 40 | 30 |
| 开关与仪表 | | 60 | 设备与边板 | 50 | 50 |
| 开关与开关 | | 50 | 线孔与边板 | 30 | 30 |
| 开关与线孔 | 30 | | 线孔与线孔 | 40 | |

3）质量检查：①元器件位置是否安装正确，其倾斜度不能超过 1.5～5mm；②元器件安装是否牢固，稍加用力摇晃无松动感；③同类元器件安装方向是否保持一致；④配线长短是否适当，线头在接线柱上压接不得压住绝缘层，压接后裸线部分不得大于 1mm；⑤凡与有垫圈的接线柱连接，线头必须做成"羊眼圈"，且"羊眼圈"略小于垫圈；⑥线头压接牢固，稍加用力不应有松动感；⑦走线横平竖直，分布均匀。转角圆成 90°，弯曲部分自然圆滑，弧度全电路保持一致；转角控制在 90°±2°。

（三）具体实训步骤

（1）按图 2-33 和图 2-34 所示要求，核对施工器材。

（2）核算各支路导线截面是否符合要求。

（3）结合实训场地设计安装步骤和施工程序、工程进度（给指导教师检查）。

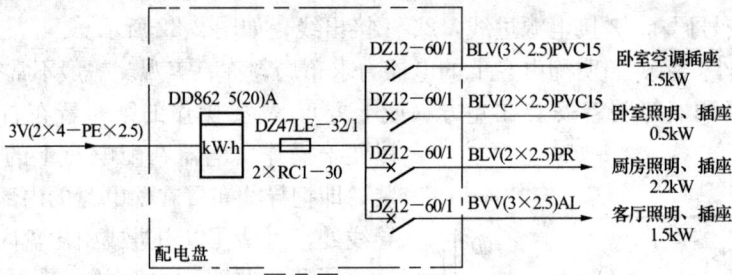

图 2-33 模拟住宅照明配电系统图

（4）按安装步骤和施工程序逐步进行安装（安装工艺、注意事项见教材相关章节）。

（5）安装完工后要对安装质量进行检查。

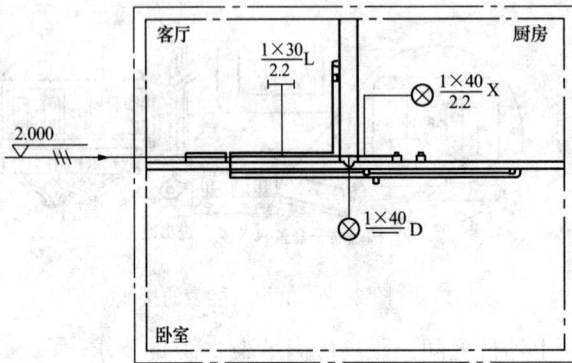

图 2-34 模拟住宅照明平面图

（6）检查合格后经教师同意才可接通电源，运行各灯具及家用电器。

模拟住宅照明安装实训的说明：

（1）实训内容的安排主要从学生训练的角度考虑，与实际住宅照明线有一定的差异。

（2）模拟住宅的三个空间，若是木板结构，配电盘可直接安装在木板上。

（3）配电盘部分的电器连接线可采用 2.5mm² 铜芯线。

## 四、评分标准

低压线路线管敷设技能考试项目及评分标准如表 2-51 所示。

表 2-51 低压线路线管敷设技能考试项目及评分标准

| 姓名 | | 学号 | | 班级 | | 总分 100 分 | |
|---|---|---|---|---|---|---|---|
| 时间定额 | | 实际操作时间 | | 超时 | | 考试日期 | |
| 考核项目 | 考核内容及要求 | | 配分 | 评分标准 | | 扣分 | 得分 | 备注 |
| 主要项目 | 一、正确着装 | | 8 | 穿工作服、绝缘鞋，戴安全帽、纱手套等每少一项扣 2 分 | | | | |
| | 二、工器具、材料的领用及检查 | | 10 | 每少一项或选错一项扣 2 分 | | | | |
| | 三、塑料槽板配线及灯具安装 | 1. 绘图 | 70 | （1）图纸不整洁、编写施工材料预算表，每画错一项扣 5 分；<br>（2）准备工作不充分每一项扣 2 分；<br>（3）凿孔预埋不合理，重复施工扣 5 分；<br>（4）钢管或 PVC 管下料合理、加工与连接操作规划，视材料浪费情况的操作情况，酌情扣 5～10 分；<br>（5）走线合理、导线剥皮适当、横平竖直不符合要求的酌情扣 2～10 分；<br>（6）线管固定可靠、横平竖直、间距适中，每错一处扣 5 分； | | | | |
| | | 2. 准备工作 | | | | | | |
| | | 3. 凿孔预埋 | | | | | | |
| | | 4. 线管下料 | | | | | | |
| | | 5. 管材加工与连接 | | | | | | |
| | | 6. 线管固定 | | | | | | |

续表

| 考核项目 | 考核内容及要求 | | 配分 | 评分标准 | 扣分 | 得分 | 备注 |
|---|---|---|---|---|---|---|---|
| 主要项目 | 三、塑料槽板配线及灯具安装 | 7. 扫管穿线 | 70 | （7）穿线操作规范，接口严密整齐，导线无外露，不符合要求者视情况酌情扣 5～10 分；（8）正确使用绝缘电阻表，绝缘电阻符合要求，错一处扣 5 分；（9）电器元件安排损坏一件扣10 分；（10）工艺整体不美观扣 8 分；（11）通电验收时有一处故障扣10 分；（12）通电发生短路事故扣 20 分 | | | |
| | | 8. 电器接线安装 | | | | | |
| | | 9. 绝缘测量及通电试验 | | | | | |
| 安全文明操作 | 工作结束整理设备、工具材料并清理现场 | | 12 | 图纸、材料、工具乱放、工作场地不整洁每项扣 4 分 | | | |

# 小 结

本章主要讲述了常用电工工具的使用、导线的连接、电气施工识图、屋内配线工艺等内容。通过本章的学习、实训，要求掌握如下内容：

（1）常用电工工具种类、使用与维护方法。

（2）根据实际情况正确地进行各种导线的连接与焊接。

（3）正确识读电气原理图、安装接线图、电器元件平面布置图、展开接线图等电气施工图纸。

（4）根据电气施工图纸正确地进行室内配电线路的敷设与安装。

# 思 考 与 练 习 二

1. 试电笔有何用途？使用试电笔时要注意什么问题？

2. 钢丝钳与尖嘴钳各有什么用途？

3. 使用冲击钻和射钉枪时要注意什么问题？

4. 试述塑料硬线绝缘层剖削的工艺过程。

5. 试述塑料护套线绝缘层剖削的工艺过程。

6. 试述 7 芯多股导线的直线绞接法的工艺过程。

7. 进行导线的焊接时应准备哪些工具与材料？

8. 试述恢复导线接头的绝缘层的操作步骤。

9. 试述埋设电气设备紧固件的流程。

10. 常见的电路图的种类有哪些？

11. 试述识读电气原理图的步骤。

12. 内线工程图包括哪些种类的图纸？各有什么作用？

13. 线路暗埋敷设施工的材料有哪些？各有什么不同的用途？

14. 墙体上的预埋施工标准有哪些规定？

15. 试述 PVC 管加工与连接的过程。

16. 如何进行楼道内配电箱和管线的预埋？

17. 如何进行楼梯灯线路的安装？

18. 暗埋敷设施工时主要完成哪些工作？如何完成？

19. 如何进行线槽配线？

20. 如何进行塑料护套线配线？

21. 室内照明线路常见的基本形式有几种？如何进行接线？

22. 室内照明线路的安装有何要求？

23. 如何进行荧光灯安装操作？

24. 照明配电盘安装时要注意哪些问题？

25. 试画出本实训室的屋内配线图。

# 第三章

# 常用电工仪表技能训练

电工仪表在电气线路、用电设备的安装、使用与维修中起着重要的作用。常用的电工仪表有电流表、电压表、万用表、钳形电流表、兆欧表、接地电阻测定仪、功率表、电能表等多种。本章对万用表、钳形电流表、兆欧表、电能表、电桥等的技能训练方法进行逐一分析和介绍。

## 第一节　常用电工仪表的基本知识

用来测量电流、电压、功率等电量的指示仪表称为电工测量仪表。

### 一、电工仪表的基本组成和工作原理

电工指示仪表的基本工作原理是：测量线路将被测电量或非电量转换成测量机构能直接测量的电量时，测量机构活动部分在偏转力矩的作用下偏转。同时，测量机构产生反作用力矩的部件所产生的反作用力矩也作用在活动部件上，当转动力矩与反作用力矩相等时，可动部分便停止下来。由于可动部分具有惯性，以至于它在达到平衡

被测量 → 测量线路 →过渡量→ 测量机构 →指针偏转角

图 3-1　电工指示仪表的基本组成框图

时不能迅速停止，仍在平衡位置附近来回摆动。因此，在测量机构中设置阻尼装置，依靠其产生的阻尼力矩使指针迅速停止在平衡位置上，指出被测量的大小。图 3-1 所示为电工指示仪表的基本组成框图。

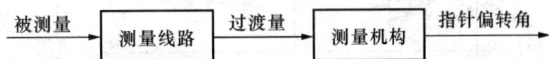

### 二、常用电工仪表的分类

电工仪表的种类很多，分类方式也很多。

（1）按仪表的读数方式不同，可分为指针式仪表和数字式仪表。

（2）按被测对象分类。

根据被测对象不同，仪表可以分为电流表（包括微安表、毫安表、安培表等）、电压表（包括伏特表和毫伏表等）、功率表、电能表、功率因数表、频率表、相位表、欧姆表、绝缘电阻表（兆欧表）及万用表等。

（3）按仪表的工作原理不同，可分为磁电式、电磁式、电动式、铁磁电动式、静电式、感应式、热电式、整流式、电子式。

（4）按使用性质和装置方法的不同，可分为固定式（开关板式）、携带式。

（5）按准确度等级分类，可分为 0.1、0.2、0.5、1.0、1.5、2.5、5.0 等七级。

### 三、电工仪表的表面标志

为了便于正确选择和使用电工仪表，通常将仪表的类型、测量对象的单位、准确度等级、工作原理系列等以文字或图形符号的形式标注在仪表的表盘（面板）上，作为仪表的表面标志。常用电工仪表的表面标志见表 3-1。

### 四、电工仪表的精确度

电工仪表的精确度等级是指在规定条件下使用时，可能产生的基本误差占满刻度的百分

数。它表示了该仪表基本误差的大小。在前述的测量准确度的七个等级中，数字越小者，仪表精确度越高，基本误差越小。0.1～0.5级的仪表，精确度较高，常用于实验室做校检仪表；1.5级以下的仪表，精确度较低，通常用做工程上的检测与计量。

**表 3-1**　　　　　　　　　　　　常用电工仪表的表面标志

| 分　类 | 符　号 | 名　称 | 分　类 | 符　号 | 名　称 |
|---|---|---|---|---|---|
| 测量对象 | V | 电压 | 准确度等级 | (2.0) | 以指示值的百分数表示 |
| | A | 电流 | | | |
| | Ω | 电阻 | | | |
| | W | 有功功率 | | 1.5 | 以标尺量限的百分数表示 |
| | var | 无功功率 | | | |
| | kW·h | 有功电能 | | | |
| | kvar·h | 无功电能 | | | |
| 工作原理 | ⊓ 磁电系仪表 | 磁电系仪表 | 绝缘强度 | ☆0 | 不进行绝缘强度试验 |
| | ≋ 电磁系仪表 | 电磁系仪表 | | ☆2 | 绝缘强度试验电压为 2kV |
| | ⊞ 电动系仪表 | 电动系仪表 | 端　钮 | + | 正端钮 |
| | | | | − | 负端钮 |
| | ◁ 整流系仪表 | 整流系仪表 | 工作位置 | ⊥ | 标尺位置垂直 |
| | ⋈ 磁电系比率表 | 磁电系比率表 | | ⊏ | 标尺位置水平 |

## 第二节　电流表、电压表的安装与测量技能训练

### 一、实训目的

（1）学会在配电板上安装带互感器的交流电流表和带电压切换开关的直读式电压表。

（2）学会用配电板上的交流电流表和电压表测量三相电路的电流及电压。

### 二、工具、设备与材料

电工刀、剥线钳、钢丝钳、螺丝刀、尖嘴钳、试电笔、钢锯、榔头等常用电工工具一套，量程为 5A 的配电板式电流表 3 只，变比为 30/5 的电流互感器 3 只，熔断器（RC1A-60）3 只，400V 直读式电压表 1 只，电压转换开关 1 只，三极胶盖闸刀开关 1 只，已制作好的铁质或木制配电板 1 块，电钻 1 个，螺丝、导线等若干。

### 三、实训步骤与要求

1. 电流表与电压表基本知识准备

电流表用于测量电路中的电流，其基本单位为安培（A），又称安培表。电压表用于测

量电路两端的电压，其基本单位为伏特（V），又称伏特表。

（1）电流表与电压表的测量原理见表 3-2。

**表 3-2** 电流表与电压表的测量原理

| 分 类 | 示 意 图 | 测 量 原 理 |
|---|---|---|
| 1. 磁电式 | 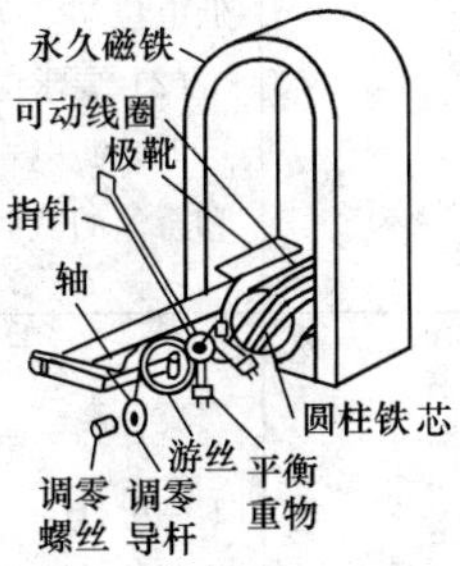 磁电式仪表原理结构图 | 磁电式仪表原理结构如图所示，永久磁铁置于可动线圈外面，由永久磁铁、极靴和圆柱形铁芯组成仪表的固定部分，绕在铝框上的线圈、线圈两端的半轴、指针、平衡锤、游丝等组成仪表的可动部分，整个可动部分被支承在轴承上，可动线圈位于蹄形磁铁磁场中，当被测电流通过线圈时，线圈受到磁场力的作用产生电磁转矩而绕中心轴转动，带动指针偏转，指针偏转时又带动游丝运动而发生弹性形变，当线圈偏转的电动力矩与游丝形变的反作用力矩相平衡时，指针便停留在相应位置，并在面板刻度标尺上指出被测数据 |
| 2. 电磁式 | 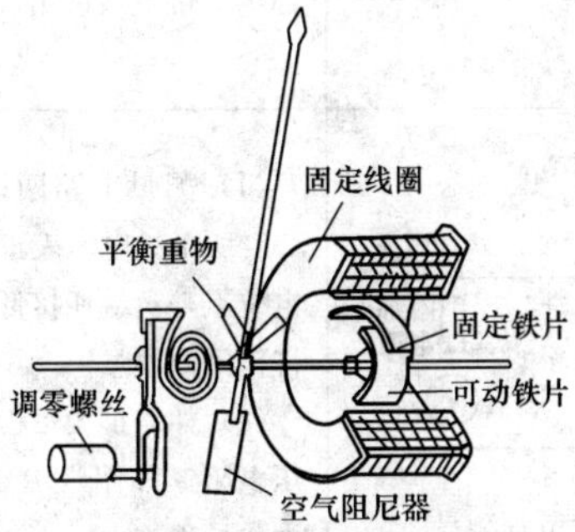 电磁式仪表原理结构图 | 电磁式仪表的原理结构如图所示，在固定线圈内装着固定铁片和可动铁片，可动铁片与转动轴固定在一起，转动轴上固定有指针、游丝与零位调整装置，当线圈内有被测电流通过时，线圈电流的磁场使两块铁片同时磁化，且获得相同极性而互相排斥，静铁片推动动铁片运动，动铁片通过传动轴带动指针偏转，被测电流越大，指针偏转角也越大，当电磁偏转力矩与游丝形变的反作用力矩平衡时，指针停转，在面板上指出所测数值 |
| 3. 电动式 | 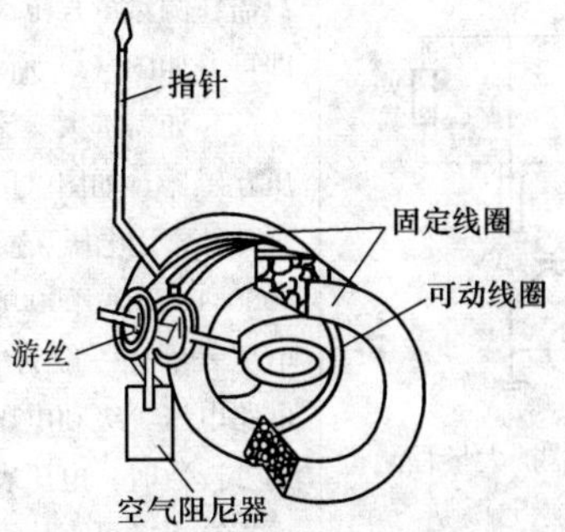 电动式仪表原理结构图 | 电动式仪表的原理结构如图所示，仪表测量的固定部分由固定线圈组成。活动部分有可动线圈、指针、转轴、游丝、空气阻尼器等。这些活动部分的零件均通过转轴固定在一起。当固定线圈中通过被测电流时，该电流变化产生的磁通在可动线圈内产生感应电动势，使可动线圈中产生感应电流。可动线圈受固定线圈磁场力的作用产生电磁转矩而发生转动，通过转轴带动指针偏转，在刻度尺上指出被测数值。通过的被测电流越大，两线圈间电磁感应越强，可动线圈所受电磁转矩越大，指针偏转角越大 |

（2）电流表与电压表测量方法见表3-3。

表 3-3　　　　　　　　　　　　　　　　电流表与电压表测量

| 测量类型 | 示意图 | 说明 |
|---|---|---|
| 直流电流 | 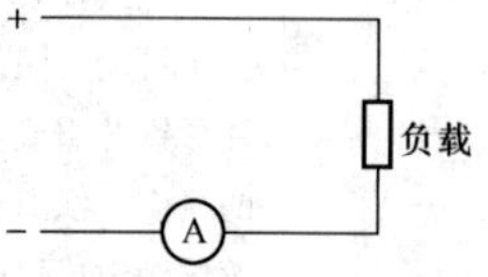 负载<br>测量直流电流接线 | （1）测量线路电流时，电流表必须串入被测电路。接线时，必须使电流表的正端钮接被测电路的高电位端，负端钮接被测电路的低电位端，在仪表允许量程范围内测量<br>（2）要求电流表的内阻应很小<br>（3）磁电式电流表，由于表头线圈的线径和游丝的截面很小，不能通过较大电流 |
| 交流电流 | 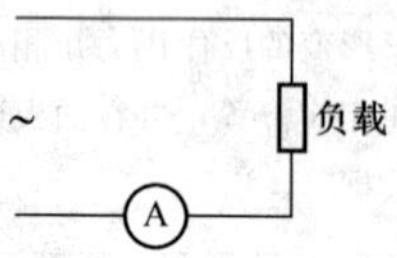 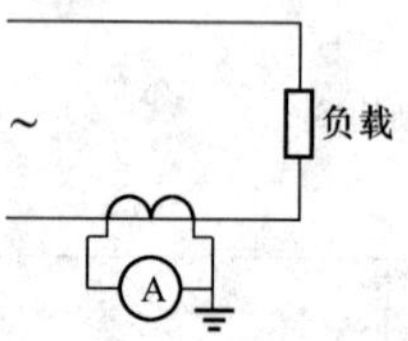 负载　负载<br>图（a）直接测量接线　图（b）用互感器扩大量程 | （1）交流电流表测量交流电流时，电流表不分极性，只要在测量量程范围内将它串入被测电路即可，如图（a）所示<br>（2）如需扩大量程，可加接电流互感器，原理接线如图（b）所示。通常电气工程中配电流互感器用的交流电流表的量程为5A。但表盘上读数在出厂前已按电流互感器变比标出，可直接读出被测电流值 |
| 直流电压 |  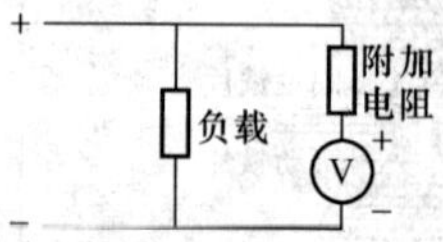 负载　负载　附加电阻<br>图（a）直接测量　图（b）扩大量程测量 | （1）测量电路两端直流电压的线路如图（a）所示。电压表正端钮必须接被测电路高电位点，负端钮接低电位点，在仪表量程允许范围内测量<br>（2）如需扩大量程，可在电压表外串联分压电阻，如图（b）所示。所串分压电阻越大，量程越大 |
| 交流电压 | 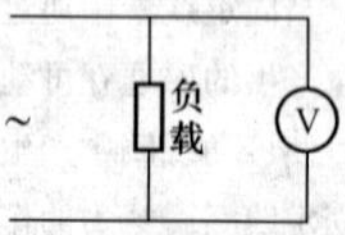 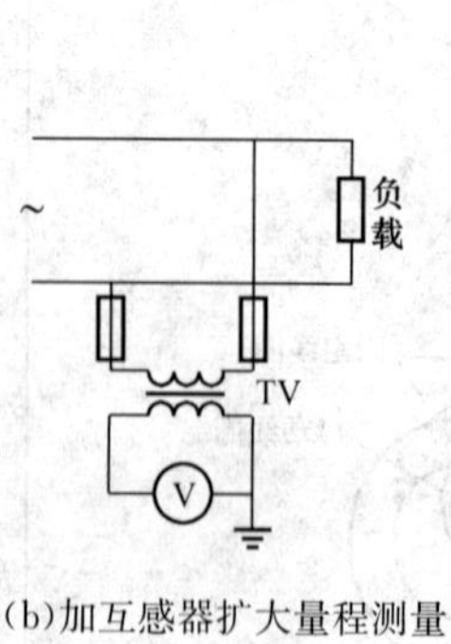 负载　负载　TV<br>图（a）直接测量　图（b）加互感器扩大量程测量 | （1）测量交流电压时，电压表不分极性，只需在测量量程范围内直接并联到被测电路即可，如图（a）所示<br>（2）如需扩大交流电压表量程，可加接电压互感器，如图（b）所示<br>（3）常用电压互感器电压比，有3000/100V、6000/100V、10000/100V等，配用互感器的电压表量程一般为100V，选择时根据被测电路电压等级和电压表自身量程合理配合使用。读数时，电压表表盘刻度值已按互感器比折算出，可直接读取 |

2．具体实训步骤

（1）将电流表、电压表、电流互感器、电压转换开关、熔断器、闸刀开关等器件固定在配电板上，并将有关内容填入表 3-4 和表 3-5 中。

**表 3-4** 　　　　　　　　　　　**配电板安装的器件型号规格**

| 内容＼名称 | 电流表 | 电压表 | 电流互感器 | 熔断器 | 闸刀开关 | 导　线 | |
|---|---|---|---|---|---|---|---|
| | | | | | | 主电路 | 二次电路 |
| 型　号 | | | | | | | |
| 规格 | | | | | | | |

**表 3-5** 　　　　　　　　　　　**配电板安装的器件之间最小距离** 　　　　　　　　　（mm）

| 方向＼名称 | 电流表与电流表 | 电压表边缘 | 电流表与电压表 | 电流表与对应互感器 | 互感器与互感器 | 熔断器与闸刀开关 | 熔断器与电流表 |
|---|---|---|---|---|---|---|---|
| 水平方向 | | | | | | | |
| 竖直方向 | | | | | | | |

（2）按图 3-2 所示，在配电板上连接电流、电压测量电路，经检查无误后，用电机作负载，通电运行，将有关数据记入表 3-6 中。

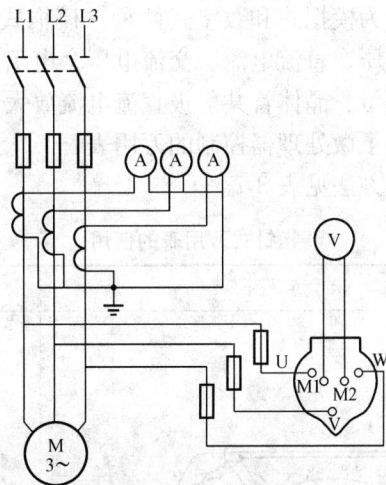

图 3-2　三相电路电压、电流的测量

**表 3-6** 　　　　　　　　　　　**三相电路的电压、电流测量值**

| 内容 | 电动机 | | | 起动电流 | | | 运行电流 | | | 运行电压 | | |
|---|---|---|---|---|---|---|---|---|---|---|---|---|
| 项目 | 容量 | 额定电压（V） | 额定电流（A） | $I_{L1}$ | $I_{L2}$ | $I_{L3}$ | $I_{L11}$ | $I_{L22}$ | $I_{L33}$ | $U_{12}$ | $U_{13}$ | $U_{23}$ |
| 参数 | | | | | | | | | | | | |

实训所用时间：　　　　　　参加实训者（签字）：　　　　　　　　实训日期：

## 第三节　万用表应用技能训练

### 一、实训目的

（1）学会指针式万用表转换开关的使用和标度尺的读法，了解这种万用表的内部构造。

（2）学会用指针式、数字式万用表测量交流电压、直流电压、直流电流。

（3）学会用万用表测量电阻。

### 二、工具、设备与材料

（1）指针式、数字式万用表各一块，1.5V 五号电池和 9V 小型层叠电池各一只、小螺丝刀（一字形和十字形）各一把。

（2）调压器一台、监视输出电压的交流电压表或其他万用表一块。

（3）直流稳压电源一台、图 3-4 所示电阻 5 只。

（4）35W 电烙铁一把、烙铁架一个、图 3-5 所标全部电阻及 68kΩ、6.8kΩ 和 68Ω 电阻各 1 只，焊剂、焊料适量。

### 三、实训步骤与要求

1. 万用表基本知识准备

万用表又叫万能表，可分为模拟式和数字式两种。模拟式万用表常称为指针式万用表。一般的万用表可以测量直流电压、直流电流、交流电压、电阻、音频电平等电量，有的还可测量交流电流、电容量、电感量、晶体管共射极直流电流放大系数等电参数。数字式万用表也已经大量使用，甚至还出现了微处理器控制的万用表。

（1）指针式万用表的使用方法见表 3-7。

表 3-7　　　　　　　　　　指针式万用表的使用

| 项　目 | 示　意　图 | 使　用　说　明 |
|---|---|---|
| 1. 测量前 | 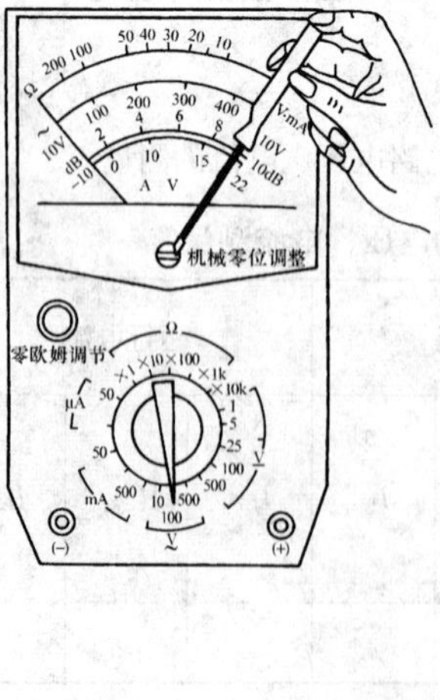 | （1）万用表应水平放置<br>（2）测电阻时，如万用表指针不在"零"位，可以调整调零器，使指针指在"零"<br>（3）仪表不使用时，要存放在干燥处<br>（4）在运输途中要求专人保管防剧烈振动而损坏仪表<br>（5）对仪表要按规定进行校核 |

续表

| 项　目 | 示　意　图 | 使　用　说　明 |
|---|---|---|
| 2. 电压的测量 | 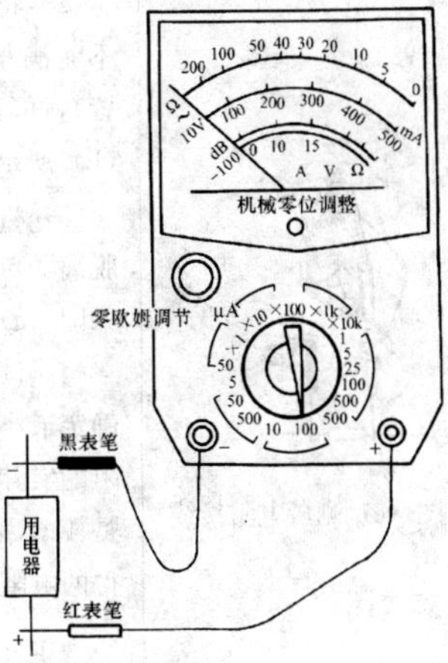 <br>图（a）用万用表测量直流电压 | （1）红表笔要插入正极（＋）插口，黑表笔插入负极（－）插口<br>（2）根据被测电压的大小，将转换开关转至电压挡的适当量程位置。注意交流电压与直流电压的区别<br>（3）测量电压时，要将万用表并联在被测量电路的两端，如图（a）所示 |
| 3. 电流的测量 | 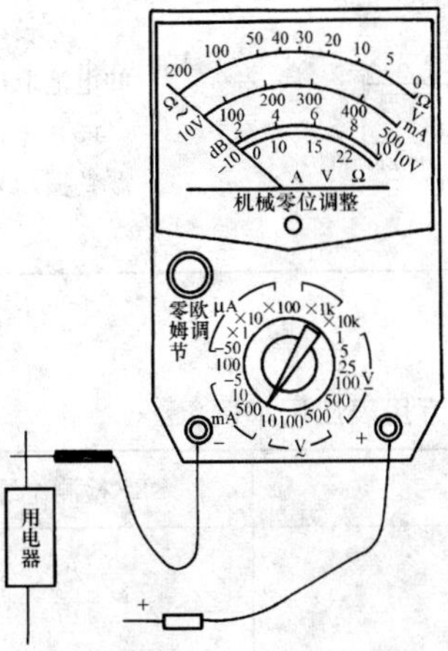 <br>图（b）用万用表测量直流电流 | （1）红表笔要插入正极（＋）插口，黑表笔插入负极（－）插口<br>（2）根据被测电流的大小，把转换开关转至电流挡的适当量程位置。要注意交流电流与直流电流的区别<br>（3）测量电流时，要将万用表串联在被测量电路中，如图（b）所示 |
| 4. 电阻的测量 | 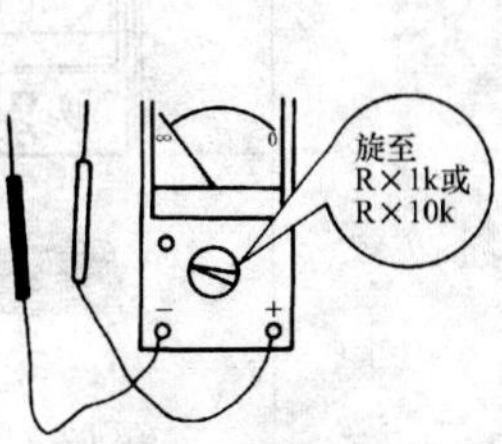 <br>图（a）指针指到"∞" | （1）根据被测电阻的大小将选择开关拨到欧姆挡的适当挡位上（如 R×1，×10，×100，×1kΩ）。选择的原则：要使指针尽可能做到在刻度线的 2/3 处，因为这时的误差最小，当表笔没有接触时，指针应指到"∞"，如图（a）所示 |

| 项　目 | 示　意　图 | 使 用 说 明 |
|---|---|---|
| 4. 电阻的测量 | 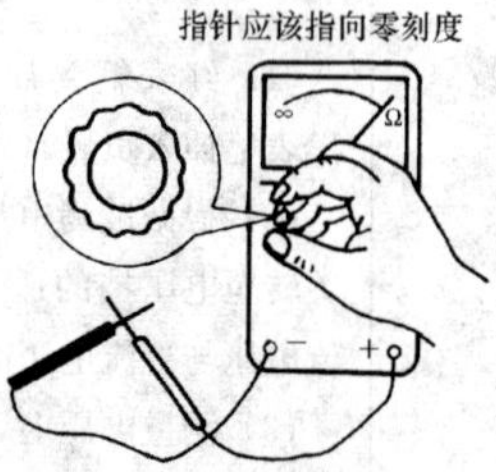 <br>指针应该指向零刻度<br>图（b）"欧姆挡电调零" 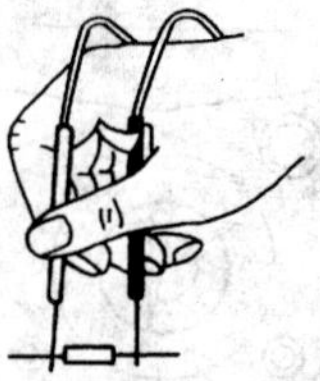　　图（c）测量电阻接线 | （2）将红、黑表笔短接，如万用表针不能满偏（表针不能偏转到零欧姆位置），可进行"欧姆挡电调零"，如图（b）所示<br>（3）将被测电阻同其他元器件或电源脱离，单手持表棒并跨接在电阻两端，如图（c）所示<br>（4）读数时，应先根据表针所在位置确定最小刻度值，再乘以倍率，即为电阻的实际阻值。例如，指针指示的数值是 $40\Omega$，若选择的量程为 $R \times 10$，则测得的电阻值为 $400\Omega$ |
| 5. 测量后 | 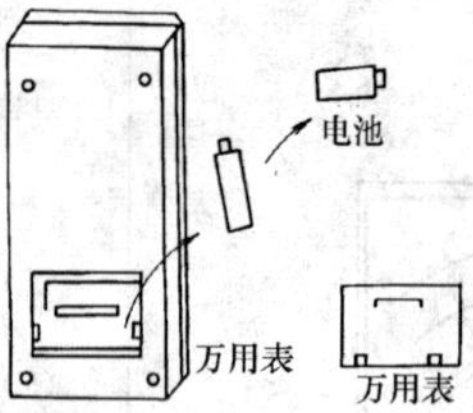 <br>电池<br>万用表　　万用表 | （1）将选择开关拨到最高电压挡或 OFF，防止下次开始测量时不慎烧坏万用表<br>（2）长期搁置不用时，应将万用表中的电池取出<br>（3）平时万用表要保持干燥、清洁，严禁振动和机械冲击 |

指针式万用表应用举例见表 3-8。

表 3-8　　　　　　　　　　　　　　指针式万用表应用举例

| 项　目 | 1. 判断电容器的好坏 | 2. 检测绝缘电线和漆包线是否破皮 |
|---|---|---|
| 示意图 | <br>OK 没问题　　0Ω<br>图（a）判断电容器的<br>好坏示意图 | 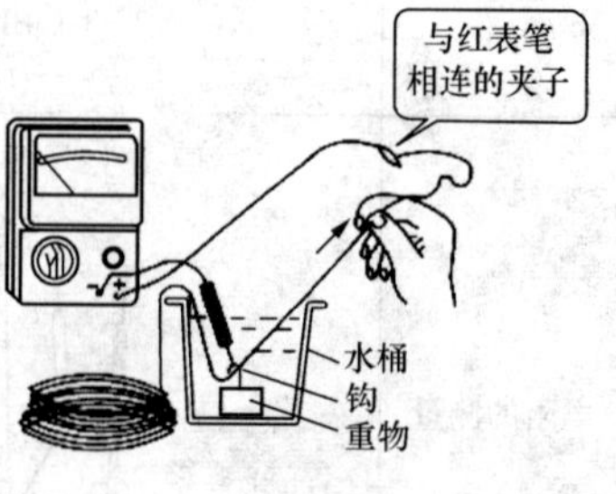 <br>与红表笔相连的夹子<br>水桶<br>钩物<br>重物<br>图（b）检测绝缘电线和漆包线<br>是否破皮示意图 |

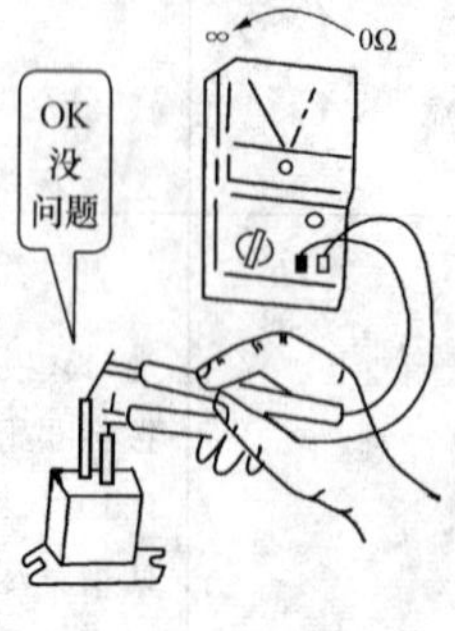

续表

| 项　目 | 步　骤 |
|---|---|
| 判断电容器的好坏操作 | （1）将万用表转换开关置于电阻挡 $R\times1k$ 或 $R\times10k$ 位置，进行欧姆调零后，用两表笔分别接触电容器的两端（若测量电解电容器时，黑表笔应接电容器的"＋"极，红表笔应接电容器的"－"极），如图（a）所示<br>（2）对于电容量在 $1\mu F$ 以上的电容器，如果质量完好，则万用表的指针会首先向右（$R=0$ 的方向）摆动一下，然后反方向摆动，逐步回到 $R=\infty$ 处。既使指针不回到"∞"位置，所指示的电阻值一般也有几十到几百千欧（电解电容器除外，一般只有几千欧），如果测量结果比上述数值小得多，则说明该电容器漏电严重，不能使用<br>在上述测量过程中，如果接通时指针根本不动，说明电容器内部断路，不能使用；如果多次测量中指针摆到零位后都不再返回，则说明电容器已被击穿，也不能使用<br>在进行上述测试时，需要注意以下几点：<br>（1）对于容量小于 $0.01\mu F$ 的电容器，不能用万用表直接进行测量，而应与小功率晶体三极管配合使用<br>（2）对于容量在 $0.01\sim1\mu F$ 之间的电容器，应选用 $R\times10k$ 挡测量<br>（3）对于刚刚断电的电容器，测量前后应进行放电<br>（4）对电容量较大（大于 $10\mu F$）的电解电容器，在交换表笔作第二次测量时，应先将电容器的两个电极短接进行放电，然后再进行测量，以免损坏万用表 |
| 检测绝缘电线和漆包线是否破皮操作 | 塑料绝缘电线、漆包线的绝缘层（俗称"皮"）如果损坏，就会出现漏电现象甚至造成漏电事故。利用万用表的电阻挡可以判断导线是否有破皮现象，如图（b）所示。<br>具体方法如下：<br>（1）将万用表的量程开关拨至 $R\times1k\Omega$ 或者 $R\times10k\Omega$ 挡，把待测绝缘电线的一端剥皮，并用与万用表红表笔相连的夹子夹牢<br>（2）取一个塑料桶盛大半桶水，将黑表笔放入水中<br>（3）把夹子夹着的导线从桶外慢慢地经水中往桶外抽出。对包皮完好的导线，万用表的指针会指在"∞"处，如果导线被拉进水中时，如果万用表的指针立即向右偏转，表明破皮处就在刚入水的地方。因为，水是导电物质，破皮导线被拉进水中时，红、黑表笔通过水被短接，所以万用表反应出的电阻值减小，于是指针向右偏 |

（2）数字式万用表的使用方法见表3-9。

**表 3-9**　　　　　　　　　　　数字式万用表的使用

| 项　目 | 说　明 |
|---|---|
| 1. 示意图 | 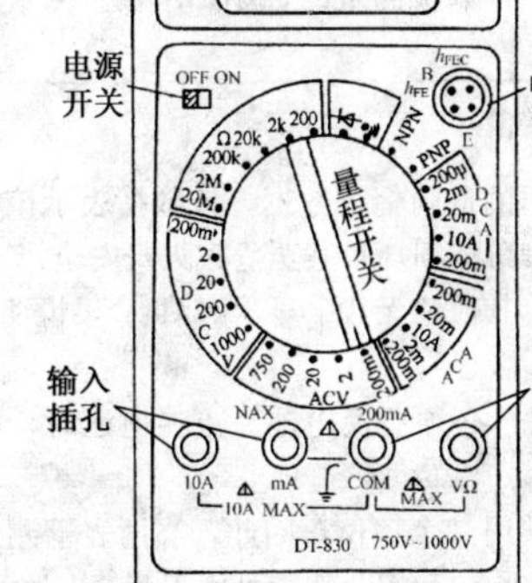 | DT-830 数字式万用表介绍：<br>DT-830 数字式万用表采用 LCD 液晶显示，其最大显示为 1999 或 －1999。在测量直流电压和电流时能自动显示极性。表内设有快速熔断器，以实现过载保护；还有蜂鸣器，可以实现快速连续检查，并配有三极管 $h_{FE}$ 和二极管检验功能。其外形结构如图所示 |

续表

| 项　目 | 说　　明 |
|---|---|
| 2. 测量直流电压 | 将万用表转换开关拨至"DCV"（面板的左边）适当量程（最大量程不超过 1000V），黑表笔插入"COM"插孔（以下各种量的测量中，黑表笔的位置都相同），红表笔插入"V·Ω"插孔，打开电源开关（ON），两支表笔与被测电路并联后，显示屏上便显示被测电压的大小 |
| 3. 测量交流电压 | 将万用表转换开关拨至"ACV"（面板的正上方）适当量程（最大量程不超过 750V），红、黑表笔接法如上，测量方法与测量直流电压相同 |
| 4. 测量直流电流 | 将万用表的转换开关拨至"DCA"（面板的右边）适当量程，当被测电流小于 200mA 时，红表笔插入"mA"插孔；当被测电流大于 200mA 时，红表笔应插入"10A"插孔。把万用表串联接入被测电路（不必考虑极性，因为万用表可以显示测量极性）。接通电源，即可显示被测电流的读数。<br>　　需要指出的是，在"mA"插孔下仪表具有自动切换量程的功能，且有保护电路；而在 10A 的大量程下，没有设置保护电路，所以被测电流绝对不能超过量程，测量时间也应尽可能短，一般不要超过 15s，以免烧毁万用表 |
| 5. 测量交流电流 | 将万用表的量程转换开关拨至"ACA"（面板的右下方）适当量程，其余操作与测量直流电流时相同 |
| 6. 测量电阻 | 将万用表的量程转换开关拨至"Ω"（面板的左上方）适当量程，红表笔插入"V·Ω"插孔。如果量程开关置于 20m 或 2m 挡，显示值以 MΩ 为单位；量程开关置于 200 挡时显示值以 Ω 为单位，其余各挡显示值均以 kΩ 为单位 |
| 7. 选择注意事项 | （1）测量前，要根据被测量的名称及大小正确选择量程开关的位置。要注意各量程和插口的最大额定电压<br>　　（2）根据被测量的性质，正确选择红、黑表笔的插入位置<br>　　（3）正确选择"HOLD"键。一些新型数字式万用表（DT-830 型表无此功能）带有读数保持键"HOLD"，按下此键可将当时的读数保存下来。但作连续测量时不应使用此键，否则仪表不能正常测量。如果刚开机时显示器固定显示某一数值且不随被测量发生变化，有可能是误按"HOLD"键所致。这时，只需松开"HOLD"读数保持键即可 |
| 8. 测量注意事项 | 1. 测量电阻<br>　　（1）严禁带电测量被测电阻，如被测电路有电容器，应先将电容器充分放电后才能进行测量<br>　　（2）测量高阻值电阻时，不能用手接触导电部分，以免人体电阻的引入而带来测量误差<br>　　（3）在电阻挡时，红表笔的电位高于黑表笔，与普通万用表恰恰相反。在测量晶体管和电解电容等有极性要求的元件时，应特别注意<br>　　（4）测电阻前无需调零<br>　　2. 测量电压和电流<br>　　（1）测量电流时，应将万用表串入电路；测量电压时，应将万用表并入电路<br>　　（2）对大小不详的被测量，应先选择最高量程进行粗测，然后根据显示结果选择适当的量程 |
| 9. 读数注意事项 | 在测量时，要根据量程转换开关的位置，正确读取被测量的大小和单位。测量刚开始时可能出现跳数现象，应等待显示值稳定后才能读数 |
| 10. 注意的特殊问题 | 需注意的特殊问题：<br>　　（1）使用数字万用表时要注意插孔旁边所注明的危险标记数据，该数据表示该插孔所允许输入电压、电流的极限值，使用时如果超出此值，仪表可能损坏，甚至危害人身安全<br>　　（2）若在测量时，只有最高位显示数字"1"，其他位无数字显示（消隐），说明仪表已经过载，应选择更高的量程<br>　　（3）当显示器上出现"⟻"或"⊟"符号时，必须更换电池。更换电池时，电源开关必须拨至"OFF"位置<br>　　（4）有些数字万用表的电阻挡往往与蜂鸣器共用一个挡位，因此，当两表笔测试点之间的电阻值小于一定值（一般为几十欧）时，蜂鸣器发出声响，利用此功能可用于测试电路和导线的通断情况 |

数字式万用表应用举例见表 3-10。

表 3-10　　　　　　　　　　　　　　　数字式万用表应用举例

| 项　目 | 1. 利用蜂鸣器挡检查电路的通断 | 2. 万用表（交流电压表）核对相位 |
|---|---|---|
| 示意图 | 图（a）检查电路的通断情况示意图 | 图（b）核对相位示意图 |
| 检查电路的通断操作 | 将万用表的量程转换开关拨至蜂鸣器位置，红表笔插入"V·Ω"插孔，黑表笔插入"COM"插孔。打开电源开关，两表笔触及被测电路，若电阻值低于 20Ω，蜂鸣器发声，说明电路导通，反之，则说明电路不通或接触不良，如图（a）所示 | |
| 核对相位的操作 | （1）多台变压器并列运行时，投入运行前往往要进行相位核对，利用万用表的交流电压挡（或交流电压表）可以进行这一操作。操作方法如图（b）所示<br>（2）操作步骤<br>1）将万用表的电压量程开关置于交流电压 500V 挡（也可用交流电压表代替）<br>2）用已知相中的任意一相，分别对未知相的三相各测一次，根据电压值确定相同的相，并做好标记<br>3）换已知相的另外两相，按上述方法进行同样的测量，根据电压值找出相同的相并做好标记。<br>4）在三相电路中，一共要测量 9 次<br>（3）核对相位时应注意的安全事项：<br>1）核对相位应由两人进行，操作时要穿长袖衣服，戴绝缘手套<br>2）要注意身体与带电体保持安全距离，手不得触及表笔的金属部分和裸露的接线端<br>3）测量时注意防止造成相间短路或相对地短路（必要时加屏护） | |

2. 具体实训步骤与要求

（1）指针式万用表转换开关的使用和标度尺的读法实训。

1）如果表头指针稳定指示在图 3-3 中位置 a，请根据表 3-11 中转换开关选定的测量项目和量程，将读取的数据（应带单位）填入该表中。

2）若表头指针在图 3-3 中位置 b，表 3-12 中记录了已读取的数据。转换开关应拨在哪个测量项目和量程？将选择结果填入表中。

3）若表头指针稳定指示在图 3-3 中位置 c，试根据表 3-12 中转换开关选定的测量项目和量程，将读取的数据填入该表中。如果量程的选择是不合适的，

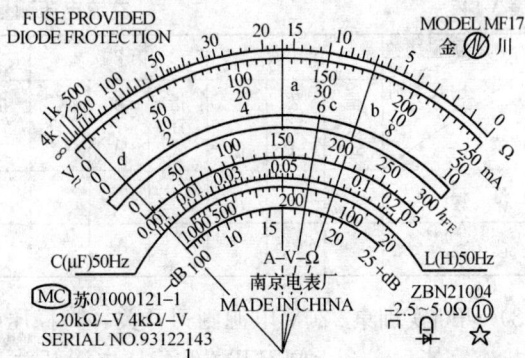

图 3-3　万用表标度尺读数和转换开关使用练习图

试找出其中的原因。

**表 3-11　　　　　　　　　　标度尺读法和转换开关使用练习一**

| 测量项目和量程 | R×1 | 1kV | 10 V | 100 μA | 2.5mA | 50 V | 250mA | R×100 | 1kV | 2.5A |
|---|---|---|---|---|---|---|---|---|---|---|
| 读取数据（带单位） | | | | | | | | | | |
| 测量项目和量程 | 10 V | 250V | R×10k | R×10 | 25mA | R×1k | 250 V | 50 V | 2.5 V | |
| 读取数据（带单位） | | | | | | | | | | |

**表 3-12　　　　　　　　　　标度尺读法和转换开关使用练习二**

| 读取数据（带单位） | 7.15V | 1.76mA | 35.1V | 4.22Ω | 7.2V | 17.6mA | 715V | 176 V | 4.22kΩ | 1.76A |
|---|---|---|---|---|---|---|---|---|---|---|
| 转换开关的选择 | | | | | | | | | | |
| 读取数据（带单位） | 42kΩ | 176V | 70.2μA | 42.2Ω | 1.76V | 720V | 420Ω | 176mA | 35.1V | |
| 转换开关的选择 | | | | | | | | | | |

4）表头指针在图 3-3 中位置 d。请根据表 3-13 中转换开关选定的项目和量程，将读取的数据（带单位）填入该表中，若量程选择不当，应将选定的适当量程填入该表下面一栏中。

**表 3-13　　　　　　　　　　标度尺读法和转换开关使用练习三**

| 测量项目和量程 | 250V | 25mA | R×100 | 1kV | 250mA | 50 V | 2.5A | R×10 | 250 V | 1kV | R×1 |
|---|---|---|---|---|---|---|---|---|---|---|---|
| 读取数据（带单位） | | | | | | | | | | | |
| 应选何种量程 | | | | | | | | | | | |

5）万用表结构的初步认识训练：①熟悉万用表面板结构，绘制面板结构草图；弄清各外部部件的名称和作用，并用文字表述出来。②拆开万用表后盖，检查并取装表内电池，应特别注意电池极性不得装错。观察万用表内部结构，绘制转换开关结构示意图和平面展开图，然后将万用表后盖装好。

（2）交流电压、直流电压、直流电流的测量。

1）切断实训桌 220V 电源闸刀开关，将调压变压器输入端接入闸刀开关的出线端桩头，变压器输出端接入插线板提供待测交流电源。

2）训练时，教师在调压器输出端并联万用表监视，选择几种电压供学生分别用指针式、数字式万用表测量，并将所测数据填入表 3-14 中。

**表 3-14　　　　　　　　　　交流电压测量数据**

| 量程读数 \ 用表类别 \ 测量次数 | 第1次 | | | 第2次 | | | 第3次 | | | 第4次 | | | 第5次 | | |
|---|---|---|---|---|---|---|---|---|---|---|---|---|---|---|---|
| | 指针式 | 数字式 | 差值 | 指针式 | 数字式 | 差值 | 指针式 | 数字式 | 差值 | 指针式 | 数字式 | 差值 | 指针式 | 数字式 | 差值 |
| 量　程 | | | | | | | | | | | | | | | |
| 读　数 | | | | | | | | | | | | | | | |

3）切断实训桌 220V 电源闸刀开关，将稳压电源接入实训桌电源中，按如图 3-4 所示接线，检查完毕后，合上闸刀开关和稳压电源开关，调节稳压电源选择 1～3 种输出电压，将测量所得数据填入表 3-15 中。

**表 3-15**　　　　　　　　　　　　　　**直流电压、直流电流测量数据**

| 测量项目 | 测量数据／测量内容＼电路元件参数 | 测量对象 | $R_1=20\text{k}\Omega$，$R_2=100\Omega$，$R_3=470\Omega$，$R_4=51\text{k}\Omega$，$R_5=10\text{k}\Omega$ | | | |
|---|---|---|---|---|---|---|
| 直流电压（V） | 测量对象 | $U_{ad}$ | $U_{ab}$ | $U_{bd}$ | $U_{bc}$ | $U_{cd}$ |
| | 计算数据 | | | | | |
| | 指针式万用表量程 | | | | | |
| | 指针式万用表测量数据 | | | | | |
| | 数字式万用表量程 | | | | | |
| | 数字式万用表测量数据 | | | | | |
| 直流电流（mA） | 测量对象 | $I$ | $I_1$ | $I_2$ | $I_3$ | $I_4$ |
| | 计算数据 | | | | | |
| | 指针式万用表量程 | | | | | |
| | 指针式万用表测量数据 | | | | | |
| | 数字式万用表量程 | | | | | |
| | 数字式万用表测量数据 | | | | | |

4）分别测量将要焊接成图 3-5 电路的各个电阻的电阻值，将数据填入表 3-16 中；再按图 3-5 焊接成电路，并将图中各点间电阻的测量和计算数据记录在表 3-17 中，注意单位。如果在测量时，手同时接触被测电阻两端，测得的数据是否相同，为什么？

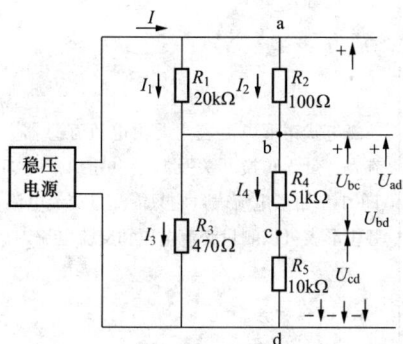

图 3-4　直流电压、直流电流的测量电路　　　　　图 3-5　电阻的测量

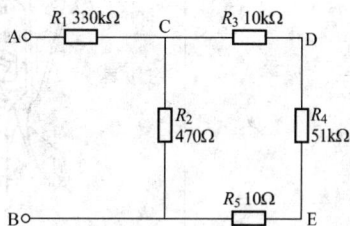

**表 3-16**　　　　　　　　　　　　　　　　**电阻的测量数据（一）**

| 测量内容 | $R_1$ | $R_2$ | $R_3$ | $R_4$ | $R_5$ |
|---|---|---|---|---|---|
| 电阻标称值 | | | | | |
| 指针万用表量程 | | | | | |
| 指针万用表测量数据 | | | | | |
| 数字万用表量程 | | | | | |
| 数字万用表测量数据 | | | | | |

**表 3-17**　　　　　　　　　　　　　　　　**电阻的测量数据（二）**

| 测量内容 | $R_{AB}$ | $R_{AC}$ | $R_{CD}$ | $R_{DE}$ | $R_{EB}$ | $R_{CB}$ | $R_{CE}$ | $R_{DB}$ | $R_{AE}$ |
|---|---|---|---|---|---|---|---|---|---|
| 计算数据 | | | | | | | | | |
| 指针万用表量程 | | | | | | | | | |
| 指针万用表测量数据 | | | | | | | | | |
| 数字万用表量程 | | | | | | | | | |
| 数字万用表测量数据 | | | | | | | | | |

实训所用时间：　　　　　　　　　参加实训者（签字）：　　　　　　　　实训日期：

## 第四节　钳形电流表、兆欧表、接地电阻测量仪的技能训练

### 一、实训目的

（1）学会用钳形电流表直接测量线路电流。

（2）学会用兆欧表检查设备绝缘电阻。

（3）学会用接地电阻测量仪测量接地装置的接地电阻值。

### 二、工具、设备与材料

钢丝钳、尖嘴钳、螺丝刀、榔头等电工工具，三相笼型电动机一台、兆欧表一块、钳形电流表一块、接地电阻测量仪一台及附件，铜芯绝缘软线适量。

### 三、实训步骤与要求

1. 基本知识的准备

（1）钳形电流表基本知识的准备见表 3-18。

表 3-18　　　　　　　　　　钳形电流表基本知识

| 项　目 | 说　明 |
|---|---|
| 1. 示意图 | 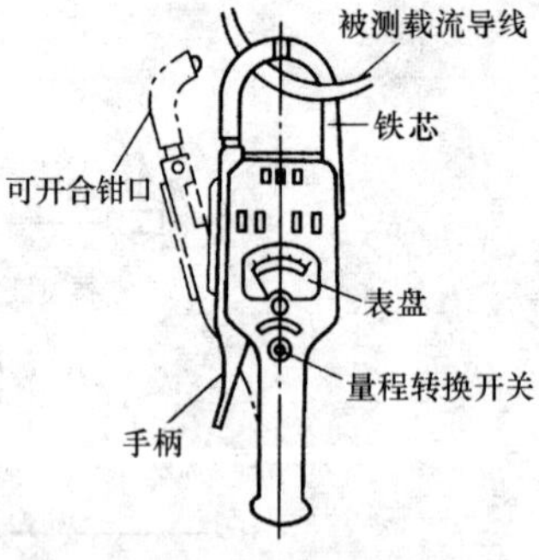 　图（a）T301 型钳形电流表的外形图 | 　　磁电式钳形电流表主要由电流互感器、磁电系电流表、量程转换开关及测量电路组成。如图所示为 T301 型钳形电流表，它只能测量交流电流，而 T302 型钳形表可以测量交流电压和交流电流 |
| 2. 分类 | 　　按读数方式不同，钳形电流表可分为指针式钳形电流表和数字式钳形电流表。指针式钳形电流表又可分为磁电式（如 T301、T302 等）和电磁式（如 MG20、MG21 等）两种 |
| 3. 作用与应用 | 　　（1）钳形电流表的准确度一般为 2.5 级或 5 级，测量精度不高，由于它能在不断开电源的情况下测量电流，使用方便，所以在一些准确度要求不高的场合应用非常广泛，如测量配电变压器低压侧线路负荷时就可以使用钳形电流表。磁电式钳形电流表用于交流电路的测量，而电磁式钳形电流表可交直流两用<br>　　（2）在低压电能计量装置（如电能表、互感器等）的接线检查中，可用钳形电流表检查电能表的电流回路中是否有电流，以判断电能表的电流线圈是否烧坏或是否存在表外接线等窃电行为。此外，利用钳形电流表测量电流互感器一、二次侧的电流大小，可以判断电流互感器的实际变比是否与铭牌相符 |
| 4. 工作原理 | 　　电流互感器的铁芯有一活动部分在钳形表的上端，并与手柄相连，按动手柄能使活动铁芯张开，将被测电流的导线放入钳口中，松开手柄可使铁芯闭合。互感器没有专门的一次绕组，夹入钳口的载流导线就相当于电流互感器的一次绕组，根据电磁感应的原理可知，在二次绕组中会产生感应电流，通过整流后由磁电系电流表指示出被测电流的数值 |

| 项　目 | 说　明 |
|---|---|
| 5. 选择注意事项 | 按电压等级选择钳形电流表。低电压等级的钳形电流表只能测低压系统中的电流，不能测量高压系统中的电流。如前面提到的 T301 型钳形电流表一般只适应于 500V 以下的低压系统 |
| 6. 检查注意事项 | （1）测量前一定要检查钳形电流表的绝缘性能是否良好，有无破损，钳口有无锈蚀，指针摆动是否灵活，手柄是否清洁干燥等。如果钳口有污物，可以用溶剂洗净，并擦干；如果有锈斑，应轻轻擦去<br>（2）测量前，要检查钳形电流表的指针是否在零位。如果不在零位，可用小螺丝刀轻轻旋动机构调零旋钮，将指针调到零位 |
| 7. 测量注意事项 | （1）测量前应首先估计被测电流的大小，选择合适的量程，一般以测量时指针偏转后能停留在刻度线的后 1/4 段上为宜。当被测电路的电流难以估算时，先选用较大量程，然后再根据读数的大小，逐渐减小量程。特别是在测量电动机起动电流时，冲击电流很大（有的可达额定电流的 7 倍左右），更应注意量程的合理选择<br>（2）严禁在测量进行过程中切换钳形电流表的挡位，如果确有必要，则应将被测导线退出钳口后再换挡，如示意图（a）所示<br>（3）测量时，应按动手柄使铁芯张开，将被测导线穿到钳口中央，并垂直于钳口，就可以从表盘上读出被测电流值，如测量示意图（b）所示<br>（4）钳形电流表表盘上有多条刻度线，读数时应对应选择量程开关所置量程的刻度线进行读数<br>（5）测量 5A 以下的电流，钳形电流表无法读数时，如果条件允许，可将导线多绕几圈放进钳口进行测量，测量结果除以导线所绕的圈数，即为被测导线的电流值 |
| 8. 测量示意图 | <br>图（b）钳形电流表挡位调节示意图　　图（c）钳形电流表测量电流示意图 |
| 9. 测量时注意事项 | （1）钳形电流表不能测量裸导线的电流<br>（2）测量时，应由两人进行，即一人操作，一人监护<br>（3）测量时，应带绝缘手套或干净的线手套，手与带电设备的安全距离应保持在 100mm 以上，人体与带电设备要保持足够的安全距离，以免发生触电危险。在高压系统中，不能用钳形电流表直接测量电流<br>（4）测量时，应注意防止短路和接地<br>（5）测量完毕后，应将钳形电流表量程开关放置在最大电流量程的位置上，以免下次使用时，由于操作人员未经量程选择就直接测量大电流而损坏仪表 |

右手握表柄，左手调挡位

（2）兆欧表基本知识的准备见表 3-19。

**表 3-19**　　　　　　　　　　　　　　　**兆 欧 表 基 本 知 识**

| 项　目 | 说　　明 |
|---|---|
| 1. 示意图 | 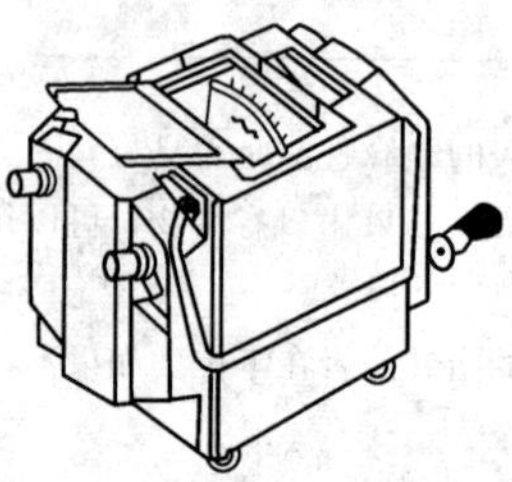 <br>图 (a) 兆欧表外形图 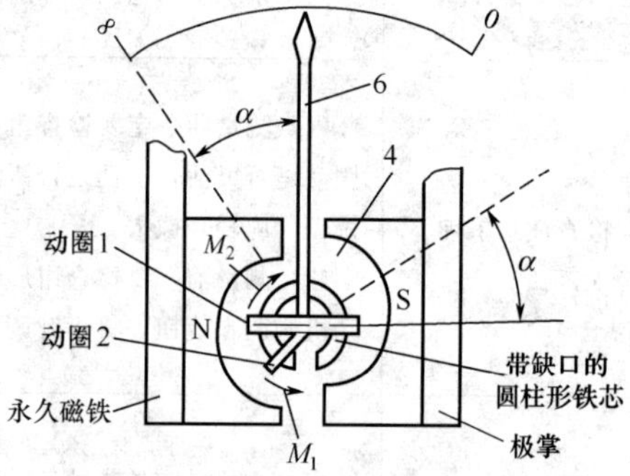　　　　　　图 (b) 兆欧表结构示意图 |
| 2. 组成 | 主要由三个部分组成：如图 (a) 所示，手摇直流发电机（或交流发电机加整流器）、磁电式流比计、接线柱（L、E、G） |
| 3. 分类 | (1) 兆欧表按读数方式可分为指针式和数字式两种<br>(2) 兆欧表根据其手摇发电机发出的最高电压来分的，一般有 500、1000、2500、5000V 几种。电压越高，能测量的绝缘电阻值越大 |
| 4. 作用 | 又称绝缘电阻表，是一种专门用来测量电气设备或输电线路绝缘电阻的可携式仪表 |
| 5. 工作原理 | 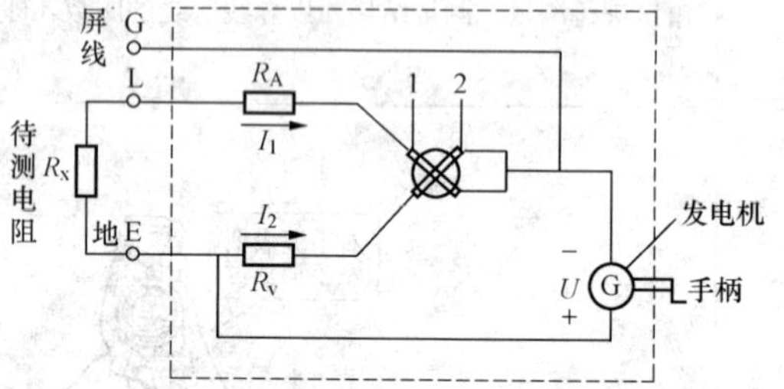 <br>兆欧表的测量原理电路图<br>兆欧表可动部分的偏转角 $\alpha = f(R_x)$ 只与被测电阻 $R_x$ 有关，也就是说，偏转角 $\alpha$ 能直接反映绝缘电阻的大小<br>(1) 当被测电阻 $R_x = 0$ 时，相当于 "L"（线）与 "E"（地）两端子短接，此时，电流 $I_1$ 最大，可动部分的偏转角 $\alpha$ 也最大，指针偏转到标度尺的最右端<br>(2) 当被测电阻 $R_x = \infty$ 时，相当于 "L"（线）与 "E"（地）两端子开路，此时，电流 $I_1 = 0$，可动部分在 $I_2$ 的作用下，指针偏转到标度尺的最左端 |

| 6. 选择注意事项 | 测量对象 | 被测设备额定电压（V） | 兆欧表额定电压（V） |
|---|---|---|---|
| | 线圈的绝缘电阻 | 500 及以下 | 500 |
| | | 500 以上 | 1000 |
| | 电动机绕组的绝缘电阻 | 500 及以下 | 500～1000 |
| | | 500 以上 | 1000～2500 |

| 项　目 | 说　明 | | |
|---|---|---|---|
| **6. 选择注意事项** | 测量对象 | 被测设备额定电压（V） | 兆欧表额定电压（V） |
| | 电力变压器绕组的绝缘电阻 | 同上 | 同上 |
| | 绝缘子、母线、刀闸 | 500 以上 | 2500 |
| | 低压线路 | 500 及以下 | 500～1000 |
| | 高压线路 | 500 以上 | 2500 |
| **7. 检查注意事项** | 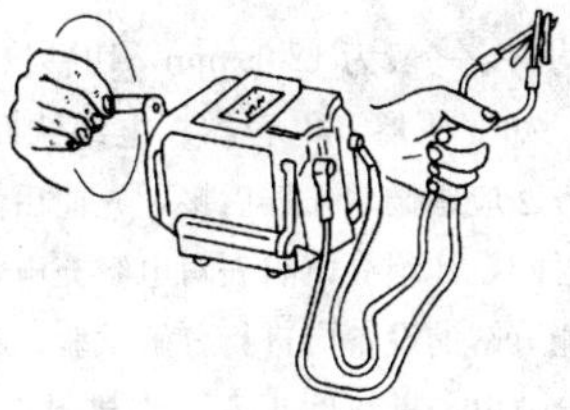 <br>兆欧表的短路实验接线图 | 　　测量前，外观检查的内容主要包括外壳是否完好，摇柄是否灵活，测试导线是否齐全且完好<br>　　内部检查包括开路和短路实验<br>　　（1）开路实验。将兆欧表的接线端 L、E 开路，摇动手柄至额定转速（120r/min），指针应指在"∞"位置<br>　　（2）短路实验。将 L、E 端子短路，轻摇手柄，指针应指在"0"位置，如图所示。进行开路和短路实验时，如果指针偏离上述位置，说明兆欧表可能有问题，应进行修理调整 | | |
| **8. 测量前工作** | 　　（1）测量电气设备的绝缘电阻之前，必须切断被测设备的电源，并将设备接地，进行短路放电，以防发生人身和设备事故<br>　　（2）对被测设备进行测量前的处理，如拆除无关的接线，对表面进行擦拭等<br>　　（3）将兆欧表应放置在平稳牢固的地方，以免在摇动发电机手柄时，表身晃动和倾斜而产生测量误差 | | |
| **9. 测量接线示意图** | 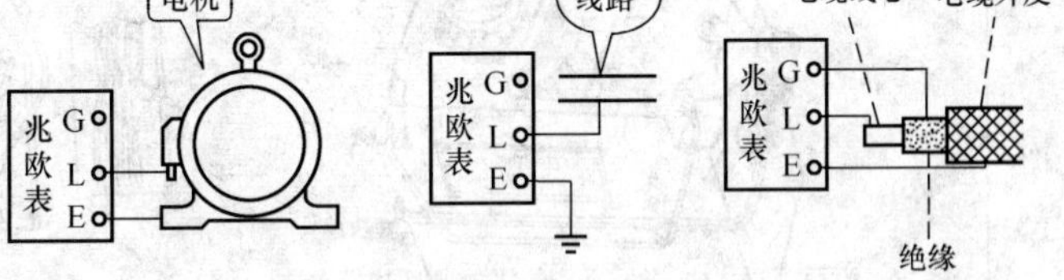 <br>图（a）测电机的绝缘电阻　图（b）测线路对地的绝缘电阻　图（c）测电缆的绝缘电阻<br>用摇表测量绝缘电阻的接线图 | | |
| **10. 接线方法** | 　　兆欧表有三个接线柱，分别是"L"（线）、"E"（地）和"G"（屏蔽端子或保护环）。测量时，"L"用导线接被测设备的待测导体部分，"E"用导线接设备的外壳（测量两绕组的相间绝缘时也可接另一导体）。当被测对象表面不干净或潮湿时，应使用"G"（屏蔽）端钮。例如测量电缆的绝缘电阻时，应在绝缘表面加一个保护环，并接至 G 端钮，这样可以消除表面电流的影响，如图（c）所示 | | |

| 项　目 | 说　明 |
|---|---|
| 11. 摇测示意图 | 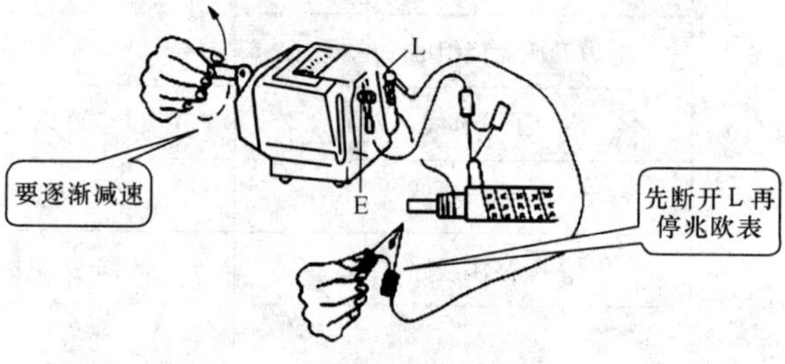 <br>兆欧表测试示意图 |
| 12. 摇测与读数 | （1）摇动兆欧表的手柄，转速要均匀，一般为120r/min，切忌忽快忽慢<br>（2）测量电容量较大的被测设备，如变压器、电容器、电缆线路等，测量前必须先放电，测量完后也要先放电再拆线。测量方法应遵循"先摇后接，先撤后停"的原则，如上图所示。在测试过程中，要先持续摇动一段时间，让绝缘电阻表对电容充电，等指针稳定后再读数<br>（3）当所测绝缘电阻值过低时，能分解的设备应进行分解试验，找出绝缘电阻最低的部位<br>（4）测量完毕，应对被测设备充分放电，拆线时也不可直接触及连接线的裸露部分，以免发生触电事故<br>（5）兆欧表没有停止转动或被测设备尚未进行放电之前不允许用手接触导体<br>（6）不能在潮湿及雷雨天气测试绝缘电阻<br>（7）测量时，应由两人进行。测试人员应注意与周围带电设备保持安全距离，应避免强电场和强磁场的干扰 |

（3）接地电阻测量仪基本知识的准备见表3-20。

表3-20　　　　　　　　　　　　接地电阻测量仪基本知识

| 项　目 | 说　明 |
|---|---|
| 1. 示意图 | 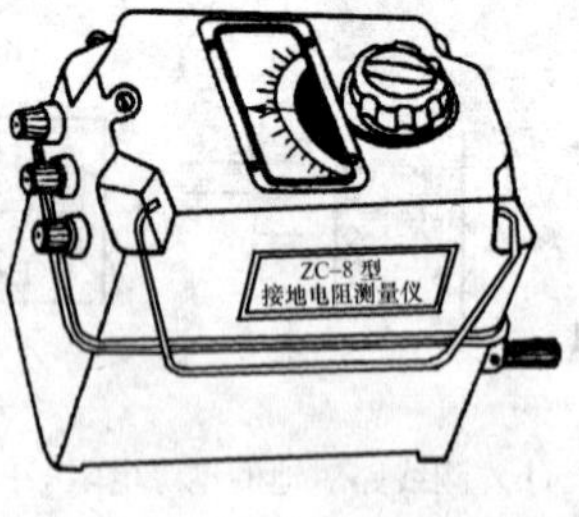 <br>图（a）ZC-8型接地电阻测量仪外形图 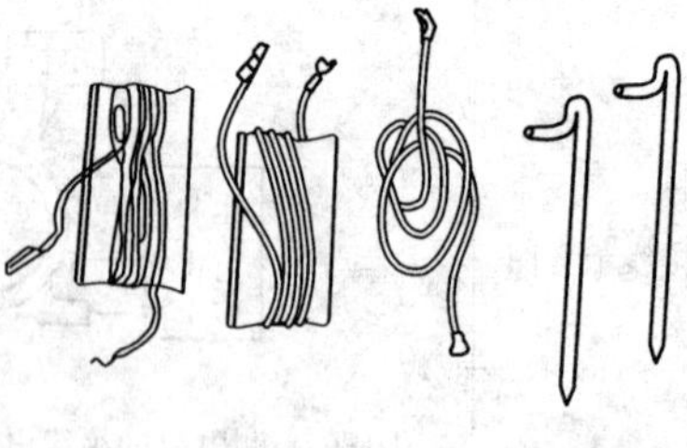　　　　图（b）附件 |
| 2. 组成 | （1）ZC-8型接地电阻测量仪主要由手摇发电机，相敏整流放大电路、电流互感器、调节电位器及检流计等所组成，全部机构装置在铝合金铸造的携带式外壳内<br>（2）ZC-8型三端钮接地电阻测量仪的附件有三根连接导线和两根镀锌的接地探测针，三根测量连接线的长度一般为5、20、40m，两根接地探测针的长度一般为0.5m。其外形如图（b）所示 |

| 项　目 | 说　明 | | | |
|---|---|---|---|---|
| 规格　　内容 | | 接线端子 | 倍率 $K$ | 测量范围 |
| 3. 分类及区别 | 三端钮接地电阻测量仪 | C、P、E | ×1 | 0~10Ω |
| | | | ×10 | 0~100Ω |
| | | | ×100 | 0~1000Ω |
| | 四端钮接地电阻测量仪 | C1、C2、P1、P2 | ×0.1 | 0~1Ω |
| | | | ×1 | 0~10Ω |
| | | | ×10 | 0~100Ω |
| 4. 作用 | 一种专门用来测量电气设备以及避雷装置等接地电阻的便携式仪表，又称为接地兆欧表或接地绝缘电阻表 | | | |

| 项目 | 说明 |
|---|---|
| 5. 工作原理 | 　ZC-8 型接地电阻测量仪是利用补偿原理来测量接地电阻，如图所示。四端钮接地电阻测量仪测量接地电阻时，一般应将"P2""C2"短接后（相当于 3 端钮的 E 端钮）再接到被测接地体，而三个端钮的测量仪通常已在内部将"P2""C2"短接，再引出一个"E"端钮，测量时直接将"E"接到接地体即可。端钮"P1"、"C1"分别接电位探测针和电流探测针，两探针按要求的距离插入地中。通过电位器的调节，可使检流计的指针指到零位，由补偿原理可知，被测接地电阻的值为：$R_x = KR_S$。式中，$R_S$ 为仪表读数盘上的读数，$K$ 为电位器上标明的倍率 |

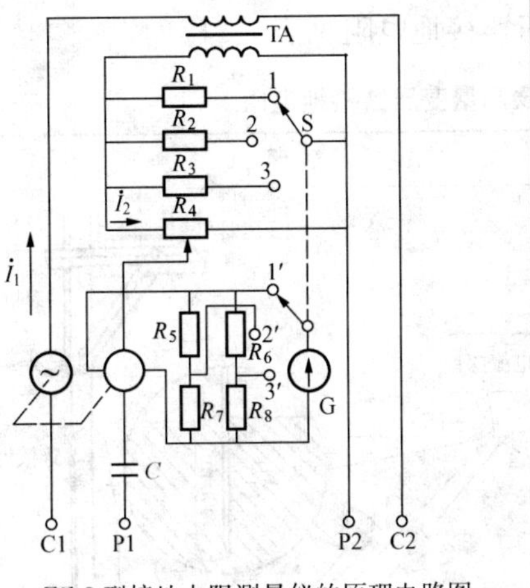

ZC-8 型接地电阻测量仪的原理电路图

| 项目 | 说明 |
|---|---|
| 6. 测试准备工作 | 将待测的接地极与所连接的电气设备断开，测量变压器的接地极时，必须断开电源，并采取安全措施，对防雷、安全保护的接地线，须打开预留断开点，将待连接点打磨干净，以减小接触电阻。准备好锤子和辅助接地测量棒与测量连接线 |
| 7. 仪器检查注意事项 | 检查工作：<br>（1）外壳应完好无损、无油污；仪表部件及附件应齐全完好；可动部分应灵活<br>（2）将仪表水平放置，检查指针是否指于中心线零位上，否则应将指针调整至中心线零位上<br>（3）短路试验。将仪表水平放置，倍率开关拨到最低挡（或要使用的一挡），用裸铜线短接接线端钮（如左图所示），摇动手柄，指针向左偏转，此时边摇动手柄边调整"标度盘端钮"，当看到指针与中心刻度线重合时，指针应指"标度盘"上的"0"。否则，说明仪表本身不准确 |

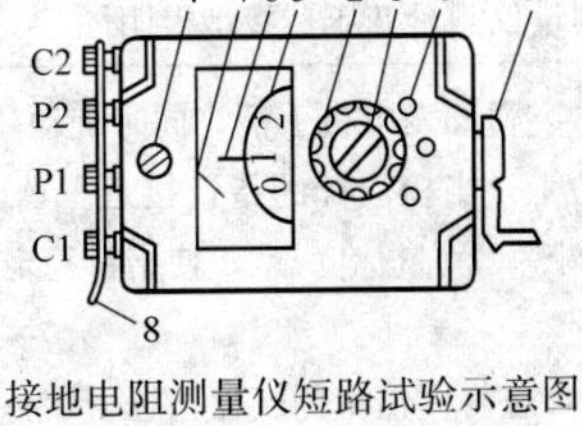

接地电阻测量仪短路试验示意图

1—挡位开关；2—标盘旋钮；

3—摇柄；4—机械调零旋钮；

5—标度盘；6—中心刻度线

续表

| 项　目 | 说　明 |
|---|---|

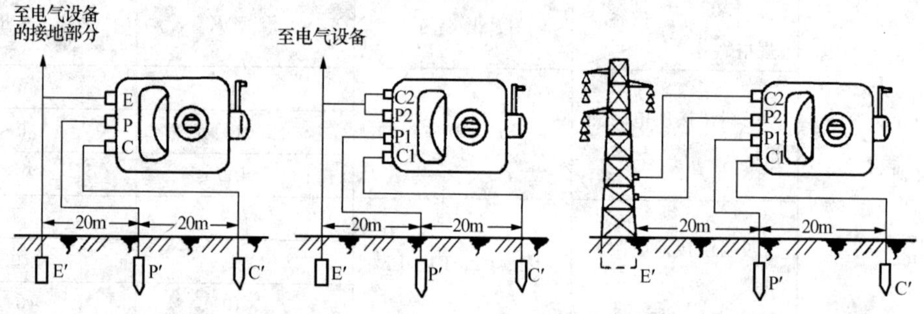

图（a）三端钮测量仪的接线　图（b）四端钮测量仪的接线　图（c）测量小接地电阻的接线

将被测接地极与仪表 E 端钮相接，将电位探针 P、电流探针 C 沿直线分别相距 20m 的地方插入地下，与仪表对应的 P、C 端钮相接。三端钮、四端钮测量仪的接线分别如上图所示

（项目：8. 测试接线图及说明）

（4）实例：用接地电阻测量仪测量变压器接地电阻见表 3-21。

**表 3-21　　　　　　接地电阻测量仪测量变压器接地电阻**

| 项　目 | 说　明 |
|---|---|
| 1. 示意图 | 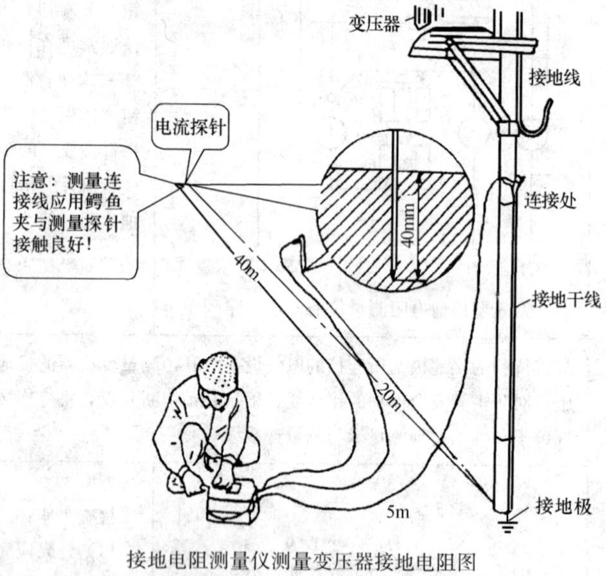 <br>接地电阻测量仪测量变压器接地电阻图 |
| 2. 测量步骤 | （1）将"倍率标度盘"置于最大倍数，慢摇发电机手柄，同时旋动"测量标度盘"，即调节电位器使检流计的指针指于中心线零位上。当检流计的指针接近平衡时，加快发电机手柄的转速，使其达到额定转速 120r/min，调整"测量标度盘"，使指针稳定指于中心线零位上。这时接地电阻＝倍率×测量标度盘读数<br>（2）若"测量标度盘"的读数小于 1，应将"倍率标度盘"置于较小的倍数，再重新进行测量<br>（3）当用 0～1～10～100Ω 规格的仪表测量小于 1Ω 的接地电阻时，宜使用四端钮接地电阻测量仪进行测量，以消除接线电阻和接触电阻的影响。测量时应将 C2、P2 间的连片打开，分别用导线连接到被测接地体上，并将端钮 P2 接在靠近接地体一侧 |

| 项　目 | 说　　明 |
|---|---|
| 3. 注意事项 | （1）不准带电测量接地装置的接地电阻<br>（2）当测量电气设备接地保护的接地电阻时，一定要将被保护的电气设备断开，否则会影响测量的准确性<br>（3）当接地极 E 和电流探针 C 之间的距离大于 20m 时，电位探针 P 应插在离开 E 和 C 连线几米以外的地方；小于 20m 时，则应将电位探针 P 插在 E、C 的中间<br>（4）易燃易爆场所和有瓦斯爆炸危险的场所，不得使用普通接地电阻表，必须使用安全火花型接地电阻表<br>（5）测试线不应与高压架空线或地下金属管道平行，以防影响准确度<br>（6）雷雨季节，特别是阴雨天气不得测量避雷接地装置的接地电阻 |

常见接地电阻的最低合格值见表 3-22。

表 3-22　　　　　　　　　　　常见接地电阻的最低合格值

| 序　号 | 被测对象 | 接地电阻值最低合格值（Ω） |
|---|---|---|
| 1 | 1kV 以下电力设备（包括变压器） | 不大于 4（总容量≥100kV·A） |
| | | 可大于 4 但不大于 10（总容量＜100kV·A） |
| 2 | 独立避雷针 | 不大于 10 |
| 3 | 避雷器 | 不大于 5 |
| 4 | 低压进户线绝缘子铁脚 | 不大于 30 |

如配电变压器低压侧中性点工作接地，接地电阻一般不应大于 4Ω，但当配电变压器容量不大于 100kV·A 时，接地电阻可不大于 10Ω。

2．具体实训步骤与要求

（1）将一台三相笼型异步电动机接线盒拆开。取下所有接线桩之间的连接片，使三相绕组 U1、U2；V1、V2；W1、W2 各自独立。用兆欧表测量三相绕组之间，各相绕组与机座之间的绝缘电阻，将测量结果记入表 3-23 中。

表 3-23　　　　　　　　　　　电动机绕组绝缘电阻的测量值

| 电动机额定值 | | | | 兆欧表 | | 绝缘电阻（MΩ） | | | | | |
|---|---|---|---|---|---|---|---|---|---|---|---|
| 型　号 | 功率（kW） | 电流（A） | 电压（V） | 接　法 | 型　号 | 规　格 | U—V之间 | U—W之间 | V—W之间 | U相对地 | V相对地 | W相对地 |

（2）按电动机铭牌规定，恢复有关接线桩之间的连接片，使三相绕组按出厂要求连接，并将其接入三相交流电路，通电运行，用钳形电流表测量起动电流和转速达额定值后的空载电流，并将测量结果记入表 3-24 中。

（3）人为断开一相电源（如取下某一相熔断器），用钳形电流表测量缺相运行电流（检测时间尽量短），测量完毕立即关断电源并将测量结果记入表 3-24 中。

（4）按表 3-21 所示方法用接地电阻测量仪测量某变压器接地电阻值，并将有关数据记入表 3-25 中。

**表 3-24**　　　　　　　　　　电动机起动电流和空载电流的测量　　　　　　　　　　（单位 A）

| 钳形电流表 | | 起动电流 | | 空载电流 | | 缺相运行电流 | | |
|---|---|---|---|---|---|---|---|---|
| 型　号 | 规　格 | 数　量 | 读　数 | 量　程 | 读　数 | 量　程 | 读　数 | | |
| | | | | | | | U 相 | V 相 | W 相 |
| | | | | | | | | | |

**表 3-25**　　　　　　　　接地电阻测量仪测量变压器接地电阻测量记录

| 接地装 置名称 | 接地电阻测量仪 | | 探针间距 | | | 探针入地深度（cm） | | 接地电阻值 （Ω） |
|---|---|---|---|---|---|---|---|---|
| | 型　号 | 量　程 | E—P 间 | P—C 间 | E—C 间 | P | C | |
| | | | | | | | | |

# 第五节　直流电桥使用技能训练

## 一、实训目的
学会使用单、双臂直流电桥测低阻值电阻。

## 二、工具、设备与材料
螺丝刀（一字形和十字形各一把）、钢丝钳、直流单臂电桥、直流双臂电桥、3kW 左右的三相电动机一台。

## 三、实训步骤与要求
1. 直流电桥基本知识的准备

（1）直流单臂电桥基本知识的准备见表 3-26。

**表 3-26**　　　　　　　　　　　直流单臂电桥的基本知识

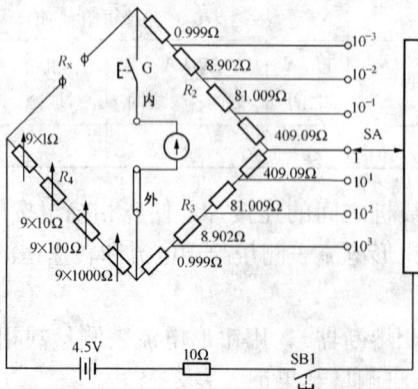

| 项　目 | 说　明 |
|---|---|
| 1. 作用 | （1）作用：直流单臂电桥又称惠斯登电桥，可以测量 $1 \sim 10^6 \Omega$ 的中值电阻，是一种具有高灵敏度、高准确度的比较式测量仪表。<br>（2）实际应用：<br>1）测量变压器绕组连同套管一起的直流电阻（10Ω 以上）；<br>2）检查变压器内部导线和引线焊接质量、检查绕组内部有无断线或短路等故障；<br>3）电压互感器 TV 大修后，通过测量一次绕组的直流电阻（数百到数千欧之间），判断 TV 一次绕组发生断线或接触不良等故障 |
| 2. 示意图 | <br>图（a）QJ23 型直流单臂电桥原理电路图　　　图（b）QJ23 型直流单臂电桥面板图<br>1—倍率旋钮；2—比较臂读数；3—检流计 |

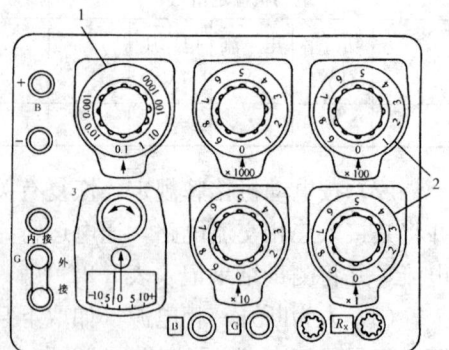

| 项　目 | 说　　　明 |
|---|---|
| 3. 组成 | （1）内部结构：QJ23 型电桥的比率臂 $R_2$、$R_3$ 由 8 个电阻构成，组成 7 个不同的固定比率，分别是 ×0.001、×0.01、×0.1、×1.0、×10、×100、×1000，标示于面板左上方的读数盘上；比较臂 $R_4$ 由 4 个可调电阻箱串联组成，4 个电阻箱分别由 9 个 1Ω、9 个 10Ω、9 个 100Ω、9 个 1000Ω 的电阻组成，它们示于面板右上方的读数盘上，比较臂 $R_4$ 的阻值由这 4 个读数盘所示的阻值相加得到，其阻值范围是 0～9999Ω<br><br>（2）外部结构：QJ23 型直流单臂电桥可用内附检流计，也可外接检流计，在面板的左下方有三个接线柱，如果用内附检流计，只要把接线柱上的金属片将下面两个接线柱短接即可；若用外接检流计，则用金属片将上面两个接线柱短接，并将外接检流计接在下面两个接线柱上即可。检流计上还有锁扣，可将可动部分锁住，以免搬动时损坏悬丝<br><br>电桥的面板中下方有两个按钮开关，其中"B"是电源支路开关，"G"是检流计支路开关，被测电阻接在面板右下方标有"$R_x$"的接线柱之间。电桥内还附有电源，需装入三节 1 号电池，若有需要时（如测量大电阻），也可外接电源，外接电源接在面板左上方标有"＋"、"－"符号的接线柱上 |
| 4. 工作原理 | 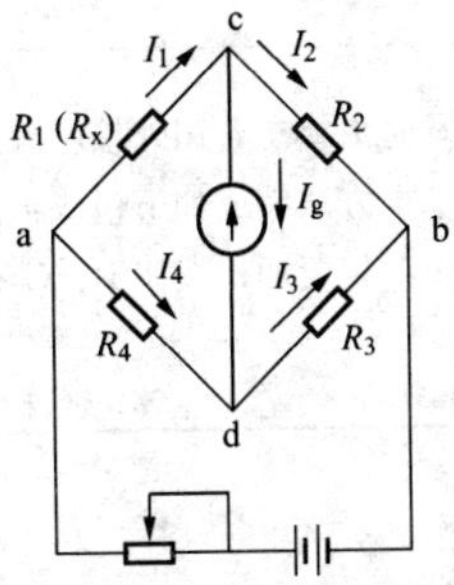 <br>图（a）直流单臂电桥原理电路图 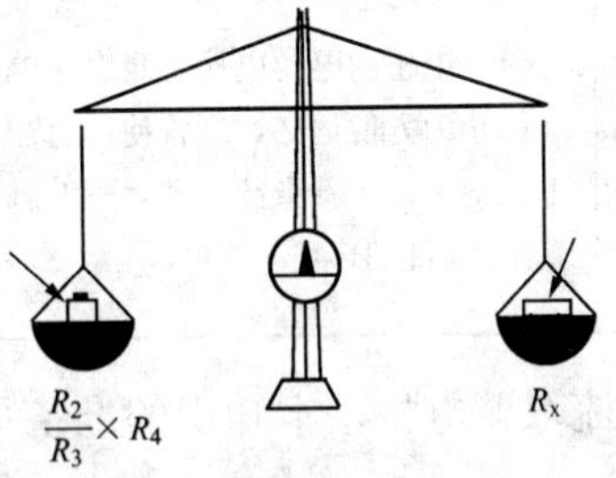　　　图（b）天平<br><br>直流单臂电桥的原理电路如图（a）所示。被测电阻 $R_x$ 和标准电阻 $R_2$、$R_3$、$R_4$ 组成一个电桥电路。接通电源后，调节电阻 $R_2$、$R_3$、$R_4$ 使检流计指示为零，则此时电桥 c、d 两点电位相等，即 $U_{cd}$＝0、$I_g$＝0，这种状态就像天平一样，故称为电桥平衡，电桥平衡时，有如下关系成立：<br><br>被测电阻<br><br>$$R_x = \frac{R_2}{R_3} \times R_4$$<br><br>被测电阻 $R_x$ 的大小与电源电压无关<br><br>通常将 $R_2$、$R_3$ 称为比率臂电阻，将 $R_4$ 称为比较臂电阻。由于是根据 $I_g$＝0 得出的，所以必须采用高灵敏度的检流计，才能保证高度的平衡条件，进而保证电桥的测量精度 |
| 5. 使用方法 | （1）先打开检流计锁扣，再调节调零旋钮，使指针调到零位<br>（2）用短而粗的铜导线将被测电阻接到标有"$R_x$"的两个接线柱之间<br>（3）根据被测电阻的近似值（如果不知道被测电阻值的大小，可先用万用表粗测一下），选择合适的比率臂倍率。选择比率臂倍率的基本原则是比较臂的 4 个电阻要全部用上，以确保测量结果有 4 位有效数字。例如：某变压器厂生产的容量为 50kV·A，电压比为 10000V/400V 的 S9 型三相变压器，三相高压绕组直流电阻在 25℃ 下的出厂数据为：$R_{uv}$＝31.32Ω、$R_{vw}$＝29.64Ω、$R_{wu}$＝27.91Ω。如果用直流单臂电桥测量其电阻，则应选择 0.01 的倍率挡。其余依此类推。这样不仅可提高测量的精度，还可避免因电桥处于极不平衡状态而打弯指针，甚至损坏检流计<br>（4）测量时，先按下电源按钮"B"并锁住，再按下检流计按钮"G"，根据检流计指针偏转方向和速度，加大或减少比较臂电阻：若指针向正方向偏转，应加大比较臂电阻；若指针向反方向偏转，应减少比较臂电阻。通过反复调节使电桥达到平衡，此时可读取比较臂的电阻值，于是被测电阻 $R_x$＝倍率×比较臂的读数 |

| 项　目 | 说　　明 |
|---|---|
| 5. 使用方法 | 例如：倍率为 0.01，电桥平衡时比较臂的读数为 2791，则被测电阻的大小为<br>$$R_x=0.01\times2791=27.91\Omega$$<br>　（5）在调节电桥平衡的过程中，如果电桥未接近平衡，只能调节一次比较臂电阻，然后再短时按下一次 "G" 按钮。只有当指针偏转较小时，才可锁住 "G" 按钮，继续调节比较臂电阻直至电桥平衡<br>　（6）测量变压器、电动机等电感性设备的线圈电阻时，必须先切断电源以及与其相连的所有回路。测量时，按下电源按钮 "B" 后要稍等充电数分钟后，再按检流计按钮 "G"<br>　（7）测量结束，应先松开 "G" 按钮，再松开 "B" 按钮。否则，在测量具有较大电感的电阻时，可能因突然断开电源而在电感线圈上产生很大的自感电势，损坏检流计<br>　（8）断开电桥电源后，拆除被测电阻，将各比较臂旋钮置于零，并将检流计金属片从 "外接" 换到 "内接"，锁住检流计，以免搬动时震坏悬丝<br>　（9）电桥不用时，应将电桥放置在清洁、干燥、避免阳光直射的地方，并定期清洁仪器的各零部件，注意防潮除尘，保证桥臂和各接触点接触良好 |
| 6. 注意事项 | 　（1）电桥内电池电压不足会影响灵敏度，应及时更换。若用外接电源要注意极性及电压要符合要求<br>　（2）为方便记忆，现将使用直流单臂电桥的基本方法编成如下口诀：测中阻用单桥，四个较臂齐用上；调平衡，看指针，越 "—" 越要减，越 "+" 越要加；按钮 B、G 有次序，开始测量 B 在前，测量结束后松 B |

（2）直流双臂电桥基本知识的准备见表 3-27。

表 3-27　　　　　　　　　　　　直流双臂电桥的基本知识

| 项　目 | 说　　明 |
|---|---|
| 1. 作用 | 　（1）作用：直流双臂电桥是一种专门测量小电阻的便携式仪器，其测量范围是 $10^{-6}\sim10\Omega$<br>　（2）实际应用<br>　1）测量变压器绕组连同套管一起的直流电阻（$10^{-6}\sim10\Omega$）<br>　2）检查变压器内部导线和引线焊接质量、检查绕组内部有无断线或短路等故障<br>　3）电压互感器 TV 大修后，通过测量一次绕组的直流电阻（数百到数千欧之间），判断 TV 一次绕组发生断线或接触不良等故障 |
| 2. 示意图 | <br>图（a）QJ44 直流双臂电桥原理电路图　　图（b）QJ44 直流双臂电桥面板图 |

续表

| 项　目 | 说　明 |
|---|---|
| 3. 组成 | (1) 内部结构：该电桥共有×0.01、×0.1、×1.0、×10、×100 五个固定的倍率，由面板左下方的机械联动转换开关 S 进行倍率的转换，以保持 $\dfrac{R_1'}{R_1}=\dfrac{R_2'}{R_2}$。比较盘标准电阻 $R_n$ 由两部分构成：一部分是步进式的，叫步进盘，其阻值范围为 $0.1\sim1.0\Omega$；另一部分是滑线式的，叫滑线盘，其阻值范围为 $0.001\sim0.01\Omega$<br><br>(2) 外部结构：面板的右上方的端钮"GB"为外接电源，当右方上端开关置于"外"时，电桥就用外接电源；置于"内"时，电桥就用内接电源。左下方两个端钮"GB"、"G"分别是电源、检流计的开关按钮，检流计有调零旋钮，用来调节指针至零位；C1、P1、C2、P2 是被测电阻的连接端钮<br><br>测量时，先估计被测电阻的大小，然后选择适当的倍率，调节标准电阻，即调节步进盘和滑线盘，使检流计指示为零，此时电桥平衡，被测电阻为：$R_x=$倍率读数×标准电阻读数 |
| 4. 工作原理 | <br>直流双臂电桥的原理电路图<br><br>通过电路分析，可得直流双臂电桥的平衡条件为 $R_xR_1=R_nR_2$，由此可见，被测电阻 $R_x$ 仅由桥臂电阻 $R_1$、$R_2$ 及标准电阻 $R_n$ 决定，与粗导线的电阻 $r$ 无关 |
| 5. 使用方法和注意事项 | (1) 双臂电桥属精密仪器，故在使用时要特别细心，仔细阅读面板上的说明书，并严格遵守操作程序。当被测电阻没有专门的电位端钮和电流端钮时，也要设法引出四根线和双臂电桥相连接，连接导线应尽量用短线和粗线，接头要接牢，且不要彼此绞在一起<br><br>(2) 被测电阻的电流端钮和电位端钮应与双臂电桥的对应端钮正确连接，注意 P1、P2 所接导线应靠近被测电阻。不允许将电流端钮和电位端钮接于同一点，否则会造成测量误差<br><br>(3) 通电前，根据粗测或估计电阻值设置好倍率臂和步进旋钮，使用时不得随意扭动<br><br>(4) 所选用的标准电阻 $R_n$ 应尽量与被测电阻 $R_x$ 相接近，最好在同一个数量级，以选择 $0.1R_x<R_n<10R_x$ 为准<br><br>(5) 测量时若用外附电源，可适当地提高电源电压，以提高灵敏度<br><br>(6) 双桥比单桥工作电流大，测量时动作应尽量迅速，测量时间尽量短，以免消耗电桥电池较快和影响测量准确度 |

2. 具体实训步骤与要求

(1) 在三相电动机绕组接线盒中将三相绕组首、尾端连接片全部拆去，使三相绕组各自独立。

（2）分别开启单、双臂电桥，做好测量准备。

（3）分别用单、双臂电桥测量电动机三相绕组的直流电阻并将其结果计入表 3-28 中。

表 3-28　　　　　　　　　　　直 流 电 桥 测 试 电 阻

| 测量数据 ╲ 相绕组<br>电桥种类 | U1～U2 间 | V1～V2 间 | W1～W2 间 |
|---|---|---|---|
| 单臂电桥 | | | |
| 双臂电桥 | | | |
| 测量误差 | | | |

## 第六节　电能表安装技能训练

**一、实训目的**

（1）学会进行单相电能表、三相电能计量装置的安装、接线。

（2）掌握三相电能计量装置的安装工艺及要求。

**二、工具、设备与材料**

单相电能表、三相四线有功电能表各一块；联合接线盒一只；低压电流互感器 3 只；单相电能计量箱（或木制配电板）、三相电能计量箱各一只；二次导线（黄、绿、红等颜色）若干米；一字螺丝刀、十字螺丝刀、剥线钳、尖嘴钳等常用电工工具一套、万用表 1 块、电钻 1 把。

**三、实训步骤与要求**

1. 电能表基本知识准备

（1）电能表基本知识见表 3-29。

表 3-29　　　　　　　　　　电 能 表 基 本 知 识

| 项　　目 | 说　　　　　明 |
|---|---|
| 1. 作用 | 作用：用来计量电能的装置 |
| 2. 分类 | 常用电能表为交流电能表。<br>（1）按相线分为：单相电能表、三相三线电能表和三相四线电能表<br>（2）按工作原理分为：机械式电能表和电子式电能表。其中最常用的机械式电能表为感应型电能表。电子式电能表又可分为全电子式电能表和机电式电能表<br>（3）用途分为：有功电能表、无功电能表、最大需量电能表、复费率分时电能表、预付费电能表、损耗电能表和多功能电能表等<br>（4）按准确度等级分为：0.1、0.2、0.5、1.0、2.0、3.0 级等。其中 0.2、0.5、1.0、2.0、3.0 级为普通安装式电能表 |

续表

| 项　目 | 说　明 |
|---|---|
| 3. 铭牌标志及说明 | 　单相电能表铭牌<br><br>（1）型号：类别代号＋组别代号＋设计序号，例 DD—表示单相电能表，；DS—表示三相三线有功电能表；DT—表示三相四线有功电能表型；DX—表示无功电能表<br>（2）②表示该电能表的准确度等级为 2.0，即其基本误差在±2%范围内<br>（3）电能的计量单位用"kW·h"，读"千瓦时"；无功电能单位为"kvar·h"<br>（4）基本电流和额定最大电流，如 10(40)A，即为电能表的基本电流值为 10A，额定最大电流值为 40A<br>（5）额定电压：单相电能表 220V，三相三线电能表以相数乘以线电压表示，如 3×380V；三相四线表则以相数乘以线电压/相电压，如 3×380/220V<br>（6）电能表常数：是电能表记录的电能和相应的转数（r）或脉冲数（imp）之间关系的常数。如 720r/kW·h |
| 4. 感应式电能表的结构 | （1）组成：一般由驱动元件、转动元件、制动元件、基架、轴承、计度器、铭牌、端钮盒及表壳等构成<br>（2）主要部件及作用<br>1）驱动元件　用来产生转动力矩，由电流元件和电压元件组成<br>2）转动元件　由铝制圆盘和固定铝盘的转轴构成，转轴支承在上下轴承中<br>3）制动元件　用来在铝盘转动时产生制动力矩，使铝盘转速能和被测的功率成正比，以便用铝盘的转数来反映电能的大小。制动元件是永久磁铁<br>4）积算机构（计度器）　用来计算铝盘的转数，以便达到累计电能的目的 |
| 5. 工作原理 | 当电能表电压线圈两端加额定电压，电流线圈中流过负载电流时，电压、电流元件就分别产生磁通并在不同位置穿过铝盘，各自在铝盘中产生涡流。每个涡流都处在另一个磁通的磁场中，由于涡流和磁场相互作用，就产生了推动铝盘转动的电磁力而使铝盘转动起来<br>为了产生制动力矩，在电能表中装设了永久磁铁作为制动元件。当永久磁铁的磁通穿过铝盘时，由于铝盘转动时切割该磁通而产生涡流，该涡流和永久磁铁的磁场相互作用而产生转矩，该转矩方向总是与驱动力矩的方向相反，与驱动力矩大小相等，从而使铝盘在负载功率一定时，其转速正比于负载的电能。通过积算机构（计度器）计算铝盘的转数，便达到累计电能的目的 |

（2）电能计量装置的安装步骤及要求见表 3-30。

**表 3-30**                                    **电能计量装置的安装**

| 项　目 | 内　容 |
|---|---|
| 1. 安装<br>要求 | (1) 电能表箱应安装在配电板上，电能表安装时应垂直于地面<br>(2) 配电板一般应采用干燥而坚固的木材制成，其正面及边缘均应涂漆，板厚在 20mm 以上<br>(3) 配电板的大小，要根据不同的电能表箱以及开关等电气元件所需面积确定<br>(4) 配电板或配电箱可明装或暗装，条件许可时可尽量暗装。安装时，配电板或配电箱的底柜在土建施工中预埋入墙内，面框在土建装饰结束后配置<br>(5) 装设在墙上的配电板，应安装牢固可靠，其装设高度，通常以表箱下沿距地 1.8m 左右为宜 |
| 2. 低压用户总开关的选择 | 低压用户配电装置中的总开关，应根据用电负荷的性质及容量大小，分别选用不同形式的开关，选择的根据是<br>(1) 照明与电热容量在 2kW 及以下时，总开关可采用瓷底胶盖闸刀开关，不需另加熔断器<br>(2) 照明与电热容量在 2～5kW、电力总容量在 15kW 及以下时，总开关也可采用瓷底胶盖闸刀开关，但应将开关内的熔丝部分短接（直接接通），另行加装熔断器<br>(3) 电力容量在 15kW 以上时，总开关应采用铁壳开关或低压断路器 |
| 3. 配电板（配电箱）的安装工艺 | （1）配电板的安装示意图<br><br><br>图（a）小容量配电板 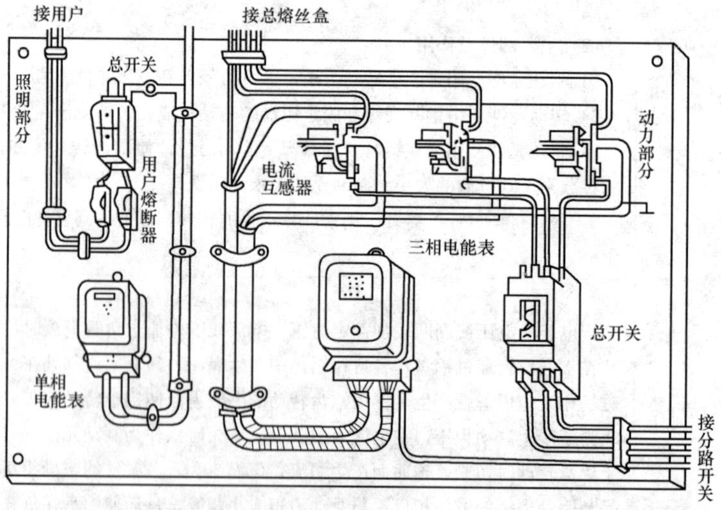<br><br><br>图（b）大容量配电板<br>　安装说明：电能表箱、配电板通常由进户总熔丝盒、电能表和电流互感器等部分组成。一般将总熔丝盒装在进户管的墙上，而将电流互感器、电能表、控制开关、过载及短路保护电器均安装在同一块配电板上，如图（a）、（b）所示 |

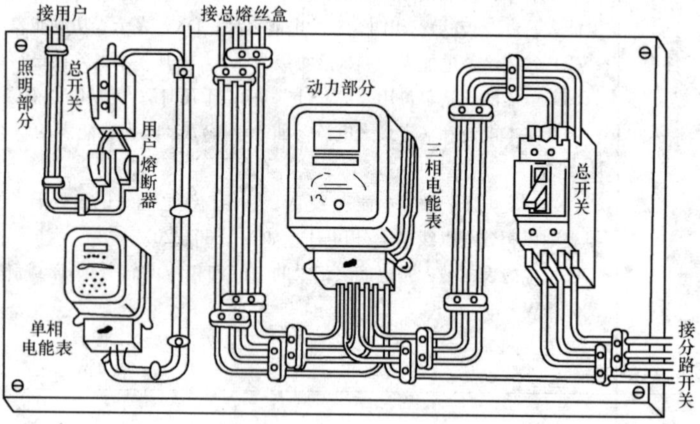

| 项　目 | 内　容 |
|---|---|
| 3. 配电板（配电箱）的安装工艺 | |
| （2）总熔丝盒的安装 | （1）常用的总熔丝盒分类：分为铁皮盒式和铸铁壳式，铁皮盒式分1~4型4个规格，1型最大，盒内能装三只200A熔断器；4型最小，盒内能装三只10A或一只30A熔断器及一只接线桥。铸铁壳式分10、30、60、100、200A五个规格，每只均只能单独装一只熔断器<br><br>（2）安装要求：总熔丝盒能够防止下级电力线路的故障蔓延到前级配电干线上而造成更大区域停电的作用<br><br>1）总熔丝盒应安装在进户管的户内侧。安装方法如图（c）所示<br><br>2）总熔丝盒必须安装在实心木板上（或配电箱的低座上），木板表面及四沿必须涂以防火漆。安装时，1型铁皮盒式和200A铸铁壳式的木板，应用穿墙螺栓或膨胀螺栓固定在建筑墙面上。其余各型熔丝盒的木板，用木螺钉来固定<br><br>3）总熔丝盒内熔断器的上接线桩，应分别与进户线的电源相线连接，接线桥的上接线桩应与进户线的电源中性线连接<br><br>4）总熔丝盒后若安装多只电能表，则在每只电能表前分别安装分总熔丝盒 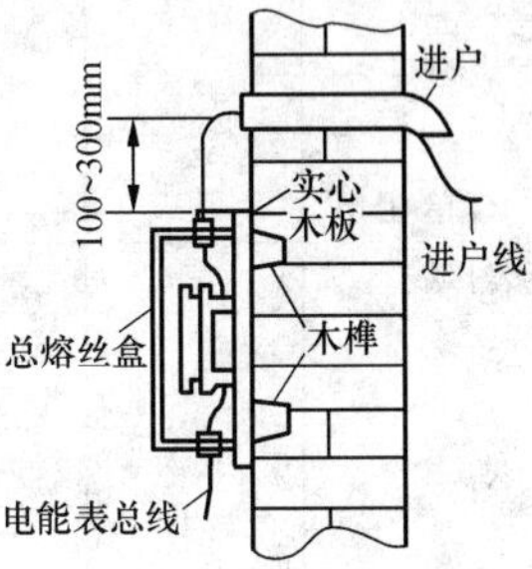<br><br><br>图（c）总熔丝盒的安装 |
| （3）TA的安装 | 1）电流互感器的二次侧标有"K1"的接线桩要与电能表电流线圈的进线桩连接，标有"K2"的接线桩要与电能表的出线桩连接，不可接反，电流互感器的一次侧标有"L1"的接线桩应接电源进线；标有"L2"的接线桩应接出线。接线如图（d）、（e）所示。<br><br>2）电流互感器的二次侧标有"K2"的接线桩、外壳和铁芯都必须可靠接地<br><br>3）电流互感器应装在电能表的上方。 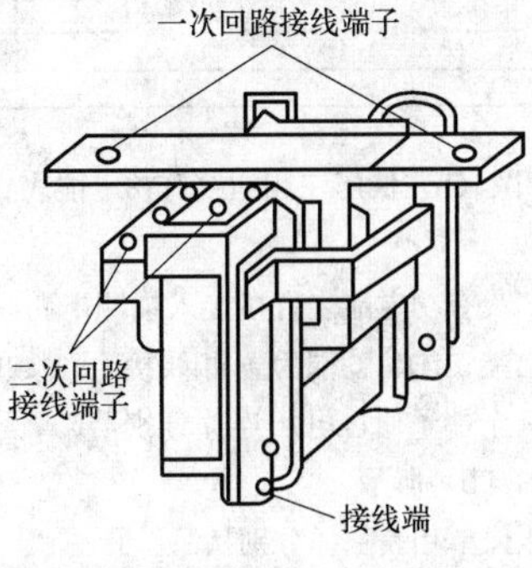<br><br><br>图（d）TA外形图 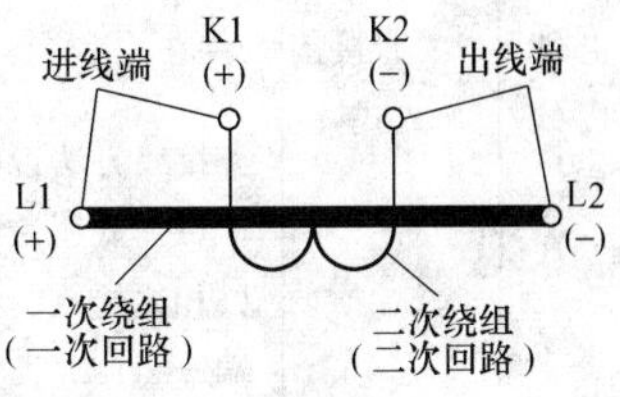　　　图（e）TA原理符号图 |

| 项　目 | 内　容 | |
|---|---|---|
| 4. 单相电能表接线 | (1) 直接接入式 | 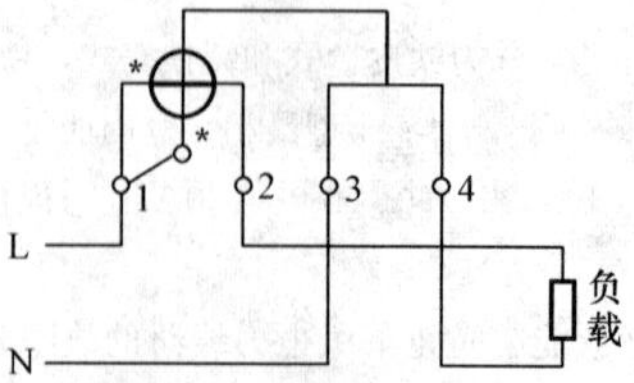 <br>图 (f) 单相电能表"一进一出"式接线 | 接线方法说明：是将电源的相线（俗称火线）接入接线盒第1孔接线端子上，出线接在接线盒第2孔接线端子上；电源的中性线（俗称零线）接入接线盒的第3孔接线端子上，其出线接在接线盒的第4孔接线端子上，如图 (f) 所示 |
| | (2) 经 TA 接入式 | 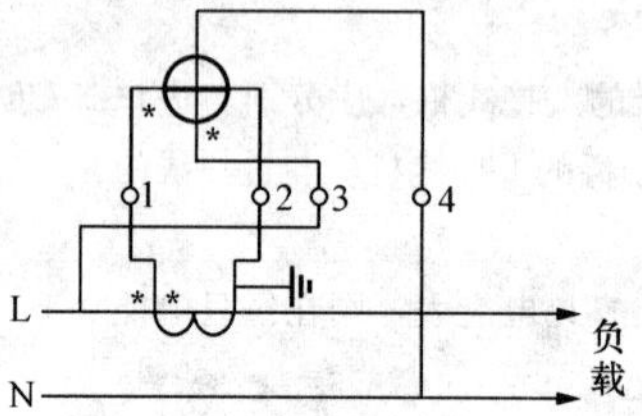 <br>图 (g) 单相电能表经 TA 接入式接线 | 接线方法说明：如图 (g) 所示为单相电能表经电流互感器接入式接线。该种接线方式一般用于台区总表计量装置，每相安装一个 1.5 (6) A 的单相表加一个电流互感器 |
| 5. 三相四线有功电能表常用接线方式 | (1) 直接接入式 | 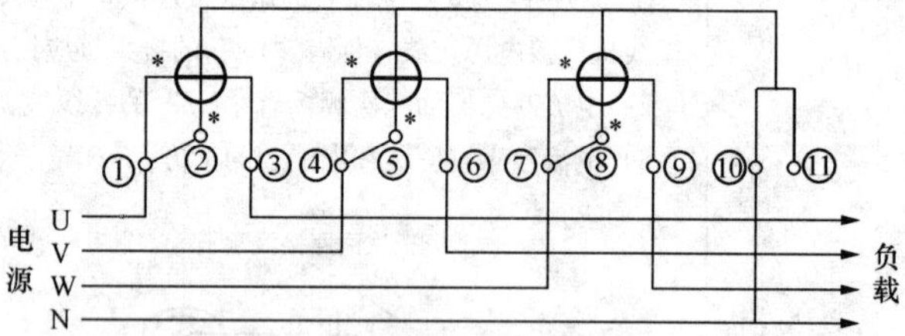 <br>图 (h) 低压三相四线有功电能表直接接入式标准接线<br><br>接线方法说明：<br>(1) 低压三相四线有功电能表直接接入被测电路时，有 10 个接线端，其中①、③端为 U 相线接入、接出端；④、⑥端为 V 相线接入、接出端；⑦、⑨端为 W 相线接入、接出端。②、⑤、⑧ 3 个端子通过电压连片分别与①、④、⑦端相连接，⑩端通过导线与中性线相连接，如图 (h) 所示<br>(2) 中性线不能像单相表一样分别从⑩、⑪端"一进一出"。因为该中性线在任何情况下不能断开。不得误将相线接入⑩或⑪端，否则电能表将承受线电压而损坏 | |

| 项　目 | | 内　容 |
|---|---|---|
| 5. 三相四线有功电能表常用接线方式 | (2) 经电流互感器接入式 | 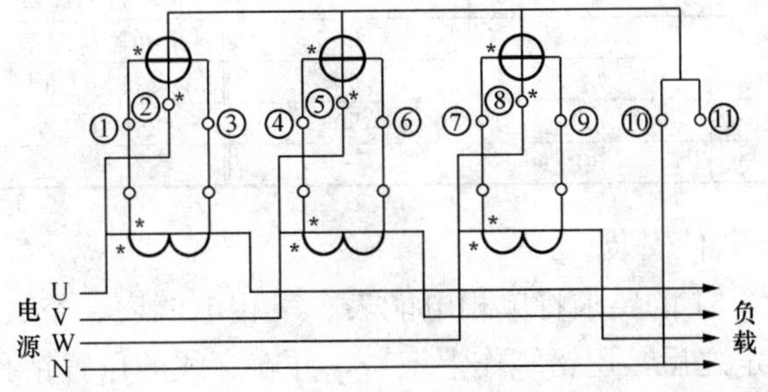 图 (i) 低压三相四线有功电能表经 TA 接，电压、电流线分开接线方式<br><br>接线方法说明：(1) 低压三相四线有功电能表经电流互感器接入被测电路时，有 10 个接线端，其中①、④、⑦端分别连接 U、V、W 相电流互感器二次侧极性端，③、⑥、⑨端分别连接 U、V、W 相电流互感器二次侧非极性端。②、⑤、⑧、⑩四个端子通过导线分别与 U、V、W 相线及中性线相连接，如图 (i) 所示<br>　(2) 中性线不能像单相表一样分别从⑩、11 端"一进一出"。因为该中性线在任何情况下不能断开 |
| 6. 直接接入式与经 TA、TV 接入式应用区别 | | (1) 直接接入式三相电能表常用的规格有 10、20、30、75A 和 100A 等多种，一般用于电流较小的电路上<br>　(2) 经 TA、TV 接入式三相电能表的规格为 5A，与电流互感器连接后，用于电流较大的电路上 |
| 7. 安装要求 | | (1) 周围环境应干净明亮，不易受损、受震，无磁场及烟灰影响<br>　(2) 运行安全可靠，抄表读数、校验、检查、轮换方便<br>　(3) 电能表原则上装于室外的走廊、过道内及公共的楼梯间，或装于专用配电间内。高层住宅一户一表，宜集中安装于二楼及以下的公共楼梯间内<br>　(4) 高供低计的用户，计量点到变压器低压侧的电气距离不宜超过 20m<br>　(5) 电能表的安装高度，对计量屏，应使电能表水平中心线距地面在 0.6～1.8m 的范围内；对安装于墙壁的计量箱宜为 1.6～2.0m 的范围<br>　(6) 装在计量屏（箱）内及电能表板上的开关、熔断器等设备应垂直安装，上端接电源，下端接负荷。相序应一致，从左侧起排列相序为 U、V、W 或 U、V、W、N<br>　(7) 电能表应垂直安装。每只表除挂表螺丝外至少还有一只定位螺丝，应使表中心线向各方向的倾斜度不大于 1°，各导线应横平竖直，导线的转弯角应为 90°，弯线时严禁划伤导线绝缘。剪线时要量好尺寸，以免过短。线头（裸露部分）要留有足够长度。进表导线裸露部分必须全部插入接线盒内，并将端钮螺丝逐个拧紧，线小孔大时应绑扎铜丝进表孔。导线进入刀闸时，要弯一个延长弯。刀闸保险丝端头不应过长<br>　(8) 电能表总线要求：电能表总线必须采用铜芯塑料硬线，其最小截面不得小于 $2.5\text{mm}^2$，中间不准有接头；自总熔丝盒到电能表之间的沿线敷设长度，不宜超过 10m<br>　(9) 电能表总线敷设方式。电能表总线必须明线敷设，采用线管安装时，线管也必须明装；在进入电能表时，一般按"左进右出"的原则接线 |

2. 具体实训步骤与要求

(1) 三相小容量配电板安装操作步骤。

1) 绘制单相、三相电能表接线的三相小容量配电板的原理接线图。

2) 绘制面板器件布置图。面板器件布置见表 3-30 中图 (a)。板面上器件之间的距离应满足表 3-31 的要求。

| 表 3-31 | | | 配电板上各器件间距离 | | （mm） |
|---|---|---|---|---|---|
| 相邻设备名称 | 上下距离 | 左右距离 | 相邻设备名称 | 上下距离 | 左右距离 |
| 仪表与线孔 | 80 | | 指示灯与设备 | 0 | 0 |
| 仪表与仪表 | | 60 | 熔断器与设备 | 0 | 0 |
| 开关与仪表 | | 60 | 设备与边板 | 0 | 0 |
| 开关与开关 | | 50 | 线孔与边板 | 0 | 0 |
| 开关与线孔 | 30 | | 线孔与线孔 | 0 | |

3）板面器件安装。

按照表 3-31 的要求将单相电能表、三相电能表、空气开关、二极胶盖闸刀、插入式熔断器位置确定之后，用铅笔作上记号，并在穿线的位置钻孔，然后用木螺栓将这些器件固定在已确定的位置上，然后按表 3-30 中图（a）接线。

4）质量检查。

a. 元器件位置是否安装正确，其倾斜度不能超过 1.5～5mm。

b. 元器件安装是否牢固，稍加用力摇晃无松动感。

c. 同类元器件安装方向是否保持一致。

d. 配线长短是否适当，线头在接线柱上压接不得压住绝缘层，压接后裸线部分不得大于 3mm。

e. 凡与有垫圈的接线柱连接，线头必须做成羊眼圈，且羊眼圈略小于垫圈。

f. 线头压接牢固，稍加用力不应有松动感。

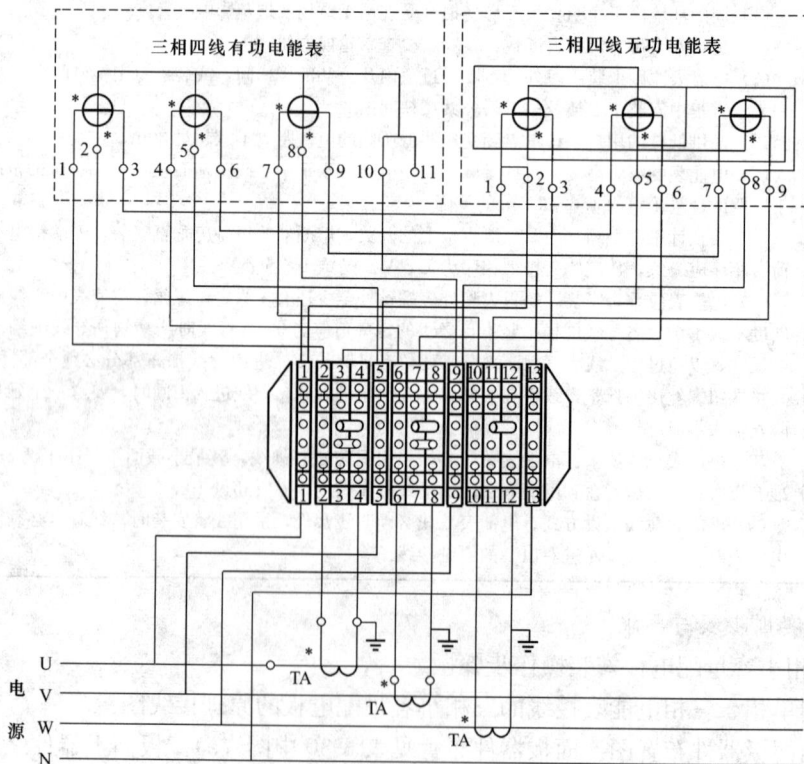

图 3-6 三相四线有功、无功电能表经 TA 接入的联合接线

g. 走线横平竖直，分布均匀。转角圆成 $90°$，弯曲部分自然圆滑，弧度全电路保持一致；转角控制在 $90°±2°$。

（2）按照图 3-6 所示接线方式，将各电能表及电流互感器装接在计量箱内。

**四、评分标准**

三相四线有功、无功电能表接线技能考试项目及评分标准见表 3-32。

表 3-32　　　　　三相四线有功、无功电能表接线技能考试项目及评分标准

| 姓名 | | 学　号 | | 班级 | | 总　分 100分 | | |
|---|---|---|---|---|---|---|---|---|
| 时间 定额 | | 实际操 作时间 | | 超时 | | 考试 日期 | | |
| 考核 项目 | 考核内容及要求 | | 配分 | 评分标准 | | 扣分 | 得分 | 备注 |
| 主 要 项 目 | 一、工具、材料准备、选用正确 | | 5 | 不正确一项扣5分 | | | | |
| | 二、开工作票、作好安全措施，戴安全帽 | | 10 | （1）没有申请开工作票扣5分 （2）不戴安全帽扣5分 | | | | |
| | 三、直观检查：表计和接线盒应符合规定 | | 10 | 少发现一个不符点扣3分 | | | | |
| | 四、安装质量要求 1. 接线正确无误 2. 导线连接牢固 3. 表计安装牢固无倾斜 4. 导线排列整齐 5. 工具使用得当 6. 操作过程安全、步骤得当 | | 60 | （1）接线错误，不得分 （2）导线连接不紧，扣5分 （3）表计倾斜超过 $3°$，扣5分 （4）表计安装不牢固，扣2分 （5）布局不合理，扣5分 （6）各连接导线未做到横平竖直，扣5分 （7）导线接头金属部分外露，一次扣5分 （8）工具使用不当，一次扣5分 （9）操作步骤不合理，一次扣5分 （10）工作中存在不安全行为，一次扣5分 | | | | |
| | 五、通电试验及加封 1. 安装完成后，经过通电试验确认安装无误 2. 加封 | | 10 | （1）无负载试验，未检查有无潜动，扣5分 （2）有负载试验，未检查表计运行情况，扣5分 （3）工作结束后没有加封，扣5分 | | | | |
| 安全文明操作 | 1. 终结工作票 2. 工作结束整理工具、材料并清理现场 | | 5 | （1）没有终结工作票扣5分 （2）不做一项扣2分 | | | | |

# 小　　结

　　本章主要对万用表、电能表的工作原理、操作、接线及使用方法进行了重点介绍，同时对电流表、电压表、钳形电流表、兆欧表、接地电阻测量仪、直流单臂电桥、直流双臂电桥等仪表进行了介绍。通过本章的学习、实训，主要要求掌握如下内容：

　　（1）电流表、电压表的接线与读数方法；

　　（2）准确使用万用表测量电阻、电压、电流等电参量；

　　（3）正确使用钳形电流表测量电路的电流；正确使用兆欧表测量绝缘电阻、接地电阻测量仪测量接地电阻；

　　（4）掌握直流单臂电桥、直流双臂电桥的作用与使用方法。

　　（5）熟练掌握三相四线有功、无功电能表接线技能。

# 思 考 与 练 习 三

　1. 按工作原理计量仪表可分为哪些种类？

　2. 在工作中应从哪几方面来选择电工仪表？

　3. 为什么电压表要与负载并联？如果接错了有什么后果？

　4. 万用表由几部分组成？各部分的作用是什么？

　5. 使用万用表测量电阻时，应注意什么问题？

　6. 使用万用表测量交、直流电压时，应注意什么问题？

　7. 使用钳形电流表时应注意什么问题？

　8. 如何测量电缆的绝缘电阻？

　9. 如何测量变压器的绝缘电阻？

　10. 试说明接地电阻测量仪测量接地电阻的方法与步骤。

　11. 各种电能表在测量电量时分别如何接线？

　12. 试说明表3-28中单相电能表铭牌中各参数表示的意义。

　13. 试说明安装电能表时的步骤。

　14. 直流双臂电桥与直流单臂电桥有什么用途？

　15. 试说明使用接地电阻测量仪测量变压器接地电阻的接线方法与步骤。

　16. 带电接表时应注意哪些安全事项？

　17. 装表接线的工艺要求怎样？

　18. 联合接线盒有什么作用？

　19. 三相四线有功、无功电能表的外部接线是否相同？为什么？

　20. 画出直接接入式单相电能表、三相四线有功电能表的接线原理图。

# 第四章

# 常用低压电器技能训练

低压电器是指工作在交流电压 1000V、直流 1200V 及以下电路中的电器。其用途是对供电、用电系统进行开关、控制、保护和调节。根据其控制对象不同，低压电器可分为配电电器和控制电器两大类。其中配电电器主要用于配电电路中，对电路及电气设备进行保护以及通断、转换电源或负载的电器，如低压断路器、熔断器和刀开关等。控制电器主要用于控制受电设备，使其达到预期工作状态的电器，如按钮、接触器、继电器等。

## 第一节　常用主令电器拆装技能训练

### 一、实训目的

(1) 熟悉按钮、行程开关的基本结构，了解各组成部分的作用；

(2) 掌握按钮、行程开关的拆卸、组装方法，并能进行简单检测；

(3) 学会用万用表检测按钮、行程开关等常用主令电器。

### 二、工具、设备与材料

钢丝钳、尖嘴钳、螺丝刀、镊子等常用电工工具 1 套，万用表 1 块、按钮 1 只、行程开关 1 只。

### 三、实训内容及步骤

1. 常用主令电器基础知识的准备

主令电器是指在电气自动控制系统中用来发出信号指令的电器。它的信号指令将通过继电器、接触器和其他电器的动作，接通和分断被控制电路，以实现对电动机和其他生产机械的远距离控制。常用的主令电器有按钮开关、行程开关、万能转换开关、主令控制器等。

(1) 常用按钮开关的基础知识见表 4-1。

表 4-1　　　　　　　　　　　　按钮开关基本知识

| 项　目 | 说　明 |
|---|---|
| 1. 图形 | 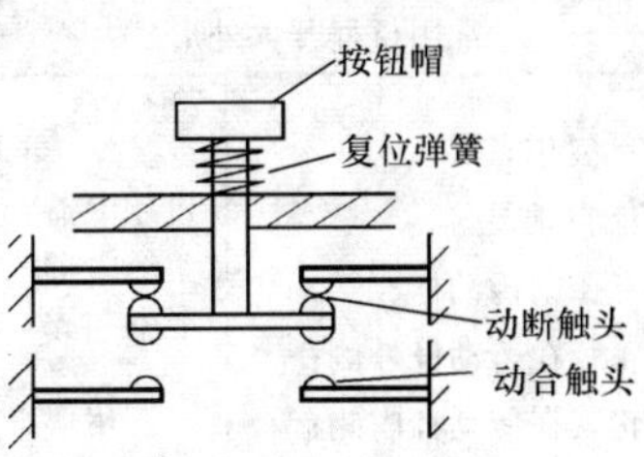 <br><br>图 (a) 结构图 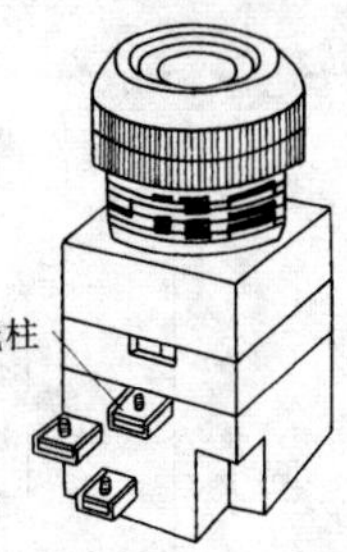　　　　　　图 (b) 外形图<br>LA19 系列按钮开关 |
| 2. 组成 | 由按钮帽、复位弹簧、动合触头、动断触头、接线柱、外壳等组成 |

| 项　目 | 说　　明 |
|---|---|
| 3. 型号含义 | L A □—□□□<br>主令电器　按钮　设计序号　结构型式　动断触头数　动合触头数<br>说明：(1) 机床上常用的有 LA2，LA10，LA18，LA19 等系列。<br>(2) 结构型式为：K—开启式；S—防水式；H—保护式；F—防腐式；J—紧急式；X—旋钮式；Y—钥匙式；D—带指示灯式（一般用红色表示停止，绿色表示起动，黄色表示干预）；DJ—紧急式带指示灯 |
| 4. 分类 | 按用途和触头结构分为停止按钮（动断按钮）、起动按钮（动合按钮）、复合按钮（动合和动断组合按钮） |
| 5. 作用 | 用来短时接通或分断小电流电路的手动控制电器，在控制电路中，通过它发出"指令"控制接触器、继电器等电器，再由它们去控制主电路的通断 |
| 6. 使用注意事项 | (1) 使用前，应检查按钮动作是否自如，弹性是否正常，触头接触是否良好可靠<br>(2) 按钮开关触头允许通过的电流一般都不超过 5A，不能直接控制主电路的通断<br>(3) 注意保持触头及导电部分的清洁，防止触头间短路或漏电 |

（2）行程开关的基础知识见表 4-2。

表 4-2　　　　　　　　　　　行程开关基本知识

| 项目 | 说　　明 |
|---|---|
| 1. 图形 | 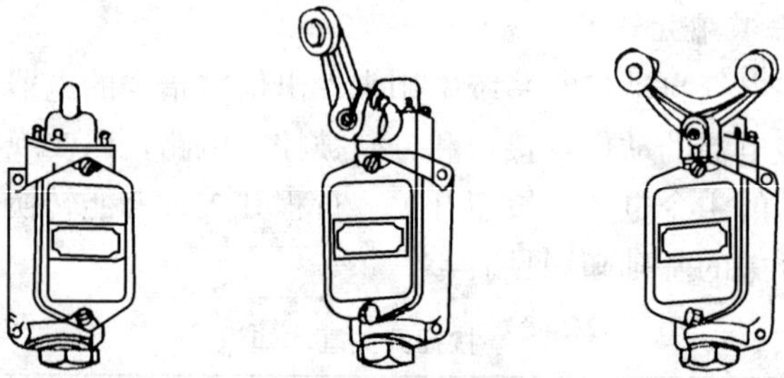 <br>图（a）按钮式　　图（b）单滚轮式　　图（c）双滚轮式<br>常用行程开关外形 |
| 2. 型号含义 | L X □—□□□<br>主令电器　行程开关　设计序号<br>1—自动复位；2—不能自动复位<br>0—仅有径向传动杆；1—滚轮装在传动杆外侧；2—滚轮装在传动杆内侧；3—滚轮装在传动杆凹槽内侧<br>0—无滚轮；1—单滚轮；2—双滚轮；3—直动无滚轮；4—直动带滚轮<br><br>J L X K 1—□□□<br>机床电器　主令电器　行程开关　快速　设计序号<br>动断触头数　动合触头数<br>1—单滚轮；2—双滚轮；3—直动，无滚轮；4—直动，带滚轮 |
| | 常用的行程开关有 LX19 系列和 JLXK1 系列 |

| 项目 | 说　　明 |
|---|---|
| 3. JLXK1 系列 行程 开关 | 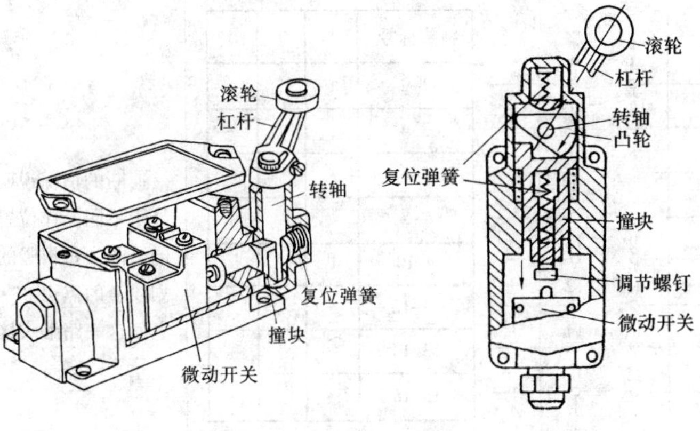 <br>图（a）结构图　　　　图（b）动作原理图<br>JLXK1 系列行程开关的结构和动作原理图 |
|  | 动作原理说明：当生产机械挡铁碰撞行程开关滚轮时，传动杠杆连同转轴一起转动，使凸轮推动撞块，当撞块被推到一定位置时，推动微动开关快速动作，接通动合触头，分断动断触头；当滚轮上的挡铁移开后，复位弹簧使行程开关各部分恢复到动作前的位置，为下一次动作做好准备。这就是单滚轮自动恢复行程开关的动作原理。对于双滚轮行程开关，在生产机械挡铁碰撞第一只滚轮时，内部微动开关动作；当挡铁离开滚轮后不能自动复位时，必须通过挡铁碰撞第二个滚轮，才能将其复位 |
| 4. 作用 | 作用与按钮开关相同，其触头的动作不是靠手动操作，是利用生产机械某些运动部件的碰撞使其触头动作来接通或分断某些电路，从而限制机械运动的行程、位置或改变其运动状态，实现自动停车、反转或变速，达到自动控制的目的 |
| 5. 使用 注意 事项 | （1）行程开关的主要技术参数有额定电压、额定电流、触头换接时间、动作角度或工作行程、触头数量、结构形式和操作频率等<br>（2）行程开关触头允许通过的电流较小，一般不超过 5A<br>（3）选用行程开关，主要应根据被控制电路的特点、要求及生产现场条件和所需触头数量、种类等因素综合考虑 |

（3）常用万能转换开关的基础知识见表 4-3。

**表 4-3　　　　　　　　　　　万能转换开关基本知识**

| 项　目 | 说　　明 |
|---|---|
| 1. 图形 | 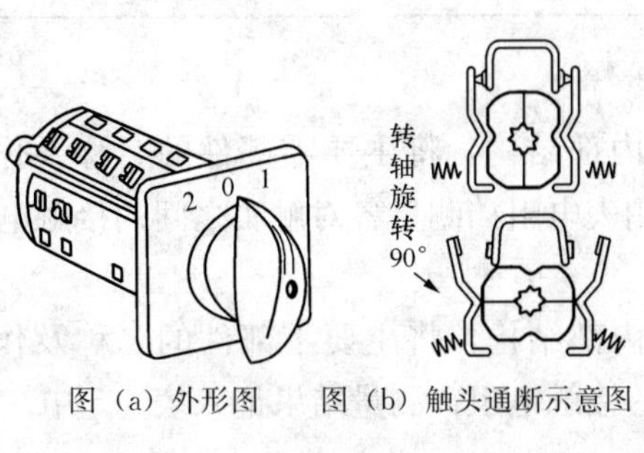 <br>图（a）外形图　　图（b）触头通断示意图 | （1）图形说明：如图（a）所示，万能转换开关由很多层触头底座叠装而成，每层触头底座内装有一对（或三对）触头和一个装在转轴上的凸轮<br>（2）操作步骤：如图（b）所示，手柄带动转轴和凸轮一起旋转，控制触头的通断 |

续表

<table>
<tr><th>项 目</th><th colspan="2">说 明</th></tr>
<tr><td>2. 凸轮控制触头通断的情况</td><td>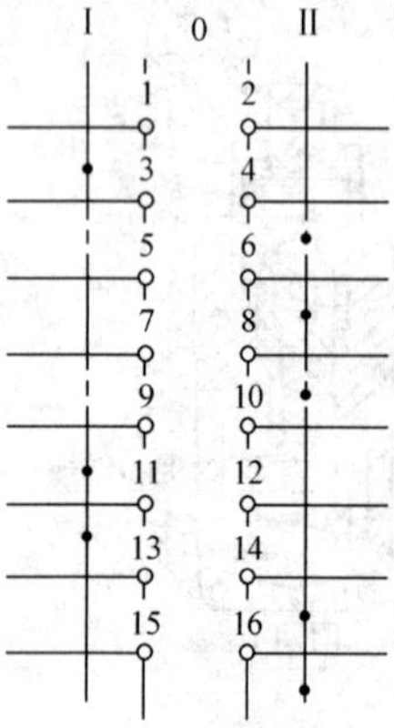

<table>
<tr><th>触头标号</th><th>I</th><th>0</th><th>II</th></tr>
<tr><td>1–2</td><td>+</td><td></td><td></td></tr>
<tr><td>3–4</td><td></td><td></td><td>+</td></tr>
<tr><td>5–6</td><td></td><td></td><td>+</td></tr>
<tr><td>7–8</td><td></td><td></td><td>+</td></tr>
<tr><td>9–10</td><td>+</td><td></td><td></td></tr>
<tr><td>11–12</td><td>+</td><td></td><td></td></tr>
<tr><td>13–14</td><td></td><td></td><td>+</td></tr>
<tr><td>15–16</td><td></td><td></td><td>+</td></tr>
</table>
图（a）符号　　图（b）触头通断表<br>万能转换开关符号及触头通断表</td><td>通断的情况说明：凸轮形状不同，当手柄处于不同操作位置时，触头的分合情况也不同。图中每根竖的点划线表示手柄位置，点划线上的黑点“·”表示手柄在该位置时，上面这一路触头接通</td></tr>
<tr><td>3. 型号含义</td><td colspan="2">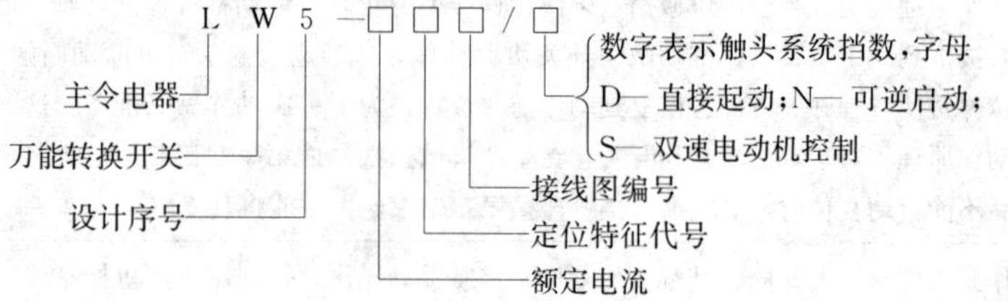

说明：常用的万能转换开关有 LW4，LW5 和 LW6 系列。LW5 系列万能转换开关的额定电压在 380V 时，额定电流为 12A；额定电压在 500V 时，额定电流为 9A。额定操作频率为每小时 120 次，机械寿命为 100 万次</td></tr>
<tr><td>4. 分类</td><td colspan="2">按用途和触头结构分为停止按钮（动断按钮）、起动按钮（动合按钮）、复合按钮（动合和动断组合按钮）</td></tr>
<tr><td>5. 作用</td><td colspan="2">用于控制多回路的主令电器，由多组相同结构的开关元件叠装而成。它可用做电压表、电流表的换相测量开关，或作为小容量电动机的起动、制动、正反转换向及双速电动机的调速控制开关。由于其触头挡数多，换接线路多，且用途广泛，故称其为万能转换开关</td></tr>
<tr><td>6. 使用注意事项</td><td colspan="2">（1）选择：主要根据用途、所需触头数和额定电流来选择<br>（2）特性参数：额定电压、额定电流、手柄形式、触头座数、触头对数、触头座排列形式、定位特征代号、手柄定位角度等</td></tr>
</table>

2. 具体实训操作内容及步骤

（1）将一个按钮开关拆开，观察其内部结构，将主要零部件的名称及作用记入表 4-4 中。然后，将按钮开关组装还原，用万用表电阻挡测量各对触头之间的接触电阻，将测量结果记入表 4-4 中。

（2）将一个行程开关拆开，观察其内部结构，将主要零部件的名称及作用记入表 4-5 中；用万用表电阻挡测量各对触头之间的接触电阻，测量结果记入表 4-5 中。然后，将行程开关组装还原。

表 4-4 按钮开关的结构及测量记录

| 型　号 | 额定电流（A） | 主要零部件 | |
|---|---|---|---|
| | | 名称 | 作用 |
| 触头数量（副） | | | |
| 动合 | 动断 | | |
| | | | |
| 触头电阻（Ω） | | | |
| 动合 | 动断 | | |
| 最大值 | 最小值 | 最大值 | 最小值 | |
| | | | | |

注　动合触头的电阻在按钮受压时测量。

表 4-5 行程开关的结构及测量记录

| 型　号 | 类型 | 主要零部件 | |
|---|---|---|---|
| | | 名称 | 作用 |
| 触头数量（副） | | | |
| 动合 | 动断 | | |
| | | | |
| 触头电阻（Ω） | | | |
| 动合 | 动断 | | |
| 最大值 | 最小值 | 最大值 | 最小值 | |
| | | | | |

注　动合触头的电阻在按钮受压时测量。

实训所用时间：　　　　　参加实训者（签字）：　　　　　　　　实训日期：

# 第二节　常用开关电器的观察与拆装技能训练

## 一、实训目的
（1）熟悉常用开关类电器的基本结构，了解各组成部分的作用；
（2）掌握常用开关类电器的拆卸、组装方法，并能进行简单检测；
（3）学会用万用表、兆欧表等常用电工仪表检测开关类电器。

## 二、工具、设备与材料
常用电工工具 1 套，万用表 1 块、兆欧表 1 块、胶盖闸刀开关 1 只、铁壳开关 1 只、自动开关 1 只。

## 三、实训内容及步骤
1. 常用开关电器基础知识的准备
常用的低压开关类电器包括闸刀开关、转换开关、自动开关三类。
（1）闸刀开关的基础知识。
1）常用闸刀开关的基础知识见表 4-6。

表 4-6　　　　　　　　　　　　　　闸刀开关基本知识

| 项　目 | 说　　明 | |
|---|---|---|
| 1. 图形及型号 | 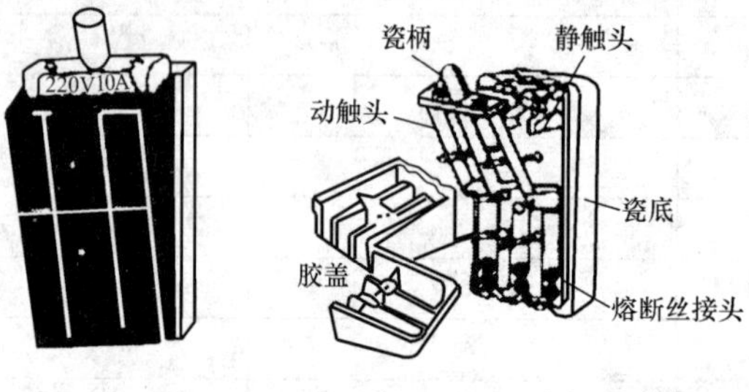 <br>(a)　　　　　　　　　　　(b)<br>胶盖闸刀开关 | 图形说明：胶盖闸刀开关又称为开启式负荷开关，广泛用做照明电路和小容量（5.5kW及以下）动力电路不频繁起动的控制开关，其外形及结构如图所示。图（a）为二极外形，图（b）为三极结构 |
| | | 常用胶盖闸刀开关有 HK 系列，胶盖闸刀开关具有结构简单、价格低廉及安装、使用、维修方便的优点 |
| | 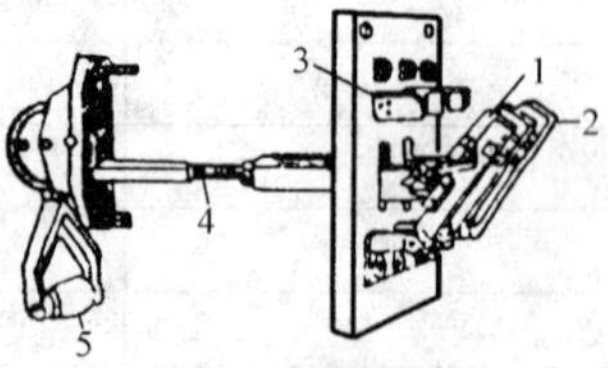 <br>带连杆操纵的闸刀开关<br>1—速断刀片；2—主刀片；3—夹座；4—连杆；5—手柄 | 闸刀开关按操作方式分为直接手柄操作和连杆操纵型；图中所示为连杆操纵的闸刀开关结构。连杆操纵的作用，一是安全，二是省力 |
| | 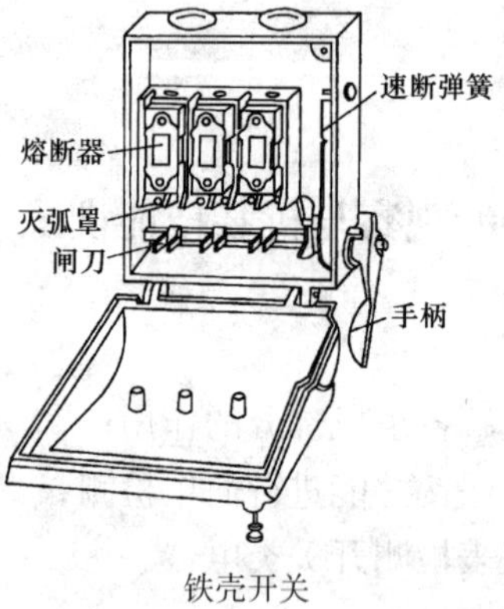 <br>铁壳开关 | 图形说明：铁壳开关又称封闭式负荷开关，其基本结构如图所示。它的铸铁壳内装有由刀片和夹座组成的触头系统、熔断器和速断弹簧，30A以上的还装有灭弧罩 |
| | | 常用的铁壳开关为 HH 系列，铁壳开关具有操作方便、使用安全、通断性能好的优点 |
| 2. 作用 | 常用在不频繁地接通和分断负荷的电路中，用做 15kW 以下电动机不频繁起动的控制开关，为能在短路或过载时，自动切断电路，闸刀开关必须与熔断器串联配合使用 | |

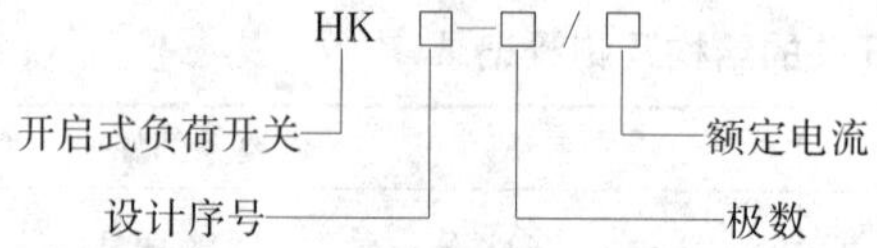

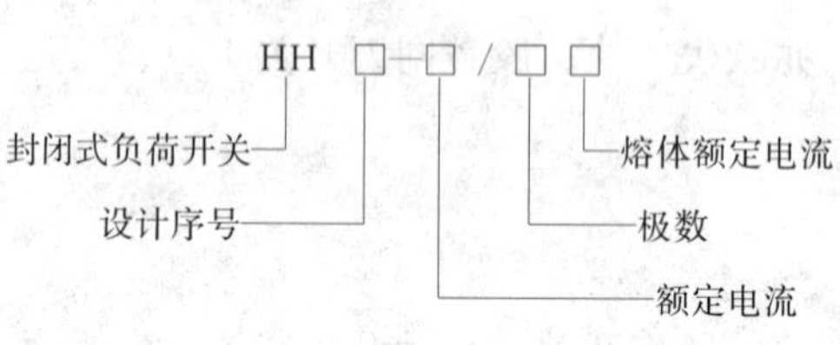

| 项　目 | 说　明 |
|---|---|
| 3. 选择<br>与安装 | （1）主要根据电压和极数、额定电流、负载性质等因素进行选择，并相应考虑工作地点的周围环境，选择合适的操作机构方式<br>（2）对于组合式的闸刀开关，应配合满足正常工作的保护需要的熔断器额定值和熔体容量<br>（3）闸刀开关应垂直安装在构架上或控制板上，横平竖直，安装牢固。上桩头接进线，下桩头接出线 |
| 4. 运行<br>与维护 | （1）检查负荷电流是否超过闸刀开关的额定值<br>（2）检查触头和开关连接处有无过热现象<br>（3）检查绝缘连杆、底座有无损坏和放电现象；<br>（4）检查触头有无烧伤及麻点，灭弧罩是否清洁完整；<br>（5）检查触头接触是否紧密，三相是否同时接触，引接线螺母是否紧固；<br>（6）检查操作机构是否完好，动作是否灵活，分、合闸位置是否到位，顶丝、销钉、拉杆等是否均正常；<br>（7）对 HR 型闸刀熔开关，要特别注意调整其同相内动静触头的同时闭合和动静触头间的中心位置，以使其接触紧密 |

2）闸刀开关的故障检修见表 4-7。

表 4-7　　　　　　　　　　　　　　　闸刀开关的故障检修

| 序号 | 故障现象 | 产生原因 | 处理方法 |
|---|---|---|---|
| 1 | 手动操作的开关不能合闸 | 储能弹簧变形，以至闭合力不足 | 更换新的弹簧 |
| | | 释放弹簧的反作用力太大 | 适当调整，若不能调整，则更换新的弹簧 |
| 2 | 触头升温过高 | 接触表面过分损坏或触头磨损过度 | 修整接触表面，或更换触头甚至更换整台开关 |
| | | 接触压力过小 | 调整或更换触头弹簧将螺丝拧紧 |
| | | 两导电零件连接处的螺丝松动 | |
| 3 | 手动操作的开关不能分闸 | 反力弹簧的反作用力太小 | 调整或更换 |
| | | 如属储能释放，则是储能弹簧力太小机构卡死 | 查明原因后作适当处理 |

（2）常用转换开关的基础知识见表 4-8。

表 4-8　　　　　　　　　　　　　　　转换开关基本知识

| 项　目 | 说　明 |
|---|---|
| 1. 图形<br>及型号 | 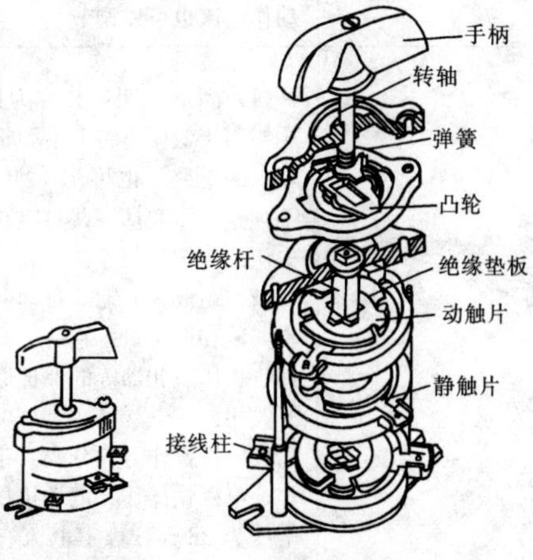 <br>图（a）外形　　　图（b）结构<br>转换开关 | 图形说明：转换开关由多节触头组合而成，故又称为组合开关，是一种手动控制电器。转换开关的外形及结构如图所示。其内部有三对静触头，分别用三层绝缘板相隔，各自附有连接线路的接线柱。三个动触头相互绝缘，与各自的静触头相对应，套在共同的绝缘杆上，绝缘杆的一端装有操作手柄，转动手柄，即可完成三组触头之间的开合或切换。开关内装有速断弹簧，以提高触头的分断速度 |

| 项　目 | 说　　　　明 | |
|---|---|---|
| 1. 图形及型号 | HZ □—□ / □<br>转换开关　　　　　极数<br>设计序号　　　　额定电流 | 常用的转换开关有 HZ 系列。其额定电压为交流 380V，额定电流有 6、10、15、25、60、100A 等多种 |
| 2. 作用 | 用做电源引入开关，也可用做 5.5kW 以下电动机的直接起动、停止、反转和调速控制开关，主要用于机床控制的电路中 | |
| 3. 选择 | 转换开关具有体积小、寿命长、结构简单、操作方便、灭弧性能较好等优点。选用时，应根据电源种类、电压等级、所需触头数量及电动机的容量进行选择 | |

（3）常用自动开关的基础知识见表 4-9。

表 4-9　　　　　　　　　　　　　自动开关基本知识

| 项　目 | 说　　　　明 | |
|---|---|---|
| 1. 图形及型号 | 电磁脱扣器<br>按钮<br>自由脱扣器<br>动触头<br>静触头<br>热脱扣器　接线柱<br>图（a）外形　　　图（b）结构<br>DZ5-20 型装置式自动开关 | （1）图形说明：又称塑壳式自动开关，常用做电动机及照明系统的控制开关、供电线路的保护开关等。主要由触头系统、灭弧装置、自动操作机构、电磁脱扣器（用做短路保护）、热脱扣器（用做过载保护）、手动操作机构及外壳等部分组成。电磁脱扣器和热脱扣器是主要保护装置，也有的再加上失压脱扣器。<br>（2）工作原理：电磁脱扣器线圈串联在主电路中，若主电路发生短路，流过线圈的电流增大，磁场增强，吸动衔铁，使操作机构动作，断开主触头，分断主电路，起到短路保护作用。电磁脱扣器的动作电流大小可以调节；热脱扣器是一个双金属片热继电器，它的发热元件也串联在主电路中。当电路过载时，发热元件温度升高，双金属片弯曲变形，顶动自动操作机构动作，断开主触头，切断主电路而起过载保护作用。热脱扣器的动作电流也可以调节 |
| | DW10 型万能式自动开关 | （1）图形说明：又称为框架式自动开关，主要用于低压电路上不频繁接通和分断容量较大的电路，也可用于 40～100kW 电动机不频繁全压起动，并对电路起过载、短路和失压的保护作用。<br>（2）组成：万能式自动开关的所有零部件均安装在框架上，它的电磁脱扣器、热脱扣器、失压脱扣器等的保护原理与装置式自动开关相同。<br>（3）按操作方式分类：手柄操作、杠杆操作、电磁铁操作、电动机操作等四种。额定电压为 380V，额定电流有 200、400、600、1000、1500、2500、4000A 等数种 |

续表

| 项　目 | 说　明 | |
|---|---|---|
| 1. 图形及型号 | DZ(W)□—□□□□<br><br>DZ 表示装置式自动开关<br>DW 表示万能式自动开关<br><br>设计序号<br>辅助机构代号<br>脱扣器类别代号<br>极数<br>额定电流 | 按其结构不同分类，常用自动开关有装置式（DZ 型）和万能式（DW 型）两种 |
| 2. 作用 | 在低压电路中，用于分断和接通负荷电路，控制电动机的运行和停止。它具有过载、短路、失压保护等功能，能自动切断故障电路，保护用电设备的安全 | |
| 3. 选择与安装 | （1）主要应考虑其额定电压、额定电流、允许切断的极限电流、所控制的负载性质等。对起动负荷电流的倍数较大而实际负荷较小、而且过电流整定倍数较小的线路（或设备）可以选用 DZ 型。对容量较大、作为电源和线路总保护或需远方控制的，则可选用 DW 型<br>（2）要注意热脱扣器整定电流和电磁脱扣器瞬时脱扣整定电流的设置，对于不同的负载，其整定电流与负载电流的倍率是不同的 | |

2. 具体实训操作内容及步骤

（1）将一个胶盖闸刀开关拆开，观察其内部结构，将主要零部件的名称及作用记入表 4-10 中。然后，合上闸刀开关，用万用表电阻挡测量各对触头之间的接触电阻，用兆欧表测量每两相触头之间的绝缘电阻。测量后将闸刀开关组装还原，测量结果仍记入表 4-10 中。

表 4-10　　　　　　　　　　　　胶盖闸刀开关的结构与测量记录

| 型　号 | 极　数 | 主要零部件 | |
|---|---|---|---|
| | | 名称 | 作用 |
| 触头接触电阻（Ω） | | | |
| L1 相 | L2 相 | L3 相 | |
| | | | |
| 相间绝缘电阻（MΩ） | | | |
| L1—L2 | L1—L3 | L2—L3 | |
| | | | |

（2）将一个铁壳开关拆开，观察其内部结构，将主要零部件的名称及作用记入表 4-11 中。然后，合上铁壳开关，用万用表电阻挡测量触头之间的接触电阻，用兆欧表测量每两相触头之间的绝缘电阻。测量后，将开关组装还原，测量结果仍记入表 4-11 中。

表 4-11　　　　　　　　　　　　铁壳开关的结构与测量记录

| 型　号 | 极　数 | 主要零部件 | |
|---|---|---|---|
| | | 名称 | 作用 |
| 触头接触电阻（Ω） | | | |
| L1 相 | L2 相 | L3 相 | |
| | | | |
| 相间绝缘电阻（MΩ） | | | |
| L1—L2 | L1—L3 | L2—L3 | |
| | | | |
| 熔断器 | | | |
| 型号 | 规格 | | |

（3）将一个装置式自动开关拆开，观察其内部结构，将主要零部件的名称及作用和有关参数记入表 4-12 中（未标明的不记），然后，将开关组装还原。

表 4-12　　　　　　　　　　　装置式自动开关的结构及参数记录

| 名　　称 | 作　　用 | 有　关　参　数 | |
|---|---|---|---|
| | | 名称 | 参数 |
| | | | |
| | | | |
| | | | |
| | | | |
| | | | |
| | | | |

实训所用时间：　　　　　　参加实训者（签字）：　　　　　　实训日期：

# 第三节　低压熔断器选择与安装技能训练

## 一、实训目的
（1）观察常用低压熔断器的外形，了解各种不同类型熔断器的作用；
（2）根据不同的用电设备及负荷大小，正确选择熔断器；
（3）学会用万用表判别熔断器的好坏。

## 二、工具、设备与材料
常用电工工具 1 套，万用表 1 块、RC1 型熔断器 1 只、RL 型熔断器 1 只、RT0 型熔断器 1 只、3kW 电机 1 台、屋内配电板 1 块（安装了熔断器及设备）、低压成套配电设备柜 1 个、低压总配电柜 1 个。

## 三、实训内容及步骤
1. 常用低压熔断器开关基础知识的准备

低压熔断器又称低压熔断器。低压熔断器的基础知识见表 4-13。

表 4-13　　　　　　　　　　　低压熔断器基本知识

| 项　目 | 说　　明 | |
|---|---|---|
| 1. 图形及型号 | 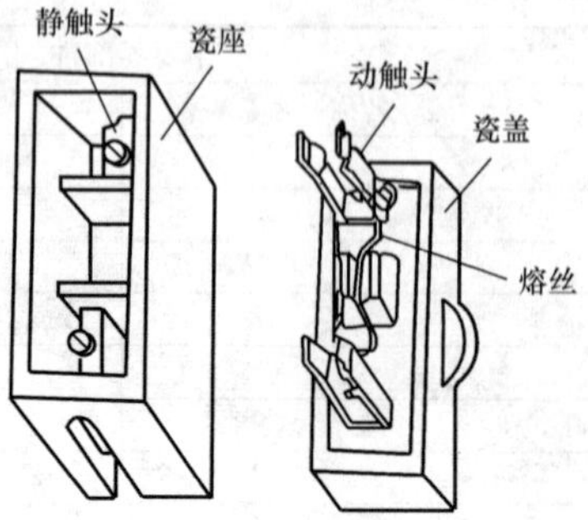 <br>插入式熔断器的外形及结构 | （1）图形说明：插入式熔断器主要由瓷座、瓷盖、静触头、动触头、熔丝等组成，瓷座中部有一个空腔，与瓷盖的凸出部分组成灭弧室。60A 以上的在空腔中垫有编织石棉层，加强灭弧功能<br>（2）工作原理：当电路短路时，大电流将熔丝熔化，分断电路而起保护作用。它具有结构简单、价格低廉、熔丝更换方便等优点，应用非常广泛<br>（3）作用：插入式熔断器主要用于 380V 三相电路和 220V 单相电路中的短路保护 |

| 项　目 | 说　明 | |
|---|---|---|
| 1. 图形及型号 | 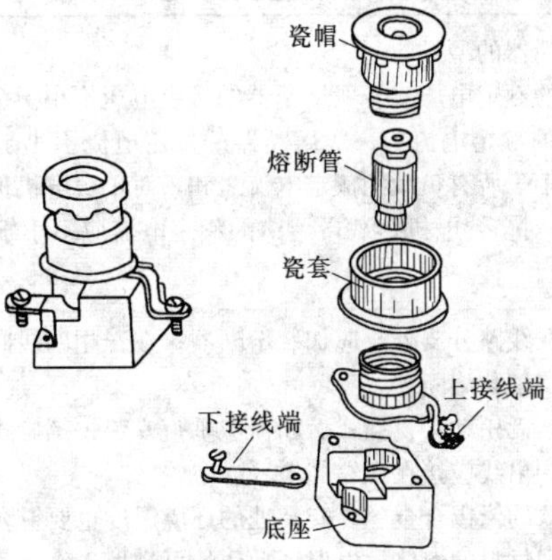 <br>瓷帽<br>熔断管<br>瓷套<br>上接线端<br>下接线端<br>底座<br>螺旋式熔断器的外形及结构 | （1）图形说明：主要由瓷帽、熔体（铁芯）、瓷套、上下接线柱及底座等组成。铁芯内除装有熔丝外，还填有灭弧的石英砂。铁芯上盖中心装有标有红色的熔断指示器，当熔丝熔断时，指示器脱出。因此，从瓷盖上的玻璃窗口可检查铁芯是否完好<br>（2）作用：在机床电路中广泛使用。螺旋式熔断器用于交流 380V、电流 200A 以内的线路和用电设备的短路保护。螺旋式熔断器具有体积小、结构紧凑、熔断快、分断能力强、熔丝更换方便、使用安全可靠、熔丝熔断后能自动指示等优点 |
|  | 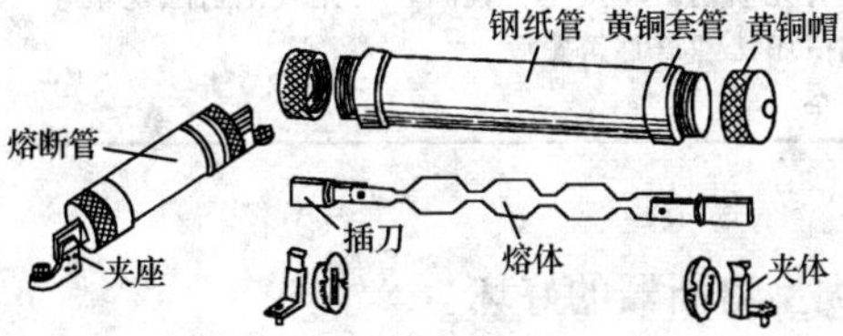 <br>钢纸管　黄铜套管　黄铜帽<br>熔断管<br>插刀　熔体<br>夹座　夹体<br>无填料封闭管式熔断器的结构 | （1）图形说明：主要由熔断管、夹座组成。熔断管内装有熔体<br>（2）工作原理：当大电流通过时，熔体在狭窄处被熔断，钢纸管在熔体熔断所产生的电弧的高温作用下，分解出大量气体增大管内压力，起到灭弧作用<br>（3）作用：无填料封闭管式熔断器用于交流 380V、额定电流 1000A 以内的低压线路及成套配电设备的短路保护，具有分断能力强、保护特性好、熔体更换方便等优点，但结构复杂、材料消耗大、价格较高。一般在熔体被熔断和拆换三次以后，就要更换新熔管 |
|  | 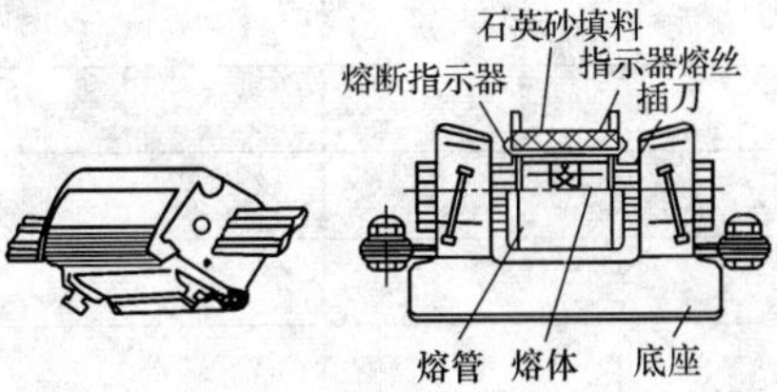 <br>石英砂填料<br>熔断指示器　指示器熔丝<br>插刀<br>熔管　熔体　底座<br>图（a）熔管　　图（b）整体结构<br>填料封闭管式熔断器的结构 | （1）图形说明：主要由熔管、插刀、夹座、底座等部分组成，如图 4-10 所示。熔管内填满直径为 0.5～1.0mm 的石英砂，用于加强灭弧功能<br>（2）作用：填料封闭管式熔断器主要用于交流 380V、额定电流 1000A 以内可能产生大短路电流的电力网络和配电装置中，作为电路、电动机、变压器及其他设备的短路保护电器。具有分断能力强、保护特性好、使用安全、有熔断指示等优点，但价格较高、熔体不能单独更换 |
|  | <br>R □□－□/□<br>熔断器<br>熔体额定电流<br>熔断器额定电流<br>C—插入式；<br>L—螺旋式；<br>M—无填料封闭管式；<br>T—填料封闭管式；<br>S—快速式<br>设计序号 | 常用的低压熔断器有插入式、螺旋式、无填料封闭管式、填料封闭管式等几种，如 RC1、RL1、RT0 系列等 |

续表

| 项　目 | 说　　　明 |
|---|---|
| 2. 作用 | 在低压电路中作为电力线路、电机或其他电器的过载保护和短路保护之用 |
| 3. 选择与安装 | （1）根据线路要求和安装条件，选择熔断器的型号<br>（2）根据线路的工作电压，选择熔断器的额定电压。一般熔断器的额定电压不小于线路的工作电压<br>（3）根据线路的工作电流，选择熔断器的额定电流。一般熔断器的额定电流不小于所装熔体的额定电流。对电阻性负载，熔体的额定电流应不小于所有负载的额定电流之和；对单台电机负载，熔体的额定电流应不小于电机额定电流的 1.5～2.5 倍；对多台电机负载，熔体的额定电流应不小于最大一台电机额定电流的 1.5～2.5 倍与剩余电机额定电流之和 |
| 4. 安装与使用 | （1）单相线路的中性线上应装熔断器；在线路分支处，应加装熔断器；在三相四线回路的中性线上，不允许装熔断器；采用接零保护的中性线上严禁装熔断器<br>（2）熔断器安装时应保证接触紧密可靠，无松动。瓷插式熔断器应垂直安装；螺旋式熔断器的熔座接线应使电源进线接在底座中心端的接线柱上、出线应接在螺纹壳上<br>（3）熔体不要受机械损伤，尤其是较柔软的铅锡合金丝。安装处的环境温度也要符合规定<br>（4）更换熔体时一定要用与原来同规格同材料的熔体，以保证动作的可靠性<br>（5）不允许带电拔出熔断器，更不能带负荷拔出 |
| 5. 运行维护 | （1）检查熔断管与插座的连接处有无过热现象，接触是否紧密<br>（2）检查熔断管的表面应完整无损，否则要进行更换<br>（3）检查熔断管内部烧伤是否严重。有无碳化现象并进行清擦或更换<br>（4）检查熔体外观是否完好，压接处有无损伤，压接是否紧固，有无氧化腐蚀现象等<br>（5）检查熔断器底座有无松动，各部位压接螺母是否紧固<br>（6）检查熔断管和熔体的配备是否齐全 |

2. 具体操作内容及步骤

（1）用万用表电阻挡分别判别不同类型熔断器的好坏。

（2）参观一个实习工厂（或居民楼）的电源配电线路，根据配电线路中熔断器的安装情况填写表 4-14。

表 4-14 　　　　　　　　　　实习工厂（或居民楼）熔断器的安装情况

| 序号 | 安装位置 | 熔断器的型号与参数 | 选择该熔断器的原因 |
|---|---|---|---|
|  |  |  |  |
|  |  |  |  |
|  |  |  |  |
|  |  |  |  |
|  |  |  |  |
|  |  |  |  |

实训所用时间：　　　　　　参加实训者（签字）：　　　　　　　　　　实训日期：

# 第四节　交流（直流）接触器拆装技能训练

## 一、实训目的

（1）熟悉交流接触器基本结构，了解各组成部分及作用。

（2）熟悉交流接触器的拆卸程序和组装步骤；并能进行简单检测。

（3）掌握接触器的安装及故障诊断的方法。

（4）学会用万用表检测交流接触器。

**二、工具、设备与材料**

常用电工工具一套；兆欧表、万用表各一块；交流接触器一个。

**三、实训内容及步骤**

1. 常用接触器基础知识的准备

接触器是一种自动化的控制电器。主要用来频繁接通和分断主电路的远距离操纵电器，也可用于控制其他负载，如照明设备、电焊机、电热器等，其主要对象是控制电动机。接触器必须和熔断器、热继电器配合使用，才能切断过载电流和短路电流。按其触头通过电流种类的不同，分为交流接触器和直流接触器两类。

常用接触器的基础知识见表4-15。

表 4-15　　　　　　　　　　　常用接触器基本知识

| 项　目 | | 说　　明 |
|---|---|---|
| 交流接触器 | 1. 图形及说明 | 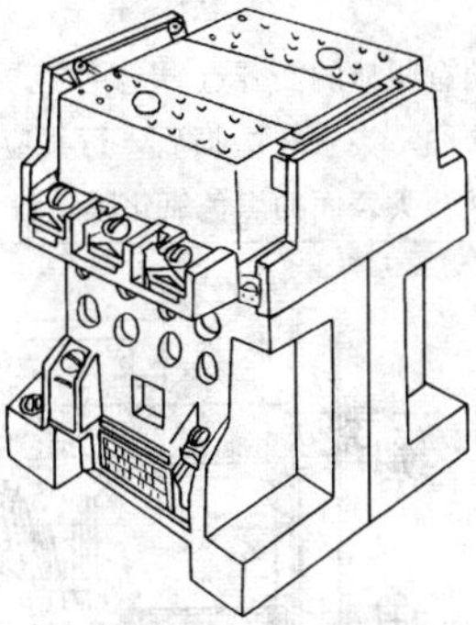 <br>图（a）外形 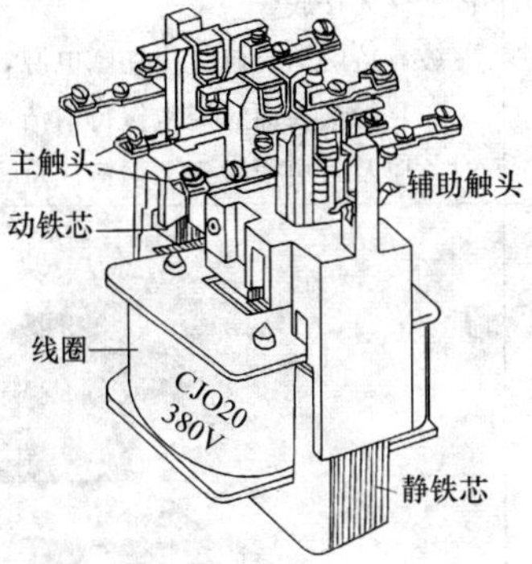　　　图（b）结构<br>交流接触器外形与结构<br><br>图形说明：交流接触器主要由电磁系统、触头系统、灭弧装置等部分组成。<br>（1）电磁系统：由线圈、静铁芯和动铁芯（衔铁）等组成。其作用是操纵触头的闭合与断开。<br>（2）触头系统：包括三对主触头和几对辅助触头。主触头串联在主电路中，用来接通或断开主电路，它允许通过较大的电流（从几安到数百安）。辅助触头接于控制回路，它允许通过较小的电流（5～10A）。<br>（3）灭弧系统：接触器主触头在接通或断开电路时产生电弧。通常接触器都装有灭弧装置，一般采用半封闭式纵缝陶土灭弧罩，并配有强磁吹弧回路 |
| | 2. 型号 | 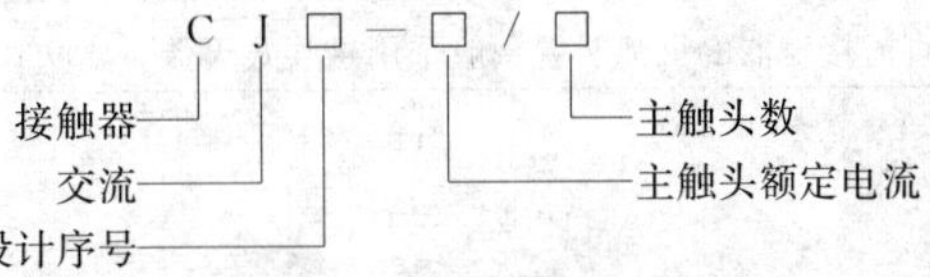 <br>交流接触器型号的含义<br>常用的交流接触器有 CJ0，CJ10，CJ12 等系列产品 |

| 项　目 | | 说　明 |
|---|---|---|
| 交流接触器 | 3. 工作原理 | 当交流接触器线圈不通电时，弹簧的反作用力和衔铁的自重使主触头保持断开位置。当电磁线圈通过控制回路接通控制电压（一般为额定电压）时，电磁力克服弹簧的反作用力将衔铁吸向静铁芯带动主触头闭合，接通电路，辅助触头随之动作。辅助触头分为动合和动断触头。电磁铁线圈通过电流时，触头处于闭合的状态，叫动合触头。电磁铁线圈通过电流时，触头处于断开的状态，叫动断触头。主触头和辅助触头一般是同时动作的 |
| | 4. 选择 | （1）主回路触头的额定电流应大于或等于被控设备的额定电流，控制电动机的接触器还应考虑电动机的起动电流。为了防止频繁操作的接触器主触头烧蚀，频繁动作的接触器额定电流可降低使用<br>（2）接触器的电磁线圈额定电压有 36、110、220、380V 等，电磁线圈允许在额定电压的 80%～105%范围内使用 |
| | 5. 安装 | （1）接触器安装前、后应检查接触器线圈电压是否符合实际使用要求，然后将电磁铁表面的防锈油擦去，并用手分、合接触器的活动部分，检查各触头接触是否良好，压力是否一致，有无卡阻现象<br>（2）接触器安装时，其底面与地面的倾斜度应小于 5°<br>（3）接触器的触头不允许涂油 |
| | 6. 维护 | （1）运行中的接触器应定期检查各部件，有损坏的零部件应及时修换，要求各活动部分无卡阻，紧固元件无松脱<br>（2）接触器检修时应切断电源，且进线端有明显的断开点<br>（3）触头表面应经常保持清洁，不允许涂油。当触头磨损后，行程应及时调整，当厚度只剩下 1/3 时，应及时更换触头。但应注意，银和银基触头表面的黑色氧化膜接触电阻很低，不必锉修 |
| 直流接触器 | 1. 图形及说明 | <br>图（a）CZ0 直流接触器外形　　图（b）直流接触器的结构<br>图形说明：主要由电磁系统、触头系统、灭弧装置等三大部分组成<br>（1）电磁系统：直流接触器的电磁系统由线圈、静铁芯、动铁芯组成。其直流接触器线圈中通入的是直流电。<br>（2）直流接触器的触头系统包括主触头和辅助触头。主触头一般做成单极或双极。<br>（3）直流接触器的灭弧装置一般采用磁吹式灭弧。磁吹式灭弧装置由磁吹线圈、灭弧罩等组成 |
| | 2. 型号 | <br>常用的有 CZ0，CZ1，CZ2，CZ3，CZ5 系列产品 |

续表

| 项　　目 | | 说　　　　明 |
|---|---|---|
| 直<br>流<br>接<br>触<br>器 | 3. 作用 | 　　主要在额定电压 380V 的直流线路中，用来远距离频繁接通、分断、停止直流电路，适用于直流电动机换向操作 |

2. 具体实训操作步骤与要求

（1）观察交流接触器的外形，记录铭牌上的技术数据。

（2）将一个交流接触器拆开，观察其内部结构，将拆卸步骤、主要零部件的名称及作用，各对触头动作前后的电阻值、各类触头的数量、线圈的数据等记入表 4-16 中，然后，再将这个交流接触器组装还原。

（3）检查动、静触头是否对准，三相是否同时闭合，如不同时闭合，调节触头弹簧使三相一致。

（4）测量相间绝缘电阻，其值不低于 10MΩ。

（5）检查触头磨损程度。磨损深度不得超过 1mm。

（6）辅助触头动作是否灵敏，触头有无松动或脱落，触头开距及行程符合规定值，当发现接触不良又不易修复时，应更换触头。

（7）对铁芯、电磁线圈、灭弧罩进行检查。

表 4-16　　　　　　　　　　交流接触器拆装与检测记录

| 型　　号 | | 容量（A） | | 拆卸步骤 | 主要零部件 | |
|---|---|---|---|---|---|---|
| | | | | | 名称 | 作用 |
| 触头数量（副） | | | | | | |
| 主 | 辅 | 动合 | 动断 | | | |
| | | | | | | |
| 触头电阻（Ω） | | | | | | |
| 动作前（Ω） | 动作后（Ω） | 动作前（Ω） | 动作后（Ω） | | | |
| | | | | | | |
| 电磁线圈 | | | | | | |
| 线径 | 匝数 | 工作电压 | 直流电阻（Ω） | | | |
| | | | | | | |

实训所用时间：　　　　　　参加实训者（签字）：　　　　　　　　实训日期：

# 第五节　常用继电器拆装与观察技能训练

## 一、实训目的

（1）熟悉热继电器、时间继电器、电流继电器基本结构，了解各组成部分及作用。

（2）熟悉热继电器、时间继电器、电流继电器拆卸程序和组装步骤；并能进行简单检测。

（3）掌握热继电器、时间继电器、电流继电器的安装及故障诊断的方法。

（4）学会用万用表检测热继电器、时间继电器、电流继电器。

**二、工具、设备与材料**

常用电工工具一套、万用表一块、热继电器、时间继电器、电流继电器各一个。

**三、实训内容及步骤**

1. 常用继电器基础知识的准备

继电器是根据电流、电压、时间、温度和速度等信号来接通或断开小电流电路和电器的控制元件。它一般不直接控制主电路，而是通过接触器或其它电器对主电路进行控制。继电器按作用可分为保护继电器和控制继电器两类：其中热继电器、过电流继电器、欠电压继电器属于保护继电器；时间继电器、速度继电器、中间继电器属于控制继电器。

（1）常用热继电器的基础知识见表 4-17。

表 4-17　　　　　　　　　　　　常用热继电器的基础知识

| 项　目 | 说　　明 |
|---|---|
| 1. 图形及说明 | 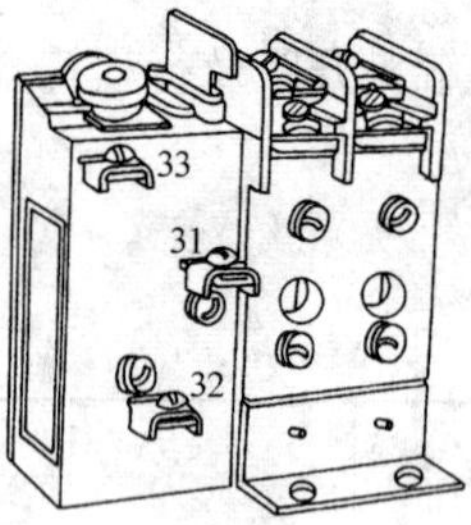 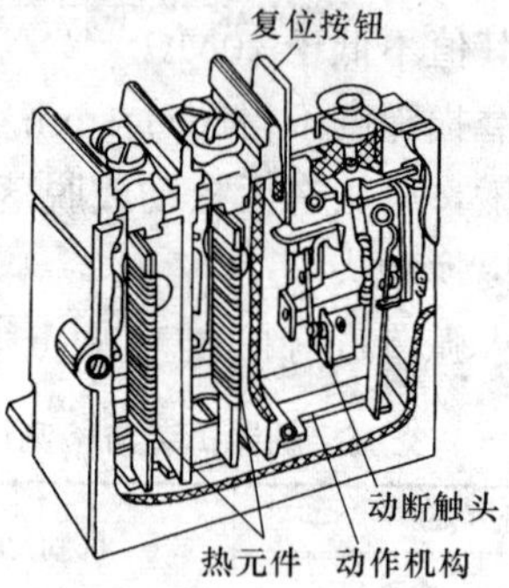 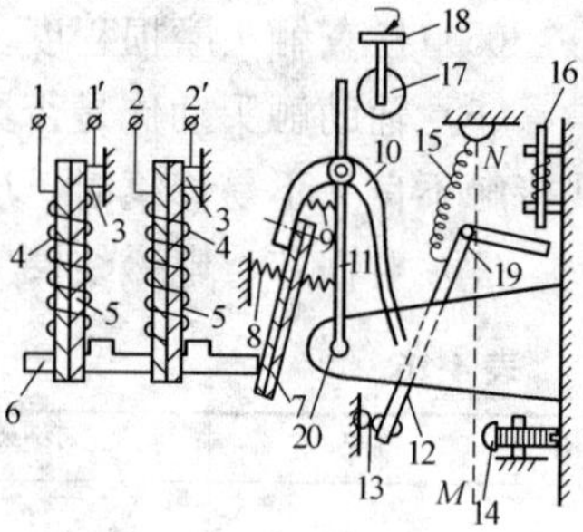 <br>图（a）热继电器的外形　　图（b）热继电器的结构　　图（c）热继电器动作原理图<br>图形说明：热继电器由热元件、触头、动作机构、复位按钮和整定电流装置五部分组成。<br>（1）热元件由双金属片及绕在双金属片外面的电阻丝组成，双金属片由两种热膨胀系数不同的金属片复合而成。使用时，将电阻丝直接串联在异步电动机的电路上，如图（c）中的 1—1′及 2—2′。<br>（2）热元件有两相结构和三相结构两种。热继电器的触头有两副，由一个公共动触头 12，一个动合触头 14 和一个动断触头 13 组成。在图（a）中，31 为公共动触头 12 的接线柱，32 为动断触头 13 的接线柱，33 为动动触头 14 的接线柱。<br>动作机构由导板 6、补偿双金属片 7、推杆 10、杠杆 12、拉簧 15 等组成。<br>16 是热继电器动作后进行手动复位的按钮。<br>整定电流装置由旋钮 18 和偏心轮 17 组成，通过它来调节整定电流（热继电器长期不动作的最大电流）的大小。在整定电流调节旋钮上刻有整定电流的标尺，旋动调节旋钮，使整定电流的值等于电动机额定电流值即可 |
| 2. 型号 | 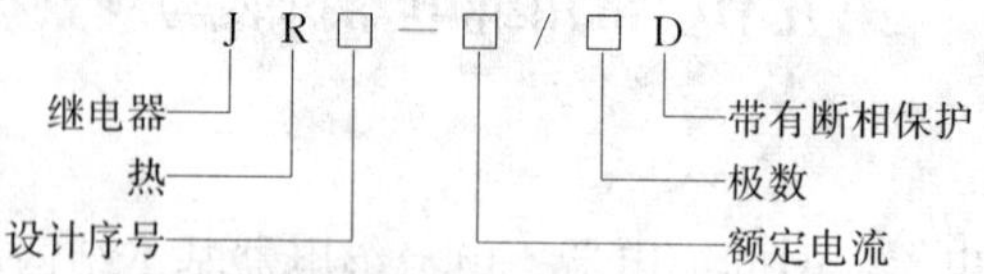 <br>热继电器型号的含义<br>常用的热继电器有 JR0，JR1，JR2，JR16 等系列 |

| 项　目 | 说　明 |
|---|---|
| 3. 工作原理 | （1）热继电器中的关键部件是由热膨胀系数不同的两种金属片碾压在一起构成的双金属片。当被保护的电动机过载时，电流增大，经过一段时间后双金属片逐渐升温产生弯曲，推动动作机构使触头动作，从而使主电路断开，避免电动机温升过高、绝缘老化或绕组烧毁<br>（2）电动机电源切断后，无电流流过电阻丝，双金属片开始冷却，逐渐恢复原来的形状。当恢复到一定程度后，热继电器自动复位。如果要求被保护线路故障未排除时电动机不能再起动，则可采用热继电器手动复位装置 |
| 4. 作用 | 热继电器的用途是对电动机和其他用电设备进行过载保护。与熔断器相比，它的动作速度更快，保护功能更为可靠 |
| 5. 选择 | （1）注意电动机的绝缘材料等级，因为不同的绝缘材料有不同的允许温度和过载能力。过载能力较差的电动机，热元件动作值应整定为电动机额定电流<br>（2）当定子绕组采用星形联结时，选择通用的热继电器即可。如果绕组为三角形联结，则应采用带断相保护装置的热继电器<br>（3）保证热继电器在电动机正常起动过程中不致误动作。如果电动机起动不频繁，且起动时间又不长，一般可按电动机的额定电流选择热继电器<br>（4）对于不允许停车的生产机械，热继电器不宜贸然动作，只有在发生很危险的过载事故时，才考虑让其脱扣，并应与其他电器组合进行保护<br>（5）要注意电动机的工作制。如果操作频率高或可逆运行，则不宜采用热继电器保护，而要采取其他保护措施 |
| 6. 安装检查 | （1）额定电压应与线路额定电压一致<br>（2）检查铭牌数据，热继电器的整定电流是否符合要求<br>（3）检查热继电器的可动部分，要求动作灵活可靠<br>（4）清除部件表面污垢 |
| 7. 维护与使用 | （1）热继电器安装的方向应与规定方向相同，一般倾斜度不得超过 5°。如果其他电器装在一起时，尽可能将它装在其他电器下面，以免受其他电器发热的影响<br>（2）安装接线时，应检查接线是否正确，与热继电器连接的导线截面应满足负荷要求，安装螺钉不得松动，防止因发热影响元件正常动作<br>（3）不能自行改动热元件的安装位置，以保证动作间隙的正确性<br>（4）动作机构应正常可靠，复位按钮应灵活，调整部件不得松动。如有松动应重新进行调整试验并紧固，对于机械调整的热继电器应检查其刻度是否对准需要的刻度值<br>（5）检查热元件是否良好，只能打开盖子从旁边察看，不得将热元件卸下，如必须卸下，装好后应重新通电试验<br>（6）检查热继电器热元件的额定电流值或刻度盘上的刻度值是否与电动机的额定电流值相符，如不相符，应更换热元件，并进行调整试验，或转动刻度盘的刻度达到符合要求<br>（7）热继电器具有很大的热惯性，因此，不能作为线路的短路保护，必须另装熔断器作短路保护<br>（8）使用保护性能完善的新系列热继电器，作电动机的过载保护，如 JR16 型热继电器，不仅具有一般热继电器的保护特性，还具有当三相电动机发生一相断线或三相电流严重不平衡时，能及时对电动机进行断相保护的功能<br>（9）使用中，定期用布擦净尘埃和污垢，双金属片要保持原有金属光泽，如上面有锈迹，可用布蘸汽油轻轻擦除，但不得用砂纸磨光<br>（10）在使用过程中，每年应进行一次通电校验，当设备发生事故而引起大短路电流后，应检查热元件和双金属片有无显著的变形，若已变形，则需通电试验。因双金属片变形或其他原因致使动作不准确时，只能调整其可调部件，而绝不能弯折双金属片或更换部件 |

热继电器的一般故障、诊断及对策见表 4-18。

**表 4-18** 热继电器常见故障、诊断和对策

| 故障现象 | 诊断 | 对策 |
|---|---|---|
| 1. 电动机烧坏，热继电器不动作 | (1) 热继电器的额定电流值与电动机的额定电流值不符<br>(2) 整定值偏大<br>(3) 触头接触不良<br>(4) 热元件烧断或脱落<br>(5) 动作机构卡住<br>(6) 导板脱出 | (1) 按电机的容量来选用热继电器（不可按接触器的容量来选用热继电器）<br>(2) 合理调整整定值<br>(3) 清除触头表面灰尘或氧化物<br>(4) 更换热元件或热继电器<br>(5) 进行维修调整，但应注意维修后不使特性发生变化<br>(6) 重新放入，并试验动作是否灵活 |
| 2. 热继电器动作太快 | (1) 整定值偏小<br>(2) 电动机起动时间过长<br>(3) 连接导线太细<br>(4) 操作频率过高<br>(5) 强烈的冲击振动<br>(6) 可逆运转及密集通断<br>(7) 安装热继电器与电动机所处环境温度差太大 | (1) 合理调整整定值，如相差太大无法调整，则更换热继电器规格<br>(2) 按起动时间要求，选择合适的可返回时间的热继电器，或在起动过程中将热继电器短接<br>(3) 选用标准导线<br>(4) 按要求选用适当产品<br>(5) 应选用带防冲击振动的热继电器或采取防振措施<br>(6) 改用其他保护方式<br>(7) 按两地温度相差的情况配置适当的热继电器 |
| 3. 动作不稳定，时快时慢 | (1) 热继电器内部机构有某些部件松动<br>(2) 在检修中弯折了双金属片<br>(3) 通电时电流波动太大，或接线螺钉未拧紧或各次试验时冷却时间不同 | (1) 将这些部件加以固定<br>(2) 用高倍电流预试几次，或将双金属片拆下来热处理（一般约为240℃），以去除内应力<br>(3) 校验电源所加的电压稳定器；把接线螺钉拧紧；各次试验后冷却的时间要充分 |
| 4. 热元件烧断 | (1) 负载侧短路，电流过大<br>(2) 操作频率过高 | (1) 排除电路故障，更换热继电器<br>(2) 合理选用热继电器 |
| 5. 主电路不通 | (1) 热元件烧毁<br>(2) 接线螺钉未拧紧 | (1) 更换热元件或热继电器<br>(2) 拧紧接线螺钉 |
| 6. 控制电路不通 | (1) 触头烧坏或动触头片弹性消失<br>(2) 可调整旋钮转到不合适的位置 | (1) 修理触头或触片<br>(2) 调整旋钮 |

(2) 常用电流、电压继电器基础知识见表 4-19。

**表 4-19** 常用电流、电压继电器基本知识

| 项 目 | | 说 明 |
|---|---|---|
| 电流继电器 | 1. 图形 | 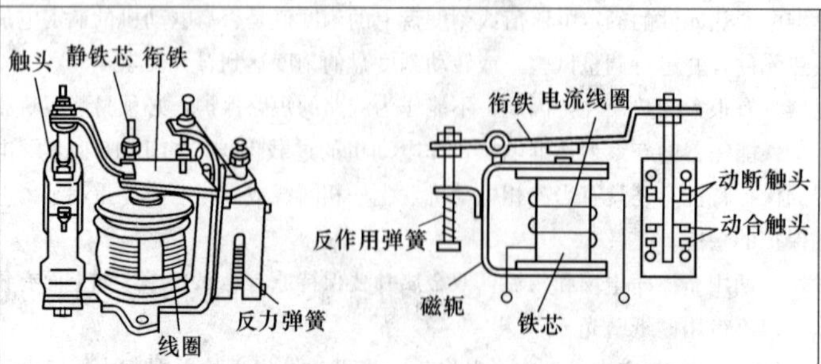 <br>图（a）外形结构　　图（b）动作原理图<br>JT4 系列过电流继电器 | 图形说明：JT4 系列过电流继电器的外形结构和动作原理如图所示，它由线圈、圆柱静铁芯、衔铁、触头系统及反作用弹簧等组成 |

| 项　目 | | 说　　明 | |
|---|---|---|---|
| 电流继电器 | 1. 图形 | 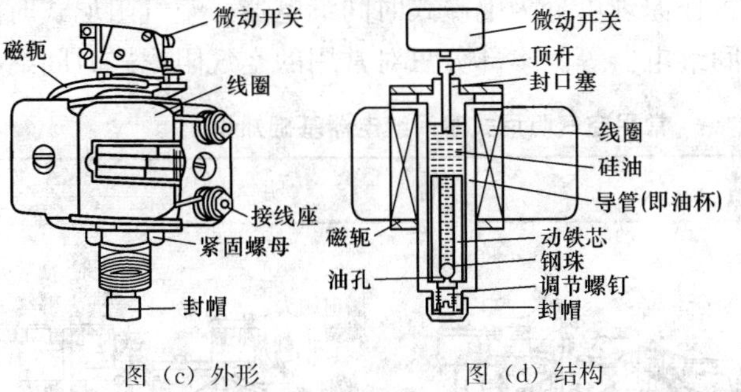 <br>图 (c) 外形　　　　图 (d) 结构<br>JL12 系列过电流继电器 | 图形说明：JL12 系列过电流继电器的外形及结构如图所示。它主要由螺管式电磁系统（包括线圈、磁轭、动铁芯、封帽、封口塞）、阻尼系统（包括导管、硅油阻尼剂及动铁芯中的钢珠）、触头部分（微动开关）等组成 |
| | 2. 型号 | 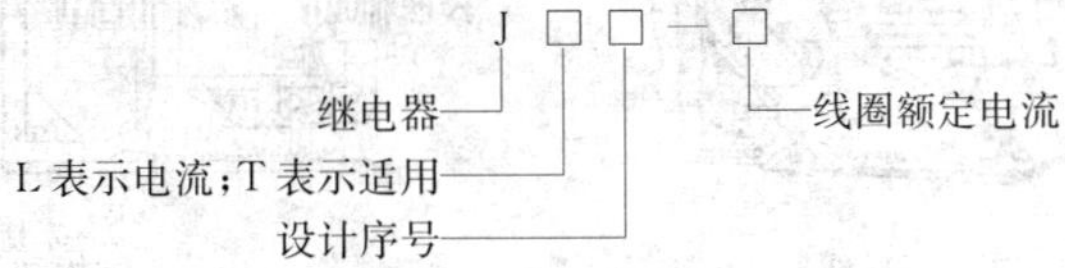 <br>过电流继电器型号的含义 | 常用的过电流继电器有 JT4，JL12 及 JL14 等系列 |
| | 3. 工作原理 | （1）JT4 过电流继电器的线圈串接在主电路中，当通过线圈的电流为额定值时，它所产生的电磁吸力不足以克服反作用弹簧力，动断触头保持闭合状态；当通过线圈的电流超过整定值后电磁吸力大于反作用弹簧力，铁芯吸引衔铁使动断触头分断，切断控制回路，使负载得到保护。调节反作用弹簧力，可整定继电器动作电流。这种过电流继电器是瞬时动作的，常用于桥式起重机电路中。为避免它在起动电流较大的情况下误动作，通常把动作电流整定在起动电流的 1.1～1.3 倍，只能用做短路保护<br>（2）JL12 使用时，线圈串联在主电路中，而微动开关的常闭触头串联在控制回路中。当电动机发生过载或过电流时，电磁系统磁通剧增，导管中的动铁芯受到电磁力作用向上运动，由于导管中盛有硅油做阻尼剂，而且在动铁芯上升时，钢珠将油孔关闭，使动铁芯受到阻尼作用，因而需经一段时间的延迟，才能推动顶杆，将微动开关的动断触头断开，切断控制回路电源，使电动机得到保护<br>　　继电器下端装有调节螺钉。拧动调节螺钉，能使铁芯的位置升高或降低，以缩短或增长继电器的动作时间。这种过电流继电器具有过载、起动延时和过流迅速动作的保护特性 | |
| | 4. 作用 | （1）过电流继电器主要用于频繁、重载起动的场合作为电动机的过载和短路保护<br>（2）JT4 系列为交流通用继电器，即加上不同的线圈或阻尼圈后便可作为电流继电器、电压继电器或中间继电器使用<br>（3）JL12 系列过电流继电器主要用于绕线式转子异步电动机或直流电动机的过电流保护 | |
| | 5. 选择 | 在选用过电流继电器保护小容量直流电动机和绕线式转子异步电动机时，其线圈的额定电流一般可按电动机长期工作额定电流来选择；对于频繁起动的电动机的保护，继电器线圈的额定电流可选大一级。考虑到动作误差，并加上一定余量，过电流继电器的整定电流值可按电动机最大工作电流来整定 | |
| 电压继电器 | 1. 型号 | 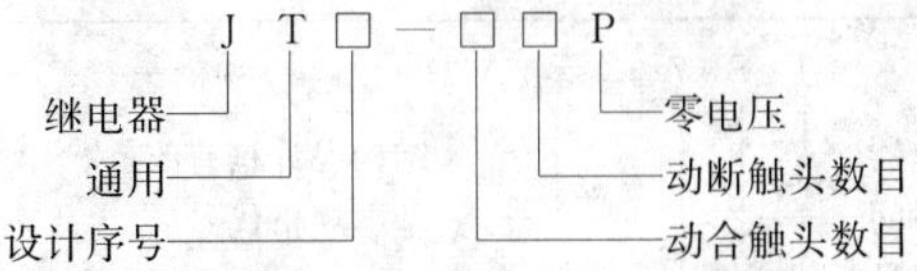 | 欠电压继电器又称零电压继电器，用在交流电路的欠电压或零电压保护。常用的有 JT4P 系列，常用的有 JT4P 系列 |
| | 2. 工作原理及选择 | （1）JT4P 系列欠电压继电器的外形结构及动作原理与 JT4L 过电流继电器类似，不同点是欠电压继电器的线圈匝数多、导线细、阻抗大，可直接并联在两相电源上<br>（2）选用欠电压继电器时，主要根据电源电压、控制线路所需触头的种类和数量来选择 | |

（3）常用空气阻尼式时间继电器基础知识见表 4-20。

时间继电器是一种利用电磁原理或机械动作原理来延迟触头闭合或分断的自动控制电器。它的种类很多，按其工作原理可分为电磁式时间继电器、空气阻尼式时间继电器、电子式时间继电器、电动式时间继电器等。本部分只对常用的空气阻尼式时间继电器进行介绍。

表 4-20 常用空气阻尼式时间继电器基础知识

| 项 目 | 说 明 |
|---|---|
| 1. 图形及说明 | 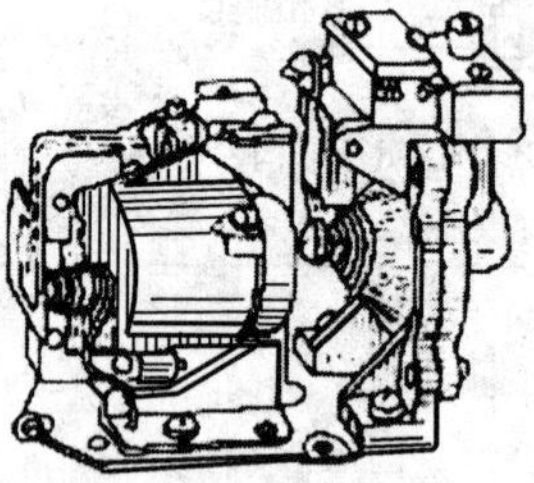 图（a）外形图 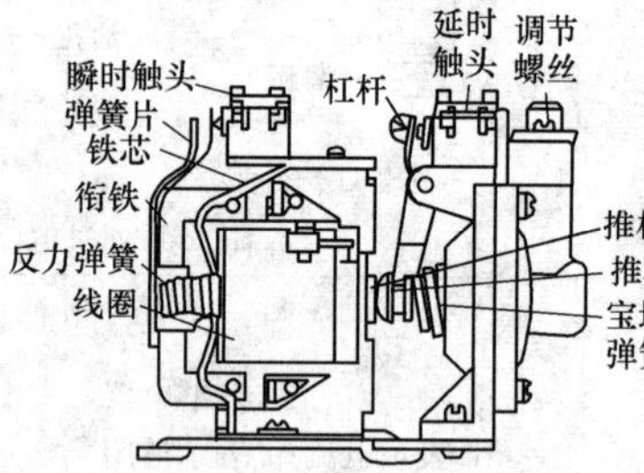　　图（b）结构图<br>JS7-A 系列时间继电器<br>（1）图形说明：JS7-A 系列时间继电器主要由电磁系统、工作触头、气室、传动机构等四个部分组成。电磁系统主要由线圈、铁芯、衔铁组成，还有反力弹簧和弹簧片；工作触头由两副瞬时触头（一副瞬时闭合，一副瞬时断开）、两副延时触头组成；气室主要由橡皮膜、活塞和壳体组成，橡皮膜和活塞随空气量的增减而移动，气室上面的调节螺钉可以调节延时的长短；传动机构由杠杆、推板、推杆、宝塔弹簧等组成<br>（2）工作原理<br>1）断电延时型时间继电器。如图（b）所示，当线圈通电时，产生磁场，使衔铁克服反力弹簧阻力与铁芯吸合，与衔铁相连的推板向右运动，推杆在推板的作用下，压缩宝塔弹簧，带动气室内的橡皮薄膜和活塞迅速向右移动，通过弹簧片使瞬时触头动作，同时，通过杠杆使延时触头瞬时动作。当线圈断电后，衔铁在反力弹簧的作用下迅速释放，瞬时触头瞬时复位，而推杆在宝塔弹簧的作用下，带动橡皮薄膜和活塞向左移动，移动速度要视气室内进气口的节流程度决定，可通过调节螺丝调节。经过一定延时后，推杆和活塞回到最左端，通过杠杆带动延时触头动作<br>2）通电延时型时间继电器。将图中所示断电延时型时间继电器的电磁铁翻转 180°安装后，即变成通电延时型时间继电器。它的动作原理与断电延时继电器基本相似 |
| 2. 文字符号 | 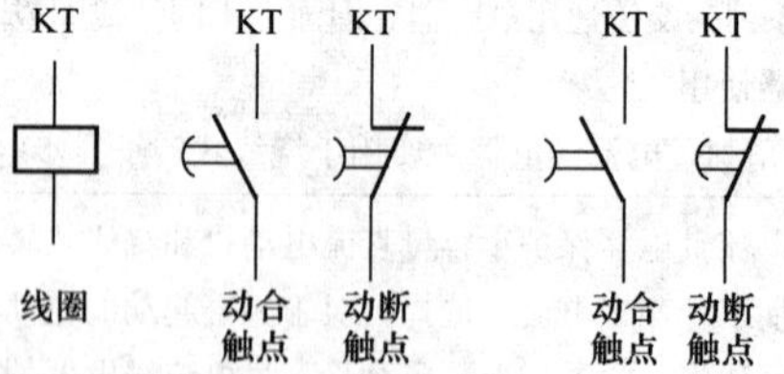 时间继电器的文字符号 |
| 3. 型号 | 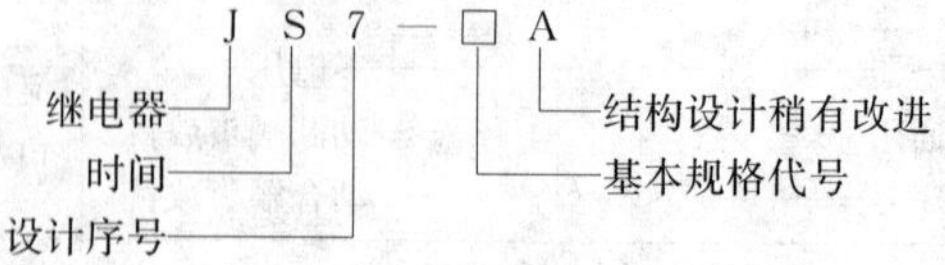 空气阻尼式时间继电器型号的含义<br>空气阻尼式时间继电器在机床中应用最多，其型号有 JS7-A 系列。根据触头的延时特点，可分为通电延时（如 JS7-1A 和 JS7-2A）与断电延时（如 JS7-3A 和 JS7-4A）两种 |

续表

| 项 目 | 说 明 |
|---|---|
| 4. 选择 | （1）根据控制线路的控制要求来选择继电器的延时方式和种类<br>（2）根据控制电路的工作电压来选择继电器吸引线圈的电压<br>（3）在使用中应定期检查继电器的各个部件，要求可动部件无卡死，紧固件无松脱。如有损坏应及时更换<br>（4）时间继电器使用一段时间后应定期进行整定。延时 3s 以上的时间继电器可用秒表计取时间；其他时间继电器一般用电气表接入试验电路计取时间 |

（4）常用中间继电器基础知识见表 4-21。

**表 4-21**           **常用中间继电器基础知识**

| 项 目 | 说 明 |
|---|---|
| 1. 图形及<br>文字<br>符号 | <br>JZ7 系列中间继电器的外形结构图　　　中间继电器的文字符号<br>（1）图形说明：JZ7 系列中间继电器主要由线圈、静铁芯、动铁芯、触头系统、反作用弹簧及复位弹簧等组成。它有 8 对触头，可组成 4 对动合、4 对动断，或 6 对动合、2 对动断，或 8 对动合三种形式<br>（2）工作原理。中间继电器的工作原理与 CJ10-10 等小型交流接触器基本相同，只是它的触头没有主、辅之分，每对触头允许通过的电流大小相同。它的触头容量与接触器的辅助触头差不多，其额定电流一般为 5A |
| 2. 型号 | <br>中间继电器型号的含义<br>常用的交流中间继电器有 JZ7 系列，直流中间继电器有 JZ12 系列，交、直流两用的中间继电器有 JZ8 系列 |
| 3. 选择<br>与安装 | （1）选择中间继电器时，应根据被控制电路电压等级、所需触点对数、种类和容量综合考虑<br>（2）安装接线时，应检查接线是否正确，使用导线是否适宜，所有安装、接线螺钉都应上紧 |

2. 具体实训内容与步骤

（1）打开热继电器外盖，观察热继电器内部结构，检测各热元件电阻值，将各零部件名称、作用及有关电阻值记入表 4-22 中。

表 4-22　　　　　　　　　　热继电器基本结构及热元件电阻检测记录

| 型号 | 类型 | 主要零部件 | |
|---|---|---|---|
| | | 名称 | 作用 |
| 热元件电阻值（Ω） | | | |
| U1 相 | V2 相 | W3 相 | |
| 整定电流调整值（A） | | | |

（2）观察空气阻尼式时间继电器结构，将主要零部件名称、作用、触头数量及种类记入表 4-23 中。

表 4-23　　　　　　　　　　空气阻尼式时间继电器结构

| 型　　号 | 线圈电阻（Ω） | 主要零部件 | |
|---|---|---|---|
| | | 名称 | 作用 |
| 动合触头数（副） | 动断触头数（副） | | |
| 延时触头数（副） | 瞬时触头数（副） | | |
| 延时分断触头数（副） | 延时闭合触头数（副） | | |

（3）拆卸过电流继电器，观察过电流继电器结构，并将各零部件的名称、作用记入表4-24 中。

表 4-24　　　　　　　　　　过电流继电器结构

| 型　　号 | 零部件名称 | 零部件作用 |
|---|---|---|
| 线圈电阻 | | |
| 动断触头数 | | |

实训所用时间：　　　　　参加实训者（签字）：　　　　　实训日期：

## 第六节　常用磁力起动器的组装技能训练

**一、实训目的**

（1）熟悉磁力起动器的组成和电路工作原理。

（2）掌握磁力起动器的安装步骤及运行方法。

**二、工具、设备与材料**

常用电工工具一套，万用表一块，CJT1-20 型交流接触器一只，JR16-20 型热继电器一只，HH-30/20 型刀开关一只，LA4-3H 型按钮两只。安装接线板（400mm×300mm）一块。

**三、实训内容及步骤**

1. 常用磁力起动器基础知识的准备

磁力起动器又称做电磁开关，是一种全压起动控制电器。它主要由交流接触器、热继电器和按钮组成，封装在铁壳内。由装在壳上的按钮控制交流接触器线圈回路的通断。

（1）常用磁力起动器的基础知识见表 4-25。

表 4-25　　　　　　　　　常用磁力起动器基础知识

| 项　　目 | 说　　明 |
|---|---|
| 1. 接线图 | 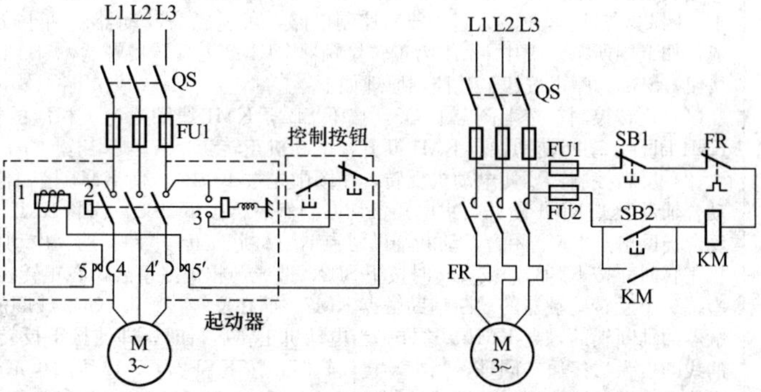 <br>图（a）原理接线图　　图（b）展开图<br>磁力起动器的接线图<br><br>　　基本组成：磁力起动器分为可逆、不可逆两种。可逆磁力起动器用于控制电动机的正反转，它由两个同规格的交流接触器、两个热继电器和三个按钮组成，两个接触器之间有电气连锁，保证一个接触器接通时，另一个接触器断开，避免电源相间短路；不可逆磁力起动器用于控制电动机的单向运转，它由一个交流接触器、一个热继电器和两个按钮组成 |
| 2. 型号 | 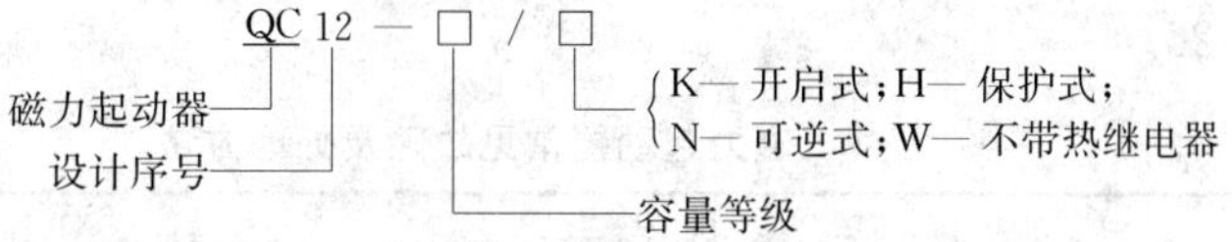 <br>常用的磁力起动器型号含义<br>常用的磁力起动器有 QC12 系列 |
| 3. 工作原理 | 从磁力起动器的原理接线图及展开图分析，磁力起动器的工作原理为：<br>　　(1) 起动：先合上开关 QS，按下 SB1，接通线圈（触点 5 和 5′平时是闭合的），吸引衔铁 2，使主触头闭合，主电路接通，电动机转动。同时辅助触点 3 闭合，实现"自保持"<br>　　(2) 停止：按下停止按钮 SB2，使控制回路断电，主触头断开，切断主电路<br>　　(3) 过载保护：双金属片 4（或 4′）动作，触点 5（或 5′）断开，使控制回路断电，主触头断开，切断主电路，电动机得到保护<br>　　(4) 短路保护：熔断器 FU1 熔断，切断主电路<br>　　(5) 电压低保护：当电源电压因某种原因降低到额定电压的 85％以下时，电动机的转矩将显著减小，以致影响正常运转，严重时还会引起电动机"堵转"现象，以致损坏电动机。因此，当电压降到上述数值以下时，由于电磁吸力的减小，电磁起动器将自动切断主电路，达到保护电动机的目的 |
| 4. 作用 | 主要用于远距离控制三相笼型电动机的停止、起动和改变旋转方向，并具有失压和过载保护。短路保护由与其串联的熔断器来实现 |
| 5. 可逆磁力起动器的控制接线图 | 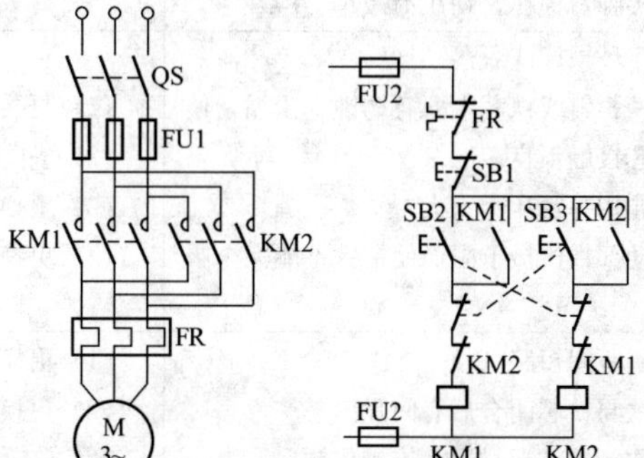 <br>电动机正反转控制电路图 |

| 项　　目 | 说　　明 |
|---|---|
| 6. 可逆磁力起动器控制接线图工作原理 | 电动机既能正转、又能反转，需将电动机定子绕组接至电源的三相导线中的任意两相的相序对调一下。因此，常用可逆磁力起动器来控制电路。可逆磁力起动器由两个交流接触器和一个热继电器组成，如上图所示。图中 KM1 为正转接触器，KM2 为反转接触器，SB2 和 SB3 分别为正转和反转起动按钮，SB1 为停止按钮。其控制原理如下：<br>（1）正转控制：按上图合上 QS，按下 SB2，KM1 线圈通电，相应的主触头 KM1 和动合辅助触点 KM1 闭合，动断辅助触点 KM1 断开，电动机正转。<br>（2）反转控制：要使电动机反转，在图中先按下 SB1，使 KM1 接触器断电，于是相应的主触头和动合辅助触点 KM1 断开，主电路被切断。然后再按下 SB3，线圈 KM2 通电，相应的主触头 KM2 和动合辅助触点 KM2 闭合，动断辅助触点 KM2 断开，主电路接通，电动机开始反转运行。为避免电动机正转时，按下 SB3，或反转时按下 SB2，造成两相短路事故，在正转接触器 KM1 线圈的控制回路里串接一个反转接触器的动断辅助触点 KM2，而在反转接触器 KM2 线圈的控制回路里串接一个正转接触器的动断辅助触点 KM1。这样，当电动机正转运行时，即使按下反转按钮 SB3，反转接触器 KM2 的线圈也无法接通。同理，当电动机反转时，按下 SB2，KM1 线圈也不会接通，从而避免了两相短路事故。这种连锁称电气连锁。动断辅助触点 KM1 和 KM2 称为连锁触点 |
| 7. 使用 | （1）实现正、反转，只要将接到电动机定子电源的相序改变即可实现<br>（2）在使用这种起动器控制电机时，必须保证两个接触器不能同时工作，即采用互锁或连锁控制 |

　　磁力起动器的维护：一般磁力起动器由触头系统、电磁系统和灭弧装置等组成。部分元件经过长期使用或使用不当，可能会发生故障而影响磁力起动器的正常工作。常见故障及处理方法见表 4-26。

**表 4-26　　　　　　　　　　磁力起动器常见故障及处理方法**

| 故障现象 | 可　能　原　因 | 处　理　办　法 |
|---|---|---|
| 1. 触头过热 | （1）触头接触压力不足<br>（2）触头表面接触不良；触头表面被电弧灼伤烧毛等 | （1）重新调整弹簧或更换弹簧<br>（2）触头表面的油污、积垢或烧毛，用小刀刮去或用锉刀锉去 |
| 2. 触头磨损 | （1）电气磨损：由触头间电弧或电火花的高温使触头金属化和蒸发造成<br>（2）机械磨损：由触头闭合时的撞击、触头表面的相对滑动摩擦等造成 | （1）当触头磨损至原有厚度的 2/3（指铜触头）或 3/4（指银或银合金）时，应更换新触头<br>（2）超行程（指从动、静触头刚接触的位置算起，假想此时移去静触头，动触头所能继续向前移动的距离）不符合规定时，也应更换新触头。若发现磨损过快，应查明原因 |
| 3. 触头熔焊 | （1）触头选用不当，容量太小<br>（2）负载电流太大<br>（3）操作频率过高<br>（4）触头弹簧损坏，初压力减小 | 更换新触头 |
| 4. 衔铁振动和噪声 | （1）短路环损坏或脱落<br>（2）衔铁歪斜或铁芯端面有锈蚀、尘垢，使动、静铁芯接触不良<br>（3）反作用弹簧压力太大<br>（4）活动部件机械卡阻而使衔铁不能完全吸合等 | （1）更换或修理短路环<br>（2）去除锈蚀、尘垢，使动、静铁芯接触良好<br>（3）更换或修理反作用弹簧<br>（4）更换或修理活动机械部件 |
| 5. 线圈过热或烧毁 | （1）线圈匝间短路<br>（2）衔铁与铁芯闭合后有间隙<br>（3）操作频繁，超过了允许操作频率<br>（4）外加电压高于线圈额定电压 | （1）更换线圈<br>（2）更换或修理衔铁与铁芯<br>（3）降低操作频率<br>（4）降低外加电压或更换继电器 |

续表

| 故障现象 | 可 能 原 因 | 处 理 办 法 |
|---|---|---|
| 6. 衔铁不释放 | (1) 触头熔焊在一起<br>(2) 活动部件机械卡阻<br>(3) 铁芯端面有油污 | 立即断开电源开关，检查修理 |
| 7. 衔铁不能吸合 | (1) 线圈引出线脱落、断开或烧毁<br>(2) 电源电压过低<br>(3) 活动部分卡阻 | 立即切断电源，并进行检查修理，以免线圈被烧毁 |

2. 具体实训步骤与要求

(1) 按图 4-1 绘制电动机全压起动控制的接线图。

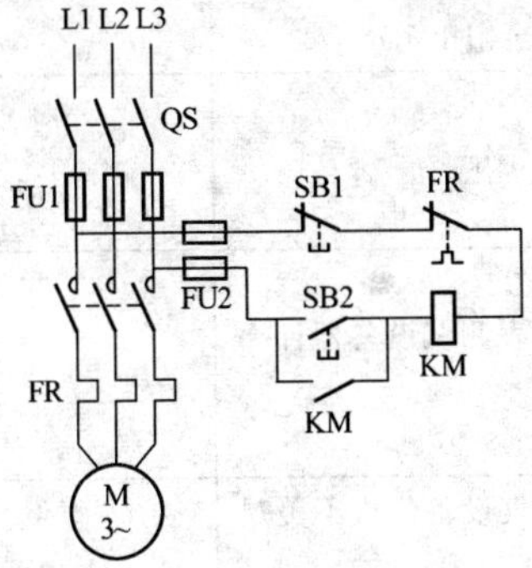

图 4-1 电动机全压起动控制电路图

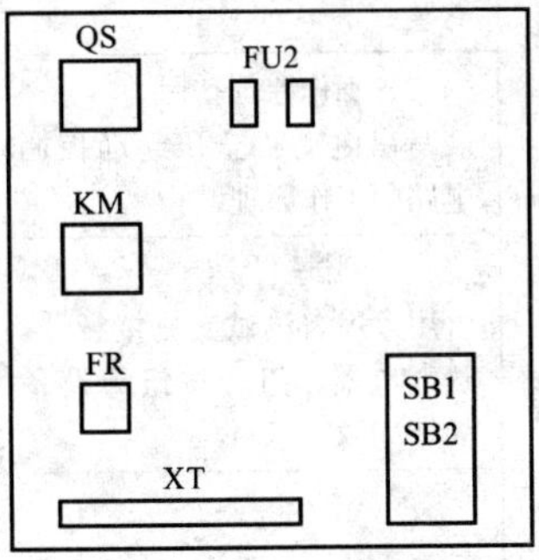

图 4-2 面板布置图

(2) 将所需要设备和材料清单填入表 4-27 中。

表 4-27 电动机全压起动控制所需设备和材料表

| 序号 | 设备材料名称 | 规格型号 | 数量 | 单价 | 小计 | 备注 |
|---|---|---|---|---|---|---|
| | | | | | | |
| | | | | | | |
| | | | | | | |
| | | | | | | |
| | | | | | | |
| | | | | | | |
| | | | | | | |
| | | | | | | |

(3) 绘制面板布置图（面板布置参考图如图 4-2 所示）。

(4) 用万用表判别各元器件的好坏。

(5) 对各元器件进行安装。安装时要求各元器件固定好，横平竖直垂直安装，外壳无损伤。

(6) 按图接线。接线时应分清楚主、辅回路，分开接线。布线时应横平竖直，绑扎成束，尽量不要交叉。

## 四、评分标准

常用磁力起动器的组装技能考试项目及评分标准见表4-28。

**表 4-28　　　　　　常用磁力起动器的组装技能考试项目及评分标准**

| 姓名 | | 学号 | | 班级 | | 总分<br>100分 | | |
|---|---|---|---|---|---|---|---|---|
| 时间定额 | | 实际操作时间 | | 超时 | | 考试日期 | | |
| 考核项目 | 考核内容及要求 | | 配分 | 评分标准 | | 扣分 | 得分 | 备注 |
| 主<br><br>要<br><br>项<br><br>目 | 一、工具、材料准备<br>选用正确、戴安全帽、正确着装 | | 10 | （1）准备不充分、选择不正确一项扣1分<br>（2）不戴安全帽扣5分 | | | | |
| | 二、工作原理掌握<br>写出电动机全压起动控制电路的工作原理 | | 10 | 错误一处扣3分 | | | | |
| | 三、测试<br>用万用表测试交流接触器、热继电器、组合按钮等设备的好坏 | | 15 | 不能用万用表测试设备器件一处扣5分 | | | | |
| | 四、安装<br>固定电气设备位置，选择导线和设备，按规定的工艺要求安装接线 | | 40 | （1）固定电气设备位置不美观扣5分<br>（2）导线和设备选择错误扣15分<br>（3）安装接线错误一处扣30分。两处错误本项目不得分<br>（4）接线工艺不美观扣5～10分 | | | | |
| | 五、通电试验<br>用试电笔、万用表检测电动机运行情况 | | 20 | （1）不能正常运行扣15分<br>（2）不能用试电笔、万用表检测扣5分 | | | | |
| 安全文明操作 | 工作结束整理工具、材料并清理现场 | | 5 | 不做一项扣2分 | | | | |

# 小　　结

本章主要讲述低压配电系统和电气自动控制系统中常用的主令电器、低压开关类电器、低压熔断器、接触器、继电器、磁力起动器等低压电器的用途、结构、工作原理、选用和安装及故障检修常识。通过学习与实训要求掌握如下内容：

（1）主令电器的分类、选择、结构、作用、拆装方法。

（2）常用的低压开关类电器的分类、结构、作用、拆装方法。

（3）低压熔断器的分类、选择、结构、作用、拆装方法。

（4）接触器的分类、选择、结构、作用、电路的安装调试及维修方法。

（5）电气控制的基本规律，自锁、互锁的作用。

# 思考与练习四

1. 常用低压电器怎样分类？它们各有哪些用途？

2. 按钮由哪几部分组成？按钮的作用是什么？

3. 行程开关主要由哪几部分组成？它有什么作用？

4. 试述胶盖闸刀开关和铁壳开关的基本结构及用途。

5. 试述转换开关的主要结构及用途。

6. 装置式、万能式自动开关主要由哪些部分构成？它的热脱扣器、失压脱扣器是怎样工作的？

7. 自动开关用途有哪些？与熔断器的作用有哪些不同？

8. 简述插入式、螺旋式、填料封闭管式熔断器的基本结构及各部分作用。并说明怎样选用熔断器。

9. 交流接触器由哪几大部分组成？说明各部分的作用。

10. 简述交流接触器的工作原理及选用原则。

11. 交流接触器与直流接触器是根据什么划分的？相对交流接触器，直流接触器在结构上有哪些不同？

12. 简述热继电器的主要结构和工作原理。为什么热继电器不能对电路进行短路保护？

13. 空气阻尼式时间继电器主要由哪几部分组成？说明其延时原理。

14. 中间继电器由哪几部分组成？它在电路中主要起什么作用？

15. 磁力起动器主要由哪几部分组成？它的作用是什么？

16. 低压电器的触头系统有哪些常见故障？可能的原因是什么？怎样检修和排除？

17. 低压电器的电磁系统有哪些常见故障？可能的原因有哪些？怎样检修和排除？

18. 交流接触器有哪些常见故障？可能的原因是什么？怎样排除？

19. 热继电器不动作或误动作的原因有哪些？

20. 空气阻尼式时间继电器有哪些常见故障？怎样检修和排除？

21. 自动开关主要有哪些故障？可能的原因是什么？

22. 电动机过载后，热继电器仍不动作的故障原因是什么？

23. 电动机的起动电流很大，当电动机起动时热继电器是否会动作？为什么？

24. 试简述表 4-25 中可逆磁力起动器的控制接线图的工作原理。

25. 试简述表 4-25 中电动机正反转控制电路图的工作原理。

# 第五章

# 变压器与电动机维修技能训练

## 第一节 变压器的基础知识

### 一、变压器的工作原理

电力变压器借助各侧绕组匝数不同，利用电磁感应的原理将一种等级的交变电压变换为同频率的另一种等级的交变电压。其电压比为：$K=U_1/U_2=N_1/N_2=I_1/I_2$。

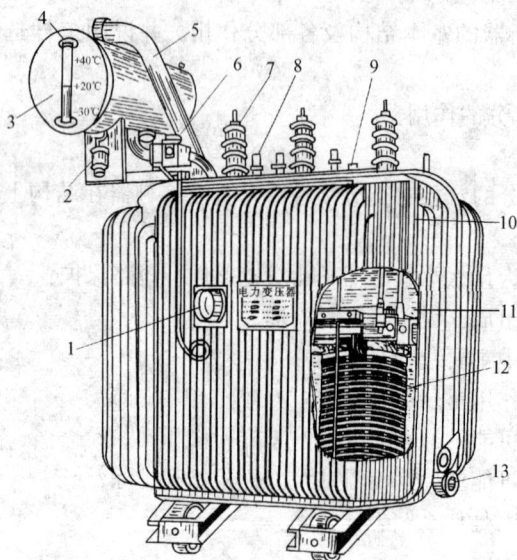

### 二、变压器的基本结构

变压器的主要组成部分是铁芯和绕组，如图5-1所示。

1. 铁芯

铁芯是变压器的主磁路，又作为绕组的支撑骨架。铁芯柱上装有绕组，铁轭是连接两个铁芯柱的部分，其作用是使磁路闭合。为了提高铁芯的导磁性能，减少磁滞和涡流的损耗，铁芯多采用厚度为0.35mm、表面涂有绝缘漆的热轧或冷轧硅钢片叠装而成。铁芯的基本结构有心式和壳式两种，如图5-2所示。

2. 绕组

绕组是变压器的电路部分，常用绝缘铜线或铝线绕制而成，近年来还有用铝箔绕制的。

3. 其他结构附件

其作用是保证变压器的安全和可靠运行。如图5-1所示。

（1）油箱。油浸式变压器的外壳就是油箱，它起着机械支撑、冷却散热和保护的作用。变压器的器身放在装有变压器油的油箱内。变压器油既是绝缘介质，又是冷却介质。

（2）储油柜。储油柜亦称油枕，它是安装在油箱上面的圆筒形容器，它通过连通管与油箱相连，柜内油面高度随油箱内变压器的热胀冷缩而变动，保证器身始终浸在变压器油中。

（3）分接开关。变压器运行时，为了使输出电压控制在允许的变化范围内，通过分接开关改变高压绕组的匝数，从而达到调节输出电压的目的。

（4）绝缘套管。变压器的引出线从油箱内穿过油箱盖时，通过绝缘套管，以使带电的引出线与接地的油绝缘。绝缘套管的结构取于电压等级。为了增加表面的爬电距离，绝缘套管

图 5-1 油浸式电力变压器

1—信号式温度计；2—吸湿器；3—储油柜；4—油表；
5—安全气道；6—气体继电器；7—高压套管；
8—低压套管；9—分接开关；10—油箱；
11—铁芯；12—线圈；13—放油阀门

的外形多做成多级伞形，电压愈高级数愈多。

### 三、三相电力变压器

三相配电变压器的铁芯采用三相三柱式结构，如图 5-3 所示。这种铁芯结构简单，制造工艺性好，使用极为广泛。三相电力变压器线圈广泛采用同心式结构。同心式结构的特点是低压绕组套在铁芯柱上，高压绕组同心地套在低压绕组外面。三相变压器的一、二次绕组接线方式不同，其相位差也不同，但是不论怎样，总是相差 30°的整数倍。因此，可用时钟表示法来表示，短针所指的钟点数即为三相变压器联结组别的标号（指向"12"时，标号为"0"）。联结组别的书写形式是：用

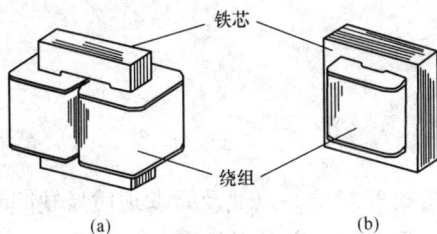

图 5-2 芯式和壳式变压器

(a) 芯式；(b) 壳式

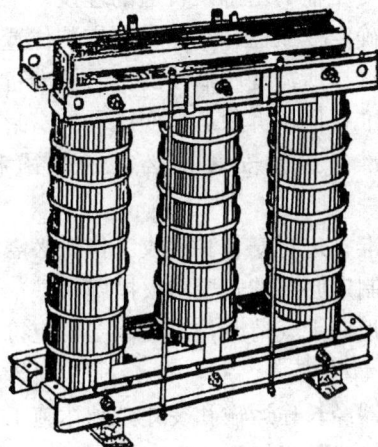

图 5-3 电力变压器的三相三柱式铁芯

大写、小写英文字母依次表示一、二次绕组的接线方式，星形用 Y 或 y。表示有中线引出时，用 $Y_N$ 或 yn 表示；三角形用 D 或 d 表示，在英文字母后写出标号数字。对三相双绕组电力变压器国家标准规定了以下五种联结组别：Yyn0、Yd11、Y Nd11、Y Ny0、Yy0。

## 第二节 变压器的检查与安装操作技能训练

### 一、实训目的

（1）掌握电力变压器的安装方法及步骤。

（2）熟悉电力变压器的检查方法。

（3）培养学员动手操作能力及认真、细致的工作态度。

### 二、工具、设备与材料

100kV·A（10kV）以下油浸式电力变压器；滤油、注油设备；吊车或起吊支架、吊链、起吊绳索等起重设备；钳工、电工工具；枕木、撬杠、油盆、油桶、棉布、砂纸等。

### 三、实训步骤与要求

1. 确定变压器的安装位置

（1）应综合考虑便于变压器运行、安装、检修、运输及负荷发展的需要（一般在五年内的发展规划）。

（2）一般情况下应安装在用电量较大的用户附近。

（3）变压器若单独安装在横担或台上时，应尽量躲开下述情况的电杆：大转角电杆、分枝电杆及装有柱上油开关的刀闸、高压引下线、电缆的电杆、低压架空线、接户线多的电杆，以及不便于巡视、检查、测量负荷和大修、小修吊装变压器的电杆。

2. 安装前的准备工作

（1）选择安装前变压器及其组件的存放方式和地点。

（2）变压器的基础及轨道的埋设。

（3）确定变压器卸车和移到安装位置的办法。

（4）选择所需变压器油的型号及准备方法。

（5）准备用于拆除运输变压器的密封组件的场地，并确定在此期间保证绝缘完好。

（6）准备进行安装所必需的起吊和工艺设备、测量仪器、装备、工器具及辅助材料。

（7）准备进行安装和验收工作所必需的技术文件。

（8）制定必要的安全防火措施。

（9）近期天气情况，温度、湿度应符合规程要求。

3. 开箱检查

变压器经长途运输和装卸，到达施工现场后，应进行开箱检查以便及时发现质量缺陷和由于运输造成的损坏和丢失。检查时，应有电厂、制造厂和施工单位共同参加。

变压器零部件开箱检查的主要内容有：

（1）变压器的型号规格是否与设计相符。

（2）变压器的外壳是否有机械损伤及渗漏情况。

（3）各入孔、套管孔、散热器蝶阀等处的密封是否严密，螺丝是否坚固等。带油运输的变压器储油柜油位是否正常。充氮运输的应坚持箱内应为正压，其压力为0.01~0.03MPa。

（4）变压器出厂资料齐全。如设备图纸、安装使用说明书、出厂试验报告、出厂合格证以及装箱清单等资料均应具备。

（5）绝缘油应储藏在密封清洁的专用油罐或容器内。

（6）按装箱清单检查附件应齐全。

（7）装有冲击记录仪的设备，变压器到达现场后，应立即检查并记录设备在运输和装卸中的受冲击情况。

（8）通过检查判断变压器有无受损可能，如发现问题应及时处理，并做好记录。

4. 变压器的安装

（1）变压器就位。①按预定位置将变压器就位，细调位置。注意在就位过程中要确保器体不受损伤，也不能剧烈振动，要设置缓冲措施。②调整水平。如变压器装有气体继电器，则应使变压器上盖沿气体继电器方向有1.0%~1.5%的升高坡度。

（2）接引高、低压母线，并注意是否符合技术要求，是否满足其安全距离。

（3）检查变压器及其各附件并确认没有损伤和撞击。

（4）清理现场，确保工作现场无遗留的危及投入变压器运行的设备和杂物。

**四、评分标准**

10kV变压器的检查与安装技能考试项目及评分标准见表5-1。

**表 5-1**　　　　　　　**10kV 变压器的检查与安装技能考试项目及评分标准**

| 姓名 | | | 学号 | | 班级 | | 总分 100 分 | | |
|---|---|---|---|---|---|---|---|---|---|
| 时间定额 | | | 实际操作<br>时间 | | 超时 | | 考试<br>日期 | | |
| 考核项目 | 考核内容及要求 | | 配分 | 评分标准 | | 扣分 | 得分 | | 备注 |
| 主<br><br>要<br><br>项<br><br>目 | 一、设备、材料准备、选用正确、戴安全帽 | | 10 | (1) 违反一项扣 5 分<br>(2) 不戴安全帽扣 5 分 | | | | | |
| | 二、变压器的检查 | | 10 | 技术资料、变压器本体及各部件的检查并记录，漏一项扣 5 分 | | | | | |
| | 三、变压器的安装 | | 70 | (1) 安装前的准备工作，少一项 5 分<br>(2) 安装<br>1) 按照《配电变压器安装规程》安装，方法正确<br>2) 安装工艺符合规程要求<br>3) 在规定的时间内完成 | | | | | |
| 安全文明操作 | 工作结束整理设备、工具材料并清理现场 | | 10 | (1) 少做一项扣 2 分<br>(2) 违章扣 5 分 | | | | | |

# 第三节　小型变压器故障检测技能训练

**一、实训目的**

(1) 培养学生根据变压器运行中的故障现象判断故障性质的能力。

(2) 掌握变压器故障检测的方法。

**二、工具、设备与材料**

万用表、直流双臂电桥、兆欧表、交流电流表及导线等。

**三、实训步骤与要求**

见表 5-2。

**表 5-2**　　　　　　　　　　　**小型变压器故障检测实训项目**

| 项目 | 故障现象 | 检测方法 | 检测用仪器、仪表及接线图 |
|---|---|---|---|
| 一、变压器绕组开路检测 | 接通变压器一次绕组电源后，二次绕组无电压输出 | (1) 断开电源，将变压器的一、二次绕组接线端从电路中断开<br>(2) 使用万用表的电阻挡分别测量变压器的一次及二次绕组，如果电阻无穷大，则说明该绕组开路，如图所示<br>(3) 检查开路点的位置，如果开路点在引线上，可以更换引出线；如果开路点在绕组上，应修理或重绕绕组 | 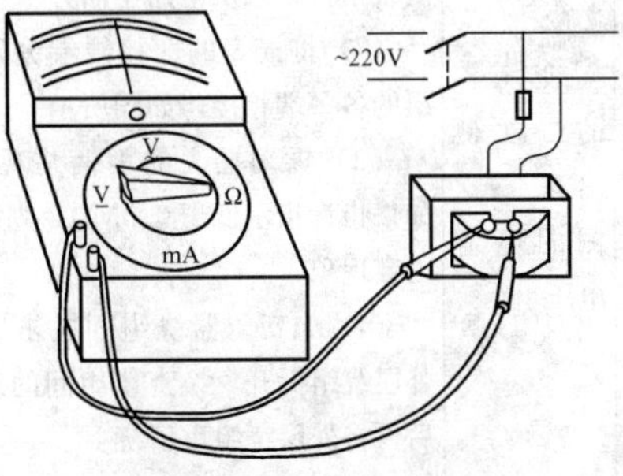 <br>变压器绕组开路检测方法 |

| 项目 | 故障现象 | 检测方法 | 检测用仪器、仪表及接线图 |
|---|---|---|---|
| 二、变压器绕组短路检测 | 断开变压器二次侧的负载，接通额定电压，如果一次绕组电流巨增，则变压器发热，甚至冒烟 | （1）断开电源，将变压器的一、二次绕组接线端从电路中断开<br>（2）将绕组的两端用导线（又粗又短）与电桥的两个外接端钮"R"和"G"相连，如图所示<br>（3）根据所测绕组电阻值选择直流电桥的量程<br>（4）将检流计的短路锁扣开关打开，调节调零旋钮，使指针置于零位，然后使短路锁扣开关复位<br>（5）按下电源按钮<br>（6）接通检流计按钮<br>（7）观察检流计指针，如指针偏离零位，依次拨动比率臂的4个读数盘，直至指针指向零位<br>（8）断开检流计按钮<br>（9）松开电源按钮<br>（10）将比率值与读数盘之值相乘即为被测绕组的实际值<br>（11）所测绕组（圆铜单线）正常电阻值（$R$）的计算方法为<br>$$R = \rho L/S = \rho T \cdot L/S$$<br>式中　$T$——匝数；<br>　　　$L$——每匝长度，m；<br>　　　$\rho$——铜的电阻率，0.081Ωmm²/m；<br>　　　$l$——绕组总长度，m；<br>　　　$S$——导线截面积，mm²<br>（12）若所测绕组电阻小于绕组电阻正常值，则绕组有短路现象 | 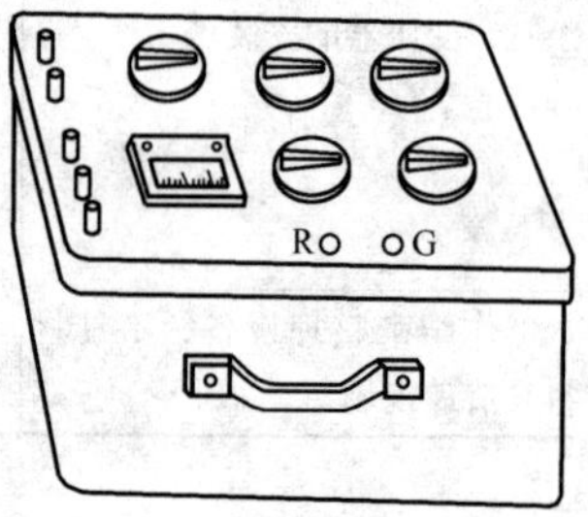 <br>电桥的外形 |
| 三、变压器绕组间击穿检测 | 变压器的二次侧出现一次侧的电源电压 | （1）断开电源，将变压器的一、二次绕组接线端从电路中断开<br>（2）将摇表的两接线端分别与两绕组的各一端相接，如图所示<br>（3）摇动摇表的手柄并观察指针。如果指针指示低于0.5MΩ，则绕组间有击穿现象<br>（4）如变压器绕组间已击穿，应将外层绕组拆开，换上绕组间的绝缘，然后再将外层绕组重新绕上 | 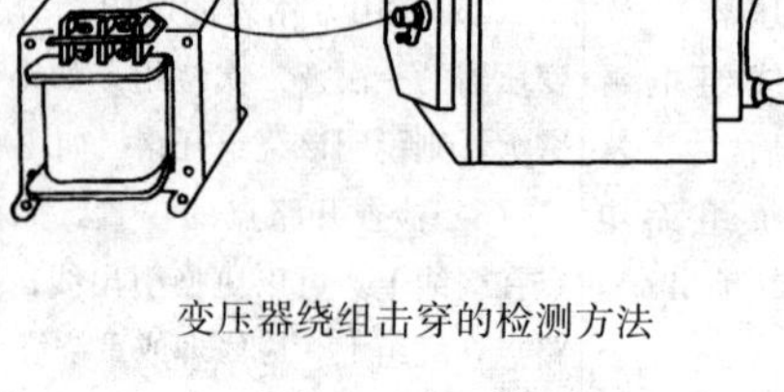 <br>变压器绕组击穿的检测方法 |

续表

| 项目 | 故障现象 | 检测方法 | 检测用仪器、仪表及接线图 |
|---|---|---|---|
| 四、变压器过热 | 在绕组正常的情况下变压器运行时过热 | 1. 负载过大<br>（1）断开电源，将一只2倍于负载额定电流的交流电流表逐次串接于变压器二次绕组的负载之中。<br>（2）接通电源，观察各绕组中电流是否超过额定值，如图所示。<br>（3）减小负载，或更换容量大的变压器。<br>2. 空载电流偏大<br>（1）将待测变压器和电流表串接于调压器的输出电路中。<br>（2）将电压表并联在变压器一次绕组的两个端头上。待测变压器保持空载，如图所示。<br>（3）调节调压器手柄，使输出电压达到待测变压器的额定电压值。<br>（4）观察电流表指针，若数值大于满载电流的10%～15%，则是空载电流偏大引起过热的原因。重绕时必须增加绕组匝数或铁芯截面积。<br>3. 电源电压过高<br>用万用表电压挡测量电源电压，如确实是电压过高，应设法将电压降低 | 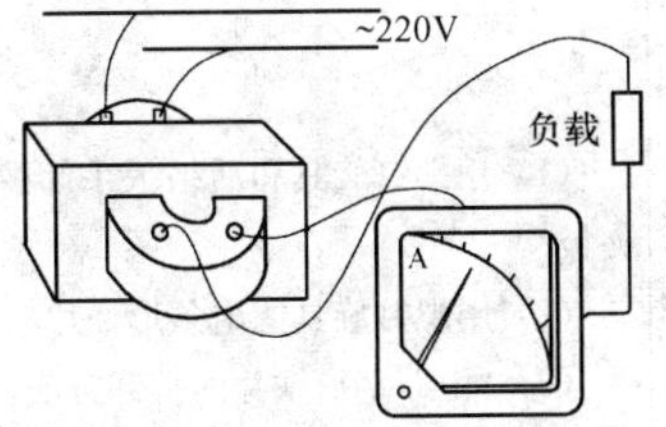 <br>变压器绕组负载过大的检测方法 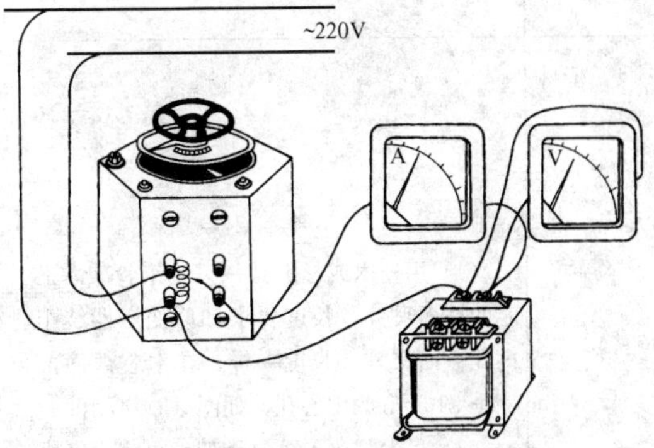<br><br><br>变压器空载电流的检测方法 |

## 第四节　小型变压器绕组的重绕技能训练

### 一、实训目的
（1）掌握变压器绕组重绕的方法。
（2）正确使用工器具。

### 二、工具、设备与材料
见表5-3。

表5-3　　　　小型变压器绕组重绕的工具及材料清单

| 主要工具及仪表 | 主要材料 |
|---|---|
| 绕线机、裁纸刀、橡皮锤、烘箱、浸漆容器、螺丝刀、活络扳手、交流电流、电压表、摇表 | QZ聚酯漆包圆铜线、电话纸、玻璃漆布、绝缘纸和弹性纸 |

### 三、实训步骤与要求
见表5-4。

表 5-4　　　　　　　　　　　　　实 训 步 骤 与 要 求

| 实训项目 | 操 作 步 骤 | 示 意 图 |
|---|---|---|
| 一、拆除变压器铁芯 | （1）用螺钉旋具和活络扳手卸掉螺栓和紧固夹板<br>（2）用螺钉旋具撬出条形插片<br>（3）"山"字形铁片的拆卸方法。<br>　如图（a）、（b）所示 | 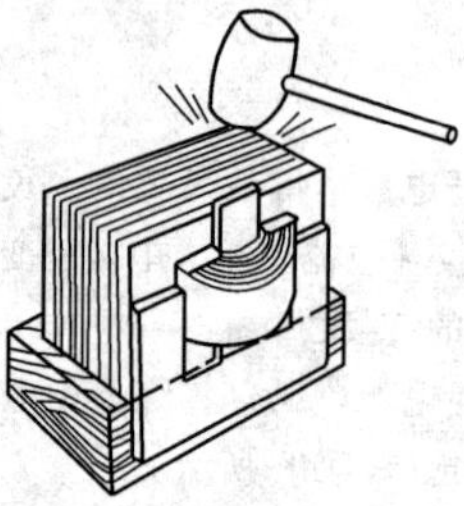 <br>图（a）拆卸方法一 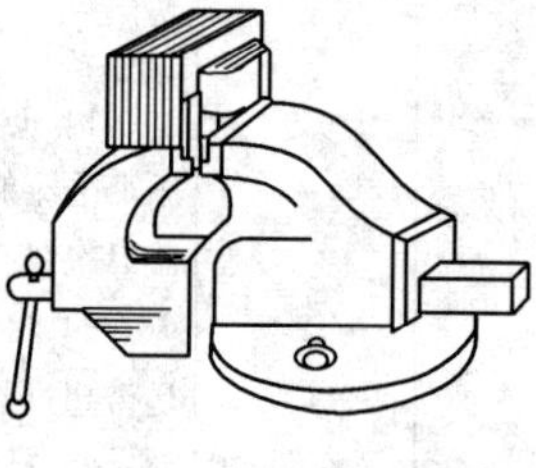　　图（b）拆卸方法二<br>铁芯拆卸方法 |
| 二、拆除变压器绕组 | （1）用杨木或杉木做一只绕组骨架木芯，木芯的截面尺寸、长度要求和原变压器绕组骨架内孔截面尺寸、长度一样，在木芯截面部位钻一个 $\phi 10mm$ 的中心孔，如图（a）所示<br>（2）将木芯放入线包骨架，再将木芯孔穿入绕线机轴并紧固<br>（3）把绕线机的手柄卸下，找出绕组的线头，并将绕线机计数器置于零位<br>（4）用手轻拉线头，绕线机旋转，将导线依次退完，同时记下计数器所记录的圈数，如图（b）所示<br>（5）用千分尺准确测量旧导线完好部分的直径，并记录 | 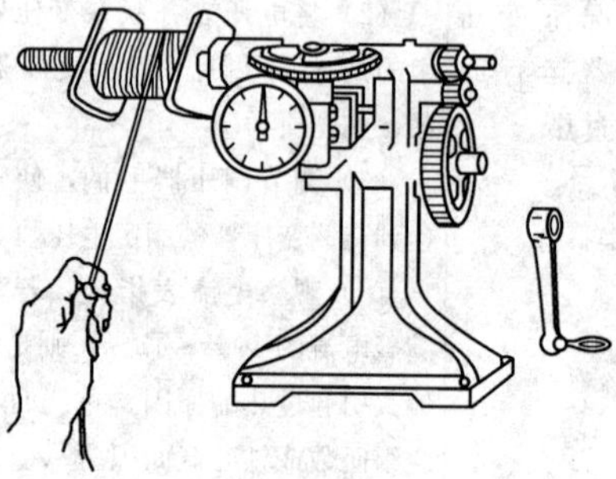 <br>图（a）制作木芯 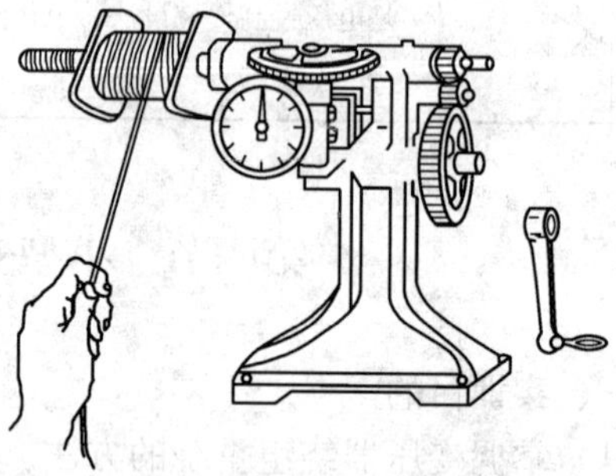<br><br>图（b）绕线机退出绕线 |
| 三、制作绕线骨架 | （1）一般选 $0.5\sim1.5mm$ 厚（$\tau$）的绝缘纸板制作无框纸质骨架<br>（2）绝缘纸板的高度（$h'$）按图所示的木芯高度尺寸 $h$ 选取；长度 $L$ 按木芯截面的长度 $a'$ 和宽度 $b'$ 计算，即<br>$$L = 3a' + 2b' + 4\tau$$<br>如图（a）所示。 | 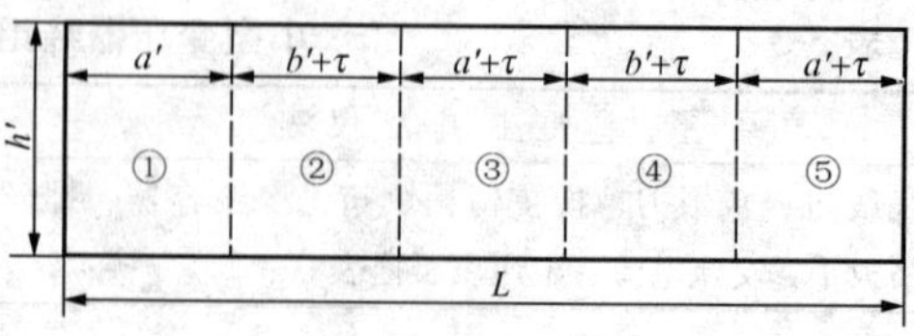 <br>图（a）骨架材料的下料 |

| 实训项目 | 操 作 步 骤 | 示 意 图 |
|---|---|---|
| 三、制作绕线骨架 | （3）按图（a）中虚线所示，用电工刀划出浅沟，沿沟痕把纸板按图（b）折成方形，第①面与⑤面重叠，用胶水粘合 | 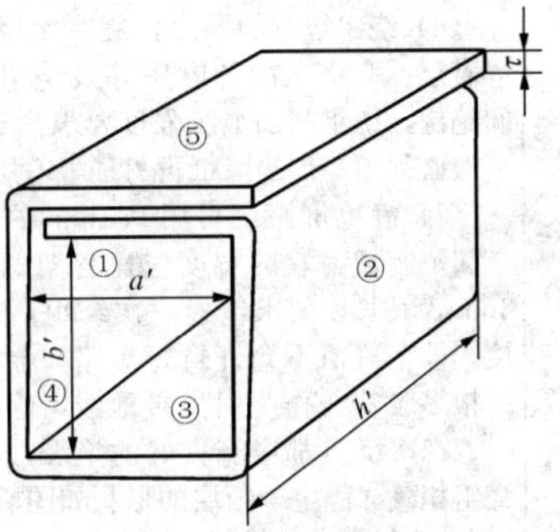 <br>图（b）制成后的骨架 |
| 四、裁剪绝缘纸 | 绝缘纸的宽度要比骨架宽约 2mm，长度要求比所要垫衬的一层线圈的周长长出约5～10mm | |
| 五、绕线 | （1）起绕。先将木芯套入骨架，然后把木芯中心孔穿入绕线机轴并紧固，计数器指针对零<br>（2）在骨架上垫上一层绝缘纸<br>（3）紧固绕组的线头，如图（a）所示。起线时在导线引出头压入一条绝缘带的折条，绕过7～8圈后，抽紧折条，这样往后绕时，前面已绕的线就不会松散<br>（4）紧固绕组的线尾，如图（b）所示。离绕组绕制结束还差7～8圈时，放上一条绝缘折条，压住折条继续绕至结束，将线尾插入折条折缝中，抽紧绝缘折条，线尾就固定住了<br>（5）绕线方法是：绕线时，导线的起点不可过于靠近绕线芯子的边缘，以免导线滑出；左手将导线拉向绕线前进的相反方向约 5°左右；右手顺时针匀速摇动绕线机手柄，拉线的手顺绕线前进方向缓慢移动，以始终保持左右的角度，这样导线就容易排列整齐。每一层绕制结束都要求排列紧密、整齐、不重叠，然后垫上层间绝缘 | 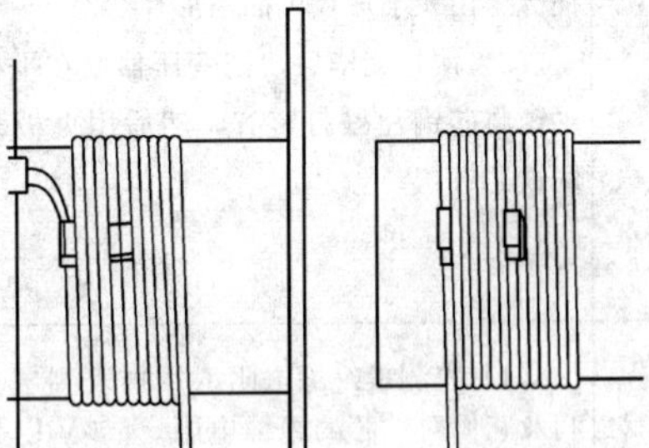 <br>绕组线头与线尾紧固<br>（a）线头紧固；（b）线尾紧固 |

| 实训项目 | 操 作 步 骤 | 示 意 图 |
|---|---|---|
| 五、绕线 | （6）绕组绕制的顺序：绕一次绕组——静电屏蔽层——绕二次各电压等级绕组——垫绕组间绝缘，绕组间的绝缘强度要求高于层间绝缘，一般必须用一层绝缘纸再另加上一层绝缘布<br><br>（7）静电屏蔽层可用 0.1mm 的铜箔或其他金属箔制成。它的宽度应比骨架的长度短 1～3mm，其长度要求包裹一次绕组后两边不得相接，即金属箔不允许自行短路。金属箔上焊接一根多股软线作为引出接地线，静电屏蔽层与一、二次绕组都应有良好的绝缘，不允许与各绕组相碰。静电屏蔽层的形状如图所示<br><br>（8）引出线一般用多股软线焊接后引出，焊接处用绝缘套管封闭<br><br>（9）绕组绕制好后，外层绝缘用 2920 电工纸箔包裹两层，并用胶水粘牢，以起绝缘及保护作用 | 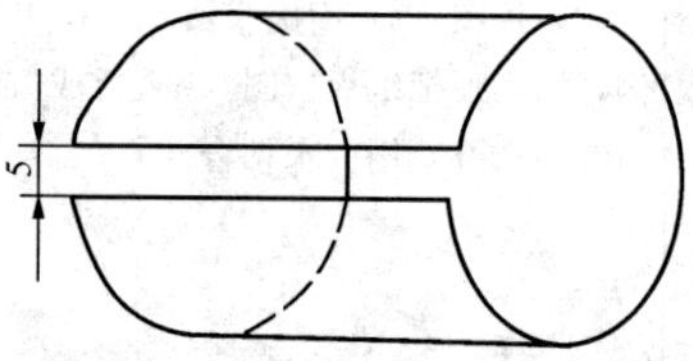 <br>静电屏蔽层的形状 |
| 六、浸漆 | 将绕组放置烘箱中，加温至 70～80℃，预热 12h 左右，取出后立即浸入绝缘清漆中约 20min，然后取出放通风处滴干，再放入烘箱中加热至 80℃左右，烘 24h 取出即可 | |
| 七、铁芯组装 | （1）插（镶）片，如图所示。插片应先插"山"字形片［如图（b）所示］，在绕组两侧一片一片交叉对插。当插到铁芯厚度的中部时，则要两片两片对插。在最后插片时用螺钉旋具撬开缝隙，插入片头，用木锤轻轻敲入。一般插完"山"字形片再插条形片<br><br>（2）镶片完毕后，把变压器放在平板上，用木锤将硅钢片敲打整齐，然后用夹板和螺栓紧固铁芯 | 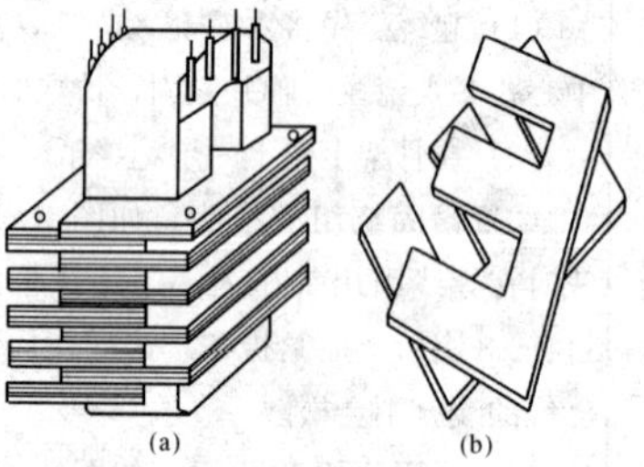 <br>（a）　　　　　　　（b）<br>插片<br>（a）铁芯与插片；（b）"山"字形插片 |
| 八、测试 | （1）先测量绝缘电阻。用摇表测量各绕组之间及它们对铁芯的绝缘电阻。500V 以下的变压器，绝缘电阻应不低于 1MΩ<br><br>（2）测量空载电流。将电流表串接于变压器一次电路中，二次绕组开路，给一次绕组加额定电压值，此时的空载电流不应大于额定电流的 10%。如超过该值，则变压器损耗将增大。当超过 20% 时，它的温升将超过允许值，此变压器就不能再使用<br><br>（3）测量空载电压。变压器一次绕组加额定电压，二次绕组空载，用万用表交流电压挡分别测量各绕组电压，通常应在额定电压的 5%～10% 范围内<br><br>（4）要求空载测试时应无异常噪声 | |

# 第五节 电动机的基础知识

**一、三相异步电动机的工作原理**

当定子槽中三相对称绕组接通三相电源后，在定、转子之间的气隙内建立一同步速为 $n_1$ 的旋转磁场。磁场旋转时在转子导体中产生感应电动势，其方向可由右手定则确定。磁场顺时针方向旋转，导体相对磁极为逆时针方向切割磁力线。转子上半边导体感应电动势的方向为出来的，用 $\odot$ 表示；下半边导体感应电动势的方向为进去的，用 $\oplus$ 表示。因转子绕组是闭合的，导体中有电流，电流方向与电动势相同。载流导体在磁场中要受到电磁力作用，其方向由左手定则确定，如图 5-4 所示。这样，在转子导条上形成一个顺时针方向的电磁转矩，拖动转子顺时针方向转动。

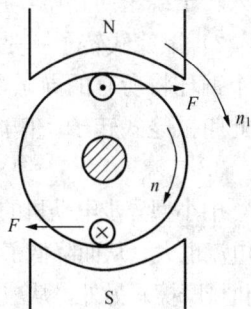

图 5-4 三相异步电动机的原理图

**二、三相异步电动机的结构**

三相异步电动机主要由定子、转子及气隙组成，如图 5-5 所示。

1. 异步电动机的定子

主要由机座、定子铁芯和定子绕组三部分组成。

(1) 机座，主要是固定与支撑定子铁芯，它必须具备足够的机械强度和刚度。另外它也是电动机磁路的一部分。铭牌安装在机座的外壳上。

(2) 定子铁芯，是异步电动机磁路的一部分，铁芯内圆上冲有均匀分布的槽，用以嵌放定子绕组。为降低损耗，定子铁芯用 0.5mm 厚的硅钢片叠装而成，硅钢片的两面涂有绝缘漆。

(3) 定子绕组，是对称三相绕组，当通入三相交流电时，能产生旋转磁场，并与转子绕组相互作用，实现能量的转换与传递。

2. 异步电动机的转子

主要由转子铁芯、转子绕组及转轴等部件组成。它的作用是带动其他机械设备旋转。

(1) 转子铁芯，是电动机磁路的一部

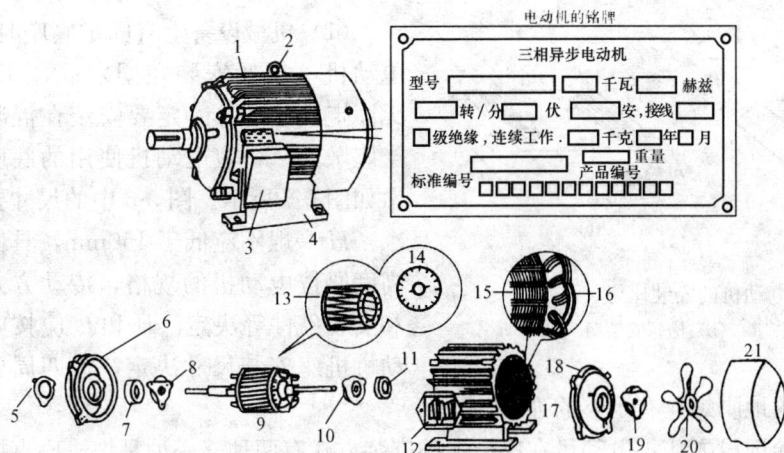

图 5-5 笼型三相异步电动机的典型结构

1—散热筋；2—吊环；3—接线盒；4—机座；5—前轴承外盖；6—前端盖；7—前轴承；
8—前轴承内盖；9—转子；10—后轴承内盖；11—后轴承；12—接线盒；
13—鼠笼；14—转子铁芯；15—定子铁芯；16—绕组；17—定子；
18—后端盖；19—后轴承外盖；20—风叶；21—风罩

分，在转子铁芯外圆均匀地冲有许多槽，用来嵌放转子绕组。转子铁芯也是用 0.5mm 厚的硅钢片叠压而成，整个转子铁芯固定在转轴上。

（2）转子绕组，可分为绕线式和鼠笼式转子两种。

1）绕线式转子：将其嵌放在转子铁芯槽内的对称三相绕组，通常采用 Y 形联结。转子绕组的 3 条引线分别接到 3 个滑环上，用一套电刷装置，以便与外电组接通。一般把外电组串入转子绕组回路中，用以改善电动机的运行性能。

2）鼠笼式转子：是一个短路绕组。在转子的每个槽内放置一根导条，在铁芯的两端用两个铜环将所有的导条都短接起来。如果把转子铁芯去掉，剩下的绕组形状像个松鼠笼子，因此叫鼠笼式转子。槽内导条材料有铜的，也有铝的。

3. 气隙

中小型异步电动机的气隙一般为 0.12～2mm。异步电动机的气隙过大，磁阻也大，要求的励磁电流也大，从而降低了异步电动机的功率因数。但气隙过小装配困难，转子还有可能与定子发生机械摩擦。另外，从减少附加损耗及高次谐波磁势产生的磁通来看，气隙大点又有好处。

## 第六节　电动机的安装与接线技能训练

### 一、电动机的安装

（一）机座的安装

为了使电动机能平稳地运转，必须把电动机平正而牢固地安装在底座上。安装时应掌握以下的方法。

电动机与底座的安装时为防止振动，须在电动机与底座间衬垫一层坚韧的木板或硬橡皮等防振物；4 个紧固螺栓上均要套弹簧垫圈；拧紧螺母时要按对角线交错依次逐步拧紧，每个螺母要拧得一样紧。

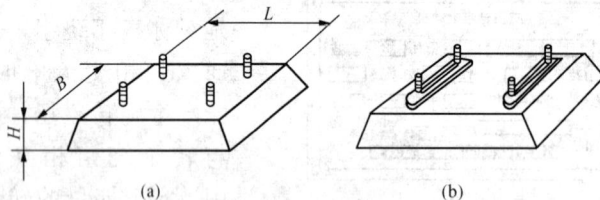

图 5-6　电动机的安装座墩
(a) 直接安装墩；(b) 槽轨安装墩

（1）机械设备上有固定底座时，电动机一定要安装在固定底座上；无固定底座的，一定要安装在混凝土座墩上。一般电动机使用的底座墩如图 5-6 所示。图 5-6 中的尺寸要求：H 一般不应低于 150mm，具体高度要按电动机的规格、传动方式和安装条件等决定。B 和 L 应按电动机机座安装尺寸决定，但四周要留出裕度，以保证埋设的地脚螺栓有足够的强度。

（2）座墩的地脚螺栓埋设方法：电动机在座墩上的安装方式有两种，一种是把机座直接安装在座墩上，其形式如图 5-6（a）所示；另一种是在座墩上先安装槽轨，然后把电动机安装在槽轨上，其结构形式如图 5-6（b）所示，这种结构，便于更换电动机时安装调整。地脚螺栓的尺寸位置必须与电动机机座（或槽轨）安装孔的尺寸一致。

为保证地脚螺栓埋设牢固，用来做地脚螺栓的六角头一端，要做成人字形开口，如图 5-7 所示。埋入混凝土长度一般是螺栓直径的 10 倍左右，人字形长度约是埋入长度的一半左右。

（二）电动机传动装置的安装

传动装置安装质量不好，会增加电动机的负载，严重时要烧坏电动机的绕组和损坏电动机的轴承。

1. 齿轮传动安装时要注意的事项

（1）安装的齿轮与电动机要配套，转轴的纵横尺寸要配合安装齿轮的尺寸。

（2）所装齿轮的模数、直径和齿形等应与被动轮配套。

图 5-7　地脚螺栓

（3）齿轮装上后，要检查啮合情况，不要有过松或过紧的情况，中心不应偏移。

2. 皮带传动

有三角皮带和平皮带两种，安装时要注意下列各点：

（1）电动机机座与底座间衬垫的防振物不可太厚，否则要影响两个皮带轮的间距。尤其是三角皮带轮，更是如此。

（2）两个皮带轮的直径大小必须配套。

（3）两个皮带轮要装在一条直线上，两轴要装得平行。

（4）塔形三角皮带必须装成一正一反，否则不能进行调速。

（5）平皮带的接头必须正确，皮带扣得正反面不应搞错；平皮带装上皮带轮时，应按图 5-8 所示的方法安装，正反面不可搞错。

3. 联轴节传动

常用的是弹性联轴节，其安装步骤和方法如下：

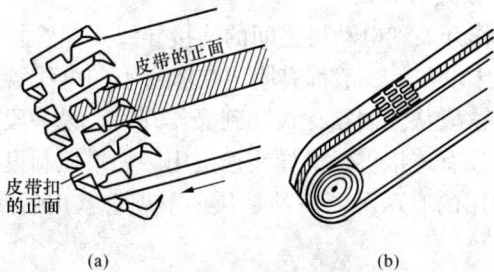

图 5-8　平皮带的安装

（a）皮带口必须正面安装；（b）皮带正面应装在外面

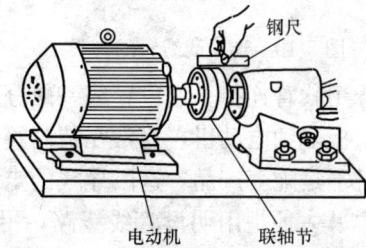

图 5-9　连接轴的安装

（1）先把两半片联轴节分别装在两机的轴上，然后把电动机移近连接处。

（2）移动电动机使两轴相对地面处于一条直线上，初步拧紧电动机机座的安装螺栓，但不要拧得太紧。

（3）按图 5-9 所示方法将钢尺搁在两半片联轴节上，然后用手转动电动机转轴，旋转 180°，看两半片联轴节是否有高低。若有高低应予以纠正，纠正方法是增减电动机机座下面防振物的厚度，直至高低一致。说明两机已处于同轴心状态，便可把联轴节和电动机分别固定，拧紧安装螺栓和螺帽。

（三）电动机操作开关的安装

操作开关必须安装在操作时能监视到的电动机起动和被拖动机械运转情况的位置上；各

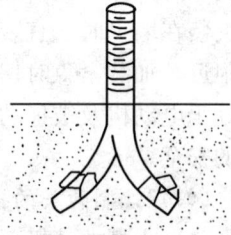

种机床的操作开关必须装在最便于操作，又不易被人体或工件等触碰产生误动作的位置上。开关装在墙上时，宜装在电动机右侧。如果开关需要装在远离电动机的地方，则必须在电动机附近，加装紧急时切断电源用的应急开关；同时还要加装开关合闸前的预示警告装置，以便处于电动机及被拖动机械周围的人得到警告。操作开关的安装位置，还应保证操作者操作时的安全。

（四）控制开关的安装

（1）小型电动机不需作频繁操作的，或不需作换向和变速操作，一般只需一个开关。

（2）需频繁操作的，或需进行换向和变速操作的则需装两个开关（称两级控制），前一个开关作控制电源用，叫控制开关，常采用铁壳开关、空气自动开关和转换开关。后一个开关用来直接操纵电动机的叫操作开关。如果采用起动器的，则起动器就是操作开关。凡采用无明显分断点的开关，如电磁开关，必须装两个开关，在前一级装一个有明显分断点的开关，如刀开关、转换开关等作控制开关。凡容易产生误动作的开关，如手柄倒顺开关、按钮开关等，也必须在前一级加装控制开关，以防开关误动作而造成事故。

（五）熔断器的安装

熔断器必须与开关设备装在同一块木台上，或同一个控制箱内。凡作为保护用的熔断器，必须装在控制开关的后级和操作开关（包括起动开关）的前级。

## 二、电动机的接线

指操作开关（或控制开关）到电动机之间导线的连接，安装要求和方法如下。

### 1. 导线的敷设

操作开关到电动机之间的连接导线要穿管加以保护，机床设备上一般都有固定在床身上的电线管，活

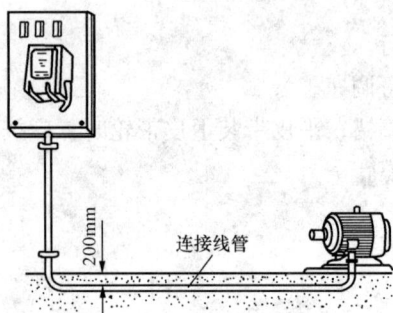

图 5-10　连接线线管的埋设

动部分用软管连接。这段导线一般分成两段，一段从控制箱（板）到操作开关，另一段从控制箱（板）到电动机，通常在控制箱（板）内设有连接桩，供导线连接用。如果控制设备和电动机不是配套产品，这段导线的走线形式常用的有两种，一种是从地下埋管（用后壁管）通过；另一种是用明设管线线路，沿建筑面敷设到电动机。前一种应用较多，其管线的埋设形式如图 5-10 所示。

### 2. 电动机接线盒的连接

电动机接线盒中都有一块接线板，三相绕组的六个线头排成上下两排，并规定上排三个接线桩自左至右的编号为1、2、3，下排自左至右的编号为6、4、5。接线桩排列如图 5-11（a）所示，凡制造和维修时必须按这个序号排列。

在电网额定电压既定的条件下，根据电动机铭牌标明的额定电压与接法的关系，决定电动机接线桩的连接方法。如铭

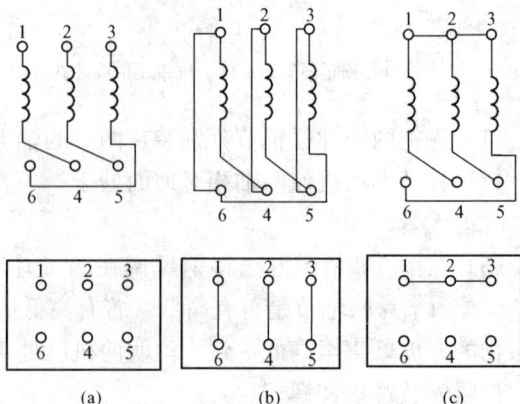

图 5-11　连接轴的安装

(a) 接线柱的排列；(b) △联结；(c) Y联结

牌标出 380V△联结时，应按图 5-12（b）所示的方法联结；如铭牌标出 380VY 形联结时，应按图 5-12（c）所示的方法联结。把来自操作开关的 3 根导线的线头分别与 6、4、5 连接（一般情况下电动机接线盒出线口都开在下方，接下排方便）。如果电动机出现反转，可把任意两根导线的线头对换，接线桩位置即会顺转。

线头连接前，应把从线管口到接线桩这段导线（6 根或 3 根）用绝缘带包扎在一起，要缠包两层，应从近管口处缠起，要封塞管口，以防水和杂物落入管内。如果线管口与接线盒有衔接结构的，则不需包缠。

3. 操作开关（或控制开关）的连接

（1）与自动空气开关、负荷刀开关或瓷底胶盖刀开关连接时，来自电动机的 3 个连接线头，必须依相序与开关的动触头接线桩连接。

（2）在与星-三角形起动器连接时，来自电动机的 6 个连接线线头要对应连接。

## 第七节　电动机的故障与检修技能训练

电动机的故障一般分为电气故障和机械故障两类。电气方面除了电源、线路及起动控制设备的故障外，其余的均属于电动机本身的故障；机械方面包括被电动机拖动的机械设备和传动结构（如联轴器等）的故障，基础和安装方面的问题，以及电动机本身的机械结构故障。这里只介绍电动机本身的电气故障和机械结构故障。

### 一、异步电动机的故障分析与处理

异步电动机的故障分析与处理见表 5-5。

表 5-5　　　　　　　　　　　　异步电动机的故障分析与处理方法

| 故障现象 | 故障原因 | 处理方法 |
|---|---|---|
| 不能起动 | （1）定子绕组相间短路、接地以及定、转子绕组短路<br>（2）定子绕组接线错误<br>（3）负载过重<br>（4）轴承损坏或有异物卡住 | （1）查找断路、短路、接地的部位，进行修复<br>（2）查找定子绕组接线，加以纠正<br>（3）减轻负载<br>（4）更换轴承或清除异物 |
| 起动后无力、转速较低 | （1）定子绕组短路<br>（2）定子绕组接线错误<br>（3）笼型转子断条或端环断裂<br>（4）绕线型转子绕组一相断路<br>（5）绕线型集电环或电刷接触不良 | （1）查找断路的部位，进行修复<br>（2）检查定子绕组接线，加以纠正<br>（3）更换铸铝转子或更换、补焊铜条与端环<br>（4）查找断路处，进行修复<br>（5）清理与修理集电环，调整电刷压力或更换电刷 |
| 运转声音不正常 | （1）定子绕组局部短路时接地<br>（2）定子绕组接线错误<br>（3）定、转子绕组相擦<br>（4）轴承损坏或润滑脂干涸 | （1）查找断路或接地的部位，进行修复<br>（2）检查定子绕组，加以纠正<br>（3）检查定、转子相擦原因及铁芯是否松动，并进行修复<br>（4）更换轴承或润滑脂 |

续表

| 故障现象 | 故 障 原 因 | 处 理 方 法 |
|---|---|---|
| 过热或冒烟 | (1) 电动机过载<br>(2) 电源电压较电动机的额定电压过高或过低<br>(3) 定子铁芯部分硅钢片之间绝缘不良或有毛刺<br>(4) 由于转子在运转时和定子相擦致使定子局部过热<br>(5) 电动机的通风不好<br>(6) 电动机周围环境温度过高<br>(7) 定子绕组有短路或接地故障<br>(8) 重绕线圈后的电动机由于接线错误或绕制线圈时匝数错误<br>(9) 运转中的电动机一相断路,如电源断一相或电机绕组断一相 | (1) 应降低负载或换一台容量较大的电动机<br>(2) 应调整电源电压,允许波动范围为5%<br>(3) 拆开电机检修定子铁芯<br>(4) 拆开电动机,抽出转子,检查铁芯是否变形,轴是否弯曲,端盖是否过松,轴承是否磨损<br>(5) 应检查风扇旋转方向,风扇是否脱落,通风孔道是否堵塞<br>(6) 应换以B级或F级绝缘的电机或采用管通风<br>(7) 拆开电动机,抽出转子,用电桥测量各相绕组或各线圈组的直流电阻,或用兆欧表测量对机壳的绝缘电阻,局部或全部更换线圈<br>(8) 正确接法检查或改正<br>(9) 分别检查电源和电动机绕组 |
| 三相电流不平衡 | (1) 三相电源电压不平衡<br>(2) 定子绕组有部分线圈短路,同时线圈局部过热<br>(3) 重换定子绕组后,部分线圈匝数有错误<br>(4) 重换定子绕组后,部分线圈之间接线有错误 | (1) 用电压表测量电源电压<br>(2) 用电流表测量三相电流或用手检查过热的线圈<br>(3) 可用双臂电桥测量各相绕组的直流电阻<br>(4) 应按正确的接线方法改正接线 |
| 空载损耗变大 | (1) 滚动轴承的装配不良,润滑脂的牌号不合适或装得过多<br>(2) 滑动轴承与转轴之间的摩擦阻力过大<br>(3) 电机的风扇或通风管道有故障 | (1) 检查滚动轴承的情况<br>(2) 应检查轴颈和轴承的表面粗糙度、间隙及润滑油的情况<br>(3) 检查电机的风扇或通风管道的情况 |
| 轴承过热 | (1) 轴承损坏或内有异物<br>(2) 润滑脂过多或过少,型号选用不当,质量差<br>(3) 轴装配不良<br>(4) 转轴弯曲 | (1) 更换轴承或清除异物<br>(2) 调整或更换润滑脂<br>(3) 检查轴承或转轴、轴承与端盖的配合状况,进行调整或修复<br>(4) 检查转轴弯曲状况,进行修复或调换 |
| 绕线型电动机集电环火花过大 | (1) 集电环上有污垢杂物<br>(2) 电刷型号或尺寸不符合要求<br>(3) 电刷的压力太小、电刷卡住或放置不正 | (1) 清除污垢杂物,灼痕严重或凹凸不平时应进行表面机械加工<br>(2) 更换合适的电刷<br>(3) 调整电刷压力,更换大小适当的电刷或把电刷放正 |
| 外壳带电 | (1) 接地不良<br>(2) 绕组绝缘损坏<br>(3) 绕组受潮<br>(4) 接线板损坏或污垢太多 | (1) 检查故障原因,并采用相应的措施<br>(2) 检查站绝缘损毁的部位,进行修复,并进行绝缘处理<br>(3) 测量绕组绝缘电阻,如阻值太低,应进行干燥处理或绝缘处理<br>(4) 更换或清理接线板 |

**二、三相异步电动机的检修**

为了保证电动机的可靠运行和延长使用寿命，除了做好在运行中的监视和维护外，经过一定时间运行后，还应该进行定期检查和维护保养。通常电动机每年要进行2～3次小修。

（一）电动机的检修项目

1. 定期小修的项目和期限

定期小修一般不拆开电动机，只是对电动机进行清理和检查。小修周期为6～12个月。定期小修的主要项目有以下几种。

（1）清扫电动机外壳，擦除运行中积累的油垢。

（2）测量定子绕组的绝缘电阻，测量后应注意重新接好线，拧紧接头螺母。

（3）检查电动机端盖，地脚螺栓是否紧固，若有松动应拧紧或更换新螺栓。

（4）检查接地线是否可靠。

（5）检查、清扫电动机的通风道及冷却系统。

（6）拆下轴承盖，检查润滑油是否干枯、变质，并及时加油或更换洁净的润滑油。处理完毕，应注意上好轴承盖及紧固螺栓。

（7）检查电动机与负载机械间的传动装置是否良好。

（8）检查电动机的起动和保护装置是否完好。

2. 定期大修的项目和期限

异步电动机的定期大修应结合负载机械的大修进行，大修周期一般为2～3年。定期大修时，需要把电动机全部拆开进行以下项目的检查和检修。

（1）定子的清扫及检修。

1）用压力为0.2～0.3MPa的干净压缩空气吹净通风道和绕组端部的灰尘或杂质，并用棉布蘸汽油擦净绕组端部的油垢，但必须注意防火。如果油垢较厚，可用木板或绝缘板制成的刮片清除。

2）检查外壳、地脚，应无开焊、裂纹和损伤变形。

3）检查铁芯各部位应紧固完整，没有过热变色、锈斑、磨损、变形、折断和松动等异常现象。铁芯的松紧可用小刀片或螺丝刀插试，若有松动现象，应在松弛处打入绝缘板制成的楔子。若发现铁芯有局部过热烧成蓝色痕迹，应进行处理并做铁芯发热试验。

4）检查槽契是否有松动、断裂、变形等现象，并用小木锤轻轻敲击应无空振声。如果松动的槽契超过全长的1/3以上，需退出槽契，加绝缘垫后重新打紧。更换槽契后应喷漆或涂漆，并按规定做耐压试验。

5）检查定子绕组端部绝缘有无损坏、过热、漆膜脱落现象，端部绑线、垫块等有无松动。若漆膜有脱落、膨胀、变焦和裂纹等，应刷漆修补。脱落严重时应在彻底清除后重新喷涂绝缘漆，甚至更换绕组。若端部绑线松动或断裂时，应重新绑扎牢固。

6）检查定子绕组引线及端子盒，引线绝缘应完好无损，否则应重新包绝缘。引线鼻子焊接应无虚焊、开焊、引线应无断股。引线接头应紧固无松动。

7）测量定子绕组的绝缘电阻盒吸收比，判断绕组绝缘是否受潮或有无短路。若绕组有短路、接地故障，应进行修理。若绝缘受潮，应根据具体情况和现场条件选用适当的干燥方法进行干燥处理。

（2）转子的清扫及修理。

1）用 0.2～0.30MPa 的干燥压缩空气吹扫转子各部位的积灰，用棉布蘸汽油擦除油垢，再用干净的棉布擦净。

2）检查转子铁芯，应紧密，无锈蚀、损伤和过热变色等现象。

3）检查转子绕组，对笼型转子，导条及短路环应紧固可靠，没有断裂和松动，如发现有开焊、断条等现象应进行修理。对绕线型转子，除检查与定子绕组相同的项目外，还要检查转子两端钢轧带，应紧固可靠，无松动移位、断裂、过热、开焊等自然现象。

4）检查绕线型转子的集电环和电刷装置，检查举刷装置，其动作应灵活可靠，短路环触头应接触良好。

5）风扇叶片应紧固，铆钉齐全丰满，用木锤轻敲叶片，响声应清脆。风扇上的平衡块应紧固无位移。

6）转轴滑动面应清洁光滑，无碰伤、锈斑及椭圆变形。

（3）轴承的清洗及检修。

1）清除轴承内的旧润滑油，用汽油或煤油清洗后，再用干净的棉布擦拭干净。清洗后不得将刷毛或布丝遗留在轴承内。

2）对清洗后的轴承进行仔细检查。滑动轴承瓦胎与钨金应紧密结合，钨金面应圆滑光亮，无沙眼、碰伤等现象。滚动轴承内、外圈应光滑，无伤痕、裂纹和锈迹，用手拨转应转动灵活，无卡涩、制动、摇摆及窜动等缺陷。否则应进行修理或更换。

3）测量轴承间隙。滑动轴承的间隙可用塞尺或铅丝测量。若测得轴承间隙超过规定值，应进行修理或更换新轴承。

4）检查轴承盖、轴承、放油门及轴头等接合部位，应严密，无甩油现象。

（4）冷却系统的清扫及检修。

1）用压缩空气吹扫通风道及冷却器表面的积灰和杂物，并用棉布擦除油垢。

2）检查空气导管、风门，应密封，无泄露现象。

3）检修空气冷却器。

## 第八节　三相笼型异步电动机的拆装技能训练

### 一、实训目的

掌握三相笼型异步电动机拆卸和装配技术，通过拆装训练加深对异步电动机结构的了解。

### 二、工具、设备与材料

10kW 以下笼型异步电动机；起重设备；拉轴器；大小扳手、铁锤、木锤、螺丝刀、套筒、螺丝刀、套筒、撬棍、铜棒、钢管、厚木板、毛刷；汽油或煤油、油盆、棉布、钙基润滑脂等。

### 三、实训步骤与要求

（一）电动机拆卸主要步骤

（1）切断电源，拆开电动机与电源连接线，并对电源线线头作好绝缘处理。

（2）脱开皮带轮或联轴器，松掉地脚螺栓和接地线螺栓。

（3）拆卸皮带轮或联轴器。

（4）拆卸风罩风扇。

（5）拆卸轴承盖和端盖；绕线式电动机，先提起和拆除电刷、电刷架和引出线。

（6）抽出或吊出转子。

（7）拆卸前后轴承及轴承内盖。

**（二）电动机装配主要步骤**

电动机的装配工序按拆卸时的逆顺序进行。装配前各处要先清理除锈。装配时应将各部件按拆卸时所作标记复位。

## 四、注意事项

（1）电动机拆卸和装配必须小心仔细，不得损坏零部件。

（2）在拆卸端盖前，不要忘记在端盖与机座的接缝处做好标记。绕线式电动机在拆卸刷架前应做好标记。

（3）抽出转子和安装转子时，动作不要过急，防止碰坏定子绕组。

（4）紧固端盖螺栓时，必须四周用力均匀，要接对角线上下逐步拧紧。

（5）操作时要注意安全。

## 五、三相笼型异步电动机拆装实训记录

三相笼型异步电动机拆装实训记录见表 5-6。

表 5-6 　　　　　　　　　　　　　　　　电动机拆装记录表

| 序号 | 实训内容 | 工艺要点记录 | 结论 |
|---|---|---|---|
| 1 | 拆装前的准备工作 | （1）检查实训用工具、材料及设备是否准备齐全_____<br>（2）拆卸前应作的标记：①电源线在接线盒中的相序____；②联轴器或皮带轮与轴台的距离____ mm；③机座在基础上的位置____；④端盖与轴承盖和机座之间的记号_____ | |
| 2 | 拆卸顺序 | （1）_____ （2）_____<br>（3）_____ （4）_____<br>（5）_____ | |
| 3 | 拆卸皮带轮或轴联器 | （1）使用工具_____<br>（2）操作要点_____ | |
| 4 | 风罩和风扇的拆卸 | （1）使用工具_____<br>（2）操作要点_____ | |
| 5 | 端盖的拆卸与装配 | （1）使用工具_____<br>（2）操作要点_____ | |
| 6 | 轴承的拆卸与装配 | （1）使用工具_____<br>（2）操作要点_____ | |
| 7 | 抽穿转子 | （1）使用工具_____<br>（2）操作要点_____ | |

## 六、评分标准

三相笼型异步电动机拆装技能考试试题及评分标准见表 5-7。

**表 5-7**　　　　　　　　三相笼型异步电动机拆装技能考试试题及评分标准

| 姓名 | | 学号 | | 班级 | | 总分100分 | | |
|---|---|---|---|---|---|---|---|---|
| 时间定额 | | 实际操作时间 | | 超时 | | 考试日期 | | |
| 考核项目 | 考核内容及要求 | 配分 | | 评分标准 | | 扣分 | 得分 | 备注 |
| 主要项目 | (1) 工具、材料准备、选用正确、着装正确 | 10 | | 违反一项扣5分 | | | | |
| | (2) 拆装顺序正确 | 20 | | 每错一次扣5分 | | | | |
| | (3) 不损伤零件 | 10 | | 损伤一处扣5分 | | | | |
| | (4) 清洁电机 | 10 | | 零部件清洁不干净扣5～10分 | | | | |
| | (5) 轴承清洗、加油 | 10 | | 轴承清洁不干净、加润滑脂不当扣5～10分 | | | | |
| | (6) 使用工具正确 | 10 | | 工具使用不当酌情扣5～10分 | | | | |
| | (7) 装配质量 | 20 | | 缺（多）件或转子转动不灵活而返工一次扣5～10分 | | | | |
| 安全文明操作 | (1) 工作结束整理工具、材料并清理现场 (2) 操作过程中工具、材料不乱扔 | 10 | | (1) 不清理现场、整理工具，每项扣2分 (2) 违章扣5分 | | | | |

## 第九节　三相异步电动机绕组首末端判别技能训练

### 一、实训目的

掌握三相异步电动机定子绕组首末端判别的方法，对电动机定子绕组进行正确的星形或三角形联结。

### 二、工具、设备与材料

三相笼型异步电动机、万用表、干电池、36V安全变压器、灯泡和导线等。

### 三、实训步骤与要求

实训步骤与要求见表5-8。

**表 5-8**　　　　　　　　　　实 训 步 骤 与 要 求

| 实训项目 | 实 训 步 骤 | 相 关 接 线 图 |
|---|---|---|
| 一、用万用表毫安挡判别 | (1) 用万用表欧姆挡找出三相绕组每相绕组的两个引出线头，假设编号为 U1、U2、V1、V2、W1、W2 (2) 将三相绕组假设的三首三尾分别连在一起，接上万用表，用毫安挡或微安挡测量，如图所示 (3) 用手转动电动机转子，若万用表指针不动，则假设的首尾端均正确。若万用表指针动，则假设的首尾端有错，应逐相对调重测，直到万用表指针不动为止，此时连接在一起的三首三尾正确 | 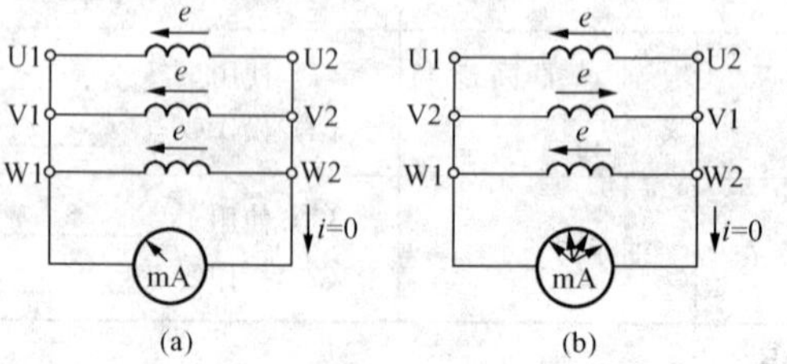 <br>万用表判别电动机定子绕组首末端方法 |

续表

| 实训项目 | 实 训 步 骤 | 相 关 接 线 图 |
|---|---|---|
| 二、用万用表和电池判别 | （1）用万用表欧姆挡找出三相绕组每相绕组的两个引出线头，假设编号为U1、U2、V1、V2、W1、W2<br>（2）将任意一相绕组接万用表毫安（或微安）挡，另选一相绕组，用该相绕组的两个引线头分别碰触干电池的正、负极，若万用表指针正偏转，则接干电池的负极引出线头与万用表的红棒为首（或尾）端，如图所示<br>（3）照此方法找出第三相绕组的首（或尾）端 | 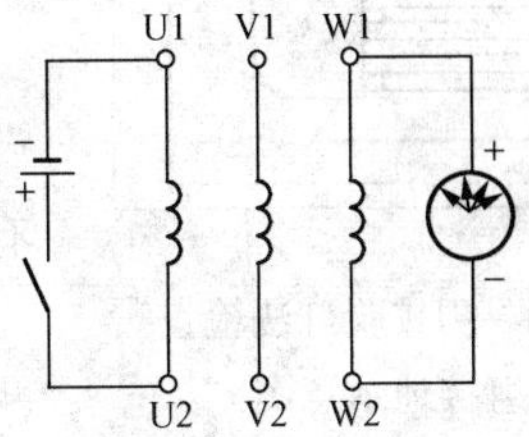 <br>用万用表和电池判别定子绕组首尾端 |
| 三、用36V交流电和灯泡判别 | （1）按图接线<br>（2）灯泡亮为两相首尾相连，灯泡不亮为两相首首或尾尾相连<br>（3）为避免因接触不良造成误判别，当灯泡不亮时最好对调引出线头的接线，再重新测试一次，以灯泡亮为准来判别绕组的首尾端 | 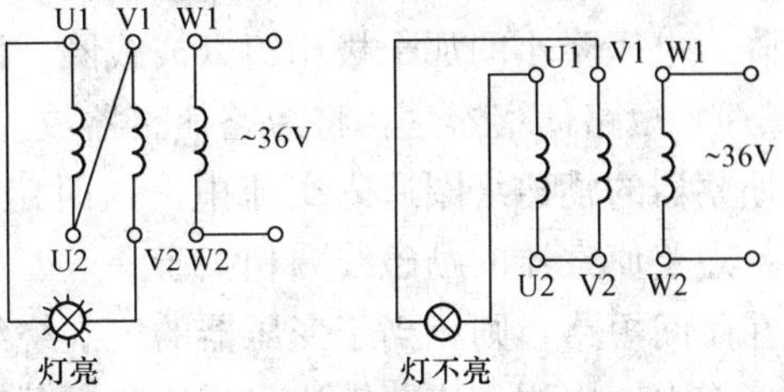 <br>图(a)　　　　　图(b)<br>用36V交流电和灯泡判别定子绕组首尾端 |

## 第十节　三相笼型异步电动机的故障分析与检修技能训练
### （以定子绕组故障为例）

**一、实训目的**
(1) 根据三相笼型电动机在运行中出现的异常情况作故障分析并能提出处理意见。
(2) 熟悉现场的检查步骤及检修方法。
(3) 培养学员动手操作能力及认真、细致的工作态度。
**二、工具、设备与材料**
(1) 预先设置故障的三相型异步电动机。
(2) 万用表、单臂或双臂电桥。
(3) 短路侦察器、灯泡、电烙铁、烙铁架、划线板、木锤、剪刀。
(4) 常用电工工具。
(5) 绝缘纸、绝缘套管、导线、绝缘漆。
(6) 烘烤设备。
**三、实训步骤与要求**
**（一）定子绕组的检修**
1. 定子绕组接地故障的检修
(1) 接地故障的检查方法：校验灯法，如图5-12所示。

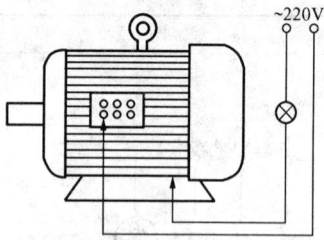

图 5-12　用校验灯法检查
绕组接地示意图

（2）绕组接地的检修工艺。

①若绕组绝缘已经老化变质、发脆、脱落时，应拆除绕组进行重绕。②其他情况可进行局部修理。

2. 定子绕组短路故障的检修

（1）定子绕组短路故障的检查方法。

1）外观检查法：拆开电动机，绕组短路处的表面绝缘有焦脆变色或局部烧损现象。

2）直流电阻法：将电动机接线盒中三相绕组的接线端子拆开，利用电桥或万用表的电阻挡分别测量各绕组的冷态直流电阻。直流电阻小的一相绕组有短路故障存在。

3）电压降法：对有短路故障的绕组通以低压交流电或直流电，将万用表置于相应的交流电压挡或直流电压挡，两表笔接上针尖，分别测量该相绕组的各极相组（或线圈）两端电压降，电压降小的那个极相组（或线圈）即有短路现象存在。

4）短路侦察器法：将短路侦察器放在电机定子膛内所需要检查绕组边的槽口上，给短路侦察器的励磁线圈通入交流电，这时定子铁芯与短路侦察器的开口铁芯构成一个闭合磁路，短路侦察器的励磁线圈相当于一般变压器的一次绕组。如果被检查的槽内的定子绕组中存在匝间短路，则相当于变压器的二次绕组短路，在短路侦察器励磁线圈回路中的电流表读数将增大。再用一块薄铁片（或一段锯条）放在被测线圈的另一边槽口上，此铁片将被槽口的磁力吸引而产生振动，发出吱吱声。将短路侦察器沿定子铁芯内圆逐槽移动，便可找出有匝间短路的故障线圈的位置。

（2）定子绕组短路故障的修理。

1）匝间短路的修理。通常在短路线匝上产生高热，使绝缘漆变色、烧焦乃至脱落，应根据线圈损坏的严重程度采取不同的处理措施。

2）线圈间短路的修理。这种短路通常发生在绕组端部，可用划线板撬开存在短路的两个线圈，在线圈间垫入绝缘纸后再涂上绝缘漆并烘干。

3）极相组间短路的修理。将绕组加热软化，用划线板撬开引线处，重新处理套管或在短路部位垫上绝缘纸，并用扎线绑牢。

4）相间短路的修理。相间断路故障多由各相引出线套管处理不当或绕组端部的相间绝缘纸破裂造成。此时只需处理好引线绝缘或相间绝缘，即可排除故障。

3. 定子绕组断线故障的检修

（1）定子绕组断线故障的检查方法。

1）三相电流平衡法：①对于 Y 形联结的电动机，在电动机三相电源线上分别串入三块电流表，再将三绕组并联，通入低压大电流，如图5-13（a）所示。若三相电流值相差大于5%，则电流小的一相绕组中有断路；②对于△形联结的电动机，先将△形接头拆开一个，然后通入低压大电流，用电流表逐相测量每相绕组的电流，电流小的一相绕组中有部分导线断路，如图 5-13（b）所示。

2）电阻法：用双臂电桥分别测量三相绕组的电阻，若三相电阻值相差大于5%，则电阻较大的一相绕组中有断路处。

上述方法只能查出是哪一相绕组断路，但不能找出具体的故障线圈。可以拆开电动机，并将各相绕组的引线端子拆开，在万用表的一只表笔上焊接一枚尖针，将万用表没有尖针的表笔与故障绕组的端线相接，带针尖的表笔分别刺入各线圈的过桥线上，假设从无针尖所接的那个线圈开始，逐个测量前几个线圈是通的，测到下一个线圈万用表不通了，则表明断路点就在这个线圈内。

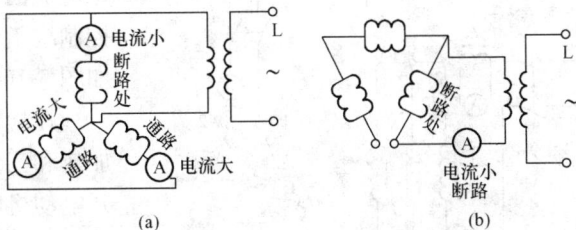

图 5-13　用三相电流平衡法检查绕组断路
(a) 检查 Y 接法绕组断路；(b) 检查△接法绕组断路

（2）定子绕组断路的修理。

1）若断路点是由于过桥线或引出线接头焊接不良或扭断导致时，可重新将接头焊接牢固，并套好绝缘套管。

2）若断路点在铁芯槽外的绕组端部，又是单股线断开时，应仔细查找线头线尾，否则容易造成人为匝间短路。

3）当断路点在铁芯槽内时，可用穿绕修补法更换故障线圈。若电动机需急用，一时来不及彻底处理，也可采用跳接法将断路线圈首尾端短接起来以供暂时使用。

## （二）异步电动机的干燥

异步电动机的绕组受潮或浸漆后都必须进行干燥，以将绕组内的潮气烘出。常用的干燥方法分为外部干燥法和内部干燥法。

### 1. 外部干燥

（1）灯泡干燥法：如图 5-14 所示，将电动机定子放置在灯泡之间，最好使用红外线灯泡，因为这种灯泡发热效率比普通灯泡高得多，热辐射能力也较强。干燥时要注意用温度计监视箱内温度，并应保持排气畅通，以便排出潮气。箱内温度较高时可关掉一部分灯泡。灯泡不可过于靠近定子绕组，以免将其烤焦。灯泡的功率可按 $5kW/m^2$ 左右选用。灯泡干燥法所用装置简单、工艺方便、耗电少，适用于小型电动机的干燥。

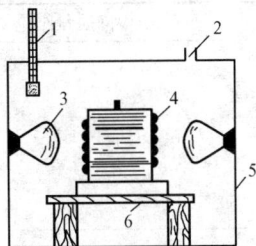

图 5-14　灯泡干燥法
1—温度计；2—排气孔；
3—灯泡；4—定子；
5—木箱；6—木支架

（2）烘房干燥法：烘房一般都采用热风循环式，用电、煤气或蒸汽加热，如图 5-15 所示。采用烘房干燥法时用鼓风机将热空气吹入烘房内部加热绕组、排气、进气均采用阀门控制，烘房内的空气流通快，加热均匀，干燥效率高，能源消耗少。因此，这种干燥法应用较广。近年来，采用了远红外线干燥新技术，取得了良好的技术经济效益。

### 2. 内部干燥法

（1）铜损干燥法：将定子绕组按一定的接线方式通入低压电流，利用绕组本身的铜损发热进行干燥。定子绕组的接线方式可根据所加电源的电压大小和相数来决定，通常采用的接线方式有并联加热式、串联加热式和星形加热式、三角形加热式。但不管采用哪种方式，每相绕组所分配的加热电流都应控制在其额

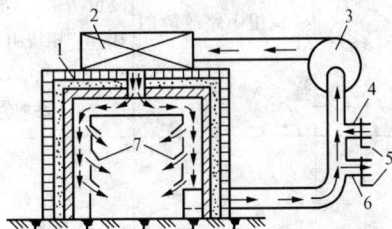

图 5-15　热风循环式烘房示意图
1—绝热层；2—加热器；3—鼓风机；
4—进风口；5—风量调节器；
6—出风口；7—百叶窗

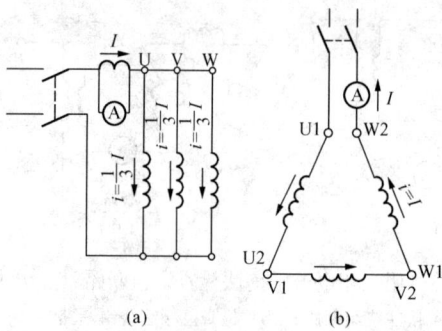

图 5-16 串联和并联加热法

(a) 并联加热法；(b) 串联加热法

定电流的 $50\%\sim70\%$。干燥时，应通过断续送电控制绕组的加热温度，一般在 $70℃\sim80℃$ 为宜，如图 5-16 所示。

在检修现场具备三相调压器时，可采用星形加热和三角形加热两种方法。它的优点是不必拆开电动机的三相引出线，可直接将三相低压电源接到接线盒内的三相引线端上，而且三相绕组受热也是均匀的。

(2) 铁损干燥法：利用临时缠绕在定子铁芯和外壳上的励磁线圈，通过交变电流产生交变磁通，在铁芯和外壳中产生涡流和磁滞损耗来加热绕组。此法适用于干燥大型电动机。

（三）检修内容和要求

将检修内容及工艺要求要点记录于表 5-9 中。

表 5-9 定子绕组故障检修记录

| 序号 | 项目 | 检修内容及工艺要求 | 检修质量结论 |
|---|---|---|---|
| 1 | 绕组接地故障的检修 | (1) 检查工具及方法_____<br>(2) 绕组对地绝缘电阻_____ MΩ<br>(3) 检查故障点的步骤_____<br>(4) 绕组接地故障点在_____<br>(5) 排除故障的方法_____ | |
| 2 | 绕组短路故障的检修 | (1) 检查匝间短路的方法及结果：①直流电阻法检查：$R_U$____ Ω，$R_V$____ Ω，$R_W$____ Ω，故障点在____相绕组；②电压降法检查：$U_U$____ V，$U_V$____ V，$U_W$____ V，故障点在____相绕组；③短路侦察器检查，在____相绕组铁芯槽锯条发生振动，故障点在____相绕组；④检修方法____<br>(2) 检查极相组间短路方法____故障点在____<br>(3) 检查相间短路方法____故障点在____ | |
| 3 | 绕组断路故障的检修 | (1) 三相电流平衡法检查：①三相低压电源电压____ V；②测量结果：Y形联结 $I_U$____ A，$I_V$____ A，$I_W$____ A，断路点在____相绕组；△形联结（拆开三相接头）$I_U$____ A，$I_V$____ A，$I_W$____ A，断开点在____相绕组<br>(2) 修理方法____ | |
| 4 | 定子绕组绝缘受潮的检查及干燥 | (1) 检查工具及方法____<br>(2) 检查结果：①绕组对地冷态电阻____ MΩ；②三相绕组冷态直流电阻 $R_U$____ Ω，$R_V$____ Ω，$R_W$____ Ω<br>(3) 干燥工艺：①烘烤方法____；②烘烤时间____ h；③烘烤温度____℃；④烘烤后的绝缘电阻____ MΩ；⑤烘烤设备____ | |

## 第十一节　三相笼型异步电动机定子绕组线圈绕制和嵌线技能训练

**一、实训目的**

（1）熟悉异步电动机定子绕组重绕的工序。

（2）掌握定子绕组线圈的绕制和嵌线工艺。

**二、工具、设备与材料**

10kV 以下三相异步电动机、绕线模、绕线机、$1mm^2$ 的铜芯漆包线、青壳绝缘纸、绝缘软管、直尺、手术剪刀、砂纸、电工刀、锯弓、竹子等。

**三、实训步骤与要求**

（一）嵌线前的准备

1. 手工嵌线专用工具的制作

（1）划线板，是嵌线时将导线划进铁芯槽并划直理顺槽内导线的工具。常用楠竹、交绸板、不锈钢等磨制而成，其尺寸长约 150～200mm，宽约 10～15mm。厚约 2～3mm。划线板前端略呈尖形，一边偏薄，表面务须光滑，如图 5-17 所示。

（2）压线板，是将嵌入槽内的导线压紧使其平整的工具。常用不锈钢或黄铜制成，表面光滑、无毛刺，并装上手柄。根据槽宽制成不同的规格，一般要求压脚宽度应比槽宽小 0.6～0.7mm，如图 5-18 所示。

（3）划针，在一个槽里的导线嵌完以后，可用划针来包卷绝缘纸。也可用来清理槽内残存的绝缘物、漆瘤或锈斑。常用不锈钢制成，尖端部分略薄而尖，表面光滑。其尺寸直线部分长约 200～250mm，粗约 3～4mm，如图 5-19 所示。

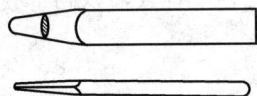　　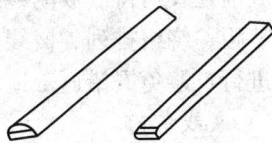

图 5-17　划线板　　　　　图 5-18　压线板　　　　　图 5-19　划针

（4）刮线刀，用来刮除导线焊接头上绝缘漆的专用工具。它的刀片可用铅笔刀片或另制，刀架用 1.5mm 厚的铁片对折而成，将刀片用螺丝钉紧固在刀架上。刮线刀的形状如图 5-20 所示。

2. 削制槽契

槽锲常用楠竹、胶绸板或环氧板削制而成。槽的横截面呈梯形或圆冠形，形状和大小应正好适合槽口，长度比槽绝缘纸略短。槽锲的一端底面应削薄且呈斜口状，以利于插入嵌好线圈的槽口顶侧，如图 5-21 所示。若是楠竹，其青篾面应朝下。槽锲表面应光滑、无毛刺。

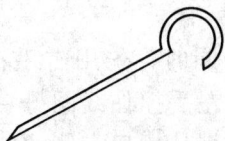　　　　　　　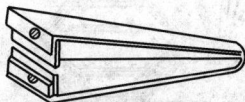

图 5-20　刮线刀　　　　　　图 5-21　槽契

### 3. 裁剪和安放槽绝缘纸

槽绝缘纸用以隔离线圈与铁芯槽，使它们相互绝缘。

（1）槽绝缘纸的用料，较大功率电动机的槽绝缘一般分里外两层，紧贴槽的外层采用一层 0.15mm 厚的黄壳纸，或一层黄蜡布，或两者兼用均可。里层用一层 0.15mm 厚的薄青壳纸。功率较小的电动机可用一层 0.15～0.25mm 厚的薄青壳纸作为槽绝缘。

（2）槽绝缘纸的裁剪尺寸和放置，槽绝缘纸长度应使它两端各伸出槽外 5～10mm。较大功率电动机伸出槽外部分的绝缘纸、膜、布还应放长尺寸并折叠成双层，如图 5-22 所示。这样既能使它不能在槽内移动，同时又加强了槽口绝缘。槽绝缘纸的宽度需保证在槽内紧贴铁芯外，上面要高出槽口 5～10mm 并向两边分开，嵌线时作为引槽纸，便于将导线划入槽内，不致与槽口接触而擦伤导线绝缘，如图 5-23 所示。

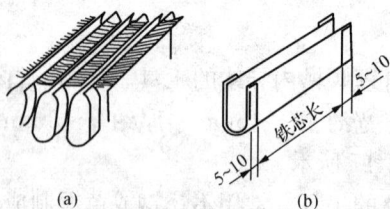

图 5-22　槽绝缘纸的裁剪尺寸和放置

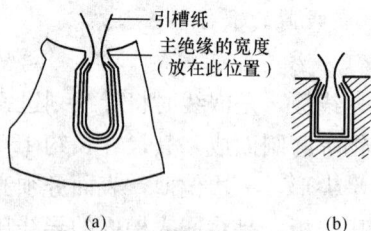

图 5-23　引槽纸的放置

按上述要求确定槽绝缘纸的尺寸后，即可用剪刀裁剪槽绝缘纸。裁剪青壳纸时，应使纸张的纤维方向与槽绝缘的宽度方向相同，这样便于线圈嵌放完后折叠封口。

### 4. 熟悉技术资料

嵌放前还要对待嵌放的绕组技术资料及数据进行核查和熟悉。特别是对电动机极数、绕组线圈节距、绕组排列、嵌线规律、并联支路数、引线方向等要心中有数，以利于嵌线工作的顺利进行，避免嵌错返工造成工时和材料的损失。

### （二）嵌线工艺

#### 1. 嵌线规则

（1）每个线圈组都有两根引线，分别称为首端和尾端。

（2）每相绕组的引出线必须从定子的出线孔一侧引出，为此所有线圈组的首、尾端也必须在这一侧引出。

（3）习惯规定把定子机座有出线孔的一侧置于操作者右侧，待嵌线圈组放置在定子的右面，并使其引出线朝向定子膛，如图 5-24 所示。嵌线时把线圈逐个按逆时针方向翻转后放进顶子膛内进行嵌线。从而保证引出线从出线孔侧引出。

#### 2. 嵌线方法

嵌线翻转线圈时，先用右手把要嵌的一个线圈捏扁，并用左手捏住线圈另一端反向扭转，然后将导线的左端从槽口右侧倾斜着嵌进槽里，如图 5-25 所示。嵌放线圈时最好能使全部导线

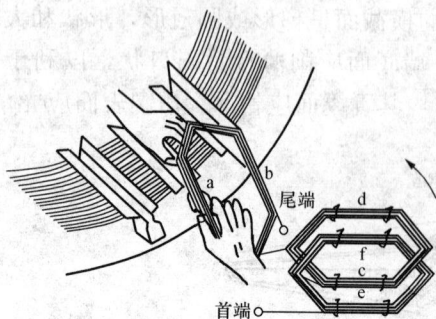

图 5-24　嵌线示意图

都嵌入槽口的右端，两手捏住线圈逐渐向左移动，边移边压，来回拉动，把全部导线都嵌进槽里。如果有一小部分导线剩在槽外可用划线板逐根划入槽内，注意不要划伤导线的绝缘。

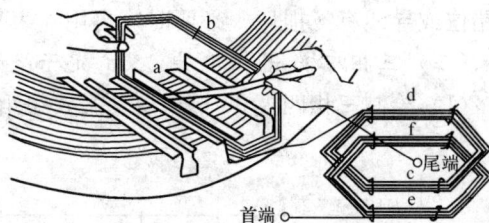

图 5-25　用划线板嵌线

**3. 包裹槽绝缘纸**

把高出槽口的槽绝缘纸用长柄弯头剪刀齐槽口剪平，用划针从槽的一端插入其中一边的槽绝缘，把绝缘纸包在导线上面，如图 5-26 示。再用另一根划针从另一边插入绝缘纸之间，在第二根划针逐渐插入时，第一根划针随着慢慢退出，这样就把另一边的绝缘纸包裹在对面的绝缘纸上面。

**4. 隔相**

相邻两线圈属于不同相时，必须在这两组线圈的端部之间安放 0.25mm 厚的薄膜青壳纸做相间绝缘纸，进行隔相。隔相纸的形状和尺寸根据线圈端部的形状、大小而定。一般单层绕组隔相纸的形状为半圆形的 3/4；双层绕组隔相纸的形状为半圆形或半棱环形。

隔相的方法是将定子圆周两端旋入端盖螺栓作为支点将定子竖直放置，若端盖螺栓长度不够，为防止压坏线圈，可将定子放在端盖上。用划线板插入两相线圈组的端部之间，撬开一个缝隙，将隔相纸插进缝隙里，如图 5-27 所示。隔相时应注意把隔相纸插到底，压住层

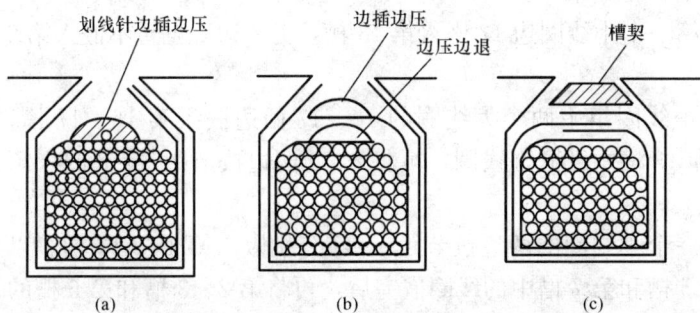

图 5-26　包裹槽绝缘纸方法之一

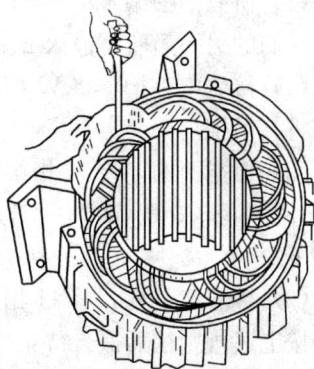

图 5-27　插入隔相纸

间绝缘或槽绝缘，务必使两个线圈组完全隔开。隔相后用摇表测试三相绕组间的绝缘电阻，以便及时发现并排除故障隐患。新嵌绕组的冷态相间绝缘电阻一般应在 $50\sim100\mathrm{M}\Omega$。

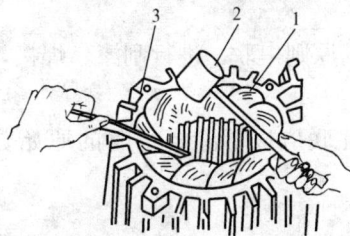

图 5-28　端部整形
1—绕组端部；2—橡皮锤；3—定子

**5. 端部整形**

为了防止绕组端部与端盖相碰和与转子相擦，在完成上述工序后应对绕组端部进行整形，将两侧端部排列整齐、紧实，并敲成喇叭口。端部整形的方法是将一块竹板或木板垫在绕组端部，用木锤或橡皮锤敲打垫板使绕组端部向外扩张，边敲边在端部圆周内侧移动垫板，将绕组端部扩成一个合适的喇叭口，如图 5-28 所示。绕组两端都整形后，应重新检查隔相纸有

无错位或导线有无损坏。必要时应再用摇表复测绕组相间绝缘和对地绝缘电阻。

（三）三相四极 36 槽单层交叉式定子绕组的嵌线规律

（1）绘制三相四极 36 槽单层交叉式绕组展开图，如图 5-29 所示。

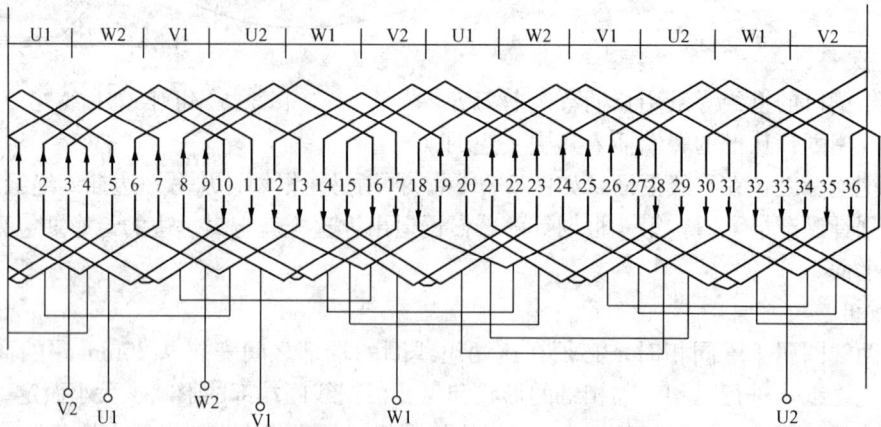

图 5-29　三相四极 36 槽单层交叉式绕组展开图

（2）根据原始数据绕制线圈。

（3）所有的槽编号；将 U 相第一个线圈组中两个大线圈的 10、11 两边嵌入第 10、11 槽，它们的另一边暂不嵌入 2、3 槽，将其吊把。

（4）接着空一槽，将 W 相的第一个小线圈边 13 嵌入第 13 槽，另一边 6 也暂不嵌入第 6 槽，将其吊把。

（5）再空两槽，将 V 相第一个线圈组中两个大线圈的 16、17 两边嵌入第 16、17 槽，因另外两边 8、9 压着的 10、11 和 13 槽中已嵌好线圈，可将 8、9 两边按节距 $y=8$ 嵌入第 8、9 槽。

（6）接着空一槽，将 U 相第一个小线圈的两边按节距 $y=7$ 分别嵌入第 19、12 槽。以后仍按上述规则往后嵌。待第 4、5 槽和第 7 槽中的线圈嵌完后，再将第 2、3 槽和第 6 槽的吊把"收把"入槽。

总结嵌线规律："嵌二空一；嵌一空二；吊三。"

即：①嵌两槽大线圈空一槽；再嵌一槽小线圈空两槽；又嵌两槽大线圈空一槽；再嵌一槽小线圈空两槽；……②吊把数等于每极每相槽数 $q=3$。

（四）接线

（1）把同一极相组的线圈连成极相组。按电动势相加的原则串联，进行刮漆、焊接，并处理好接头绝缘。

（2）把同相的各极相组连接成相绕组。是串联还是并联应以拆除绕组时的原始数据为准。

（3）把三相绕组连接成 Y 形或△形联结。

**四、评分标准**

三相笼型异步电动机定子绕组线圈绕制和嵌线试题的评分标准见表 5-9。

表 5-9　　　　　　　　　　电动机定子绕组线圈绕制和嵌线实训考试评分标准

| 姓　名 | | 学　号 | | 班　级 | | 总分 100 分 | |
|---|---|---|---|---|---|---|---|
| 考核时限 | | 实际操作时间 | | 超　时 | | 考试日期 | |

| 任务和要求 | 任务：①根据原始数据绕制线圈；②按工艺规程嵌放线圈<br>要求：①单人独立操作完成；②自制专用工具，做好准备工作；③正确使用绕线机及线模，注意安全；④削制竹槽楔方法正确，工作完毕后打扫卫生；⑤在规定的时间内完成，超时扣分 |
|---|---|
| 工具材料 | BV-16mm² 导线 1m，电工刀、钢丝钳、尖嘴钳、砂布、凡士油、绝缘胶带等 |

| | 序号 | 项目名称 | 质量要求及扣分标准 | 分数 | 得分 |
|---|---|---|---|---|---|
| 项<br><br><br><br><br><br><br><br>目 | 1 | 正确着装 | 工作服、安全帽、纱手套、绝缘鞋等<br>每少一项扣 2 分 | 6 | |
| | 2 | 工器具、材料的<br>领用及检查 | 漆包线 1mm²、线模、青壳纸、楠竹、软管、白纱带、电工刀、钢丝钳、尖嘴钳、砂布、凡士油、手术剪刀、绝缘胶带、橡皮榔头等<br>每少一项或选错一项扣 2 分 | 10 | |
| | 3 | 线圈的绕制 | 按要求将所有线圈组绕制好并用白纱带绑好 | 10 | |
| | 4 | 嵌放线圈 | （1）剥削并用砂纸打磨光滑槽锲、裁剪槽绝缘；尺寸不合要求扣 2 分<br>（2）放置槽绝缘；方法不正确扣 2 分<br>（3）按规律嵌放线圈，保证工艺要求；槽内线圈有效边放置不整齐、有绝缘损伤每次扣 2 分<br>（4）线圈组进行连接时其端头要将绝缘层去掉后再进行连接，最后涂中性凡士林油；未剥去绝缘层、连接不牢固的每处扣 4 分<br>（5）隔相纸裁剪形状正确，隔相效果良好；隔相未到位的每一处扣 2 分<br>（6）敲喇叭口方法正确，包缠工艺美观；形状不规则，接触到定子边一处扣 2 分<br>（7）各相绕组引出线正确，三相绕组连接恢复到原接线方式（Y 或 △ 形联结），错一处扣 10 分<br>（8）测绝缘；绝缘不合格扣 6 分<br>（9）将此台电动机组装好，通过调压器加压作空载实验；通电一次未成功扣 20 分 | 62 | |
| | 5 | 安全文明生产 | 浪费材料、工具、器件、材料乱放，每项扣 3 分 | 12 | |

# 小　　结

本章主要介绍变压器和电动机的工作原理和基本结构。变压器主要由器身和附件构成。器身是铁芯和绕组组装绝缘及引线后的整体。附件包括油箱、套管、分接开关、冷却装置、油保护装置、安全装置及检测装置等。了解变压器各部件的结构型式和作用是学好拆装和检修工艺的基础。对各种特殊用途的变压器应了解其结构及使用方法。电动机主要由定子和转子两大部分组成。定子主要包括定子铁芯、定子绕组及机座和端盖等部件。转子由转子铁芯、转子绕组和转轴等部件构成。了解异步电动机各部件的名称、作用、材料及结构特点等对掌握电动机的安装及检修技术是很必要的。异步电动机在运行中可能发生各种各样的故障，应能根据故障现象，通过检查，分析判断引起故障的原因和故障部位，采取有针对性的故障处理方法。异步电动机的定期小修是一种经常性的检修，小修间隔一般为 6～12 个月。小修时不必拆开电动机，只需进行清扫和检查。定期大修时，则要把电动机拆开，分别对定子、转子、轴承及冷却系统等部件进行彻底的检修，故大修间隔时间较长，一般为 2～3 年。异步电动机定子绕组是最容易损坏的部件，其常见故障有绕组接地、绕组断路和绕组短路等。

# 思 考 与 练 习 五

1. 简述变压器储油柜的作用。
2. 变压器的一次绕组一定是高压侧吗？
3. 变压器器身检查的项目主要有哪些？
4. 为什么电压互感器运行时严禁二次侧短路？而电流互感器运行时严禁二次侧开路？
5. 变压器铁芯的作用是什么？为什么要用 0.35mm 厚、表面涂有绝缘漆的硅钢片叠成？
6. 变压器油箱有哪两种基本型式？各有什么特点？
7. 常用的变压器干燥方法有哪几种？各有什么特点？
8. 什么情况下才需要对变压器进行干燥？
9. 异步电动机的定子主要由哪些部件构成？各部件的作用、材料是什么？
10. 笼型异步电动机的转子主要由哪些部件构成？各部件的作用、材料是什么？
11. 拆卸电动机前应做好哪些准备工作？
12. 抽出电动机的转子时应注意哪些问题？
13. 电动机组装前应做好哪些准备工作？
14. 三相异步电动机不能起动的原因有哪些？应如何处理？
15. 为什么单相单绕组异步电动机没有起动转矩？单相异步电动机有哪些起动方法？
16. 简述电动机传动装置的安装方法。
17. 运行中的异步电动机发生过热或冒烟现象，可能是什么原因引起的？
18. 定子绕组的短路故障有哪几种类型？检查绕组短路的方法有哪几种？
19. 为什么要进行隔相？如何放置相间绝缘？
20. 定子绕组的绕组极性测定方法有哪几种？如何测定绕组的极性？

# 第六章

# 电力拖动与电气控制线路安装实训

## 第一节 电力拖动与电气控制线路基础知识

电力拖动是指以电动机作为原动机拖动生产机械运转，将电能转变为机械能，实现生产机械的起动、停止以及速度调节，完成生产工艺过程的要求，保证生产过程的正常进行。

由开关、按钮、继电器、接触器等低压电器组成的电气控制系统称为继电器接触控制系统。设计人员将低压电器按一定规律连接起来，完成某项预定功能的图纸称为电气控制系统图。电气控制系统图主要包括电气原理图和电气安装图。如要实现三相异步电动机起动后能连续运行，则设计的控制电路就应具有此功能。如图 6-1 所示。只要按下 SB 按钮，交流接触器线圈 KM 得电吸合，拖动主触头闭合，接通主回路，定子绕组得

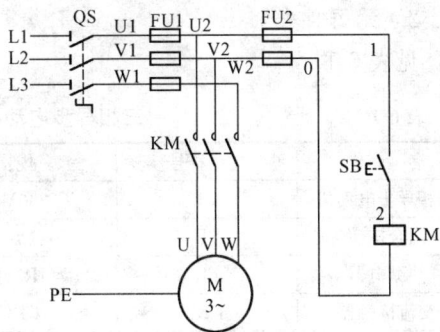

图 6-1 三相异步电动机点动
控制系统原理图

电，电动机运转。松开 SB 按钮，线圈 KM 失电，主触头断开，电动机停转。所以称之为异步电动机点动控制线路的电气原理图。而指导将实现连续控制的低压电器实物组装在一起，并用导线将其连接起来的图纸，称为电气安装图。电气安装图一般包括电器位置图和电气接线图，如图 6-2、图 6-3 所示。

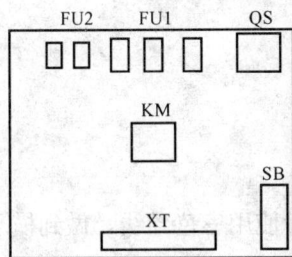

图 6-2 三相异步电动机点
动控制线路的电器位置图

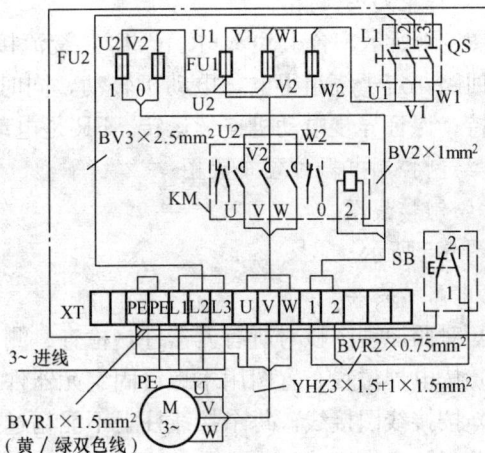

图 6-3 三相异步电动机点动控制
线路的电气接线图

## 第二节  三相异步电动机连续控制线路安装技能训练

### 一、实训目的

熟悉接触器自锁控制方式；掌握三相异步电动机连续控制线路的安装方法。

### 二、工具、设备与材料

1. 安装工具及仪表

常用电工工具1套、剥线钳1把、手电钻1把、万用表1块、绝缘电阻表1块。

2. 元器件表

见表6-1。

**表6-1**　　　　　　　　三相异步电动机连续控制线路的元器件表

| 名　　称 | 文字符号 | 规格型号 | 数　　量 | 单　　位 | 备　　注 |
|---|---|---|---|---|---|
| 三相异步电动机 | M | 380V、3kW | 1 | 台 | |
| 组合按钮 | SB | LA10-3H | 1 | 个 | |
| 热继电器 | FR | JR16B-20/3 | 1 | 个 | |
| 交流接触器 | KM | CDC10-10 | 1 | 台 | |
| 自制木板 | | 600mm×500mm×20mm | 1 | 块 | |
| 导　　线 | | 4mm²、1.5mm² | 若干 | m | 黄、绿、红 |
| 端　　子 | XT | TD-15A(AZ)660V | 10 | 节 | |
| 刀开关 | QS | | 1 | 台 | |
| 熔断器 | FU | RC1A　10A　380V<br>RC1A　5A　380V | 3<br>2 | 个 | |

### 三、实训步骤与要求

1. 掌握电路的工作原理

如图6-4所示，合上QS，按下SB2，交流接触器线圈KM得电吸合，拖动主触头闭合，接通主回路，定子绕组得电，电动机转动，同时与按钮SB2并联的KM动合触头闭合，实现自保持，保证异步电动机连续运转。FR是电动机的过载保护。

2. 绘制控制电器位置布置图

3. 绘制接线图

如图6-5所示。

4. 电路的安装

（1）对照原理图核对所有元器件，检查、测试热继电器。

（2）按电器位置布置图用木螺钉固定元器件。

（3）按接线图接线。每个接线柱上不能超过三根接线，尽量使用三色导线，做到横平竖直清洁美观。

（4）用万用表认真检查电路，确保接线正确无误。

（5）连接电机，进行板外配线。

（6）经指导老师检查后，按规定操作通电试验。

（7）拆除接线，反复练习。

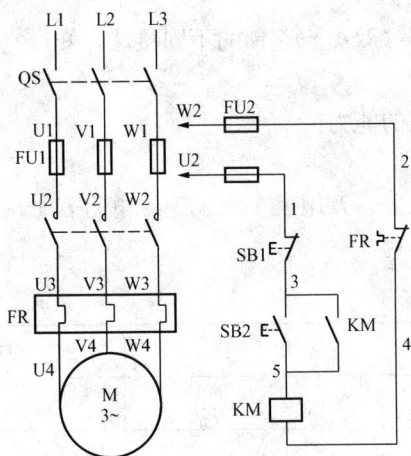

图 6-4　三相异步电动机连续
控制线路原理图

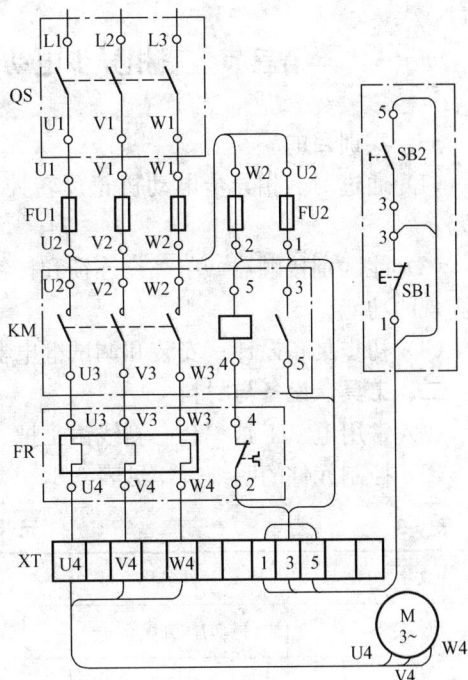

图 6-5　三相异步电动机连续
控制线路接线图

## 四、评分标准

电动机连续控制电路的安装技能操作评分标准见表 6-2 所示。

表 6-2

评 分 标 准

| 姓　名 | | 学　号 | | 班　级 | | 总分100 分 | |
|---|---|---|---|---|---|---|---|
| 考核时限 | | 实际操作时间 | | 超　时 | | 考试日期 | |

| 任务和要求 | 任务：(1) 掌握电动机连续控制电路的安装方法<br>(2) 自带纸、笔等工具，做好准备工作<br>(3) 在限定的时间内完成 |
|---|---|
| 工具、材料、设备、场地 | 小型异步电动机、交流接触器、热继电器、组合按钮、熔断器、端子、导线、尼龙扎带与常用电工工具等 |

<table>
<tr><td rowspan="11">项<br><br>目</td><td>序号</td><td>项目名称</td><td>质量要求及扣分标准</td><td>分数</td><td>得分</td></tr>
<tr><td>1</td><td>正确着装</td><td>工作服、安全帽等每少一项扣 2 分</td><td>4</td><td></td></tr>
<tr><td>2</td><td>绘制控制电路<br>图及面板布置图</td><td>绘制的图线条、图形标准，文字符号正确</td><td>14</td><td></td></tr>
<tr><td>3</td><td>控制电路图的<br>安装</td><td>(1) 安装前的准备工作；少一项扣 2 分<br>(2) 安装<br>1) 按面板布置图安装元器件；损坏一个元件扣 5 分<br>2) 接线符合工艺要求；有交叉、排列不整齐、一个接线柱接两根以上的导线等现象每一次扣 2 分<br>3) 在规定的时间内完成。推迟 5min 扣 5 分<br>(3) 正确使用仪表查对线，每错一处扣 5 分<br>(4) 通电试验一次成功，重试一次扣 15 分</td><td>70</td><td></td></tr>
<tr><td>4</td><td>安全文明生产</td><td>图纸、材料、工具乱放，每项扣 4 分</td><td>12</td><td></td></tr>
</table>

## 第三节　三相异步电动机可逆控制线路安装技能训练

### 一、实训目的

（1）通过对三相异步电动机正反转控制电路的接线，学会把电气原理图接成实际操作电路。

（2）能区别接触器（单一）连锁和按钮、接触器（双重）连锁的不同接法，知道它们各自实现的功能。

（3）初步具备设计、安装和调试继电器控制系统的能力。

### 二、工具、设备与材料

（1）常用电工工具一套；剥线钳1把、手电钻1把、万用表1块、绝缘电阻表1块。

（2）控制元件的明细表，见表6-3。

表6-3                元 器 件 清 单

| 文字符号 | 元件名称 | 型　号 | 规　格 | 数　量 |
|---|---|---|---|---|
| QS | 刀闸开关 | 3P | 380V　15A | 1 |
| FU1 | 螺旋保险 | RC1A | 10A　380V | 3 |
| FU2 | 瓷插保险 | RC1A | 5A　380V | 2 |
| KM | 交流接触器 | CDC10-10 | 380V　16A | 2 |
| SB1、SB2 | 组合按钮 | LA10-3H | 5A　380V | 1 |
| FR | 热继电器 | JR16B-20/3 | 380V　10A | 2 |
|  | 安装木板 |  | 600mm×500mm×20mm | 1 |
| M | 电动机 | YZA5014 | 1.5kW | 1 |
| TK | 端子排 | TD-15A（AZ1） | 660V | 12节 |
|  | 单芯铜导线 |  | 4mm² 1.5mm² | 黄、绿、红 |
|  | 尼龙扎带 |  |  |  |
|  | 编码套筒 |  |  |  |

### 三、电路图

面板布置图及绘制电路图，如图6-6、图6-7所示。

### 四、实训步骤与要求

（1）按元件明细表检验元件。

（2）分别在电路中标出接线编号；通电检查。检查电路中的各种电器在起动和停止过程中的动作是否符合控制要求，是否安全可靠。并再次核对主电路接线，无误后方可接通主电路电源，控制电动机运转。

### 五、评分标准

电动机可逆控制电路安装的评分标准见表6-4。

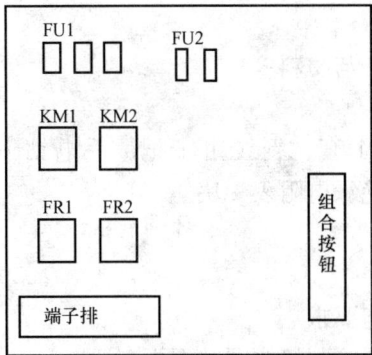

图 6-6　三相异步电动机可逆控制
电路面板布置图

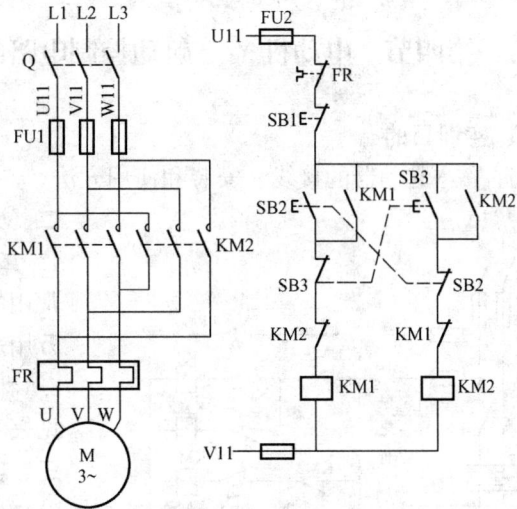

图 6-7　电气和机械复式互锁的
电动机正反转控制

**表 6-4**　　　　　　　　　**电动机可逆控制电路安装评分标准**

| 姓　　名 | | 学　号 | | 班　级 | | 总分100分 | |
|---|---|---|---|---|---|---|---|
| 考核时限 | | 实际操作时间 | | 超　时 | | 考试日期 | |

| 任务和要求 | 任务：(1) 掌握电动机可逆控制电路的安装方法<br>(2) 自带纸、笔等工具，做好准备工作<br>(3) 在限定的时间内完成 |
|---|---|
| 工具、材料、<br>设备、场地 | 小型异步电动机、交流接触器、热继电器、组合按钮、熔断器、端子、导线、尼龙扎带与常用电工<br>工具等 |

| | 序号 | 项目名称 | 质量要求及扣分标准 | 分数 | 得分 |
|---|---|---|---|---|---|
| 项<br><br><br><br><br>目 | 1 | 正确着装 | 工作服、安全帽等每少一项扣2分 | 4 | |
| | 2 | 绘制控制电路<br>图及面板布置图 | 绘制的图线条、图形标准，文字符号正确 | 14 | |
| | 3 | 控制电路图的<br>安装 | (1) 安装前的准备工作；少一项扣2分<br><br>(2) 安装<br><br>1) 按面板布置图安装元器件；损坏一个元件扣5分<br><br>2) 接线符合工艺要求；有交叉、排列不整齐、一个接线柱接两<br>根以上的导线等现象每一次扣2分<br><br>3) 在规定的时间内完成，推迟5min扣5分<br><br>(3) 正确使用仪表查对线，每错一处扣5分<br><br>(4) 通电试验一次成功，重试一次扣15分 | 70 | |
| | 4 | 安全文明生产 | 图纸、材料、工具乱放，每项扣4分 | 12 | |

## 第四节　电动机 Y-△起动控制电路的安装及故障检修技能训练

### 一、实训目的

掌握 Y-△起动器的接线、安装和使用方法。

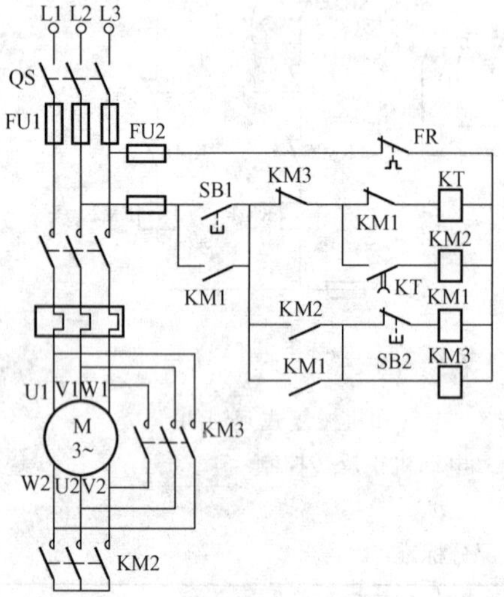

图 6-8　电动机 Y-△起动控制电路原理图

### 二、工具、设备与材料

1. 工具

常用电工工具 1 套、剥线钳 1 把、手电钻 1 把、万用表 1 块、绝缘电阻表 1 块。

2. 材料

见表 6-5 所示。

### 三、实训步骤与要求

（1）根据原理图绘制接线图及面板布置图。

（2）根据元件清单核对元器件的型号、规格及数量。

（3）按工艺要求接线。

（4）用万用表查对线。

（5）连接电动机、电动机外壳接地。

（6）经指导老师检查无误后，进行通电实验。

**表 6-5**　　　　　　　　　　　　　元 器 件 清 单

| 文字符号 | 元件名称 | 型　号 | 规　格 | 数　量 |
|---|---|---|---|---|
| QS | 刀闸开关 | 3P | 380V　15A | 1 |
| FU1 | 螺旋保险 | RC1A | 10A　380V | 3 |
| FU2 | 瓷插保险 | RC1A | 5A　380V | 2 |
| KM | 交流接触器 | CDC10-10 | 380V　16A | 2 |
| SB1、SB2 | 组合按钮 | LA10-3H | 5A　380V | |
| FR | 热继电器 | JR16B-20/3 | 380V　10A | 2 |
| | 安装木板 | | 600mm×500mm×20mm | 1 |
| M | 电动机 | YZA5014 | 1.5kW | 1 |
| TK | 端子排 | TD-15A（AZ1） | 660V | 18 节 |
| KT | 时间继电器 | JS7-2A | 220V | 1 |
| | 尼龙扎带 | | | |
| | 单芯铜导线 | | 4mm²　1.5mm² | |

### 四、评分标准

Y-△起动器控制电路安装评分标准见表 6-6。

| 表 6-6 | | Y- 起动器控制电路安装评分标准 | | |
|---|---|---|---|---|
| 姓　名 | | 学　号 | 班　级 | 总分100分 |
| 考核时限 | | 实际操作时间 | 超　时 | 考试日期 |

| 任务和要求 | 任务：(1) 掌握电动机 Y-△控制电路的安装方法<br>(2) 自带纸、笔等工具，做好准备工作<br>(3) 在限定的时间内完成 |
|---|---|
| 工具、材料、设备、场地 | 小型异步电动机、交流接触器、热继电器、组合按钮、时间继电器、熔断器、端子、导线、尼龙扎带与常用电工工具等 |

| | 序号 | 项目名称 | 质量要求及扣分标准 | 分数 | 得分 |
|---|---|---|---|---|---|
| 项目 | 1 | 正确着装 | 工作服、安全帽等每少一项扣 2 分 | 4 | |
| | 2 | 绘制控制电路图及面板布置图 | 绘制的图线条、图形标准，文字符号正确 | 14 | |
| | 3 | 控制电路图的安装 | (1) 安装前的准备工作：少一项扣 2 分<br>(2) 安装<br>1) 按面板布置图安装元器件；损坏一个元件扣 5 分<br>2) 接线符合工艺要求；有交叉、排列不整齐、一个接线柱接两根以上的导线等现象每一次扣 2 分<br>3) 在规定的时间内完成，推迟 5min 扣 5 分<br>(3) 正确使用仪表查对线，每错一处扣 5 分<br>(4) 通电试验一次成功，重试一次扣 15 分 | 70 | |
| | 4 | 安全文明生产 | 图纸、材料、工具乱放，每项扣 4 分 | 12 | |

## 五、Y- 起动器控制电路的故障检修

见表 6-7，根据现场条件，指导老师可设置一些故障，要求学生检查。

| 表 6-7 | Y- 起动器控制电路的常见故障及处理方法 | |
|---|---|---|

| 常见故障现象 | 产生故障的原因 | 处理方法 |
|---|---|---|
| 按下起动按钮 SB2 电机不能起动 | 接触器接线有误，自锁、互锁没有实现 | 重新检查、核对接触器的辅助触头接线 |
| 由 Y 形联结无法正常切换到△形联结，或不切换，或切换时间太短 | 时间继电器接线有误或时间调整不当 | 检查时间继电器的接线，重新设定合适的时间 |
| 起动时主电路短路 | 主电路接线有误 | 重新查主回路的接线 |

# 第五节  自耦减压起动器的安装技能训练

## 一、实训目的
掌握自耦减压起动器的接线、安装和使用方法。
## 二、工具、设备与材料
常用电工工具及安装工具、QJ3 系列手动自耦减压起动器一台。

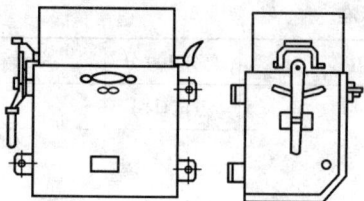

图 6-9　QJ3 系列起动器外形图

### 三、实训步骤及要求

（一）安装前的检查

如图 6-9、图 6-10 所示。

（1）自耦减压起动器各部分接触是否良好，特别是浸在油中的铜触头与编织导线的连接必须牢固，各相之间要有足够的间隔，否则极易发生短路。

（2）操作手柄转动是否灵活，有无卡阻现象。

（3）起动器的开断距离、超程及触头终压力是否符合要求。

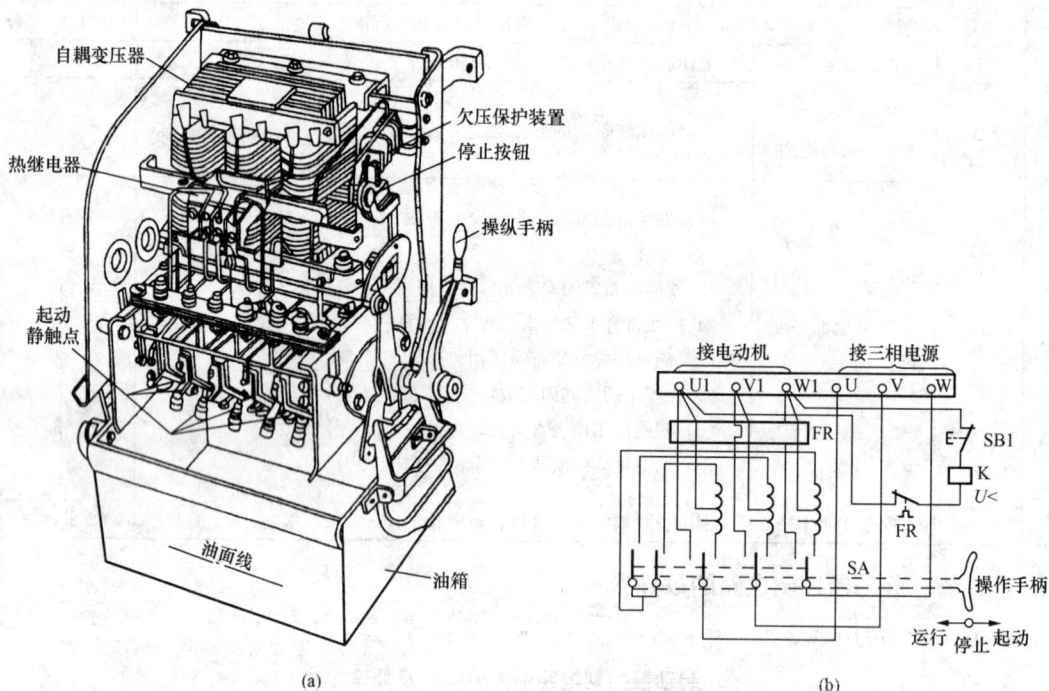

图 6-10　QJ3 系列自耦减压起动器结构和接线图
(a) 结构图；(b) 控制线路图

（4）起动器触头接触时以不能通过 0.05mm 的塞尺为合格。

（5）绝缘是否符合要求，用 500V 兆欧表测量起动器的线圈及其他导电部分对地绝缘电阻应大于 0.5MΩ。

（6）起动器油箱内的油位是否达到规定的油面线。

（二）自耦减压起动器的安装

如图 6-11 所示。

（1）自耦减压起动器可安装在墙上、柱上或地面的支架上，油箱的倾斜度不得超过 5°，以防绝缘油溢出。

（2）安装时，在起动器和电源之间要装设熔断器，作为电动机的短路保护装置，电动机试车时要注意调整起动器的抽头位置。如果起动困难，应调换抽头位置、提高起动电压，否则会延长起动时间、烧毁电动机。

（3）起动器的外壳必须妥善接零或接地，以免发生触电事故。

（4）自耦变压器只能在短时间内通过起动电流，因此每次起动时间不能过长。

（5）QJ3 系列起动器可以在室温下连续起动两次，以后必须

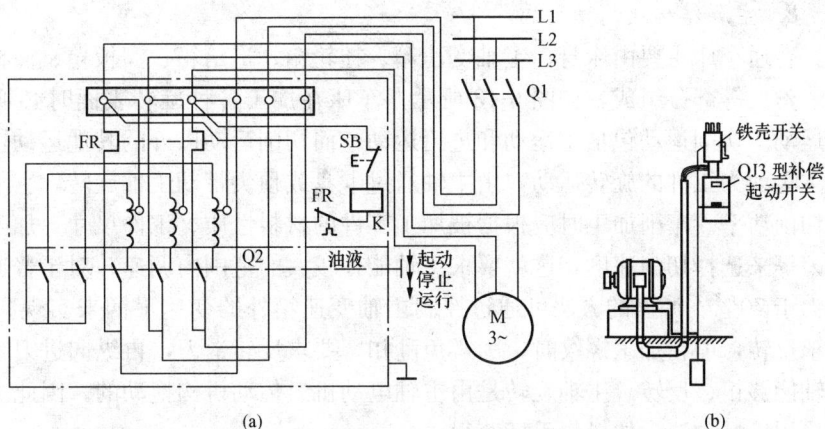

图 6-11　QJ3 系列手动自耦减压起动器接线和安装示意图

待冷却后才能起动，其起动时间一般按表 6-8 的规定来确定。

**表 6-8　QJ3 系列自耦减压启动器起动时间**

| 电动机功率（kW） | 起动时间（s） | 电动机功率（kW） | 起动时间（s） |
| --- | --- | --- | --- |
| 11～15 | 15 | 37～75 | $25+P_N/7.5$ |
| 18.5～30 | $5+P_N/1.5$ | | |

其中 $P_N$ 为电动机额定功率（kW）。

（三）使用程序

（1）起动电动机时，将手柄推向"起动"位置，自耦变压器接入电源，电动机绕组接自耦变压器的抽头上减压起动。

（2）待电动机转速接近额定转速时，把手柄迅速推向"运行"位置，这时自耦变压器从电路中切除，电动机便投入正常运转。

失压脱扣器线圈的两端接在电动机电源上，当电压降低到一定数值或消失后，其中的一个铁芯便落下来，推动起动器的连杆，使手柄从"运行"位置自动跳回"停止"位置。

热继电器的触头和失压脱扣器线圈串联，当电动机过载时，热继电器的触头断开，失压脱扣器线圈失电，使起动器分闸，电动机便停止运行。

# 第六节　异步电动机控制线路实例

在各种机械加工设备中，应用最多的就是普通车床。它主要用来削外圆、内圆、端面和螺纹等，还可以安装钻头或铰刀等进行钻孔和铰孔等项的加工。

## 一、普通车床的主要结构及运动形式

1. 型号含义

如图 6-12 所示。

2. 主要结构及运动形式

普通车床主要由床身、主轴变速箱、挂轮箱、进给箱、溜板箱、溜板与刀架、尾架、光杠、丝杠等部分组成，如图 6-13 所示。车床在加工各种旋转表面时必须具有切削运动和辅助运动。切削运动包括主运动和进给运动；而切削运动以外的其他运动皆为辅助运动。车床的主运动为工件的旋转运动，由主轴通过卡盘或顶尖带动工件旋转，它承受车削加工时的主要切削功率。车削加工时应根据被加工零件的材料性质、工件尺寸、加工方式、冷却条件及车刀等来选择切削速度，这就要求主轴能在较大的范围内调速。对于普通车床调速范围一般不大于 70%。调速的方法可通过控制主轴变速箱外的变速手柄来实现。车削加工时一般不要求反转，但在加工螺纹时，为避免乱扣，要求反转退刀，再纵向进刀继续加工，这就要求主轴能够正、反转。主轴旋转是由主轴电动机经传动机构拖动的，因此主轴的正、反转可通过采用机械方法，如操作手柄获得。

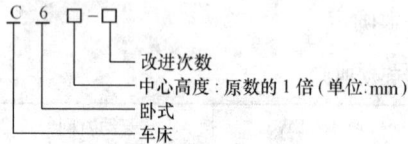

图 6-12　普通车床的型号含义

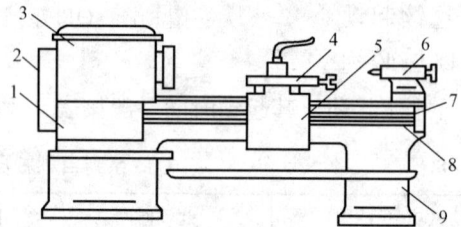

图 6-13　普通车床的结构示意图

1—进给箱；2—挂轮箱；3—主轴变速箱；4—溜板与刀架；
5—溜板箱；6—尾架；7—丝杠；8—光杠；9—床身

车床的进给运动是刀架的纵向或横向直线运动，其运动形式有手动和机动两种。加工螺纹车床的进给运动是刀架的纵向或横向直线运动，其运动形式有手动和机动两种。加工螺纹时工件的旋转速度与刀具的进给速度应有严格的比例关系，所以车床主轴箱输出轴经挂轮箱传给进给箱，再经光杠传入溜板箱，以获得纵、横两个方向的进给运动。

车床的辅助运动有刀架的快速移动和工件的夹紧与放松。

3. 电气控制原理图

如图 6-14 所示为 C650-2 型普通车床电气控制原理图。

(1) 电气控制原理图的组成及作用。

C650-2 型车床是一种中型车床，除有主轴电动机 M1 和冷却泵电动机 M2 外，还设置了刀架快速移动电动机 M3。由电气控制原理图可知，接触器 KM1 和 KM2 控制主轴电动机正、反转；KM3 为反接制动接触器，$R$ 为反接制动和低速运转控制电阻；接触器 KM4 和 KM5 分别控制冷却泵电动机 M2 和快速移动电动机 M3 的正常运转；KS 为速度继电器，用其相应的接点分别控制正、反转运行的反接制动，实现迅速停车。

(2) 电气控制原理图分析。

1) 主轴的正反转控制。按下 SB2 或 SB3（SB2、SB3 分别为两地操作按钮），则 KM1 或 KM2 线圈得电，主触头 KM1 或 KM2 动作，辅助触点 KM1 或 KM2 完成自锁。同时 KM3 线圈得电，其主触头将电阻 $R$ 短接，电动机 M1 实现全压下的正转或反转起动。起动结束后进入正常运行状态。

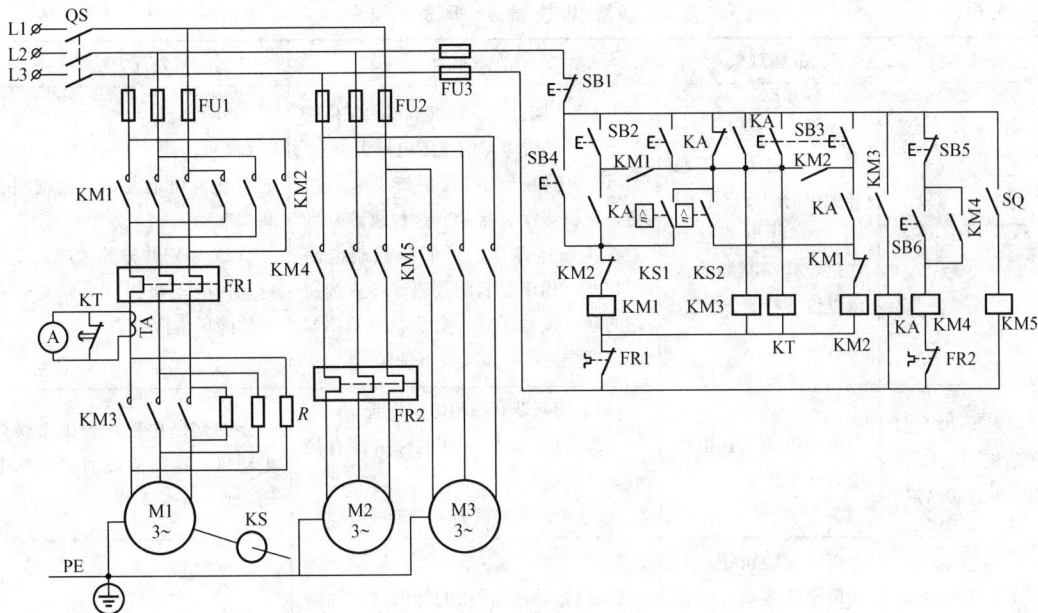

图 6-14　C650-2 型普通车床电气控制原理图

2）主轴的电动控制。SB4 为点动按钮。按下 SB4 则 KM1 线圈得电，主触头 KM1 闭合。此时 M1 主电路串入电阻 R，实现降压起动与运行，获得低速运转，实现对刀操作。

3）主轴电动机反接制动停车控制。主轴停车时按下停止按钮 SB1，KM1 或 KM2 及 KM3 线圈失电，其相关触点复位，而电动机 M1 由于惯性而继续运行，速度继电器的接点 KS2 或 KS1 仍闭合。按钮 SB1 复位时则 KM1 或 KM2 线圈得电，相应的主触头闭合，M1 主电路串入电阻 R 进行反接制动。当转速低于 KS 的设定值时，KS2 或 KS1 复位，KM1 或 KM2 线圈断电，其相应的主触头复位，电动机 M1 断电，制动过程结束。

4）刀架快速移动控制。刀架快速移动由刀架快速移动电动机 M3 拖动。当刀架快速移动手柄压合行程开关 SQ 时，使接触器 KM5 线圈通电，主触头 KM5 闭合，电动机 M3 直接起动。当刀架快速移动手柄移开不再压合 SQ 时，KM5 线圈断电，主触头复位，M3 停止运转，刀架快速移动结束。

5）冷却泵电动机控制。冷却泵电动机 M2 通过按钮 SB6、停止按钮 SB5 及接触器 KM4 组成的电动机单方向运转电路，实现起停控制。

6）主轴电动机负载检测及保护环节。C650-2 型车床采用电流表 A 经电流互感器 TA 来检测 M1 定子电流，监视主轴电动机负载情况。为防止电动机起动时电流的冲击，时间继电器 KT 的通电延时断开的动断触点并接在电流表两端。当 M1 起动时，电流表由 KT 触点短接，起动完成后 KT 触点断开，再将电流表接入，因此 KT 延时应稍长于 M1 的起动时间，一般为 0.5～1s 左右。而当 M1 停车反接制动时，按下 SB1，此时 KM3，KA，KT 相继断电，KT 触点瞬时闭合，将电流表 A 短接，使之不会受到反接制动电流的冲击。

（3）常见故障分析，见表 6-9。

**表 6-9**　　　　　　　　　　　　　**常 见 故 障 分 析 表**

| 故障类型 | 故障现象 | 故障原因 | 处理方法 |
|---|---|---|---|
| 主轴电动机不能起动 | （1）配电箱或总开关中的熔丝已熔断<br>（2）继电器已动作过，其动断触点尚未复位 | （1）长期过载、热继电器的规格选配不当、热继电器的整定电流太小<br>（2）电源开关接通后按下起动按钮，接触器没有吸合。这种故障常发生在控制电路中，可能是控制电路 FU2 熔丝熔断、起动按钮或停止按钮内的触点接触不良、交流接触器 KM 的线圈烧毁或触点接触不良等 | （1）消除产生故障的因素，再将热继电器复位，电动机就可以起动了<br>（2）确定并排除故障后重新起动。电动机损坏，修复并排除故障后重新起动 |
| 按下起动按钮，电动机发出嗡嗡声，不能起动 | 电动机的三相电源中有一相断线 | （1）熔断器有一相熔丝烧断<br>（2）接触器有一对主触头没有接触好<br>（3）电动机接线有一处断线等 | 立即切断电源，否则会烧毁电动机。排除故障后再重新起动，直到正常工作为止 |
| 主轴电动机起动后不能自锁 | 按下起动按钮，电动机不能起动；松开按钮电动机就自行停止 | 接触器 KM 自锁用的辅助动合触点接触不好或接线松开 | 重新接好 |
| 按下停止按钮，主轴电动机不会停止 | | （1）接触器主触头熔焊、主触头被杂物卡阻或有剩磁，使它不能复位<br>（2）停止按钮动断触点被卡阻，不能断开 | （1）检查时应先断开电源，再修复或更换接触器<br>（2）应更换停止按钮 |
| 冷却泵电动机不能起动 | | （1）主轴电动机未起动、熔断器 FU1 熔丝已烧断、转换开关 QS1 已损坏<br>（2）冷却泵电动机已损坏 | 作相应的检查，排除故障，直到正常工作 |
| 照明灯不亮 | | 照明灯泡已坏、照明开关 QS3 已损坏、熔断器 FU3 的熔丝已烧断、变压器一次绕组或二次绕组已烧毁 | 根据具体情况逐项检查，直到故障排除 |
| 主轴不能点动控制 | | | 检查点动按钮 SB4 的动合触点是否损坏或接线是否脱落 |
| 刀架不能快速移动 | | 行程开关损坏或接触器主触头被杂物卡阻、接线脱落，或者快速移动电动机损坏 | 检查行程开关的损坏程度、接触器主触头与接线及快速移动电动机 |
| 主轴电动机不能进行反接制动控制 | | 速度继电器损坏或接线脱落、接线错误或者电阻 R 损坏、接线脱落 | |
| 不能检测主轴电动机负载 | | 电流表损坏或时间继电器设定的时间不对，或者电流互感器损坏 | 检查电流表是否损坏，如损坏，应先检查电流表损坏的原因；其次可能是时间继电器设定的时间较短或损坏、接线脱落，检查电流互感器是否损坏 |

## 第七节　直流电动机控制线路实例

### 一、直流电动机的起动控制

他励直流电动机二级电阻的起动控制线路如图 6-15 所示。图中 KT1、KT2 为时间继电器，KM1、KM2 为短接起动电阻接触器。起动的过程为：合上电源开关 QS1 和 QS2，励磁绕组 F1 和 F2 通过励磁电流产生磁场，时间继电器 KT1 和 KT2 线圈得电，则 KT1 和 KT2 延时闭合的动断触头分断，短接起动电阻接触器 KM2 和 KM3 线圈不得电，则 KM2 和 KM3 动合触头断开，电阻 $R_1$ 和 $R_2$ 接入主电路。

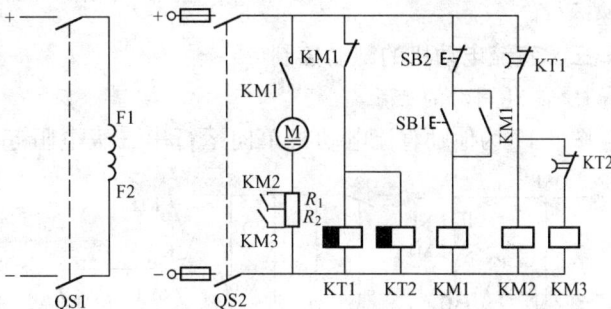

图 6-15　他励直流电动机二级电阻的起动控制线路图

按下起动按钮 SB1，KM1 线圈得电，KM1 自锁触头闭合，SB1 松开；同时 KM1 主触头闭合，电动机串接电阻 $R_1$ 和 $R_2$ 起动；KM1 动断触头断开，使时间继电器 KT1 和 KT2 线圈失电。经过一段时间，随着转速的升高，KT1 延时闭合的动断触头首先闭合，短接起动接触器 KM2 线圈得电，则 KM2 动合主触头闭合，电阻 $R_1$ 被短接，起动电阻减少，随着电枢电流增大，起动转矩也增大，电动机继续加速，然后 KT2 的动断触头延时闭合，接触器 KM3 线圈通电，使 KM3 主触头闭合，电阻 $R_2$ 被短接，电动机起动完毕，进入正常运行状态。

### 二、直流电动机的调速控制

图 6-16 为他励直流电动机单向运转电枢回路二级电阻的起动、调速控制电路。图6-16 中 QS1 和 QS2 为空气断路器，控制主电路、控制电路的分断，电阻 $R_1$ 和 $R_2$ 作为起动、调速电阻，由接触器 KM2 和 KM3 控制是否短接，KT1 和 KT2 为时间继电器，VD，R 作为励磁绕组放电回路。KI1 为过电流继电器，串接在点回路中，作为直流电动机，短路和过载保护；KI2 为欠电流继电器，串接在励磁绕组回路中，作为直流电动机失磁和弱磁保护。

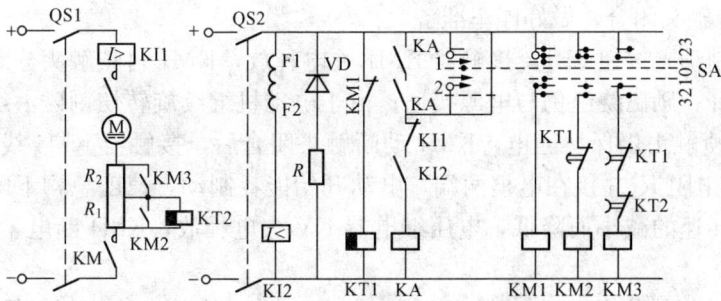

图 6-16　他励直流电动机电枢回路串电阻起动与调速控制电路

当电动机稳定运行时，SA 的手柄处于"3"位。KM2，KM3 和 KM4 的主触头闭合，KM1 动断主触头断开，KI2 和 KA 动合触头闭合。电动机工作于主磁通恒定，电枢回路未串入电阻和的状态。欲使电动机低速运行，将主令开关 SA 的手柄扳到"1"位或"2"位，电动机就在电枢串有一段或两段电阻下运行，其转速低于主令开关处在"3"位时的转速，具体控制过程如下：SA 主令开关手柄由"3"位扳到"1"位时，KM1、KM2 和 KM3 线圈失电，则 KM2 和 KM3 动合主触头断开，电动机电枢回路串入电阻 $R_1$ 和 $R_2$，电动机减速运行。SA 主令开关手柄由"3"位扳到"2"位时，KM1 和 KM2 电路有电流通过。KM1 和 KM2 主触头不动作，而 KM3 失电，KM3 动合主触头断开。电动机电枢回路串入电阻 $R_1$，低速运行。

### 三、直流电动机的制动控制

#### 1. 能耗制动的控制

图 6-17 为他励直流电动机单向运行串二级电阻起动，停车采用能耗制动的控制电路。

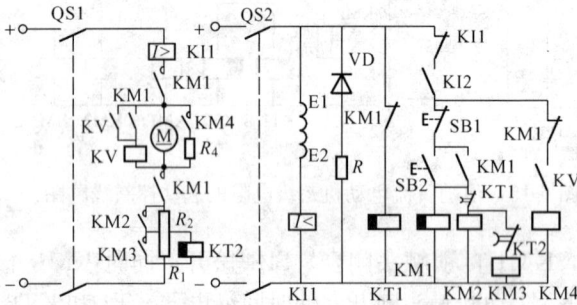

图 6-17　他励直流电动机单向运行能耗制动电路图

图 6-17 中 KM1 为电源接触器，KM2 和 KM3 为起动接触器，KI1 为过电流继电器，KI2 为欠电流继电器，KV 为电压继电器，KT1 和 KT2 为时间继电器。

制动控制过程为：合上电源开关 QS1 及 QS2，励磁绕组 E1 和 E2 通入电流，欠电流继电器 KI2 得电，KI2 动合触头闭合，同时，KT1 线圈得电，KT1 延时闭合的动断触头立即断开，使得 KM2 和 KM3 不得电，主触头断开电路，并做好串电阻起动准备。按下起动按钮 SB2，电动机开始转动。起动工作情况与前面所述类似。所不同的是，电阻 $R_1$ 两端并接时间继电器 KT2 的线圈，当 KM2 动合主触头闭合，时间继电器 KT2 线圈失电，KT2 延时闭合的动断触头延时闭合，使 KM3 线圈得电，KM3 主触头闭合后，电阻 $R_2$ 被短接。这样保证了 $R_1$ 和 $R_2$ 先后被短接，最后，达到稳定运行状态。此时，电压继电器 KV 的线圈动合触头 KM1 闭合，使 KV 动合触头闭合，做好停车准备。

要停车时，按上停止（制动）按钮 SB1，接触器 KM1 失电释放，KM1 自锁触头分断，使电动机的电枢从电源上断开，励磁绕组仍与电源接通；由于电动机继续旋转切割磁力线，并联在电枢两端的 KV 经自锁触头仍保持通电，KM1 动断触头闭合后，接触器 KM4 线圈得电，KM4 动合触头闭合，电阻 $R_4$ 并接在电枢两端，电动开始能耗制动，速度急剧下降。同时，电动机两端电压随着转速的减小而降低，电压继电器 KV 失电释放，KM4 断电，电动机能耗制动结束。

$R_4$ 为制动电阻，应选择适当。若 $R_4$ 过大，制动缓慢；若 $R_4$ 过小，电枢电流将超过最大允许电流。

#### 2. 反接制动控制

并励直流电动机正反转起动和电枢反接制动控制原理图，如图 6-18 所示。

起动准备：合上断路器 QS，励磁绕组得电，产生励磁磁通，使欠电流继电器 KI 得电吸合，同时时间继电器 KT1 和 KT2 得电吸合，它们的延时闭合的动断触头瞬时分断，保证接触器 KM4 和 KM5 处于失电状态，使电动机串入电阻起动。正转起动：按下正转起动按钮 SB2，接触器 KMF 得电吸合，KMF 主触头闭合，电动机串电阻 $R_1$ 和 $R_2$ 起动，KMF 动

断触头分开，KT1
和 KT2 失电释放，
KT1 和 KT2 延时
闭合的动断触头先
后延时闭合，使
KM4 和 KM5 先后
得电吸合，它们的
动合触头先后闭合
切除电阻 $R_1$ 和 $R_2$，
电动机全速正转
运行。

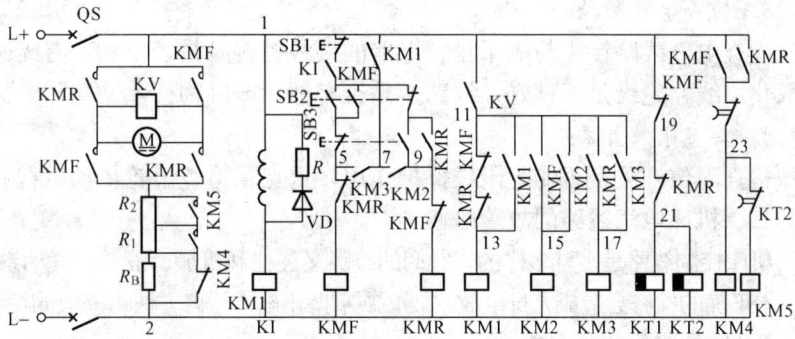

图 6-18　并励直流电动机正反转起动和电枢反接制动控制原理图

制动准备：随着电动机转速的升高，反电动势也增加。当反电动势达到一定值时，电压
继电器 KV 得电吸合，KV 动合触头闭合，使 KM2 得电吸合，KM2 的动合触头闭合，为反
接制动作好准备。

反接制动：按下停止按钮 SB1，接触器 KMF 失电释放，电动机失电惯性运转，反电
动势很高，因此 KV 吸合，接触器 KM1 得电吸合，KM1 动断触头分断，使制动电阻 $R_B$
接入电枢回路，KM1 动合触头闭合，使接触器 KMR 得电吸合，KMR 动合主触头闭合，
电枢通入反向电流，产生制动转矩，电动机进行反接制动而迅速停转，待电动机速接近
于零时，KV 失电释放，KM1 失电释放，接着 KM2 和 KMR 也先后失电释放，反接制动
结束。

# 第八节　机床电气线路的维护与检修技能训练

机床在运行中要受到许多不利因素的影响，产生各种各样的故障，致使设备停止运行而
影响生产，严重的还会造成人身或设备事故。引起机床故障的原因，除部分是由于电器元件
的自然老化外，还有相当部分的故障是因为忽视了对机床的日常维护和保养，以致使小毛病
发展成大事故，还有些故障则是由于电气维修人员在处理电气故障时操作方法不当或因缺少
配件，凑合行事，或因误判断、误测量而扩大了事故范围所造成。所以为了保证设备正常运
行，以减少因电气维修而造成的停机时间，提高劳动生产率，必须十分重视对机床电气线路
的维护和保养。另外根据各厂设备和生产的具体情况，应储备部分必要的电器元件和易损配
件等。

## 一、机床电气线路的日常维护内容

### 1. 检查电动机

定期检查电动机各相绕组之间、绕组对地之间的绝缘电阻；电动机自身转动是否灵活；
空载电流与负载电流是否正常；运行中的温升和响声是否在限度之内；传动装置是否配合恰
当；轴承是否磨损、缺油或油质不良；电动机外壳是否清洁。

### 2. 检查控制和保护电器

检查触点系统吸合是否良好，触点接触面有无烧蚀、毛刺和穴坑；各种弹簧是否疲劳、
卡阻；电磁绕组是否过热；灭弧装置是否损坏；电器的有关整定值是否正确。

3. 检查电气线路

检查电气线路接头与端子排、电器的接线桩接触是否牢靠，有无断落、松动、腐蚀、严重氧化；线路绝缘是否良好；线路上是否有油污或脏物。

4. 检查限位开关

检查限位开关是否能起限位保护作用，重点是检查滚轮传动机构和触点工作是否正常。

**二、机床电气线路的故障检修**

机床控制线路是多种多样的，它们的故障又往往和机械、液压、气动系统交错在一起，较难分辨。不正确的检修会造成人身事故，故必须掌握正确的检修方法。一般的检修方法及步骤如下。

1. 检修前的故障调查

故障调查主要有问、看、听、摸几个步骤。

问：首先向机床的操作者了解故障发生的前后情况，故障是首次发生还是经常发生；是否有烟雾、跳火、异常声音和气味出现；有何失常和误动；是否经历过维护、检修或改动线路等。

看：观察熔断器的熔体是否熔断；电器元件有无发热、烧毁、触点熔焊、接线松动、脱落及断线等。

听：倾听电机、变压器和电器元件运行时的声音是否正常。

摸：电机、变压器和电磁绕组等发生故障时，温度是否显著上升，有无局部过热现象。

2. 根据电路、设备的结构及工作原理直观地查找故障

弄清楚被检修电路、设备的结构和工作原理是循序渐进、避免盲目检修的前提。检查故障时，先从主电路入手，看拖动该设备的几个电动机是否正常。然后逆着电流方向检查主电路的触点系统、热元件、熔断器、隔离开关及线路本身是否有故障。接着根据主电路与二次电路之间的控制关系，检查控制回路的线路接头、自锁或连锁触点、电磁绕组是否正常，检查并确定制动装置、传动机构中工作不正常的范围，从而找出故障部位。如能通过直观检查发现故障点，如线头脱落、触点、绕组烧毁等，则检修速度更快。

3. 从控制电路动作顺序检查故障

通过直接观察无法找到故障点，在不会造成损失的前提下，切断主电路，让电动机停转。然后通电并检查控制电路的动作顺序，观察某元件该动作时不动作，不该动作时乱动作，动作不正常，行程不到位，虽能吸合但接触电阻过大，或有异响等，则故障点很可能就在该元件中。当认定控制电路工作正常后，再接通主电路，检查控制电路对主电路的控制效果，最后检查主电路的供电环节是否有问题。

在通电试验时必须注意人身和设备的安全。要遵守安全操作规程，不得随意触及带电部分，要尽可能切断电动机主电路电源，只在控制电路带电的情况下进行检查；如需电动机运转，则应使电动机在空载下运行，以免工业机械的运动部分发生误动作和碰撞；要暂时隔离有故障的主电路，以免故障扩大，并预先充分估计到局部线路动作后可能发生的不良后果。

4. 用测量法确定故障点检查

测量法是维修电工工作中用来准确确定故障点的一种行之有效的检查方法。常用的测量工具和仪表有校验灯、验电笔、万用表、钳形电流表、兆欧表等，主要通过对电路进行带电或断电时的有关参数如电压、电阻、电流等的测量，来判断电器元件的好坏、设备的绝缘情况以及线路的通断情况。

在用测量法检查故障点时，一定要保证各种测量工具和仪表的完好，使用方法正确，还

要注意防止感应电、回路电及其他支路的影响，以免产生误判断。常用的测量方法有：电压分段测量、电阻分段测量、短接法等。

5．机械、液压故障的检查

在许多电气设备中，电器元件的动作是由机械、液压来驱动的，或与它们有着密切的联动关系，如机械部分的连锁机构、传动装置等发生故障，即使电路正常，设备也不能正常工作，所以在检修电气故障的同时，应检查、调整和排除机械、液压部分的故障、或与机械维修工配合完成。

以上所述检查分析电气设备故障的一般顺序和方法，应根据故障的性质和具体的情况灵活选用，断电检查多采用电阻法，通电检查多采用电压法或电流法。各种方法可交叉使用，以便迅速有效地找出故障点。

6．修复及注意事项

当找出电气设备的故障点后，就要着手进行修复、试运转、记录等，然后交付使用，但必须注意如下事项：

（1）在找出故障点和修复故障时，应注意不能把找出的故障点作为寻找故障的终点，还必须进一步分析查明产生故障的根本原因。

（2）在找出故障点后，一定要针对不同的故障情况和部位相应采取正确的修复方法，不要轻易采用更换电器元件和补线等方法，更不允许轻易改动线路或更换规格不同的电器元件，以防止产生人为故障。

（3）在故障点的修理工作中，一般情况下应尽量做到复原。但是，有时为了尽快恢复工业机械的正常生产，根据实际情况也允采取一些适当的应急措施，但绝不可凑合行事。

（4）电气故障修复完毕，需要通电试运行时，应和操作者配合，避免出现新的故障。

（5）每次排除故障后，应及时总结经验，并做好维修记录。记录的内容可包括：工业机械的型号、名称、编号、故障发生日期、故障现象、部位、损坏的电器、故障原因、修复措施及修复后的运行情况等。记录的目的：作为档案以备日后维修时参考，并通过对历次故障的分析，采取相应的措施，防止类似事故的再次发生或对电气设备本身的设计提出改进意见等。

## 第九节　常用机床电气控制装置的安装、调试及故障处理技能训练
（X6132 型万能升降台铣床电气控制装置的安装、调试与维修）

### 一、电气控制板的制作

X6132 型万能升降台铣床是一种常用的铣削设备，用途广泛，其电气线路如图 6-19 所示。

1．制作前的准备

根据电气原理图（如图 6-19 所示），准备好各种电气零部件及元器件、材料，其中包括电动机、接触器、控制按钮、限位开关、热继电器、速度继电器、接线端子以及连接导线等。连接导线的选用如下：主电路中导线截面根据电动机型号，规格选择，控制回路一律用规格为 1.0mm$^2$ 的塑料铜芯导线；如果是敷设控制板用，选单芯硬导线，其他连接用多股同规格塑料铜芯软导线，绝缘导线的耐压等级为 500V。

（1）核对所有元器件型号、规格及数量，检查是否良好；检测电动机三相电阻是否平衡，绝缘是否良好，若绝缘电阻低于 0.5MΩ，则必须进行烘干处理，或进一步检查故障原

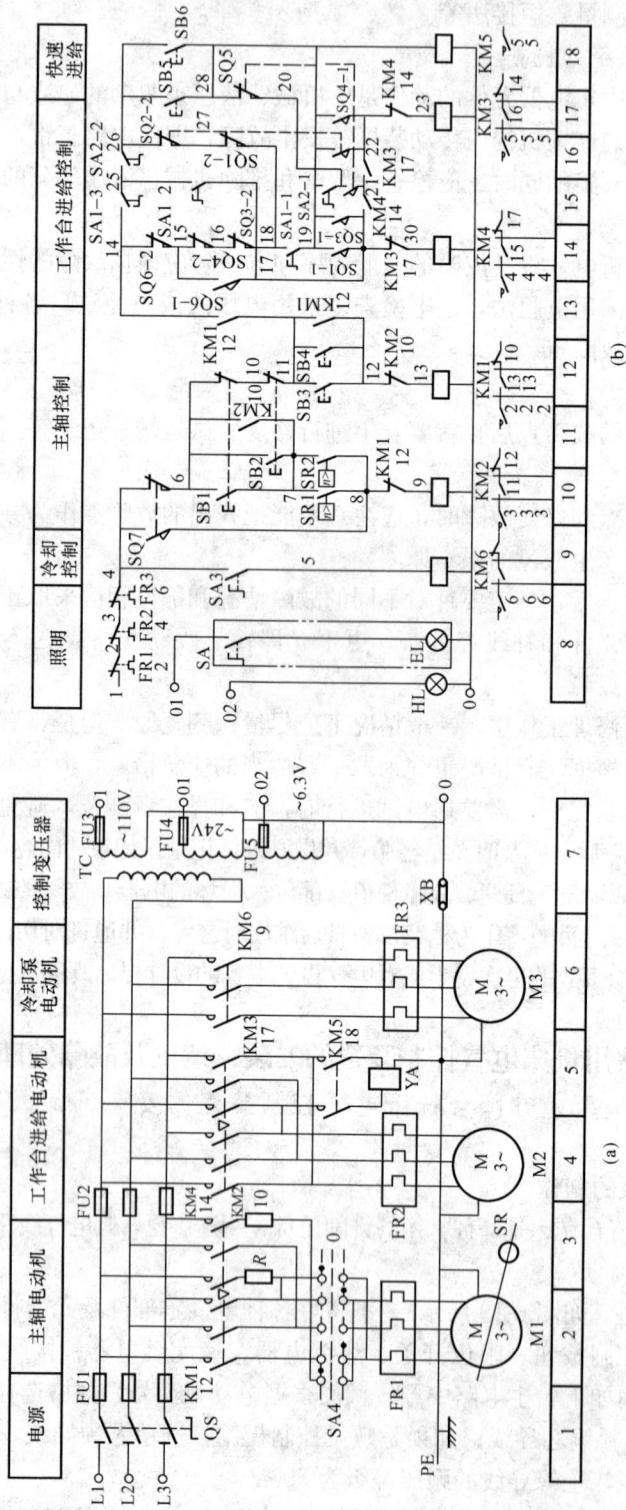

图 6-19　X6132型万能升降台铣床电气原理图

(a) 线路图；(b) 电气原理图

因并予以处理；检测控制变压器一次、二次侧绝缘电阻，检测试验状态下两侧电压是否正常；检查开关元件的开关性能是否良好，各控制按钮颜色是否正确（起动为绿色，停止为红色），外形是否完好。

（2）准备电工工具一套，钻孔工具一套（包括手电钻、钻头及丝锥）。

（3）根据控制箱及按钮盒尺寸，测量欲做控制板及按钮板的尺寸，选用2.5mm厚的钢板裁剪出控制底板和按钮板。然后将板四周去毛刺、倒角。要求版面平整。

2. 电气控制板的制作

根据机床上控制箱及按钮盒的位置，制作出4块电气控制板、两块按钮板，其中4块电气控制板包括左控制箱的箱盖与箱壁控制板，右控制箱的箱盖与箱壁控制板。然后，进行元器件定位和安装的操作。

（1）立柱侧按钮控制板。首先根据按钮盒上的定位尺寸测量并用划针划出控制板4个孔的位置，根据元器件位置分布图，如图6-20所示，将各元器件摆放在控制板上，定出合理位置，用划针划出标记，要求元器件与元器件之间、元器件与盒壁之间的距离在各个方向上保持均匀。划出定位及安装孔之后，打孔、去毛刺、修磨至正确无误后，在板两面刷防锈漆，然后在正面喷涂白色油漆一层。用有机玻璃板制作相同形状和尺寸按钮控制盖板一块，

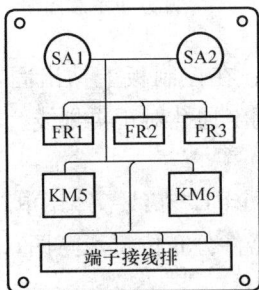

图6-20　立柱侧按钮控制板
元器件位置分布图

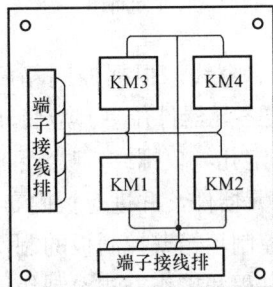

图6-21　接线端子图

取板厚为2.5～3mm。如图6-20所示，在板面刻出各按钮文字名称（文字用仿宋体书写，字色用黑色）。最后，将有机玻璃板叠在钢板控制板上面，使各孔对正，安装控制按钮，要求固定牢靠，背面接线端子各元器件要工整、美观，如图6-21所示。

（2）左箱盖控制板的制作。其制作过程和操作方法如下。

1）划线钻孔。首先根据左箱盖上螺孔位置，划出板上固定孔位置，然后将元器件在板上模拟摆放，如图6-22所示。开关孔与箱盖上安装孔对正划线，划出各元器件定位孔。校正无误后，钻孔、攻螺纹。

2）喷漆。先在底板上涂刷一层防锈漆，待干了以后，用喷枪在元器件安装面上喷一层桔黄色油漆（要求箱内背景底色颜色相同）。

3）安装元器件及板内布线。将各元器件摆放在对座位置上，用螺钉固定牢靠。然后，选用相应规格的单芯塑料铜线，进行板内布线，将各元器件引出线接至接线端子排上。

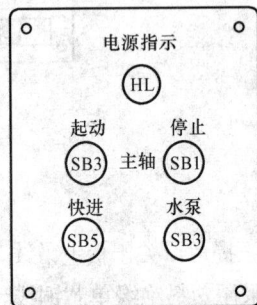

图6-22　元器件在板上
模拟摆放图

（3）左控制箱箱壁控制板的制作。图 6-23 所示为控制板上元器件位置分布图。该控制板的制作同样包括划线、钻孔、攻螺纹、喷油漆、安装元器件以及板内布线等。要求元器件摆放工整，间距均匀；油漆喷涂同样是先刷防锈漆，再喷桔黄色油漆；元器件安装要牢固、可靠，板内布线采用单芯塑料铜线。

（4）右控制箱门后控制板的制作。图 6-24 所示为控制板元器件分布示意图，其控制板的制作过程和方法如下。

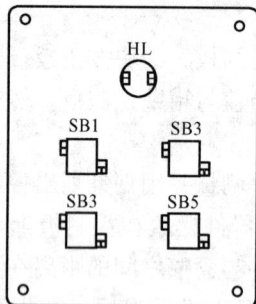

图 6-23　左控制板上元器件位置分布图

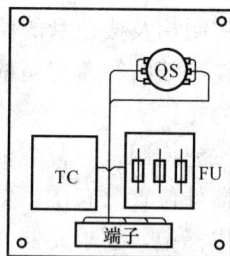

图 6-24　右控制箱门元器件分布示意图

1）定位、划线。根据控制箱门上螺钉孔的位置，在控制板上钻出固定孔。然后按图 6-24所示确定各元器件位置。应将转换开关安装孔与门上通孔对正再划线。

2）钻固定孔，攻螺纹，喷涂油漆。

3）安装元器件，并进行板内布线。元器件固定要牢固，布线一律用单芯硬铜线敷设。

（5）右控制箱箱壁控制板的制作。根据控制板元器件分布位置示意图，如图 6-25 所示，按上述制作过程和操作方法，制作该控制板。

（6）降台上控制盒按钮板的制作。如图 6-26 所示，该板上包括主轴起动、停止和快速进给三只按钮，按上述方法：定位、划线、钻孔。然后将控制按钮装上并固定好，即告结束。

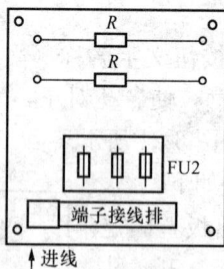

图 6-25　右控制箱箱壁元器件分布示意图

图 6-26　降台上控制盒按钮板布置图

提示：关于板上敷线，一般有走线槽敷线法和沿板面敷设法。前者采用塑料绝缘软铜线，后者采用塑料绝缘单芯铜线，以便于成形和固定。采用硬导线时的敷设操作方法如下。

1）确定敷设位置，按照原理图上的走线连接方向。

2）在控制板上量出元器件间实际要连接导线的长度（包括连接长度及弯曲裕度），切割导线，进行敷设。敷设时，要求在平行于板面的方向上，导线应平直；在垂直于板面方向上，高度应相同，以保证工整、美观。

3）敷设完毕，进行修整。然后用线箍（或铝轧头）绑扎导线，如图 6-27 所示。最后，用小木锤将线束轻轻敲打平整，使其整齐美观。

4）导线的分列和连接是指导线由线束引出并有次序地接到端子上。当导线根数不多且位置较宽松时，采用单层分列，如图 6-28 所示。

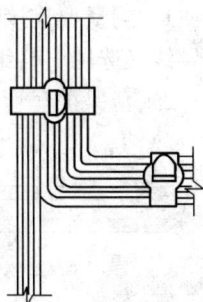

图 6-27 绑扎导线图

如果导线较多，位置狭窄，这时要把大量的导线接向端子，而不能布置成束。采用多层分列，如图 6-29 所示，即在端子排附近分层之后，再接入端子，导线接入接线端子。首先根据实际需要剥切连接长度，去除氧化物或橡胶屑，然后，套上标号套管，再与接线端子可靠连接。上述各种分列和连接，导线一般不走架空线（不跨越元器件），不交叉，以求板面整齐、美观。

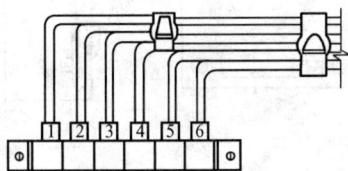

图 6-28 导线到端子采用单层分列图

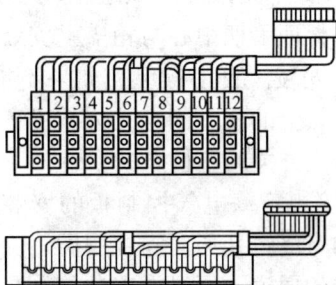

图 6-29 导线接向端子采用多层分列图

## 二、机床电气安装

1. 机床电气安装

（1）电动机的安装。电动机的体积大，且较重。一般采用起吊装置将主轴电动机抬高，进行安装具体操作如下。

首先用吊具将电动机吊起至中心高度并与安装孔对正，装好电动机与齿轮箱的连接件并相互对准，吊装方法如图 6-30 所示。再将电动机与齿轮连接件相啮合，对好电动机安装孔，旋紧螺栓。最后撤去起吊装置。

（2）限位开关的安装。限位开关在机床上是起保护作用和实现自动控制的重要开关元件，其安装过程和方法如下。

1）安装前检查限位开关是否完好，即手压触头，听开关动作时声音是否正常；对自复位开关，手动时是否能自动复位；检查限位开关支架和撞块是否完好。

2）安装限位开关。将限位开关放置在撞块安全撞压区（撞块能可靠撞压开关，但不能撞到开关体上）内，固定牢靠。

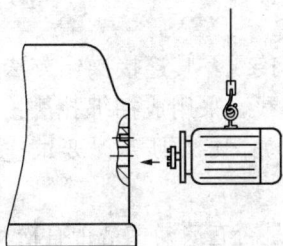

图 6-30 起吊电动机

（3）敷设接线。连接线包括板与板之间、板与电机之间及板与各限位开关之间的接线。连接线的敷设过程如下。

1）测量要连接部件之间的距离（要留有连接裕量及机床运动部件的运动延伸长度），裁剪导线（选用塑料绝缘软铜线）。

2）套保护套管。机床床身立柱上各电气部件间的连接导线用塑料套管保护；立柱上电

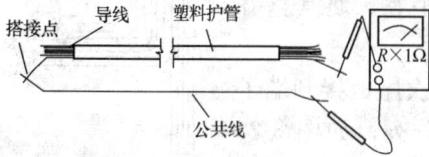

图 6-31　校线方法

气部件与升降台电气部件之间的连接导线用金属软管保护，而且其两端用卡子或接头固定好。

3）敷设接线。将连接导线从床身或穿线孔穿到相应位置，在两端临时把套管固定。然后用万用表校对连接线，套上号码管。校线方法如图6-31所示：拉上一根色别不同的导线，作为公共线，剥去导线线芯，将一端与公共线搭接，用 $R×1$ 挡测量另一端。测出全部导线，在两端套上制好的号码套管。

（4）电气控制板的安装。

1）左、右控制箱盖控制板的安装。这两块控制板上均装有转换开关，其操纵手柄均安装在箱盖外面，安装时要保证手柄中心与箱盖上安装通孔中心重合，并能顺利安装。自由操纵。如果不能自由操纵，则要通过修正板上的 4 个固定孔来校准。将控制板装好后再装上转换开关的塑料操纵手柄。

2）左右控制箱壁电气控制板的安装就位。这两块控制板后均有浇铸孔通向立柱腹腔，而这个孔也正好作为连接线的通道。所以在安装控制板时，适当进行加高处理。方法是：安装时，在控制板和控制箱壁之间垫上螺母或垫片，以不压迫连接线为宜。另外，

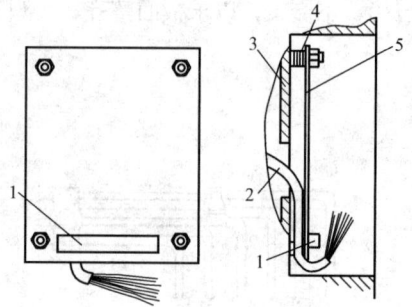

图 6-32　左右控制箱连接线到端子的引线

安装时，应将连接线放在连接端子一侧引出，其安装如图 6-32 所示。

3）速度继电器的安装。速度继电器是主轴反接制动的重要控制元件。安装时，连接要完好、可靠，安装要牢固，不能松动。

2. 机床电气连接

机床电气连接是指将各电气零部件之间的控制部分连接起来，形成一个整体系统，总体要求是安全、可靠、美观、整齐。

（1）元器件上端子的接线。用剥线钳剪切至适当长度、剥出接线头（不宜太长，取连接时的压接长度即可），然后搪锡，套上号码套管，压上接线头接到接线端子上即可。注意

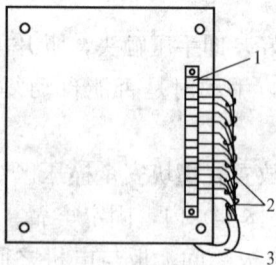

图 6-33　控制板上端子的接线

剪切时不要剪断多股软导线的线芯；连接时，压接螺钉要旋紧，不能松动。

（2）电气控制板上接线端子的接线。其连接操作方法同上。从端子到塑料保护套管的软导线，采用成捆绑扎法：即单层分列连接之后，再成捆绑扎，如图6-33所示。要求连接牢靠、绑扎整齐。

连接完成以后，再次检查接线是否有遗漏，是否有松动。若正确无误，则将按钮盒安装就位，关上控制箱门，即可准

备试车。

### 三、机床电气调试

#### 1. 调试前的准备

（1）检查是否短路。首先是主回路。断开变压器一次绕组用 500V 绝缘电阻表 $R\times10k$ 挡测量相与相之间、相对地之间是否有短路或绝缘损坏现象；对控制回路，断开变压器二次回路（撤去熔体即可），用万用表 $R\times1$ 挡测量电源线与零线或保护线 PE 之间是否短路。对控制回路要根据原理图分段测量。测量的结果，如果有短路现象说明穿线时有绝缘破损，造成短路或绝缘不良。这时，应首先检查导线是否受到强力压迫，特别是没有塑料保护管的导线是否有破损；检查接线端是否因剥切过长而发生碰线等。查出故障点做绝缘处理，严重者必须更换导线。

（2）检查熔体。连接导线检查无误，检查熔体是否良好，其型号规格是否正确，熔体插入后接触是否良好，以上检测均用万用表 $R\times1$ 挡。

（3）接通试车电源。试车电源通常来自配电盘或试车配电柜。要求试车电源有独立的通断开关及熔断器保护。接电源时，首先切断试车电源开关，将电源接好后再合上开关。

（4）电源检查。首先接通试车电源，用万用表 AC500V 挡检查三相电压及各相电压是否正常。然后拨去控制回路熔体，接通机床电源开关，观察有无异常现象：打火、冒烟、熔体熔断等；闻是否有焦糊气味；用万用表测量三相电压是否正常，测量控制变压器输出电压是否正常。检查中，如有异常，立即关掉机床电源，再切断试车柜电源，进行检查处理。如检查一切正常，可开始机床电气的总体调试。

#### 2. 机床电气的调试

根据加工需要，机床对电气传动和控制的要求是：主轴电机驱动主轴正、反向旋转；工作台进给电动机完成工作台的垂直、横向、纵向三个方向的进给和快速移动，或驱动圆工作台转动；冷却泵电动机在机床加工时提供切削液；另外，还有主轴的电气制动及必要的联锁等。下面分类、分步进行调试。

（1）主轴电动机控制的调试。接通试车电源，合上机床电源总开关 QS，立柱侧按钮板上的电源指示灯（HL）亮，接通照明灯开关 SA，则照明灯（EL）亮。

1）主轴起动。将换向开关 SA4 拨到指示牌所指示的正转或反转方向，再按动主轴起动按钮 SB3 或 SB4（SB3 在床身立柱侧或按钮板上，SB4 在升降台的按钮板上），主轴旋转的转向应正确。

如果主轴不转，检查电动机 M1 控制回路，图 6-34 所示为操作流程框图。

注意事项：三相电源电压正常值为 380V±38V；控制回路各测量点正常电压为 110V；流程框图中"检修"的内容包括有关元器件及相关连接件，"正常"就是确认这些器件"正常"。

2）主轴的反接制动。主轴起动正常后，当速度达到 120r/min 以上时，速度继电器 RS 动合触头闭合。按下停止按钮 SB1 或 SB2（SB1 位于立柱侧，SB2 位于升降台上），KM1 首先断电，KM2 得电接通反接制动，电动机转速很快降低到 120r/min 时，RS 触头复位，制动结束，主轴停止。通过调整 RS 上调节螺钉，可以选定一定转速使 RS 动作，从而将主轴准确、可靠停车。

3）主轴变速时主轴电动机的冲动控制。先把主轴瞬时冲动手柄向下压，拉到前面，转动主轴调速盘，选择所需要的转速，再把冲动手柄以较快速度推回原位。这个过程中，各元器件依次动作为 SQ7 动作→动合触点闭合接通 KM2→M1 电动机反转 SQ6→SQ7 复位，KM2 失电，而电动机 M1 停止，冲动结束。值得注意的是：电动机瞬间反接，变速冲动是

M1 不转

KM1 是否吸合 → N 去控制回路

检修 KM1 线圈 → 13→0 电压正常？ Y/N

检修 KM2 13－12 → 12→0 电压正常？

检修 SB3、SB4 KM1 13－12 → 11→0 电压正常？ Y/N

检修 SB1、SB2 → 6→0 电压正常？

4→0 电压正常？ → Y 检修 SQ7

1→0 电压正常？ → Y 检修 FR3 FR2 FR1

~110V 正常？ → Y 检修 FU3

TC 一次电压？ → Y 检修 TC

依次检查 FU2、FU1、QS 及连接，修理故障使正常

去主回路测三相电压 Y

进 KM1 三相电压正常，出不正常　KM1 送出三相电压正常　KM1 前端三相电压不正常

检修 KM1 正常

SA4 上电压正常？ → N 检修 SA4 正常

FR1 良好？ → N 检修 FR1 正常

检修 M1 正常

FU1 前端电压正常？ → 检修 FU1 正常

L1,L2,L3 电压正常？ → Y 检修 QS

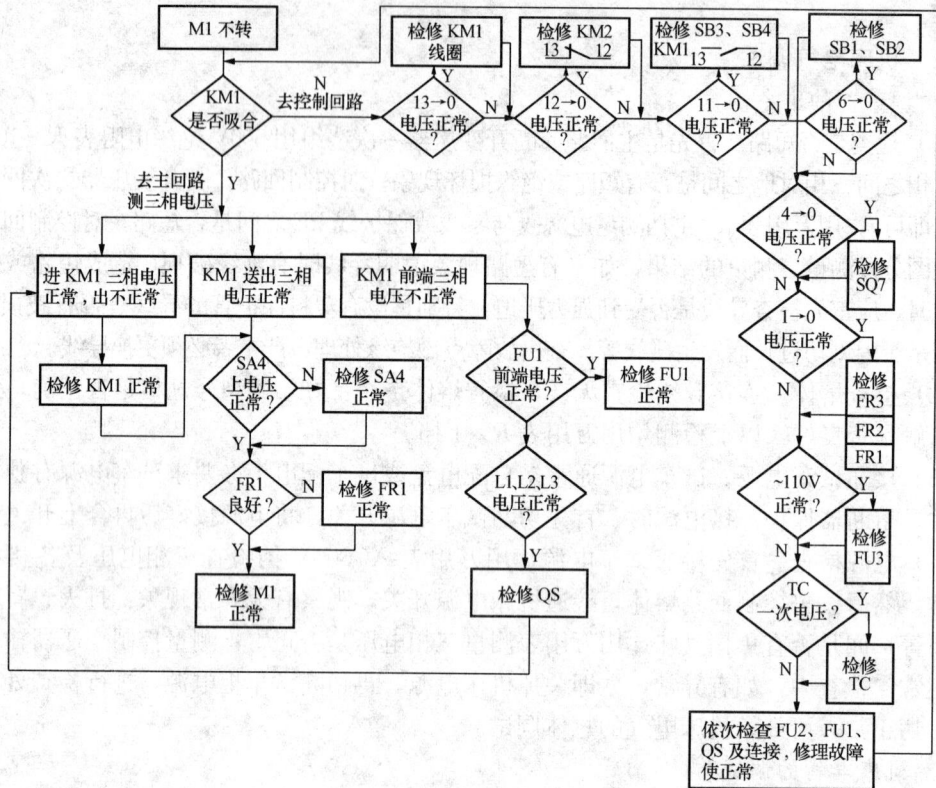

图 6-34　主轴起动操作流程框图

由手柄快速推回原位来保证的。如果冲动手柄拉出时间过长，或者推回过慢，势必使电动机 M1 反转时间加长，其反转速度会升得很高，这样，非但不利于齿轮啮合，反而会损坏变速机构。由于变速冲动时电动机是瞬时反转，所以主轴在正常运转情况下不宜直接做变速操作，必须先将主轴停车之后，再进行变速操作，以确保变速机构的安全。

（2）冷却泵电动机控制的调试。接通主令开关 SA3，接触器 KM6 吸合，冷却泵电动机起动，如果泵不出冷却液，应检查冷却泵转向是否正确。

（3）工作台进给电动机的控制调试。首先接通机床电源 QS，起动主轴，然后才能接通工作台进给控制回路，进行调试。

1）工作台升降（上下）和（横向前后）运动调试。将 SA1 扳到"断开"位置：SA1-1 闭合，SA1-2 断开，SA1-3 闭合。将 SA2 转到手动位置操纵工作台升降与横向进给手柄在不同位置，来实现不同方向的进给。该手柄操纵位置与进给方向、开关运动情况见表 6-10。

表 6-10　　　　　　　　手柄操纵位置与进给方向、开关运动情况表

| 开关触点 | 手柄位置 | 向前、向下 | 中间（停止） | 向后、向上 |
|---|---|---|---|---|
| SQ4 | SQ4-1 | － | － | ＋ |
| | SQ4-2 | ＋ | ＋ | － |
| SQ3 | SQ3-1 | ＋ | － | － |
| | SQ3-2 | － | ＋ | ＋ |

通过调整操纵手柄联动机构及限位开关 SQ3 和 SQ4 的位置，使开关可靠动作。

2）工作台纵向（左右）运动的调试。工作台的纵向运动由"纵向操作手柄"来控制。该操作手柄有三个位置：左、右及中间位置。能够操纵手柄在左位时，行程开关 SQ2 动作，电动机 M2 反转；在右位时，行程开关 SQ1 动作，电动机 M2 正转；在中间位置，则电动机 M2 停转，工作台停止运动。其调整方向与开关动作见表 6-11，其电气控制电路与测试点如图 6-35 所示。除了操作手柄和万用表检测开关动作情况外，当调试中出现异常现象时，用万用表交流电压挡检测回路中各测试点电压，如图 6-35 中各标注"·"的点。

**表 6-11　　　　　　　工作台纵向（左右）运动的调试方向与开关动作情况表**

| 开关触点 | 手柄位置 | 向左 | 中间（停止） | 向右 |
|---|---|:---:|:---:|:---:|
| SQ2 | SQ2-1 | + | − | − |
| | SQ2-2 | − | + | + |
| SQ1 | SQ1-1 | − | − | + |
| | SQ1-2 | + | + | − |

3）工作台进给变速时的冲动。在需要改变工作台进给速度时，通常使电动机 M2 瞬时冲动，以确保变速齿轮安全、可靠地啮合。其调试的操作方法是：先将蘑菇形手柄向外拉出并转动手柄，转盘也跟着转动，将所需进给速度的标尺数字对准箭头，然后再将蘑菇形手柄拉到极限位置，这时连杆机构压合 SQ6，使 SQ6-2 断开，SQ6-1 闭合，M2 接通正转。因蘑

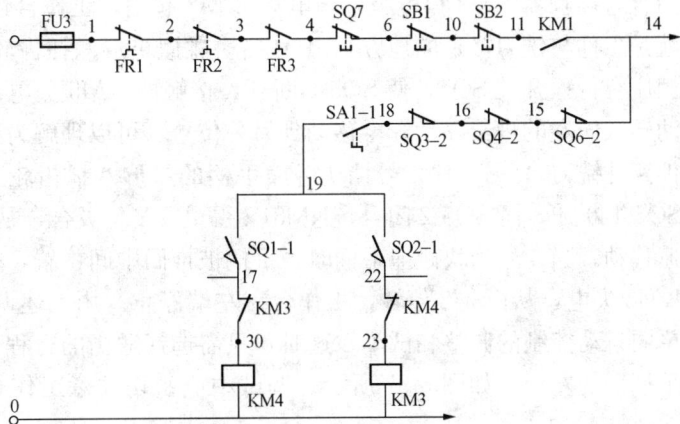

图 6-35　电气控制电路与测试点

菇形手柄一到极限位置随即推回原位，所以 SQ6 只是瞬间动作，M2 电动机也只能瞬时冲动，手柄推回原位，冲动即告结束。

瞬时动作的关键在于，当蘑菇形手柄位于极限位置的瞬间，必须可靠地压合 SQ6。可以通过调整手柄上撞压块或 SQ6 限位开关的位置来实现。具体调整方法为：将手柄拉到极限位置，调整 SQ6，使 SQ6-2 断开，SQ6-1 可靠闭合，而当手柄推回时，SQ6-1 立即断开，而后 SQ6-2 闭合，推拉手柄时，用万用表 $R \times 1$ 挡测量触点动作情况。注意：该调整同样要在机床断电，断开开关的连接线的情况下进行。

4）工作台的快速移动。在前后、左右和上下 6 个方向上，工作台可以由电动机 M2 拖动实现快速移动控制。调试步骤和方法为：起动主轴电动机 M1，根据需要快速移动的方向，将"升降和横向操作手柄"或者"纵向操作手柄"扳到相应的位置。按下 SB5 或 SB6（SB5 在立柱侧的按钮板上，SB6 位于升降台的按钮板上），这时 KM5 得电吸合，接通 YA 牵引电磁铁，工作台按手柄选定方向快速移动，各元器件在这个过程中动作顺序如下：按下

SB3（或 SB4）→KM1 接通→M1 运转→操纵手柄选择进给方向→进给（按选定进给速度和方向）→按下 SB5（或 SB6）→KM5 得电吸合→YA 吸合动作→传动机构变成快速移动（按原方向）。快速移动有助于提高工作效率，便于对刀，但应注意到它是通过点动控制进行的，调试时，必须保持当按下或松开 SB5（或 SB6）时，YA 动作的即时性和准确性，如有异常现象，应及时停机，按以上动作顺序检查、排除。

5）工作台纵向（左右）运动的自动控制。工作台纵向运动的自动控制是依靠安装在工作台前的各种挡块，在随工作台一起运动时与手柄的星形八抓齿轮碰压合行程开关 SB5、SB1 或 SB2 来实现的。通常有单程自动控制，半自动循环控制以及自动循环控制。①单程自动控制的调试。单程自控制的工作程序框图为 起动 ─→ 快速进给 ─→ 进给 ─→ 快速进给 ─→ 停止 现在以工作台向左运动单程自动控制为例来说明其调试过程和方法。首先将两块 1 号挡铁（控制快慢进给）和一块 4 号挡铁（停止控制用挡铁）装在"纵向操纵手柄"的右边，如图 6-36 所示。调整撞块，使工作台的运动在安全行程内。起动主轴电动机后，将 SA2 扳到自动循环位置，这时 SA2-1 接通，SA2-2 断开，KM5 吸合，电磁铁通电吸合，工作台处于快速运动等待状态。将"纵向操作手柄"向左扳，压合 SQ2，使 SQ2-2 断开，而 SQ2-1 闭合，接触器 KM3 得电吸合，电动机 M2 起动，工作台快速向左移动，到某一位置（假定就是工件与铣刀接近的地方），1 号挡块碰撞星形八抓齿轮，使它转过一个齿，而通过固定销压合行程开关 SQ5，使 SQ5-2 断开，接触器 KM5 失电放开，YA 失电，工作台由快速移动转入向左的进给移动。再移动到另一位置（可以理解为在该位置加工结束，切削完毕，工件离开铣刀），另一块 1 号挡块碰撞手柄的星形八抓齿轮，使它又转过一个齿，SQ5 复位，SQ5-1 断开，而 SQ5-2 闭合，KM5 又得电，YA 吸合，从而使工作台又从进给运动转入快速移动。当 4 号挡块碰撞手柄时，手柄被推回中间位置，行程开关 SQ2 复位，SQ2-1 断开，KM3 失电，从而 M2 停转，工作台在左端停止。用上述调试方法便可进行工作台向右运动单向自动控制的调整和试车。这时，只需选择适当的行程，把上述三块挡铁装在"纵向操作手柄"的左边，如图 6-37 所示。调试中应密切注意工作台的运动状态的改变，发现异常，

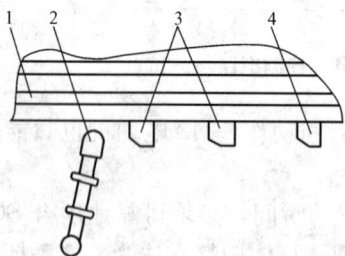

图 6-36　工作台向左运动单程自动控制图
一工作台；2—操作手柄；3—1 号挡铁；4—4 号挡铁

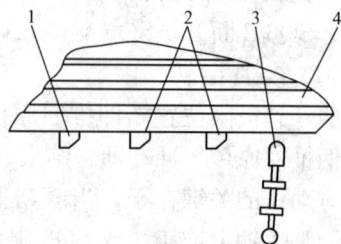

图 6-37　工作台向右运动单程自动控制图
1—4 号挡铁；2—1 号挡铁；3—操作手柄；4—工作台

立即停机进行检查。②半自动循环控制的调试。半自动循环控制的工作程序框图为 起动 ─→ 快速进给 ─→ 进给 ─→ 快退 ─→ 停止 以工作台先向左移动为例，其半自动循环控制调试过程和方法如下：先安装挡铁如图 6-38 所示，将 1 号慢速控制挡铁和 2 号快速控制挡铁各一块装在"纵向操作手柄"的右边，将 5 号挡铁（停止控制用挡铁）装在其左边。把 SA2 扳到自动循环位置，起动主轴电动机 M1，接触器 KM5 得电吸合，YA 得电，随即将"纵向操作手

柄"向左扳，压上行程开关 SQ2，使得 SQ2-1 闭合。接触器 KM3 得电接通进给电动机，M2 运转，工作台向左快移。当 1 号挡铁碰撞星形八抓齿轮时，压合行程开关 SQ5，使得 SQ5-2 断开，接触器 KM5、磁铁 YA 失电释放，工作台以正常进给速度（变速盘所选定）向左移动。当 2 号挡铁碰撞手柄后，手柄被推到中间位置，使行程开关 SQ2 复位，SQ2-1 断开，而 SQ5 仍被固定销压合，SQ5-1 闭合，KM3 仍保持接通，所以工作台连续向左移动。当 2 号挡铁把手柄又碰转过一个齿时，"纵向操作手柄"被推向右边，SQ5 复位，SQ5-1 断开，KM3 失电，而 SQ1 被压合，SQ1-1 闭合，使 KM4 得电吸合，进给电动机 M2 反向起动，与此同时，SQ5-2 闭合使 KM5 和 YA 得电依次吸合，这时工作台换向快速返回。当工作台向右快速运动返回某一位置时，5 号挡铁碰撞"纵向操作手柄"，KM4 失电释放，进给电动机停止，工作台停止运动。调试过程中各元器件动作流程如框图 6-39 所示。调试中，根据上述元器件动作流程及工作台运动状态的变化，密切观察机床，要特别注意，调试各挡铁使之可靠碰撞，行程应设置在机床运动安全区，各

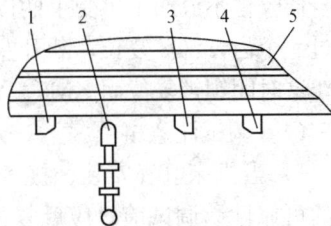

图 6-38　挡铁左移安装图
1—5 号挡铁；2—操作手柄；3—1 号挡铁；
4—2 号挡铁；5—工作台

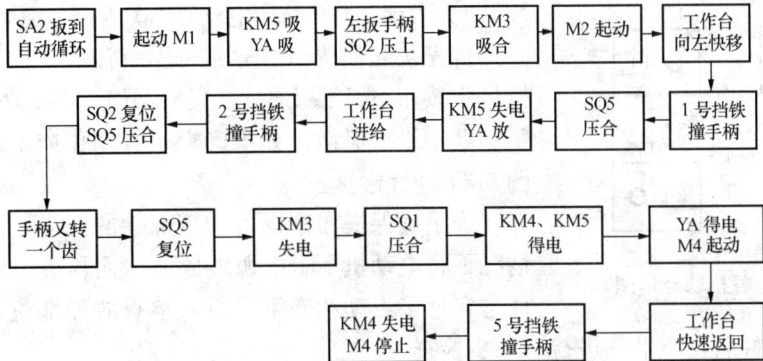

图 6-39　调试过程中各元器件动作流程框图

变速及换向被压限开关动作要可靠。③自动循环控制的调试。自动往复循环控制的工作程序可表示为

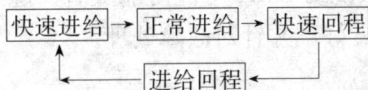

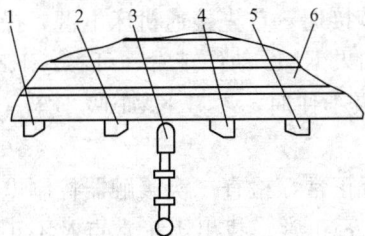

图 6-40　自动循环控制挡铁安装图
1—3 号挡铁；2—1 号右挡铁；3—操作手柄
4—1 号左挡铁；5—2 号挡铁；6—工作台

其调试过程和方法如下：以工作台右行切削为例，首先将 1 号右挡铁和 3 号挡铁装在"纵向操作手柄"的左方，把 1 号左挡铁及 2 号挡铁装在"纵向操作手柄"的右方，如图 6-40 所示。选择适当的行程距离，将各挡铁固定好后，接通机床电源，起动主轴电动机，然后扳动手柄，工作台开始运动。快速进给、正常进给及快速回程的调整及各元件动作过程与半自动循环控制相同。当快速回程到某一位置时，1 号左挡铁碰撞手柄将快速回程变为进给回程运动，这时 SQ5 被压合。接着 2 号挡铁把闭锁销压下，使

离合器咬住不放而不再受手柄位置影响，工作台继续左行，当 2 号挡铁碰撞星形八抓齿轮使之转过一个齿，SQ5 复位，断开左行接触器，KM3 失电，而接通 KM4，起动 M2 进给电动机正转，这时闭锁销复位而 KM5、YA 得电，工作台快速右行，开始了第二轮循环。

（4）调试注意事项。

1）当机床电气安装、接线结束后，调试中的重点是调试操作及各状态转换限位开关动作的可靠性。调试前，应反复校调各开关位置，以保证其动作准确、可靠。

2）在自动循环控制调试中，各挡铁选择、安装要正确，其间隔距离设置要合理，以保证工作台在安全范围内运行。各挡铁外形如图 6-41 所示。

### 四、6132 型万能升降铣床的故障检修

对于较简单的机床电路，可以用听、看、闻的经验法直接判断故障所在，并进行相应处理。而较复杂的机床电路，除了经验判断，通常需要借助于仪器、仪表进行检查判断，根据电气系统原理认真分析。这样，才能更快捷、准确地找出问题，进行处理。

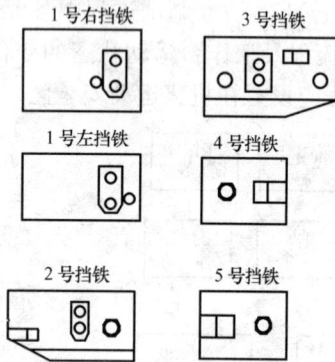

图 6-41　各挡铁外形图

**1. 主轴电动机不能起动**

主轴电动机不能起动的故障检修可以划分为两种情况，一是主回路的检修，二是控制回路的检修。以图 6-19 所示的 X6132 型万能升降台铣床电气原理图为例分别加以说明。

首先按起动按钮 SB3 或 SB4（注意，按下停留瞬间即按停止按钮 SB1 或 SB2），观察 KM1 是否动作，听其声音辨别动作是否灵活，如果确定了其动作或不动作，按流程图 6-34 进行检修。

为了确保操作中设备和零部件的安全，可首先在断电情况下将电动机 M1 电源线脱开，而检查、修理其他零部件是在近乎点动状态下进行。检查故障部位，修理并确认其电气性能完好后，再继续进行下一步检查。

同样，框图中"正常"是指电气性能正常并能安全运行。有些情况（如熔体熔断）下检修时，如需更换熔体，通电后又连续熔断，则要将线路中短路点或对地点找出并修复。检修时除了元器件本身，还应注意连接情况。

如果 KM1 处于振动状态，说明 KM1 不能可靠吸合。除了检查线圈及电压外，还要检查电源电压及接触器线圈是否良好，并针对故障处理。

**2. 主轴电动机变速无冲动**

根据电气原理图 6-19，主轴电动机冲动靠接触器 KM2 接通。首先接通机床电源，操作主轴变速手柄一次，听声音并仔细观察 KM2 是否动作。如果 KM2 动作正常，可参考 KM1 动作正常时主轴电动机不起动的检修方法进行。如 KM2 吸不住时，参考 KM1 吸不牢（振动）时的方法进行修理。

如果 KM2 不动作，首先检查控制变压器一次电压是否正常，检查二次接触器控制电压是否正常，依次检查 1→2→3→4→8 各点对"0"的电压是否正常，找出不正常点及不正常元器件，停电检修。

**3. 主轴停车时无制动作用**

主轴停车时，依靠 KM2 反接电阻器能耗制动。这时，可能的原因有速度继电器未闭合

或损坏、接触器触头接触不良等（其他检查、检修操作同"主轴电动机变速无冲动"部分）。

速度继电器不闭合多由于连接不良或内部损坏，如触头上油污，触头压力不足，胶木摆杆断裂。断开电源将速度继电器拆下检修。

接触器 KM1 连锁触头接触不好，可能的原因有触头油污或触头压力不足或复位弹簧受阻，这时，可拆开接触器清除油污、灰尘，调整触头压力。

**4. 主轴停车制动后产生短时反转现象**

主轴停车制动的时间由速度继电器调整设定。发生该故障时，断电停车，检查速度继电器动触头弹簧是否过松，适当调整，使主轴准确停车。

**5. 工作台升降和横向进给正常而纵向不能进给**

在故障出现时，除了常规的线路检查外，重点检查其控制回路上限位开关触头闭合情况，其方法是：首先断电停车，断开连接点 4，用万用表 $R \times 1$ 挡测 SQ6、SQ4、SQ3 的动断触头是否可靠闭和；测 SQ1 动合触头，当扳动操纵手柄时是否压合。如果不能闭合，则检修 SQ3、SQ4、SQ6 的触头及 SQ1 的触头，检修纵向操作手柄联动机构，使之恢复正常。

**6. 工作台无快速进给**

对于图 6-42 所示的电气系统，该故障的主要原因有 KM5 故障、YA 故障。其检修方法是：接通电源，起动主轴电动机，选择运动方向，然后点动 SB5 或 SB6 按钮，观察 KM5 动作，听其动作声音，同时测量 KM5 线圈两端的电压。如电压正常，而 KM5 不动作，或 KM5 不吸合，则说明接触器线圈断路或内有油污、灰尘等，需要拆开并进行检修。

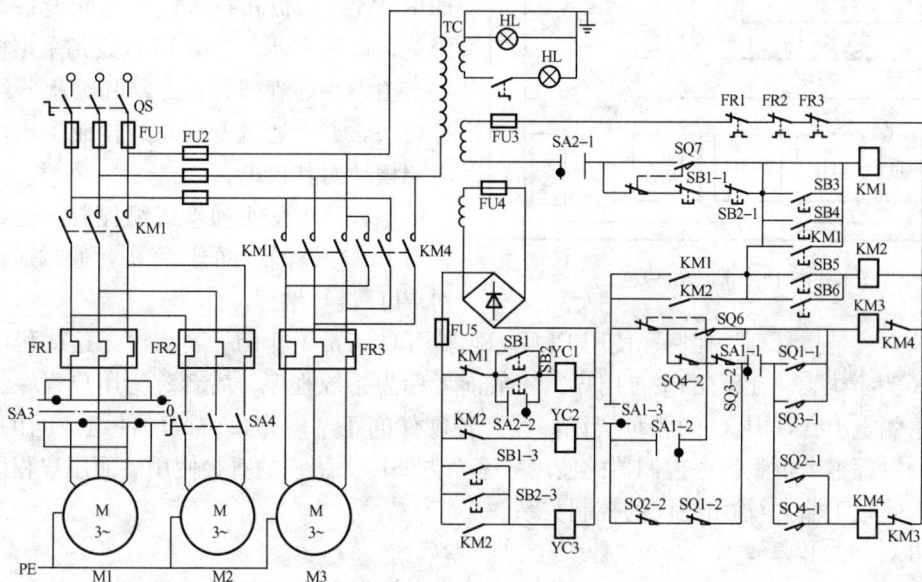

图 6-42　工作台快速进给图

如果 KM5 动作正常，则检查电磁铁 YA 线圈电压，无电压，说明 KM5 主触头接触不良，应更换修复。如果 YA 电压正常而无动作，或动作不到位，则可能是线圈故障或 YA 本身机械故障，则要停电拆修。

## 第十节 可编程序控制器

可编程序控制器，其英文名字为 Programmable Logic Controller，简称为 PLC。PLC 是一种新型的控制器件。它以微处理器为基础，综合计算机技术、自动控制技术及通信技术发展起来的新一代工业自动化装置。它采用可编程序存储器，来存储和执行逻辑运算、顺序控制、定时、计数及算术运算等操作指令，并通过数字式或模拟式的输入和输出方式，控制各种类型机械或生产过程，是一种专为工业环境应用而设计的数字运算电子系统。在取代继电器控制系统，实现多种设备的自动控制中，充分体现其诸多优点，受到广大用户的欢迎和重视。

### 一、PLC 的基本组成及工作原理

1. PLC 的基本组成

用 PLC 实施控制，其实质是按一定算法进行输入、输出变换，并将这个变换予以物理实现。根据 PLC 实施控制的基本点分析，PLC 采用了典型的计算机结构，也是由硬件系统和软件系统两大部分组成的。整个 PLC 的基本组成如图 6-43 所示。

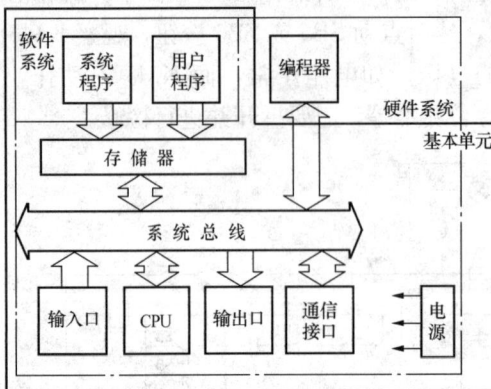

图 6-43 PLC 基本组成框图

硬件系统是指组成 PLC 的所有具体的设备，其中主要有中央处理器 CPU、存储器、输入/输出（I/O）接口、通信接口、编程器和电源等部分。此外，还有扩展设备和 EPROM 读写板和打印机等选配设备。为了维护、修理方便，许多 PLC 设备采用模块结构。由中央处理器、存储器和编程器组成主控模块，三者通过专用总线构成主机，并由电源模块对其供电。

编程器可采用袖珍式编程器，也可采用带有 PLC 编程软件的计算机，通过通信接口对 PLC 进行编程。

软件系统是指管理、控制、使用 PLC，确保 PLC 正常工作的一套程序。这些程序有的来自 PLC 生产厂家，也有的来自用户。一般前者称为系统程序，后者称为用户程序。其中系统程序侧重于管理 PLC 的各种资源，控制各硬件的正常动作，协调硬件组成间的关系，以便充分发挥整个可编程序控制器的使用效率，方便广大用户的直接使用。而用户程序侧重于使用，侧重于输入/输出之间的控制关系。

2. PLC 的工作原理

PLC 虽具有微机的许多特点，但它的工作方式却与微机有很大不同。微机一般采用等待命令的工作方式，PLC 则采用循环扫描方式。PLC 的这种工作方式是在系统软件控制下，顺序扫描各输入点的状态，按用户程序进行运算处理，然后顺序向输出点发出相应的控制信号。其整个工作过程可分为自诊断、与编程器等通信、输入采样、用户程序执行和输出刷新五个阶段。

PLC 对用户程序的循环扫描过程，分为三个阶段进行，即输入采样阶段、用户程序执

行阶段和输出刷新阶段。
如图 6-44 所示。

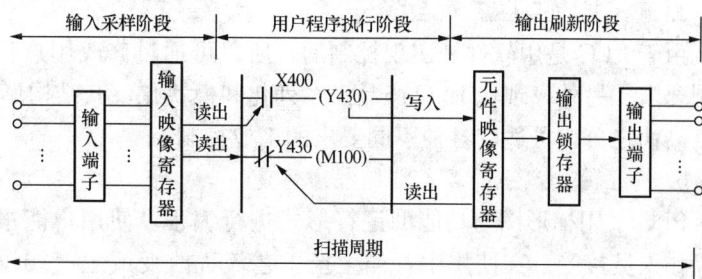

图 6-44　PLC 用户程序执行的三个阶段

　　（1）输入采样阶段（简称"读"）。PLC 在输入采样阶段，以扫描方式顺序读入所有输入端子的状态——接通/断开（ON/OFF），并将其状态存入输入映像寄存器，接着转入程序执行阶段。在程序执行期间，即使输入状态发生变化，输入映像寄存器内容也不会变化。输入映像寄存器内容的变化只能在一个工作周期的输入采样阶段才被读入刷新。

　　（2）用户程序执行阶段（简称"算"）。在程序执行阶段，PLC 对程序按顺序进行扫描。如果程序用梯形图表示，则总是按先上后下，先左后右的顺序进行扫描。每扫描一条指令时，所需的输入状态或其他元素的状态分别由输入映像寄存器和元件映像寄存器读出，然后进行逻辑运算，并将运算结果写入到元件映像寄存器中。也就是说在程序执行过程中，元件映像寄存器内元素的状态可以被后面将要执行的程序所应用，它所寄存的内容也会随程序执行的进程而变化。

　　（3）输出刷新阶段（简称"写"）。用户程序执行完毕后，进入输出刷新阶段。此时将元件映像寄存器中所有输出继电器的状态——接通/断开，转存到输出锁存电路，再驱动被控制对象（负载），这就是 PLC 的实际输出。

　　PLC 重复地执行上述三个阶段，每重复一次的时间就是一个工作周期（或扫描周期）。工作周期的长短与程序的步数、时钟频率及所用指令的执行时间有关。如 $F_1$ 系列 PLC 用户每千步的工作周期约为 12ms，ACMY-S256 型 PLC 用户程序每千步的工作周期约为 20ms。

## 二、PLC 的特点

### 1. 性能稳定可靠且抗干扰能力强

　　PLC 用软件取代了继电器—接触器控制系统中的大量触点和接线，是其具有高可靠性的主要原因之一。另外，它还采用了多层次抗干扰技术和精选元件措施，增加了自诊断、纠错等功能，使其在恶劣工业环境下与强电设备一起工作，运行的稳定性和可靠性显著提高。

### 2. 软件简单易学

　　PLC 的最大特点之一，就是采用易学易懂的梯形图语言，它是用计算机软件构成人们惯用的继电器模块，形成一套独具风格的以继电器梯形图为基础的形象编程语言。梯形图符号和定义与常规继电器展开图完全一致，电气操作人员使用起来得心应手，不存在计算机技术与传统电气控制技术之间的专业"鸿沟"。

### 3. 功能完善

　　现代 PLC 不但具有进行数学和模拟量输入/输出、算术和逻辑运算、定时、计算、比较、步进、锁存、主控移位、跳转和强制输入/输出等功能，还具有通信联网、PID 闭环回路控制、中断控制、特殊功能函数运算、自诊断、报警、生产过程监控等功能。

**4. 通用性好且应用灵活**

由于 PLC 是用软件来实现控制的，所以可通过修改用户程序来方便快速地实现不同的控制要求。另外，现代 PLC 产品已系列化和模块化，其结构形式多种多样，其功能又有低、中、高档之分，可适应各种不同要求的工业控制。

**5. 编程简单，手段多，控制程序可变**

PLC 采用梯形图与功能助记符形式进行编程，使用户能很容易地阅读和编写程序，易被操作人员接受。在使用中，当生产工艺流程改变或生产线设备更新时，只能改变控制程序，就可满足控制要求，而不必改变或很少改变 PLC 的硬件设备，这样极大地减少了设计及施工的工作量。

**6. 接线简单，安装、调试工作量少**

PLC 的接线只需将输入信号的设备与 PLC 的输入端子连接，将接受输出信号执行控制任务的外部执行元件与 PLC 输出端子连接；所以其接线简单，安装工作量少。又由于 PLC 所采用的梯形图程序可以进行模拟演示，发现问题及时修改，满足要求后再安装到生产现场，减少了现场的安装调试工作量。

**7. 监视功能强、速度快**

PLC 具有很强的监视功能。小型低档 PLC 可以利用编程器监视各元件的状态或通过适当通信接口及应用软件在 PLC 上监视各元件的状态。中档以上的 PLC 提供 CRT 接口，可以从屏幕上来了解系统工作情况，以便及时、正确地处理异常情况，迅速排除故障。PLC 采用软件进行控制，其控制速度取决于 CPU 速度和扫描周期。而一条基本指令的执行时间仅为微秒级甚至毫秒级，其控制速度很快。

**8. 体积小，重量轻，功耗低**

PLC 采用半导体集成电路，其体积小，重量轻，功耗低。PLC 结构紧凑，坚固耐用，具有较强的环境适应性和较高的抗干扰能力，易于装入机械设备内部，是实现机电一体化的理想控制设备。

### 三、PLC 的基本指令与编程

**1. PLC 的编程语言**

PLC 的常用编程语言有：梯形图、语句表、控制流程图及高级语言。目前使用较多的是梯形图和语句表。

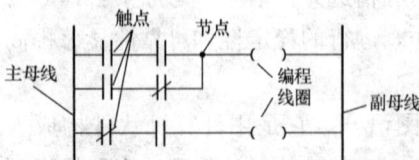

图 6-45　梯形图基本框图

(1) 梯形图：梯形图与继电器——接触器控制系统的电路图很相似，其中的编程元件沿用了"继电器"名称。梯形图由主母线、副母线、编程触点、编程绕组、连接线五个部分组成，如图 6-45 所示。应用梯形图进行编程时只要按梯形图的逻辑顺序输入到计算机中去，计算机就可自动将梯形图转换成 PLC 能接受的机器语言，进行存储及执行。

(2) 语句表：语句表类似于计算机汇编语言的形式，用指令的助记符来进行编程。它通过编程器按照语句表的语句顺序逐条写入 PLC，并可直接运行。语句表的指令助记符比较直观易懂，编程也简单，便于工程人员掌握，因此得到广泛的应用。但要注意不同厂家制造的 PLC，所使用的指令助记符有所不同，即对同一梯形图来说，用指令助记符写成的语句表也不相同。

2. PLC 的编程元件号分配和功能概要

PLC 内部有大量由软件组成的内部继电器，这些软元件按一定的规则进行编号。在 FX$_{2N}$ 系列中，用 X 表示输入继电器；Y 表示输出继电器；M 表示辅助继电器；D 表示数据寄存器；T 表示定时器；C 表示计数器；S 表示状态继电器。

（1）输入继电器 X：输入继电器是 PLC 用来接收用户设备发出的输入信号。输入继电器只能由外部信号所驱动，不能用程序内的指令来驱动。因此，在程序中输入继电器只有触点。

（2）输出继电器 Y：输出继电器是 PLC 用来将输出信号传送给负载的元件。输出继电器由内部程序驱动，其中触点有两类：一类是由软件构成的内部触点（软触点）；另一类则是由输出模块构成的外部触点（硬触点），它具有一定的带负载能力。

（3）辅助继电器 M：在 PLC 内部的继电器叫做辅助继电器。它与输入/输出继电器不同，是一种程序继电器，不能读取外部输入，也不能直接驱动外部负载，只能起到中间继电器的作用。辅助继电器有两种类型：一是通用型，不具备掉电保护功能；另一类是掉电保护型，失电后不复位。

（4）状态继电器 S：状态继电器是一种用于编制顺序控制步进梯形图的继电器，它与步进指令 STL 结合使用。在不做步进序号时也可作为辅助继电器使用，还可以作为信号器，用于外部故障诊断。

（5）定时器 T：PLC 中的定时器相当于继电器控制系统中的时间继电器，它将 PLC 内的 1、10、100ms 等时钟脉冲进行加法计算，当达到设定值时定时器的输出触点动作。定时器能提供无数对动断、动合延时触点供用户编程使用。

（6）计数器 C：计数器主要用于记录脉冲个数或根据脉冲个数设定某一时间。

（7）数据寄存器：数据寄存器是存储数值、数据的软件，FX$_{2N}$ 可编程序控制器的数据寄存器全部为 16 位，用两个寄存器组合可以处理 32 位的数值。数据寄存器常被用于定时器、计数器的设定值间接指定和应用指令中。

3. PLC 的基本指令与编程

以 FX$_{2N}$ 系列为例进行介绍。

（1）LD、LDI、OUT 指令：LD——取指令：是动合触点与母线的连接指令；LDI——取反指令：是动断触点与母线的连接指令。LD、LDI 与 ANB、ORB 相配合，用于分支电路的起点。OUT——是对 Y、M、T、C、S 及 F 的绕组的驱动指令，对 X 不能使用。OUT 指令可多次并联使用。图 6-46 为 LD、LDI、OUT 指令的应用示例。

（2）AND、ANI 指令：AND——与指令，用于单个动合触点的串联；ANI——与反指令，用

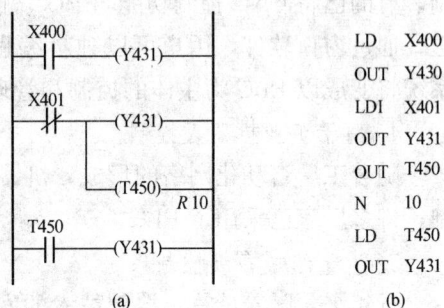

图 6-46　LD、LDI、OUT 指令示例图
(a) 梯形图；(b) 语句表

于单个动断触点的串联。AND、ANI 指令用于单个触点与左边触点的串联，可连续使用；若是两个并联电路块串联，则须用后面的 ANB 指令。图 6-47 为 AND、ANI 指令的应用示例。

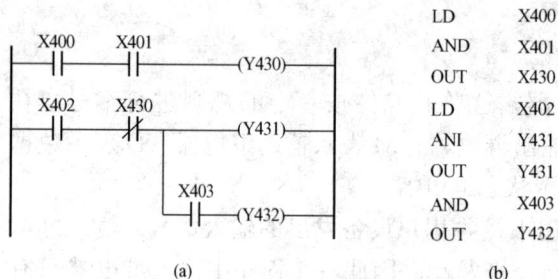

```
LD      X400
AND     X401
OUT     X430
LD      X402
ANI     Y431
OUT     Y431
AND     X403
OUT     Y432
```

图 6-47　AND、ANI 指令的应用示例图
(a) 梯形图；(b) 语句表

（3）OR、ORI 指令：OR——**或指令**，用于单个动合触点的并联；ORI——**或反指令**，用于单个动断触点的并联。OR、ORI 指令仅用于单个触点与前面触点的并联。

（4）ORB 指令：ORB——**或块指令**，用于串联电路块的并联连接。

（5）ANB 指令：ANB——**与块指令**，用于并联电路块的串联连接。

（6）SET 指令：SET——置位指令，用于动作保持指令。

（7）RST 指令：RST——复位指令，用于计数器或移位寄存器的复位。

（8）MC、MCR 指令：MC——主控指令，用于公共逻辑条件控制多个绕组，使主母线移到主控制触点之后；MCR——主控复位指令，用于将母线复位。

（9）END 指令：END——结束指令，用于程序结束。若在程序中特意地插入一个 END 指令，可以进行分段调试。

### 四、可编程序控制器的应用

#### 1. 用于开关量逻辑控制

开关量逻辑控制是 PLC 最早也是最基本的应用，PLC 可灵活地用于逻辑控制、顺序控制，利用 PLC 取代常规的继电器逻辑控制已是非常广泛的一种应用。如用于组合机床自动化生产线的控制，高炉的上下料、自动电梯的升降、港口码头的货物存放与提取、采矿业的皮带运输等的控制，既可实现单机控制，也可用于多机控制。

#### 2. 用于闭环过程控制

大、中型 PLC 都具有 PID 控制功能。PLC 和 PID 控制已广泛地用于各种生产机械的闭环位置控制和速度控制以及锅炉、冷冻、反应堆等方面。

#### 3. PLC 配合数字控制

PLC 和机械加工中的数字控制（NC）及计算机数控（CNC）组成一体，实现数字控制，有的已将 CNC 控制功能与 PLC 融为一体，实现 PLV 和 CNC 设备间的内部数据自由传送，通过窗口软件，用户可以独自编程，由 PLC 送至 CNC 使用。从发展趋势来看，CNC 系统将变成以 PLC 为主体的控制和管理系统。

#### 4. 用于工业机器人控制

随着工厂自动化网络的形成，机器人将越来越多地用于自动化生产线上。对机器人的控制，许多厂家已采用了 PLC。

#### 5. 用于组成多级控制系统

近年来，随着计算机控制技术的发展，国外正兴起工厂自动化（FA）网络系统，相继开发了大型 PLC 组成全自动化系统。如 FMC（柔性制造单元）、FMS（柔性制造系统）、CIMS（计算机集成制造系统），形成以计算机为中心的分层分布式控制系统。基层由中、小型 PLC 和 CNC 等组成，中层由大型 PLC 作单元控制的数据采集管理、调度和协调控制，上层由计算机作总体管理、接收各种信息、数据处理、发送命令、完成自动化作业控制。

# 小　　结

本章主要介绍了电气控制系统的基本线路——三相异步电动机和直流电动机的起停、正反转、制动、调速等控制线路。它们是分析和设计机械设备电气控制的基础。通过对机床电气线路的维护与检修分析，掌握机床的结构组成、运动情况及机床电气控制原理图的组成及分析方法。本章还简要介绍了可编程序控制器（PLC）的结构及工作原理，随着 PLC 技术的不断发展，在自动控制领域的应用越来越广泛，自动化程度越来越高，将受到广大用户的欢迎和重视。

# 思　考　与　练　习　六

1. 电气原理图中 QS、FU、FR、KM、KA、KI、KT、SB、SQ 分别是什么电器元件的文字符号？

2. 画出带有热继电器过载保护的笼型异步电动机正常起动运转的控制电路。

3. 为什么深槽式和双笼型异步电动机能改善起动性能？

4. 三相异步电动机是怎样实现变极调速的？变极调速时为什么要改变定子电源的相序？

5. 有一双速电动机，试按下述要求设计控制线路：（1）分别用两个按钮操作电动机的高速起动和低速起动，用一个总停按钮操作电动机的停止；（2）起动高速时，应先接成低速然后经延时后再换接到高速；（3）应有短路保护与过载保护。

6. 设计一个控制线路，要求第一台电动机起动 10s 后，第二台电动机自行起动。运行 5s 后，第一台电动机停止并同时使第三台电动机自行起动，再运行 15s 后，电动机全部停止。

7. 异步电动机常用的调速方式有哪些？

8. 绕线式异步电动机在转子回路串电阻后，为什么能减小起动电流、增大起动转矩？串入的电阻是否越大越好？

9. 在安装电气控制线路中时，如何理解"安全"、"规范"、"美观"、"经济"等原则？

10. 在电动机连续控制线路中，接触器的主、辅助触头能否互换？

11. 为什么在电机连续控制系统中要使用热继电器，而在点动控制系统中不需要？

12. 什么是自锁与互锁？各有哪些用途？

13. 设计一个 Y/△ 起动器控制异步电动机的起动。

14. 电路故障的检查方法有哪些？如何检查？

15. 调试的基本任务是什么？

16. 电器元件的布置应注意哪些问题？

17. 在安装热继电器前应做哪些工作？

18. 过电流保护与过载保护有什么区别？

19. PLC 基本单元由哪几部分组成？它们的作用各是什么？

20. PLC 的输入模块有几种？各种输入方式的作用和特点是什么？

# 第七章

# 配电线路施工技能训练

配电线路是配电系统的一个重要组成部分。正确、全面掌握配电线路的基础知识、安装架设、运行检修等方面的知识和技能，是维修电工必须具备的技能要求。本章主要介绍配电线路施工准备工作、施工的基本技能、施工的过程以及电缆的施工。

## 第一节　配电线路施工准备技能训练

### 一、实训目的
学会编制配电线路施工的材料表及预算表，为配电线路施工作好准备。

### 二、工具、材料
记录本、笔、参观现场配电线路。

### 三、实训内容及步骤
（一）配电线路施工知识的准备

1. 现场勘察与方案确定

（1）线路路径、杆位、供电半径确定方法见表 7-1，配电线路的档距规定见表 7-2。

表 7-1　　　　　　　　　　　　　　　　线路路径与杆位确定方法

| 项　　目 | 说　　明 |
|---|---|
| 1. 线路路径选择 | （1）与街道、城镇、乡村规划相协调，与配电网络改造相结合<br>（2）考虑施工、运行和维护的方便，尽量做到路径短，跨越和转角少，经济合理<br>（3）不占或少占农田<br>（4）避开洼地、冲刷地带以及易被车辆碰撞地段<br>（5）避开有爆炸物、易燃物和可燃气体的生产厂房、仓库等场所<br>（6）避免引起交通和机耕困难<br>（7）尽量靠近道路<br>（8）尽量避开和穿越高大树木 |
| 2. 杆位选定 | （1）路径确定后，可用测量工具，如花杆和线尺，山坡地带可用经纬仪，参照表7-2所列档距要求，确定杆位<br>（2）在安全的前提下，电杆应尽量靠近被跨越物。当跨越铁路时，杆位与铁路的距离要大于电杆的长度 |
| 3. 供电半径确定 | （1）目的：减少电能损耗和提高供电可靠性<br>（2）一般情况下，低压配电线路的供电半径，在市中心一般不宜大于100m，繁华地区不大于150m，农村低压配电网最大供电半径不大于500m |

表 7-2　　　　　　　　　　　　　　配电线路的档距　　　　　　　　　　　（m）

| 地区 \ 导线及电压等级 | 裸　　线 | | 绝　缘　线 |
|---|---|---|---|
| | 高压 | 低压 | |
| 城镇 | 40～50 | 40～50 | 不宜大于 50 |
| 郊区 | 60～100 | 40～60 | |

（2）杆型及用途配置：根据现场状况，在线路中选择不同类型的电杆，以满足不同的要求。各种电杆类型的区别见表 7-3。

表 7-3　　　　　　　　　　　　各种电杆类型的区别

| 电杆类型 | 视　图 | 用　途 | 结　构 |
|---|---|---|---|
| 直线杆 | | 支持导线的重量，承受侧向的风压，15°以下转角 | 单横担，针式绝缘子或瓷横担 |
| 轻承力杆 | | 防止绝缘子击穿后导线断落，用于一般的交叉跨越处 | 采用双绝缘子或双瓷横担 |
| 转角杆 | | 用于线路转角处，承受两侧导线的合力 | 转角在30°以下采用双担双针式绝缘子 |
| | | | 30°～45°采用耐张处理 |
| 耐张杆 | | 高压线路每隔1km左右设一耐张段，顺线路方向如有拉线，应能承受一侧导线的拉力，限制断线事故影响范围，还用于架线时紧线 | 双横担悬式绝缘子，耐张线夹或蝶式绝缘子 |

续表

| 电杆类型 | 视　图 | 用　途 | 结　构 |
|---|---|---|---|
| 终端杆 | 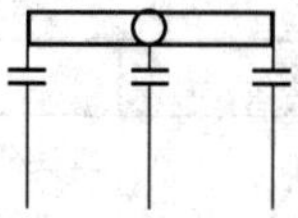 | 设置在线路的首端或末端 | 同耐张杆 |
| 分支杆、十字杆 | 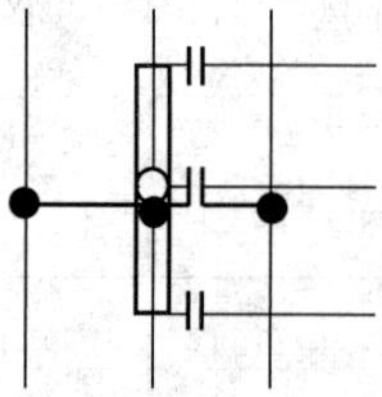 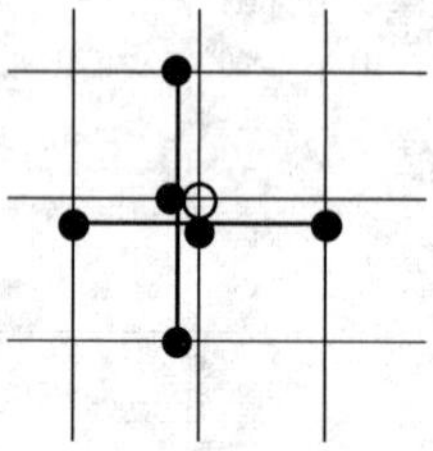 | 主线路向外分支及45°以上转角 | 上下层，由两种杆型构成 |

（3）导线截面选择：配电线路主要考虑供电可靠性，导线截面一般按照导线的允许载流量选择导线截面，按电压损失校核所选导线截面，校核时，10kV 线路末端电压损失应不大于 5%，低压线路不大于 4%。但选用的导线截面不宜小于表 7-4 所列数值。

**表 7-4　　　　　　　　　　　配电网规划地区导线最小截面　　　　　　　　　　（mm²）**

| 导线种类 | | 高压配电线路 | | 低压配电线路 | |
|---|---|---|---|---|---|
| | | 主干线 | 分支线 | 主干线 | 分支线 |
| 裸导线 | 铝绞线 | 120 | 70 | 70 | 50 |
| | 铜绞线 | — | | 50 | 35 |
| | 钢芯铝绞线 | 120 | 70 | 70 | 50 |
| 绝缘线 | 铝绞线 | 150 | 50 | 95 | 35 |
| | 铜绞线 | 120 | 25 | 70 | 16 |

（4）导线排列：配电线路的导线一般采用三角或水平排列。低压线路的导线采用水平排列。为了减少线路路径，高压和高压、高压和低压、低压和低压线路可以同杆架设。配电线路导线的线间最小距离见表 7-5。

**表 7-5　　　　　　　　　　　配电线路导线间最小距离　　　　　　　　　　　　（m）**

| 电压类型 \ 导线档距 | 裸　线 | | | | | | | 绝缘线 |
|---|---|---|---|---|---|---|---|---|
| | 40 及以下 | 50 | 60 | 70 | 80 | 90 | 100 | 不大于 50 |
| 高压 | 0.6 | 0.65 | 0.7 | 0.75 | 0.85 | 0.9 | 1.0 | 0.5 |
| 低压 | 0.3 | 0.4 | 0.45 | — | — | — | | 0.3 |

同杆架设的双回路线路或高低压同杆架设的线路，横担间的最小垂直距离见表7-6。

表7-6　　　　　　　　　同杆架设线路横担间最小垂直距离　　　　　　　　　（m）

| 导线及杆型<br>电压类型 | 裸　　线 | | 绝缘线 |
|---|---|---|---|
| | 直线杆 | 分支或转角杆 | |
| 高压与高压 | 0.8 | 0.45/0.6① | 0.5 |
| 高压与低压 | 1.2 | 1.0 | 1.0 |
| 低压与低压 | 0.6 | 0.3 | 0.3 |

① 转角或分支如为单回路，则分支线横担距主干线横担为0.6m；如为双回路则分支线横担距上排主干线横担为0.45m，距下排主干线横担为0.6m。

（5）导线对地的最小距离。导线对地面的距离，应根据最高气温情况、最大覆冰情况时的最大弧垂和最大风速情况时的最大风偏确定。导线与地面或水面的最小距离见表7-7。

表7-7　　　　　　　　　导线与地面或水面的最小距离　　　　　　　　　（m）

| 线路经过地区 | 线路电压 | |
|---|---|---|
| | 高压 | 低压 |
| 居民区 | 6.5 | 6.0 |
| 非居民区 | 5.5 | 5.0 |
| 不能通航也不能浮运的河、湖（至冬季冰面） | 5.0 | 5.0 |
| 不能通航也不能浮运的河、湖（至50年一遇洪水位） | 3.0 | 3.0 |
| 交通困难地区 | 4.5 | 4.0 |

2. 编制材料表和施工预算表

编制材料表及施工预算表是为了便于呈报、备料和施工。做施工预算时，首先需要编制材料，应根据各种不同类型的设备确定所需的材料数量，将所需材料中各种规格相同的设备、器件分门别类地加在一起，列出材料价格，并按单位计算出所需费用。

表7-8是某低压三相四线制线路工程所需材料和预算表（仅供参考）。因材料价格及劳务工资等费用是动态的，所以本表未预算出其造价。

表7-8　　　　　　　　　某工程低压线路材料及开支费用项目

| 编　号 | 项目名称 | 型号规格 | 单　位 | 数　量 | 单　价 | 金　额 | 备　注 |
|---|---|---|---|---|---|---|---|
| 1 | 水泥电杆 | 9m（锥形） | 根 | 8 | | | |
| 2 | 角钢横担 | L50×5×1480 | 根 | 13 | | | |
| 3 | 蝶式绝缘子 | ED-2 | 只 | 52 | | | |
| 4 | 镀锌螺杆 | M12×120mm | 套 | 52 | | | 带螺母 |
| 5 | 圆垫片 | Φ16 | 片 | 52 | | | |
| 6 | U型抱箍 | Φ160（T） | 只 | 2 | | | |
| 7 | U型抱箍 | Φ140（T） | 只 | 3 | | | |
| 8 | 抱铁 | Φ160 | 块 | 6 | | | |
| 9 | 抱铁 | Φ140 | 块 | 7 | | | |
| 10 | 镀锌螺钉 | M16×280mm | 套 | 4 | | | 双螺母带杆 |

| 编 号 | 项目名称 | 型号规格 | 单位 | 数量 | 单价 | 金 额 | 备 注 |
|---|---|---|---|---|---|---|---|
| 11 | 镀锌螺钉 | M16×250mm | 套 | 4 | | | 双螺母带杆 |
| 12 | 双担联板 | 4×40×260 | 块 | 4 | | | |
| 13 | 双担联板 | 4×40×220 | 块 | 4 | | | |
| 14 | 两线抱箍 | Φ160 | 只 | 4 | | | |
| 15 | 两线抱箍 | Φ140 | 只 | 2 | | | |
| 16 | 单联板 | 简易型 | 块 | 8 | | | |
| 17 | 楔型线夹 | NX-1 | 只 | 8 | | | |
| 18 | UT型线夹 | UT-1 | 只 | 8 | | | |
| 19 | 拉线棒 | 2.0m，Φ19 | 根 | 2 | | | |
| 20 | 拉盘 | 500×300 | | | | | |
| 21 | 铜绞线 | GJ—25 | 米 | 200 | | | |

### 3. 配电线路平面图

线路平面图就是线路在地面上某一区域的布置图，也就是线路的俯视图，是采用图形符号和文字符号相结合而绘制的一种简图。主要表示线路走向、杆位布置、档距、耐张段、拉线等情况。一般以配电台区为单位，故又叫台区图，它展示了台区的供电范围、供电半径、接户线的杆号，可一目了然地看清全台区的设备情况。图 7-1 为某区配电变压器台区图。

配电线路平面图的绘制比例要适当，方向要准确，代号要符合图例的要求。

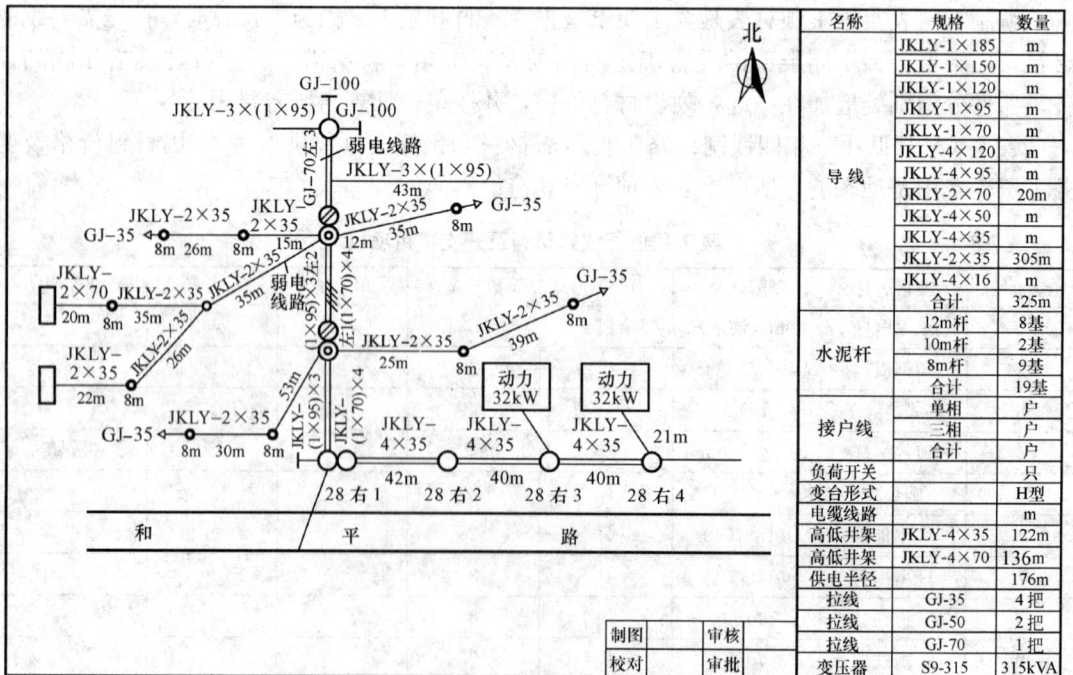

图 7-1　配电变压器台区图

（二）具体实训步骤与要求

选择某 10kV 架空线路或 380V/220V 线路进行调查，根据架设线路上的导线与设备记录所用材料的名称、型号规格、数量，调查所用材料的价格，并计算出所需费用，填写表7-9。

表 7-9　　　　　某 10kV 架空线路（低压线路）工程材料及开支费用项目

| 编　号 | 项目名称 | 型号规格 | 单　位 | 数　量 | 单　价 | 金　额 | 备　注 |
|---|---|---|---|---|---|---|---|
| 1 | | | | | | | |
| 2 | | | | | | | |
| 3 | | | | | | | |
| 4 | | | | | | | |
| 5 | | | | | | | |
| 6 | | | | | | | |
| 7 | | | | | | | |
| 8 | | | | | | | |
| 9 | | | | | | | |
| 10 | | | | | | | |
| 11 | | | | | | | |
| 12 | | | | | | | |
| 13 | | | | | | | |
| 14 | | | | | | | |
| 15 | | | | | | | |
| 16 | | | | | | | |
| 17 | | | | | | | |
| 18 | | | | | | | |
| 19 | | | | | | | |
| 20 | | | | | | | |

实训所用时间：　　　　　参加实训者（签字）：　　　　　实训日期：

# 第二节　登杆作业技能训练

## 一、实训目的
学会分别使用脚扣和脚踏板登杆作业。

## 二、工具、设备与材料
脚扣（脚踏板）1 副、安全帽 1 顶、工作服 1 套、安全带（含安全绳）1 条，传递绳 1根、工具袋（内含作业工具）1 只。

## 三、实训内容及步骤
（一）登杆作业基本知识的准备

1. 杆塔的基本知识

架空电力线路的杆塔是支承导线（包括避雷线）并使它们之间以及与大地之间保持

一定距离的构件。杆塔的材料结构有钢筋混凝土结构、钢结构，通常钢筋混凝土结构的杆塔称为杆，而钢结构（包括钢管结构）的称为塔。不带拉线的杆塔称为自立式杆塔，带拉线的称为拉线杆塔。杆塔种类繁多，本节将简单介绍 10kV 及以下的配电线路常用杆塔。

（1）杆塔分类：按在线路中的用途和功能可分为直线、耐张、转角、分支和终端五种。

（2）杆塔基础：将杆塔固定在土壤中的地下装置和杆塔自身埋入土壤中起固定作用的部分统称为杆塔基础。杆塔基础起着支承杆塔全部荷载的作用，并保证塔在运行中不发生下沉或在受外力作用时不发生倾倒或变形。杆塔基础多种多样。混凝土杆基础一般由底盘、卡盘和拉线盘组成，统称为三盘基础，如图 7-2 所示。

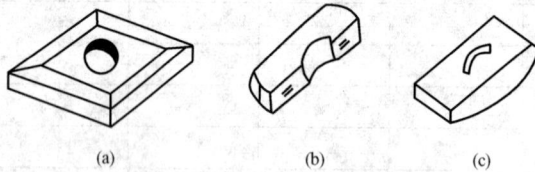

图 7-2　配电线路常用杆塔基础
(a) 底盘；(b) 卡盘；(c) 拉线盘

（3）导线与避雷线。导线的用途是传输电能，因为是载流导体，所以要求导线应具有良好的导电性能、电阻率要小、抗氧化、抗腐蚀的能力要强。导线是架空悬挂在杆塔上的，所以要有足够的机械强度。

1）导线的种类。电力线路的导线可分为三种形式：①单股导线。即一根实芯的金属线，一般只有铜线或钢线才用做单股导线。②同一种金属的多股绞线。用同样金属的单线绞合而成的多股绞线，铝绞线、铜绞线、镀锌钢绞线、铝镁合金绞线等，均属这种结构绞线。③复合金属多股绞线。由两种金属的股线绞制而成的多股绞线，如钢芯铝绞线。钢芯铝绞线的结构形式，是在镀锌钢绞线外层再扭绞若干层铝股线。铝的导电性能好，但机械强度低；而钢的导电性能差，但机械强度高。钢芯铝绞线正是利用这两种材料的优点结合而成。这样，由于交流电的集肤效应，电流几乎全部沿铝线截面通过，而钢芯基本不通过电流，仅承担导线的张力，所以钢芯铝绞线充分地利用了铝线的良好导电性能和钢的高机械强度性能，是电力线路广泛使用的导线。

2）导线的规格型号，架空导线的型号表示法。导线型号由汉语拼音字母和数字两部分组成，字母在前，数字在后。用汉语拼音的第一个字母表示导线的材料和结构：L——铝导线，T——铜导线，G——钢导线，LG——钢芯铝导线；后面再加字母时，J——多股绞线，不加字母 J 表示单股导线。铝（铜）绞线字母后面的数字表示导线的标称截面积，单位是 $mm^2$。钢芯铝绞线字母后面有两个数字，斜线上面的数字为铝线部分的标称截面，斜线下面为钢芯的标称截面。各种导线型号表示方法列于表 7-10 中。常用架空导线的规格见表 7-11。

表 7-10　　　　　　　　　　　　　　　导线型号表示方法举例

| 导线种类 | 代表型号 | 导线型号举例及型号含义 |
| --- | --- | --- |
| 单股铝线 | L | L-10 标称截面为 10mm² 的单股铝线 |
| 多股铝绞线 | LJ | LJ-16 标称截面 16mm² 的多股铝绞线 |
| 钢芯铝绞线 | LGJ | LGJ-35/6 铝线部分标称截面为 35mm²、钢芯为 6mm² 的钢芯铝绞线 |
| 单股铜线 | T | T-6 标称截面 6mm² 的单股铜线 |
| 多股铜绞线 | TJ | TJ-50 标称截面 50mm² 的多股铜绞线 |
| 钢绞线 | GJ | GJ-25 标称截面 25mm² 的钢绞线 |

表 7-11　　　　　　　　　　　常用架空导线的规格

| 根数/直径 (mm) 标称截面（mm²） 导线结构 | LJ | LGJ | | LGJQ | | LGJJ | |
|---|---|---|---|---|---|---|---|
| | 铝 | 铝 | 钢 | 铝 | 钢 | 铝 | 钢 |
| 10 | 3/2.07 | 5/1.6 | 1/1.2 | — | — | — | — |
| 16 | 7/1.7 | 6/1.8 | 1/1.8 | — | — | — | — |
| 25 | 7/2.12 | 6/2.2 | 1/2.2 | — | — | — | — |
| 35 | 7/2.5 | 6/2.8 | 1/2.8 | — | — | — | — |
| 50 | 7/3.0 | 6/3.2 | 1/3.2 | — | — | — | — |
| 70 | 7/3.55 | 6/3.8 | 1/3.8 | — | — | — | — |
| 95 | 9/2.5 | 38/2.7 | 7/1.8 | — | — | — | — |
| 120 | 19/2.8 | 28/2.3 | 7/2.0 | — | — | — | — |
| 150 | 19/3.15 | 38/2.53 | 7/2.2 | 24/2.76 | 7/1.8 | 30/2.50 | 7/2.5 |
| 180 | 19/3.5 | 38/2.88 | 7/2.5 | 24/3.06 | 7/2.0 | 30/2.80 | 7/2.8 |
| 240 | 19/3.98 | 28/3.22 | 7/2.8 | 24/3.67 | 7/2.4 | 30/3.20 | 7/3.2 |
| 300 | 37/3.2 | 28/3.8 | 19/2.0 | 54/7.65 | 7/2.6 | 30/3.67 | 19/2.2 |

2. 登杆作业

（1）登杆工具与登杆安全用具。登杆工具与登杆安全用具的使用见表 7-12。

表 7-12　　　　　　　　　登杆工具与登杆安全用具的使用

| 名　称 | 示　意　图 | 使　用　说　明 |
|---|---|---|
| 登杆工具 | 1. 脚扣 | 防滑胶套<br>图（a）水泥杆脚扣<br><br><br>（b）可调式脚扣 | 1. 脚扣分类<br>（1）带防滑胶套的不可调铁脚扣<br>（2）带胶皮的可调式铁脚扣<br>2. 用途<br>（1）带防滑胶套不可调铁脚扣用于攀登水泥杆<br>（2）可调式铁脚扣，主要用来攀登拔梢水泥杆，也可用于攀登等径杆 |
| | 2. 脚踏板 | <br>640mm　25mm<br>80mm　500mm<br>图（c）踏板形状与尺寸 | 1. 用途<br>脚踏板的使用，一般不受杆质和杆径的限制 |

| 名　称 | 示　意　图 | 使　用　说　明 |
|---|---|---|
| 登杆工具<br><br>2. 脚踏板 |  图（d）脚踏板绳长度 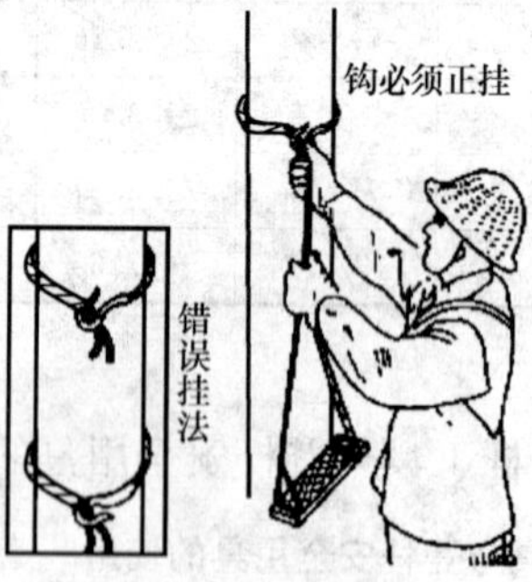<br><br>钩必须正挂<br>错误挂法<br>图（e）挂钩方法 | 2. 组成<br>　脚踏板是选用质地坚韧的木材，如水曲柳、柞木等，制成 30～50mm 厚长方体的踏板，再用白棕绳（或锦纶绳），将绳的两端系结在踏板两头的扎结槽内，在绳的中间穿上一个铁制挂钩而成<br>3. 要求<br>　脚踏板绳长应保持操作者一人加手长，踏板和白棕绳应能承受 300kg 质量（施加 2205N 静压力即可），脚踏板的尺寸及使用方法如图（c）、（d）、（e）所示 |
| 安全用具<br><br>1. 安全带 | 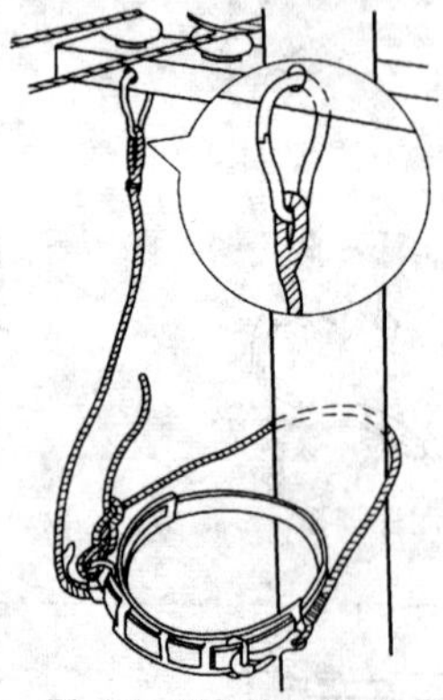 图（f）安全带的使用 | （1）作用：安全带是安装、检修架空线路高空作业必不可少的工具，主要用途是防止工作人员发生高空摔跌<br>　（2）使用方法：登杆前，将安全带系在杆塔的牢固部位上，将安全带挂钩上保险环打开，与安全带另一头的挂环扣好，上好保险装置，如图（f）所示<br>　（3）使用注意事项：安全带系带的长短，视工作的方式而调整。每次解、挂安全带时，必须检查安全带环扣是否扣牢。工作位置转移时，不得失去安全带的保护 |
| 2. 安全帽 |  | （1）作用：用来防护高空落物，减轻对头部冲击伤害的一种防护用具<br>　（2）要求：须具有良好的冲击吸收性能、耐穿透性能、耐低温性能、电绝缘性能和侧向刚性 |
| 3. 传递绳 |  | （1）分类：常用传递绳是柔性绳索，如麻绳、棕绳、锦纶绳等<br>　（2）用途：《安全操作规程》规定高空作业时，上、下传递工具、材料必须使用传递绳，严禁抛扔 |

（2）绳扣的系结。配电线路施工中必须了解进而掌握常用绳扣的系结技巧。绳扣的系结及使用见表7-13。

表 7-13　　　　　　　　　　常用绳扣及使用

| 序号 | 名　称 | 示　意　图 | 使 用 说 明 |
|---|---|---|---|
| 1 | 直扣 | 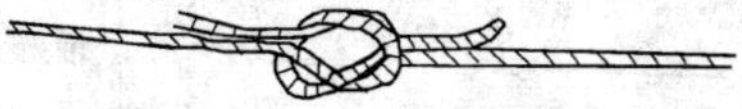 | 直扣是临时将麻绳的两端系结在一起 |
| 2 | 活扣 |  | 临时将绳索系结在一起，又需要把绳扣迅速解开的情况下可采用活口 |
| 3 | 钢丝绳端部与钢丝绳套的连接 |  | 图中左边的为钢丝绳套，右边的为钢丝绳。将钢丝绳端插入钢丝绳套后，绕绳套一圈，打十字后回头，再用铁丝将绳端与钢丝密缠8~10圈即妥 |
| 4 | 腰绳扣 |  | 它是将绳索的左端作为绳套，右端作为直扣，以便工作完毕能解开。此扣可用作捆绑、提吊重物 |
| 5 | 钢丝绳扣 | 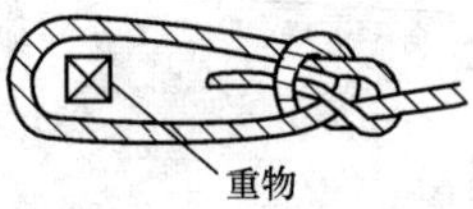 | 钢丝绳或麻绳的一端固定在一个物体上时用此扣 |
| 6 | 猪蹄扣 |  | 用绳子中部捆绑重物 |
| 7 | 倒扣 | 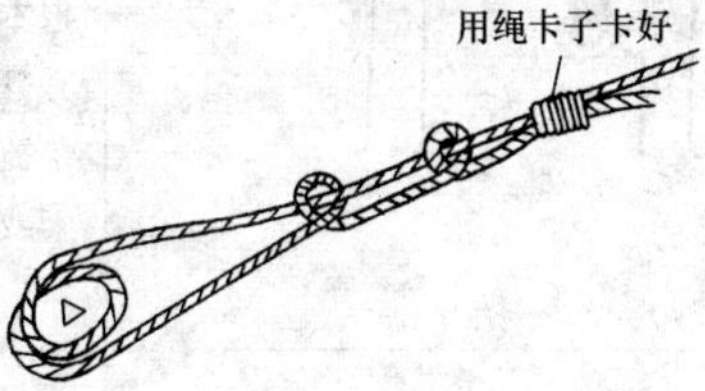 | 外线电工临时拉线，拉绳常用此扣。将绳子往树干、板桩或地锚上固定时，用倒扣既快又结实．为了更牢靠，也可以在绳子的尾端用绑线缠8~10圈 |
| 8 | 背扣 | 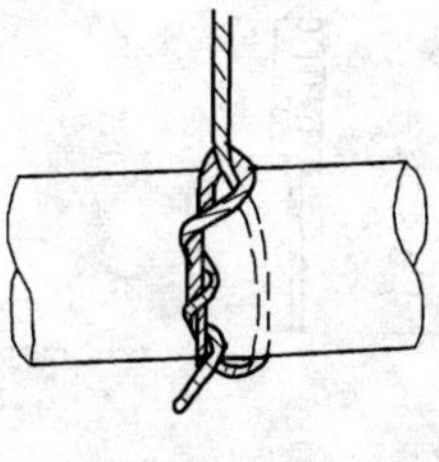 | 在电杆上作业，上下传递工具、材料时，常用此扣 |

| 序号 | 名　称 | 示　意　图 | 使 用 说 明 |
|---|---|---|---|
| 9 | 倒背扣 | 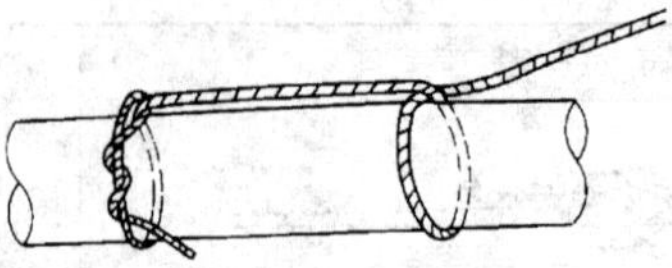 | 杆上作业，需要垂直吊取轻而细长的物件（如 PVC 塑料管）用此扣最好 |
| 10 | 拴马扣 |  | 高空作业时，需要吊较轻物体（如瓷瓶、螺杆等），又需要迅速解扣时常用此扣 |
| 11 | 抬扣 | 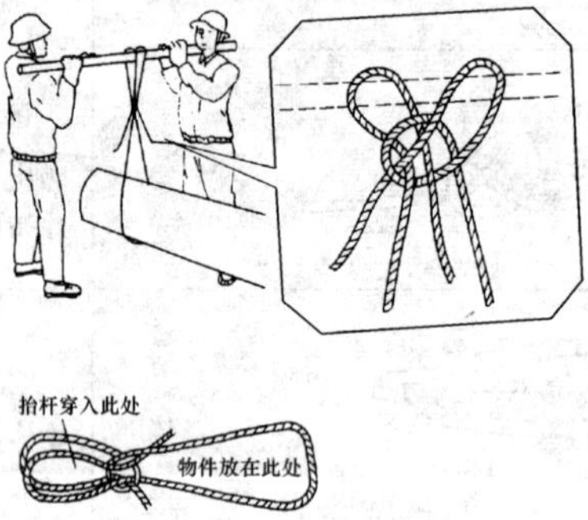 　抬杆穿入此处　物件放在此处 | 用人力抬运水泥电杆等重物时，也用此扣 |
| 12 | 衣绳扣 | 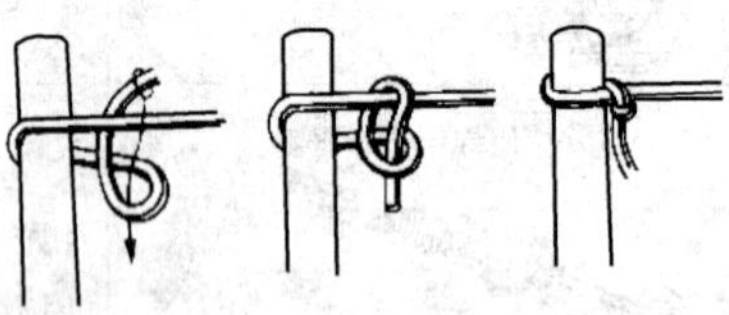 | 此扣本来用作拴系晒衣绳，可用作单股电线伸直用。方法是：在两根木杆或树木上，将电线按图示步骤打结。其特点是打结解结都比较快捷，而且打结后，外力作用在绳索或电线上时，绳扣越拽越紧 |
| 13 | 抛绳扣 | 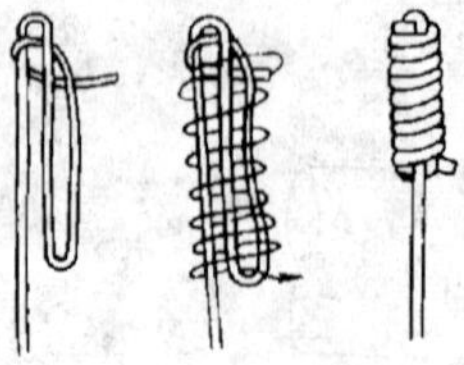 | 用于绳索空中传递，也可用于长绳不用时打结收藏 |

（3）登杆。

1）脚扣登杆步骤见表 7-14。

表 7-14　　　　　　　　　　　　　脚扣登杆步骤

| 登杆步骤 | 示　意　图 | 登 杆 说 明 |
|---|---|---|
| 1. 登杆前准备 |  图（a）杆根检查 | （1）正确着装：戴好安全帽、穿好工作服与绝缘胶鞋，系好安全带，携带好传递绳<br>（2）杆根检查与脚扣调整：上杆前，检查杆根的牢固情况，如图（a）所示，根据杆根的直径，调好合适的脚扣节距，使脚扣能牢靠地扣住电杆，以防止下滑或脱落到杆下。经试验无问题后再进行登杆 |
| 2. 进行脚扣冲击试验 |  图（b）进行脚扣冲击试验 | 操作步骤：脚扣登杆前应对脚扣进行冲击试验，试验时先登一步电杆，然后使整个人体重力以冲击的速度加在一只脚扣上，若无问题再试另一只脚扣。当试验证明两只脚扣都完好时方可进行登杆 |
| 3. 上杆（一） |  左脚左手同时上。右脚右手同时上。图（c） 　　图（d） | （1）上杆时，左脚向上跨扣，左手应同时向上扶住电杆，如图（c）所示<br>（2）当右脚向上跨扣时，右手应同时向上扶住电杆，如图（d）所示 |

| 登杆步骤 | 示　意　图 | 登　杆　说　明 |
|---|---|---|
| 4. 上杆<br>（二） | 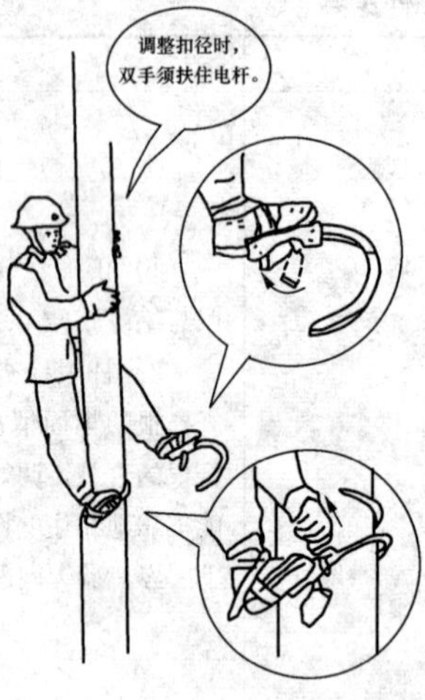 调整扣径时，双手须扶住电杆。<br><br>图（e） | 蹬到一定高度后，摇动脚扣，使扣径变小，以适应较小杆径的攀登。也可用手调整脚扣扣径大小。如图（e）所示 |
| 5. 下杆 |  左脚左手同时上。　　右脚右手同时下。<br><br>图（f） 　　　　图（g） | （1）下杆时，当左脚向下跨扣时，左手应同时向下扶住电杆，如图（f）所示<br>（2）当右脚向下跨扣时，右手应同时向下扶住电杆，如图（g）所示 |

2）脚踏板登杆步骤见表 7-15（上杆步骤）、表 7-16（下杆步骤）。

表 7-15　　　　　　　　　　　　脚踏板登杆（上杆）步骤

| 登杆步骤 | 示　意　图 | 登　杆　说　明 |
|---|---|---|
| 1. 登杆<br>前准备 |  图（a）杆根检查 | （1）正确着装：戴好安全帽、穿好工作服与绝缘胶鞋，系好安全带<br>（2）上杆前，检查杆根的牢固情况，如图（a）所示，检查脚踏板各部分有无缺陷，经试验无问题后再进行登杆 |

| 登杆步骤 | 示　意　图 | 登　杆　说　明 |
|---|---|---|
| 2. 上杆<br>（一） |  （b）上杆时的操作 | 　　操作步骤：上杆时，先把一只踏板钩挂在电杆上，高度以操作者能跨上为准，另一只踏板反挂在肩上；用右手握住挂钩端双根棕绳，并用大拇指顶住挂钩，左手握住左边贴近木板的单根棕绳，把右脚跨上踏板，如图（b）所示 |
| 3. 上杆<br>（二） |  图（c） 　　图（d） | 　　（1）左脚向上一纵，身体顺势向上升，左手扶住电杆，左脚踩住第二只踏板下方的电杆，如图（c）所示<br>　　（2）右腿蹬直，左脚从第二只踏板的左边的绳索外侧跨入，并踩住踏板，让左边的绳索拌住左腿，如图（d）所示 |
| 4. 上杆<br>（三） | 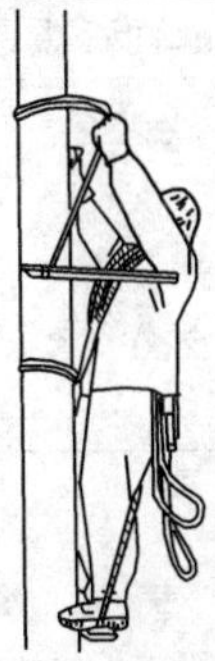 图（e） 　　图（f） | 　　（1）取下左肩上的踏板挂在电杆上，如图（e）所示<br>　　（2）右脚蹬刚挂上的踏板，如图（f）所示 |
| 5. 上杆<br>（四） |  图（g） 　　图（h） | 　　（1）俯身取出下端的踏板，然后再往上挂。以后过程如前所述，直至蹬至所需高度为止，如图（g）所示<br>　　（2）登杆结束，系上安全带，让拌住的脚靠紧电杆站稳后才可松开扶住电杆的双手，如图（h）所示 |

| 登杆步骤 | 示 意 图 | 登 杆 说 明 |
|---|---|---|
| 6. 登杆结束 |  <br>图 (i) | |

**表 7-16** 脚踏板下杆步骤

| 下杆步骤 | 示 意 图 | 下 杆 说 明 |
|---|---|---|
| 1. 下杆（一） |  <br>图 (a) | 解开安全带，人体站稳在现用的一只踏板上，将另一只踏板勾挂在现用踏板下方（不要勾挂得太低），如图 (a) 所示 |
| 2. 下杆（二） |  <br>图 (b) 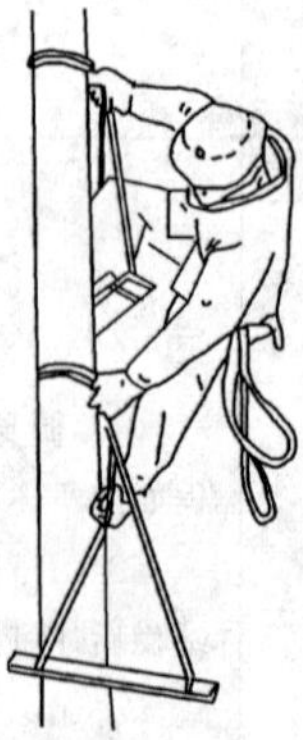 图 (c) | （1）右手紧握现用踏板勾挂处的两根绳索，并且大拇指抵住挂钩，以防人体下降时踏板随之下降。左脚下伸，并抵住下方电杆，同时左手握住另一只踏板的挂钩处（不要使已勾好的绳索滑脱，也不要抽紧绳索，以免踏板下降时发生困难）。人体随左腿的下伸而下降，并使左手配合人体下降而把另一只踏板放下到适当位置，如图 (b) 所示<br>（2）当人体下降到图 (c) 所示位置时，使左脚插入另一只踏板的两根绳索和电杆之间（即应使两根绳索处在左脚的脚背上），如图 (c) 所示 |

| 登杆步骤 | 示　意　图 | 登　杆　说　明 |
|---|---|---|
| 3. 下杆<br>（三） |  图（d） 　　　　　图（e） | （1）左手握住上一只踏板的左端绳索同时左脚用力抵住电杆，这样既可防止踏板滑下，又可防止人体摇晃，如图（d）所示<br>（2）双手紧握上一只踏板的两根绳索，使人体重心下降，如图（e）所示 |
| 4. 下杆<br>（四） | 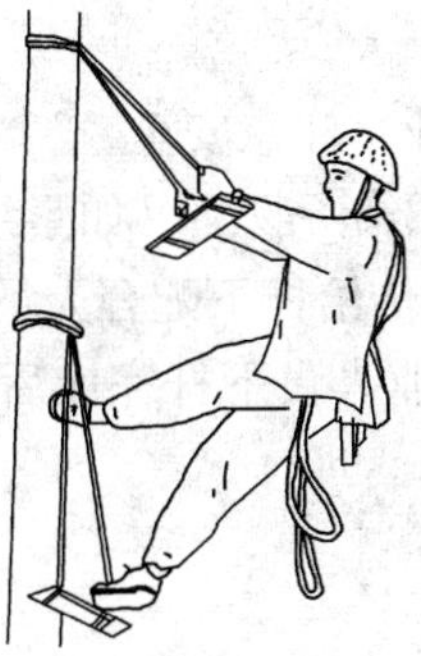 图（f） | 双手随人体下降而下移绳索位置，直至贴近两端木板，左脚不动，但用力支撑住电杆，使人体向后仰开，同时右脚从上一只踏板退下，使人体不断下降，并要使右脚能准确地踏到下一只踏板，如图（f）所示 |
| 5. 下杆<br>（五） |  图（g） 　　　　　图（h） | （1）当右脚稍着落而人体重心尚未完全落到下一只踏板时，就立即把左脚从两根绳索内抽出（注意：此时双手不可松劲），并趁势使人体贴近电杆站稳，如图（g）所示<br>（2）左脚下移，并准备绕过左边绳索，右手上移到上一只踏板的勾挂处，如图（h）所示 |

续表

| 登杆步骤 | 示　意　图 | 登 杆 说 明 |
|---|---|---|
| 6. 下杆结束 |  <br><br>观者易，做者难，关键是熟练。<br><br><br><br><br>图（i）　　图（j） | （1）左脚如图（i）所示在踏板上站稳，双手解下上一只踏板，如图（i）所示<br><br>（2）以后按上述步骤重复进行；直至人体着地为止，如图（j）所示 |

（二）登杆作业具体操作步骤

（1）登杆前正确着装，材料准备充分、检查工具是否合格，设立监护人与杆下配合人员各一名。

（2）按表 7-14、表 7-15 分别进行登杆、下杆作业，注意安全。

（3）杆下配合人员用传递绳按照表 7-13 的方法系结一物品（如紧线器），由杆上人员向上提伸到合适位置，放置好。然后从杆上用传递绳再传给杆下配合人员。

（4）按表 7-14 与表 7-16 分别进行下杆作业，作业人员下杆完成后，做好工具与现场清理工作，注意安全。

**四、评分标准**

登杆作业技能考试项目及评分标准见表 7-17。

表 7-17　　　　　　　　登杆作业技能考试项目及评分标准

| 姓名 | | 学号 | | 班级 | | 总分<br>100 分 | | | |
|---|---|---|---|---|---|---|---|---|---|
| 时间<br>定额 | | 实际<br>操作<br>时间 | | 超时 | | 考试<br>日期 | | | |
| 考核<br>项目 | 考核内容及要求 | | 配分 | | 评分标准 | | 扣分 | 得分 | 备注 |
| 主要项目 | 一、工具、材料准备<br>　选用正确、戴安全帽、携带传递绳 | | 15 | | （1）违反一项扣 5 分<br>（2）不戴安全帽扣 8 分<br>（3）衣着不符合要求扣 5 分<br>（4）不携带传递绳扣 2 分 | | | | |
| | 二、登杆的准备<br>（1）设立监护人与杆下配合人员各一名<br>（2）检查杆根的牢固性和安全用具、登杆工具的好坏 | | 20 | | （1）未设监护人与杆下配合人员扣 5 分<br>（2）核对工具、材料齐全，工具选择、检查、使用方法正确。未核对检查扣 5 分，选择错误扣 5 分<br>（3）上杆前检查脚扣及脚扣带（或脚踏板的绳钩）及各部连接，要牢固可靠。未检查扣 10 分 | | | | |

续表

| 考核项目 | 考核内容及要求 | 配分 | 评分标准 | 扣分 | 得分 | 备注 |
|---|---|---|---|---|---|---|
| 主要项目 | 三、登杆操作 | 55 | （1）上下杆时身体重心平衡，操作动作规范。不符合要求一次扣5～10分<br>（2）正确使用传递绳传递工具与材料，不能正确操作者扣10分<br>（3）上下杆过程中无下滑和脚扣、脚踏板松托现象。出现上述情况各扣10分<br>（4）在杆上不允许大声喧哗，违反者扣5～10分<br>（5）下杆时脚未至地面不允许跳下，违反者扣5～10分 |  |  |  |
| 安全文明操作 | （1）工作结束整理工具、材料并清理现场<br>（2）操作过程中上下传递工具、材料不抛扔 | 10 | （1）不做一项扣2分<br>（2）违章扣5分 |  |  |  |

# 第三节　拉线的制作与安装技能训练

## 一、实训目的

学会制作某终杆端的拉线并对原拉线进行更换。

## 二、工具、设备与材料

建议配置见表7-18。

表7-18　　　　　　拉线的制作与安装建议配置的工具、设备与材料

| 完成情况 | 序号 | 内容 | 型号 | 单位 | 数量 | 备注 |
|---|---|---|---|---|---|---|
|  | 1 | 脚扣 |  | 副 | 1 |  |
|  | 2 | 安全带 |  | 条 | 1 | （含安全绳） |
|  | 3 | 绝缘手套 |  | 副 | 1 |  |
|  | 4 | 验电器 | 10kV专用 | 支 | 1 |  |
|  | 5 | 接地线 |  | 组 | 1 |  |
|  | 6 | 紧线器 | 50mm² | 个 | 1 |  |
|  | 7 | 链条葫芦 | 1.5t | 套 | 1 |  |
|  | 8 | 千斤头 | Φ12.5　1.0m | 根 | 1 |  |
|  | 9 | 法兰 | LH-16 | 个 | 1 |  |
|  | 10 | 角铁桩 | ∠75×8×75　1.5m | 个 | 1 |  |
|  | 11 | 钢丝绳 | 25m | SVE | 1 |  |
|  | 12 | 断线钳 | 36″ | 把 | 1 |  |
|  | 13 | 大榔头 | 16P | 把 | 1 |  |
|  | 14 | UT线夹 | NUT-1 | 个 | 1 |  |
|  | 15 | 楔形线夹 | NX-2 | 个 | 1 |  |
|  | 16 | 拉线 | GJ-50 | m | 15 |  |

## 三、实训内容及步骤

（一）拉线制作与安装的基本知识准备

1. 拉线的基本知识

拉线是架空线路构成的重要部分，它的作用是平衡导线、避雷线水平方向的作用力，承

受风力和断线张力，稳定杆塔。架空线路中，凡随固定不平衡荷载比较显著的电杆，如终端杆、转角杆、分支杆等，均应装设拉线，以达到平衡的目的。同时为了避免线路在大风荷载下被破坏，或在土质松软地区为增加电杆的稳定性，在直线杆上每隔一定距离（一般每隔5～10根电杆）应装设防风拉线或装设增强线路稳定性的拉线（十字拉线）。

2. 拉线的种类及作用

架空配电线路中，拉线种类与作用见表 7-19。

表 7-19　　　　　　　　　　　　拉线的种类及作用

| 拉线种类 | 示意图 | 说明 |
|---|---|---|
| 1. 普通拉线 | 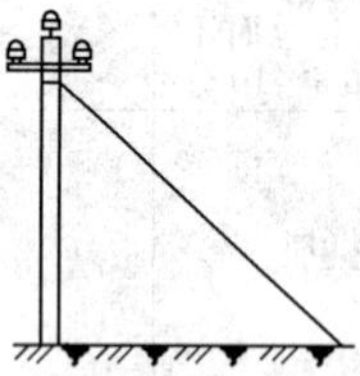 <br>图（a）普通拉线 | 作用：普通拉线应用在终端杆、转角杆、分支杆及耐张杆处，主要用来平衡固定不平衡荷载，如图（a）所示 |
| 2. 人字拉线 | 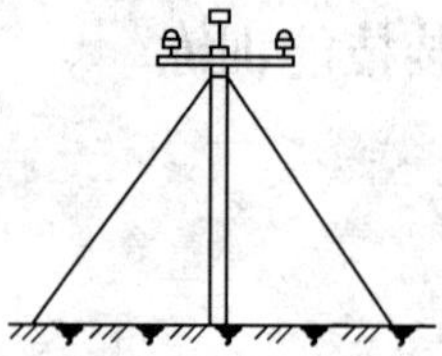 <br>图（b）人字拉线 | 作用：人字拉线由两根普通拉线组成，装在线路垂直方向电杆的两旁；多用于中间直线杆。功能是加强电杆防风倾倒的能力，如图（b）所示 |
| 3. 十字拉线 | | 作用：在顺线路方向的横线路方面各安装一组人字拉线，总称为十字拉线。十字拉线一般在耐张杆处装设，目的是加强耐张杆的稳定性 |
| 4. 水平拉线 | 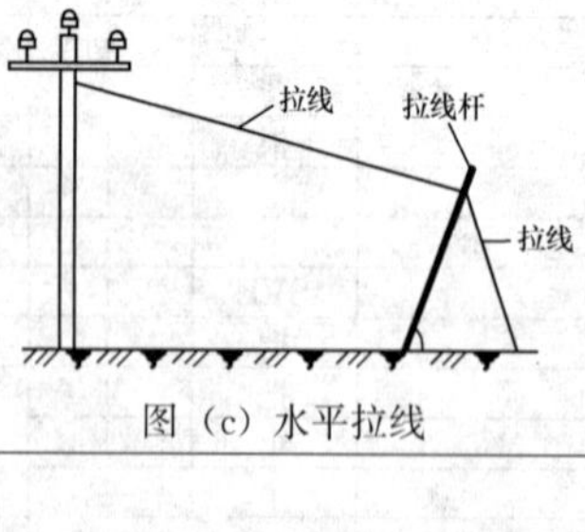 <br>图（c）水平拉线 | 作用：水平拉线主要是为了不妨碍交通，在拉线需横跨道路时装设的。作法是在道路的另一侧，线路长线上不妨碍人行的道旁立一根拉线杆，在杆上作一条拉线埋入地下，水平拉线则固定在拉线杆拉线的下方 10cm 处，如图（c）所示 |
| 5. 共同拉线 | 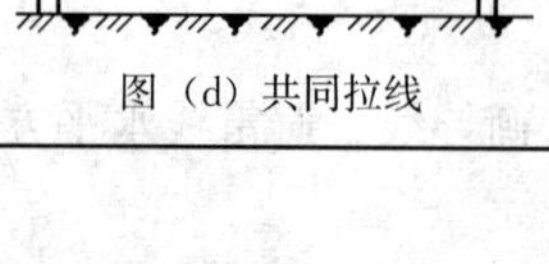 <br>图（d）共同拉线 | 作用：直线杆沿线路方向常常出现不平衡张力，如直线杆一侧导线粗，一侧导线细，装设普通拉线又没有条件，只可在两杆间设共同拉线，如图（d）所示 |

| 拉线种类 | 示 意 图 | 说 明 |
|---|---|---|
| 6. V形拉线 | 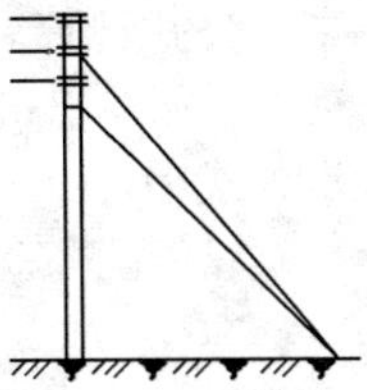 图（e）V形拉线 | 作用：V形拉线主要用在电杆较高，横担较多、较大的情况下。为使此种电杆受力均匀，可在张力合成点上下两处安装V形拉线，如图（e）所示 |
| 7. 弓形拉线 | 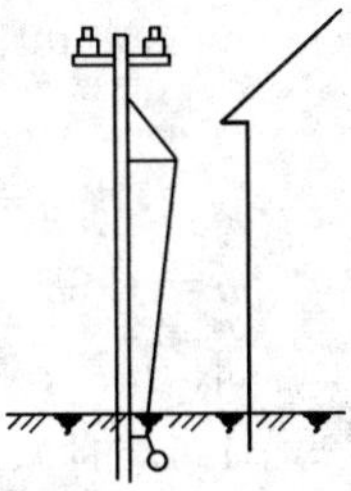 图（f）弓形拉线 | 作用：弓形拉线用于受地形和周围环境的限制不能安装普通拉线的地方，如图（f）所示 |

3. 拉线的组成

拉线是由拉线金具及拉线本身组成，见表 7-20。

**表 7-20**　　　　　　　　　**拉 线 的 组 成**

| 项 目 | 说 明 |
|---|---|
| 拉线示意图 | 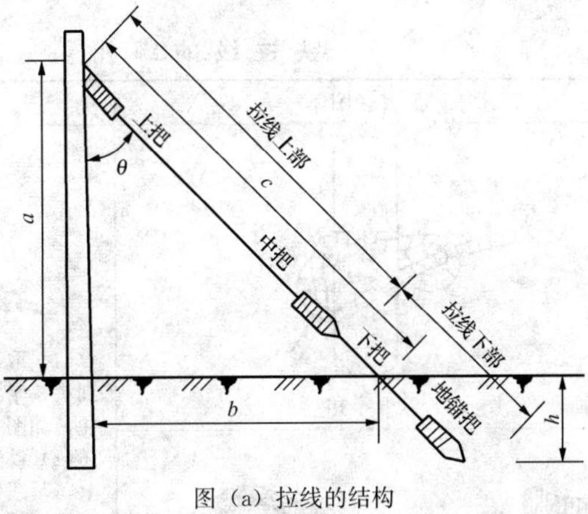 <br>图（a）拉线的结构 |
| 说明 | （1）拉线用镀锌钢绞线或镀锌铁线（铅丝）制作。它们的最小截面分别是：镀锌钢绞线 25mm²；镀锌拉线 3×Φ4.0mm（8号铅丝）<br>　　（2）拉线分为上把、中把和下把，如图（a）所示。上把的上端固定在电杆的拉线抱箍上，下端与中把上端连接，如果拉线从导线间穿过，上下把间用拉线绝缘子隔开，拉线绝缘子距地不小于 2.5m。如不穿导线则用心形环（也叫拉线环）连接。中把与下把的连接处安装调节用花篮螺栓。下把下端固定在地锚 U 形拉环上，有些下把直接用 Φ18 的镀锌圆钢制作，也可以因地制宜用短圆木制作地锚，用镀锌铁做下把，地锚埋在挖好的拉线坑中，埋深 1.2～1.9m，下把拉环距地面 0.5～0.7m |

拉线所用金具如图 7-3 所示，其挂环和线夹用于钢绞线拉线。

4. 拉线长度计算

这里计算的拉线长度是指图 7-3 中拉线上部的长度，如果安装拉线绝缘子，长度要根据

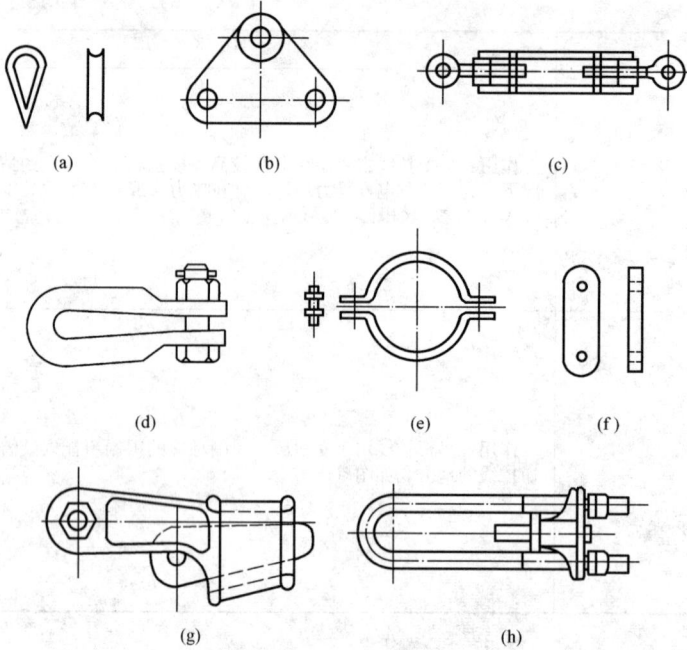

图 7-3 拉线所用金具
(a) 心形环；(b) 双拉线联板；(c) 花蓝螺栓；(d) U 形拉线挂环；
(e) 拉线抱箍；(f) 双眼板；(g) 楔形线夹；(h) 可调式 UT 线夹

5. 铁拉线绑扎

铁拉线绑扎的操作步骤见表 7-21。

绝缘子位置减短。

拉线长度可用下面的近似公式计算，即

$$c = k(a+b) \quad (7-1)$$

式中　$c$——拉线地面上的长度，m；

　　　$a$——拉线安装高度，m；

　　　$k$——系数，取 0.71～0.73；

　　　$b$——拉线与电杆的距离，m。

当 $a=b$ 时，$k$ 取 0.71；当 $a=1.5b$（或 $b=1.5a$ 时），$k$ 取 0.72；当 $a=1.7b$（或 $b=1.7a$ 时），$k$ 取 0.73。计算出拉线长度应减去拉线棒（或下把）出地面长度和花篮螺栓（或 UT 形线夹）的长度，再加上两端扎把折回部分的长度，才是下料长度。

表 7-21　　　　　铁拉线的绑扎

| 项　目 | 示　意　图 | 操　作　说　明 |
|---|---|---|
| 1. 下料 | 图 (a) 双 8 字扣<br><br>图 (b) 紧线器<br>1—钳口；2—蝶形螺栓；3—棘轮爪；4—滑轮；<br>5—圆孔；6—方轴；7—收线器；8—摇柄 | (1) 取 Φ4.0mm 的镀锌铁线一盘，从内圈找到头，牵拉至远处电杆处，用"双 8 字扣"拴住，如图 (a) 所示<br>(2) 铁线另一端用紧线器固定在另一根电杆上，紧线器如图 (b) 所示，先将紧线器拴在电杆上，再把铁线尽量拉直，夹在紧线器钳口中<br>(3) 摇动摇柄，把铁线尽量拉直。由两至三人走到铁线中间位置，拉住铁线向后拉，不要用力过猛，适当拉伸即可。将铁线两端放开，这时铁线应能平直地放在地上，没有弯曲 |

续表

| 项　目 | 示　意　图 | 操　作　说　明 |
|---|---|---|
| 1. 下料 | 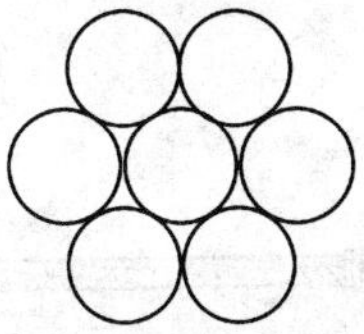 图（c）铁线排列情况 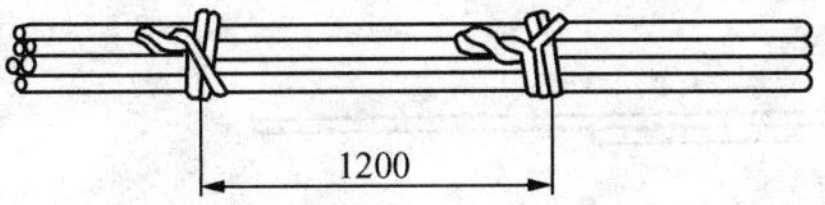<br><br>图（d）隔 1.2m 绑扎 | （4）按计算的下料长度截取铁线，根据需要的拉力，拉线可以由 3、5、7 根铁线合股而成（以 7 根合股为例）。将 7 根镀锌铁线戳齐调直、调顺、排列组合，如图（c）所示<br>（5）将头部用 Φ1.6mm 镀锌铁线缠绕三圈后，用尖嘴钳把铁线头拧成麻花形小辫约 3～4 个花，用钢丝钳顺铁线方向拍倒，再每隔 1.2m 绑扎一道<br>（6）将合股铁线一端绑在电杆上，另一端绑在一根铁棍上，顺时针方向将铁线绞合，如图（d）所示 |
| 2. 弯曲线束形成口鼻 | 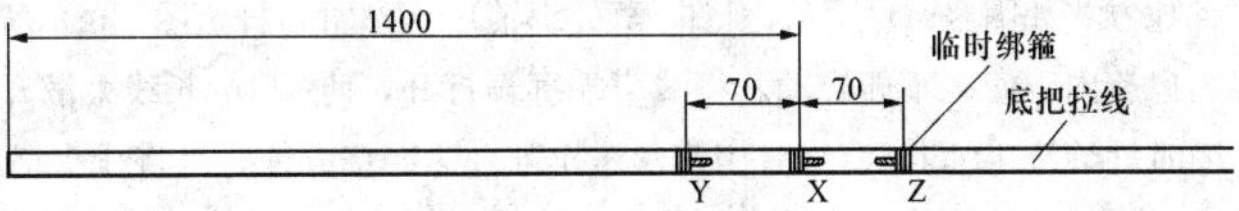 图（e）口鼻定位 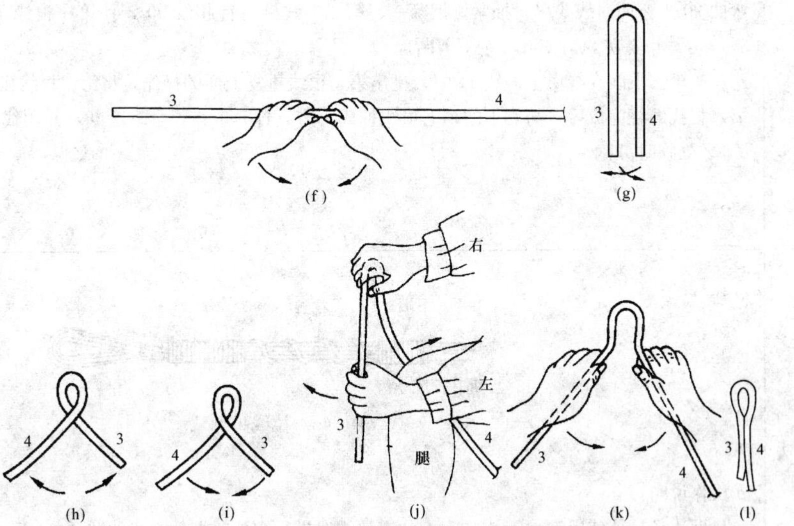<br><br>图（f）（g）（h）（i）（j）（k）（l）口鼻的弯曲 | |

操作说明：

(1) 按图（e）量取铁线长度，并在 X、Y、Z 三点用 Φ1.6mm 铁线临时绑扎，方法同前

(2) 两手握住 Y、Z 外100mm处，右膝盖顶住 X 处，用力向内弯曲，如图（f）所示

(3) 弯曲成 U 形，如图（g）所示

(4) 左右换手用力向外拉，拉到成图（h）所示形状。注意用力大小一样，把圆头鼻弯正

(5) 两人用力把图中 3、4 号线拉开，上下换位，再弯回如图（i）所示

(6) 把 4 号线夹在左腿下，右手握住圆头鼻子，左手将 3 号线向外平推，如图（j）所示

(7) 将口鼻弯曲成图（k）所示样子

(8) 把 3、4 号线束调直，向内合并成图（l）的样子

| 项 目 | 示 意 图 | 操 作 说 明 |
|---|---|---|
| 3. 自缠法<br>绑扎口鼻 | 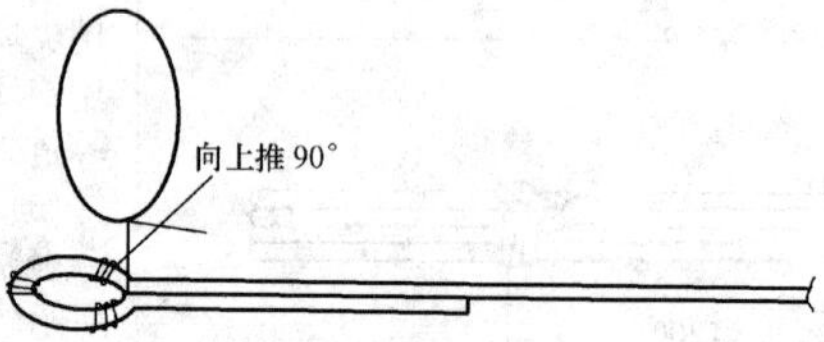 <br><br>图（n）将线头绕成小盘 | 操作说明：<br>（1）绑扎方式如图（m）所示，将向 Y 处绑箍用钢丝钳磕打至图（m）所示位置。由副手将活扳手把或改锥穿入口鼻内，使之不能转动。将线束端绑箍打开，使 1.4m 长线束散开，从中取出第一根，如图（m）所示，顺时针缠绕 12 圈，缠绕时用钢丝钳拉紧。为缠绕方便，可将线头绕成小盘，如图（n）所示。<br>（2）第一根线缠绕完成，取其左侧的一根为第二根线，将第二线也盘成小盘，在与第一根线相交处向上弯曲 90°，弯曲时线要尽量抽紧，把第一、第二根线顺时针相绞 90°，使第一根线压在第二根线上，并与 3、4 号线束并拢，留 15mm 余下剪断。<br>（3）第二根线在线束上缠绕 11 圈，挑出第三根线重复上面的操作，将第二根线压住，用第三根线缠绕。第六根线缠绕完成后，与剩下的第七根线拧成小辫，拧 5 个花，余下剪断，并顺线束方向拍倒，拆掉 X、Y、Z 处临时绑箍 |
| 4. 另缠法<br>绑扎口鼻 | 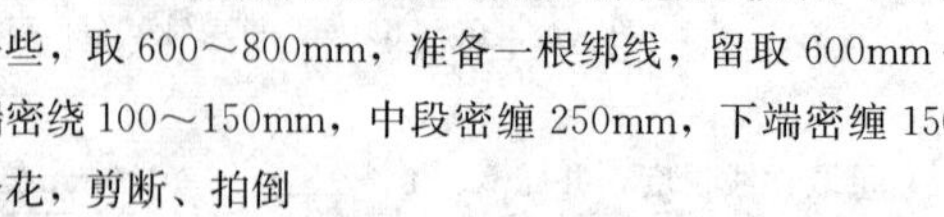 <br><br>图（o）拉线另缠法 | 操作说明：<br>另缠法是另外使用不小于 Φ3.2mm 的镀锌铁线进行绑扎，绑扎方式如图（o）所示。<br>另缠法线束端头可留短一些，取 600～800mm，准备一根绑线，留取 600mm 一段与线束并在一起，从口鼻圈根部开始缠绕，上端密绕 100～150mm，中段密缠 250mm，下端密缠 150mm。与压在线束中的绑线另一端拧成小辫，拧 5 个花，剪断、拍倒 |

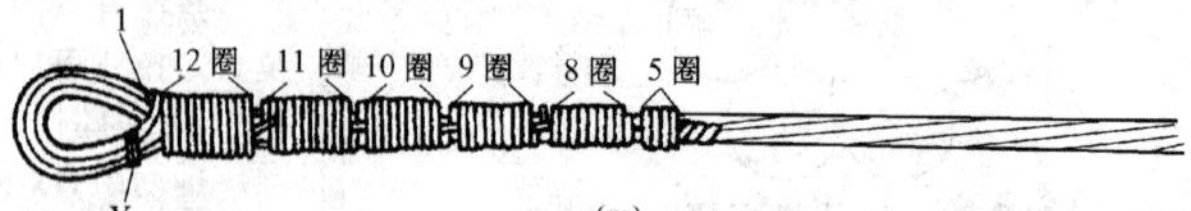

### 6. 钢绞线拉线绑扎

用钢绞线做拉线时，一般采用 U 形钢线卡子，也可以采用另缠法。

普通钢绞线拉线绑扎方法见表 7-22。

### 7. 拉线的安装

拉线的安装见表 7-23。

**表 7-22**　　　　　　　　　　　　　**普通钢绞线拉线绑扎方法**

| 项　目 | 内　　容 |
|---|---|
| 示意图及操作说明 | |

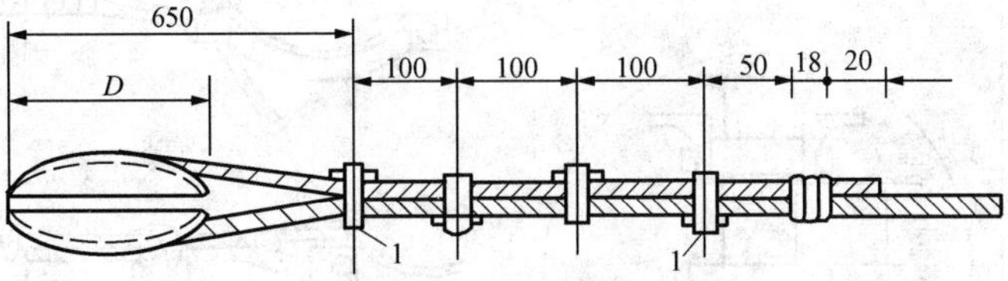

图（a）U形卡绑扎

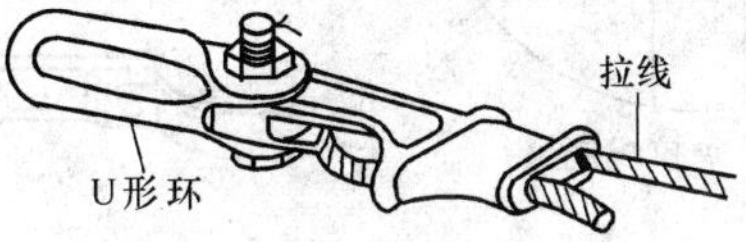

图（b）楔形线夹

操作说明：

（1）普通钢绞线拉线绑扎：将钢绞线端部用 Φ1.6mm 铁线绑扎 3 圈，量取适当长度（由 U 形卡子个数定长度）并折回放入心形环，由副手握紧，在心形环根部上第一道 U 形卡子，把螺栓上紧，每隔 150mm 上一道 U 形卡子，最少上三道。相邻两只卡子的安装方向相反，如图（a）所示

（2）楔形线夹安装：量取适当长度钢绞线，从下部穿入楔形线夹再折回穿出，把楔形铁板放入线夹，使钢绞线环绕在铁板外侧，用榔头把铁板及钢绞线敲紧。在距线夹下口 100mm 处上第一道 U 形卡子，每隔 150mm 再上一道，最少上三道，如图（b）所示

**表 7-23**　　　　　　　　　　　　　**拉　线　的　安　装　方　法**

| 项　目 | 示意图及操作说明 |
|---|---|
| 1. 埋拉线盘 | |

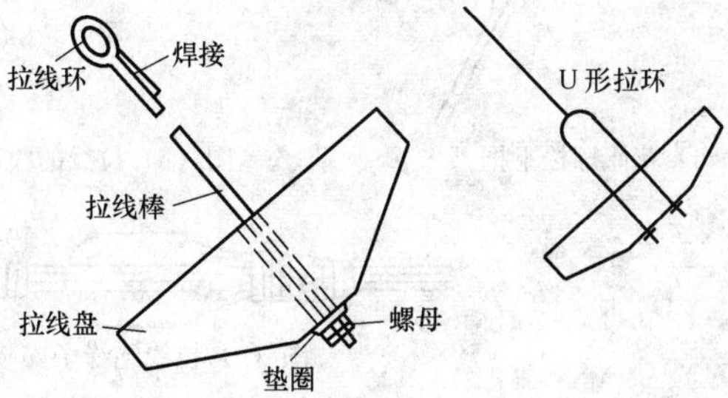

图（a）拉线盘

操作说明：

按拉线设计位置挖拉线盘坑，坑深 1.2～1.9m。把成品拉线盘组装好，拉线棒穿入拉线盘孔，下面上两只螺母。摆好拉线角度，回填土并夯实。拉线盘的形式，如图（a）所示

| 项　目 | 示意图及操作说明 |
|---|---|
| 2. 装拉线抱箍及上把 | 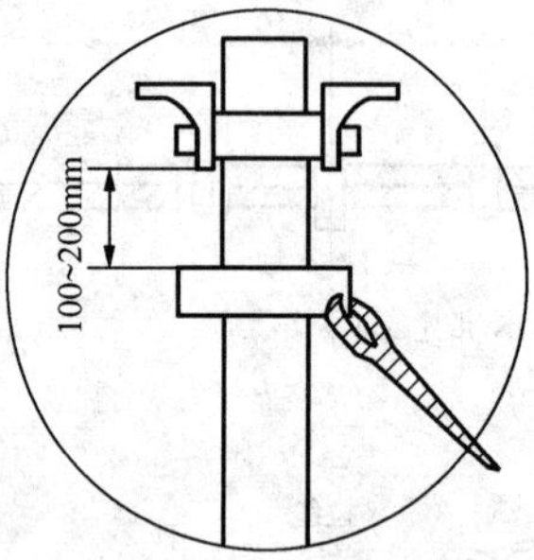 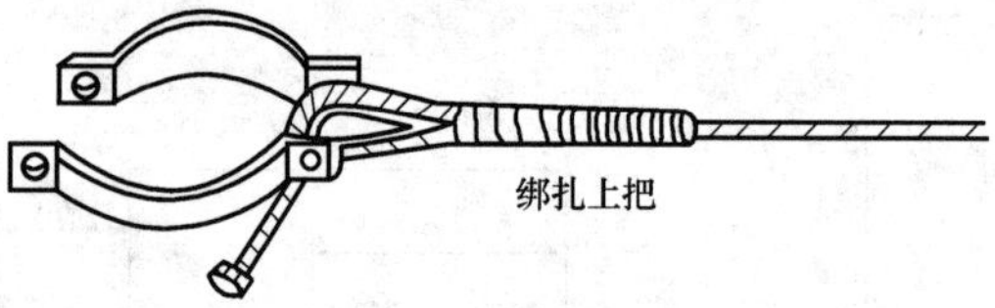  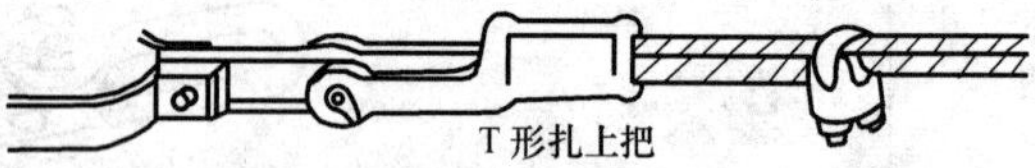 绑扎上把<br>（c）<br>U 形扎上把<br>（d）<br>T 形扎上把<br>（e）<br>图（c）、（d）、（e）不同的拉线上把与抱箍的连接方式<br><br>图（b）　拉线抱箍<br>100~200mm<br><br>操作说明：<br>　　将拉线抱箍装在横担上约 100mm 处，开口对准底把拉线棒，如图（b）所示。不同的拉线上把与抱箍的连接方式如图（c）、（d）、（e）所示 |
| 3. 与下把连接 |  <br>拉线上把　紧线器　紧线器柄　拉线尾端　紧线器尾绳（在底把处缠绕固定）　拉线底把<br>上部绑扎　花绑　下部绑扎　地把<br>图（f）花篮螺栓下把 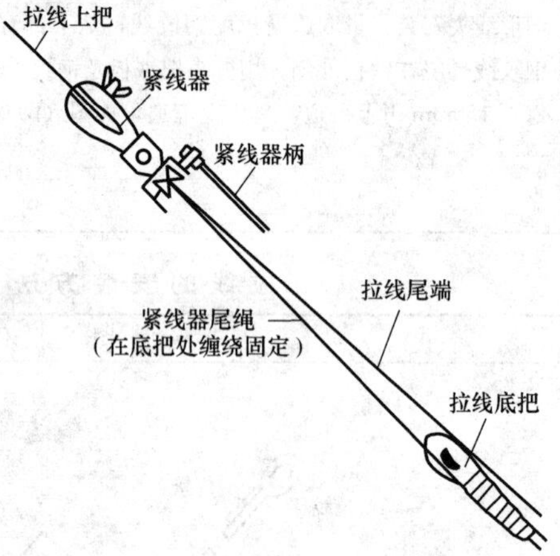　　图（h）拉线的收紧 　　图（i）绑扎拉线 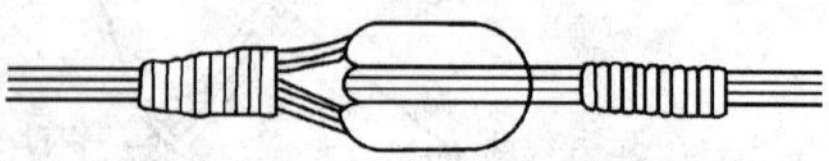<br>图（g）拉线绝缘子安装<br><br>操作说明：<br>　　（1）拉线与下把连接有时中间要加花篮螺栓，用来调整拉线松紧程度，如图（f）所示，先把花篮螺栓连接好，并放到最大长度。调整完成后，用 Φ1.6mm 镀锌铁线在花篮螺栓外缠绕。如果拉线上把中间加绝缘子，做法如图（g）所示<br>　　（2）将拉线下端用紧线器夹住，并用紧线器把拉线拉紧到电杆向拉线方向倾斜一个杆梢位置。将拉线下端穿过拉线棒孔或底把孔，用另缠法绑扎，如图（h）、（i）所示 |

| 项 目 | 示 意 图 及 操 作 说 明 |
|---|---|
| 4. UT 形线夹拉线安装 | 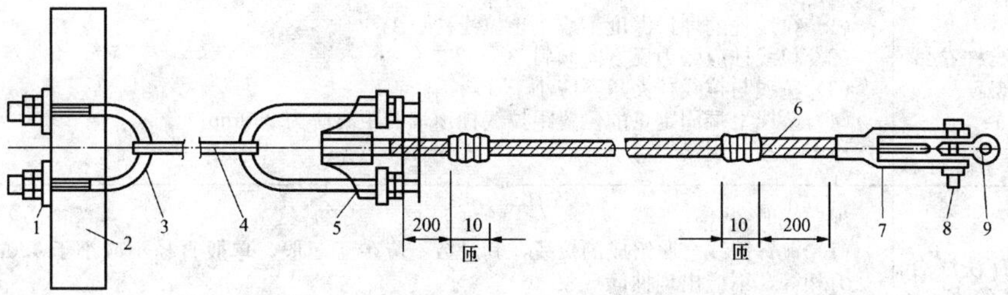 <br><br>图（j）钢绞拉线组装<br>1—大方垫；2—拉线盘；3—U 形螺丝；4—拉线棒（下把）；<br>5—UT 形线夹；6—钢绞线；7—楔形线夹；8—六角带帽螺丝；9—U 形挂环<br><br>操作说明：<br>使用钢绞线做拉线时，常使用楔形线夹 UT 形线夹配合安装，安装方式如图（j）所示 |

## 8. 拉线制作和安装检查质量标准

见表 7-24。

**表 7-24**            **拉线制作和安装检查质量标准**

| 项 目 | 规 定 说 明 |
|---|---|
| 1. 拉线安装的规定 | 规定说明：<br>拉线安装后对地面夹角与设计值允许偏差：<br>35kV 架空电力线路不应大于 1°；10kV 及以下架空电力线路不应大于 3°；承力拉线应与线路方向的中心线对正；分角拉线应与线路分角线对正；防风拉线应与线路方向垂直。<br>检查方法：目测或用仪器检测 |
| 2. 采用 UT 形线夹及楔形线夹安装的规定 | 规定说明：<br>安装前，丝上应涂润滑剂。线夹舌板与拉线接触应紧密，受力后无滑动现象。<br>拉线弯曲部分不应有明显松股，拉线断头处与拉线主线应固定可靠，线夹处露出尾线长度为 300～500mm。<br>UT 形线夹的双螺母应并紧，花篮螺栓应封固。<br>检查方法：观察 |
| 3. 用绑扎固定安装时的规定 | 规定说明：<br>拉线两端应设置心形环。<br>钢绞线拉线应采用直径不大于 3.2mm 的镀锌铁线绑扎固定。绑扎应整齐、紧密、最小缠绕长度应符合下表的规定。<br>检查方法：观察和用尺测量 |

| 钢绞线截面 (mm²) | 最小缠绕长度 (mm) | | | | |
|---|---|---|---|---|---|
| | 上段 | 中段有绝缘子的两端 | 与拉线棒连接处 | | |
| | | | 下端 | 花缠 | 上端 |
| 25 | 200 | 200 | 150 | 250 | 80 |
| 35 | 250 | 250 | 200 | 250 | 80 |
| 50 | 300 | 300 | 250 | 250 | 80 |

续表

| 项　目 | 规 定 说 明 |
|---|---|
| 4. 拉线柱拉线安全的规定 | 规定说明:<br>(1) 拉线柱的埋设深度不应小于拉线柱长 1/6<br>(2) 拉线柱应张力反方向倾斜 10°～20°<br>(3) 坠线与拉线柱夹角不应小于 30°<br>(4) 坠线上端固定点的位置距拉线柱顶端的距离应为 250mm<br>检查方法: 观察 |
| 5. 镀锌铁线合股组成的拉线规定 | 规定说明:<br>(1) 镀锌铁线合股组成的拉线,其股数不应少于三股,单股直径不应小于 4.0mm,绞合均匀,受力相等,不应出现抽筋现象<br>(2) 合股组成的铁锌线拉线采用自身缠绕固定时,缠绕应整齐紧密。缠绕长度: 三股线不应小于 80mm,五股线不应小于 150mm<br>检查方法: 观察 |

（二）拉线制作与安装具体实训步骤与要求

（1）现场勘察、查阅图纸资料、准备好检修用的工器具及材料、填写第一种工作票。

（2）在杆下原拉线拉棒同方向后 1m 处打好临时拉线二连角铁桩。

（3）在杆下做好临时拉线,并装设好。

（4）拆除旧拉线（先拆下把,后拆上把）。

（5）更换拉线,先做上把,再做地面下把收线。

（6）做好正式拉线后,在负责人指挥下拆除临时拉线。

（7）放下工器具,杆上作业人员下杆。

（8）做好竣工后的工作。

### 四、评分标准

拉线的制作与更换技能考试项目及评分标准见表 7-25。

表 7-25　　　　　　　　　拉线的制作与更换技能考试项目及评分标准

| 姓名 | | 学号 | | 班级 | | 总分<br>100 分 | | |
|---|---|---|---|---|---|---|---|---|
| 时间<br>定额 | | 实际<br>操作<br>时间 | | 超时 | | 考试<br>日期 | | |
| 考核<br>项目 | 考核内容及要求 | | 配分 | 评分标准 | | 扣分 | 得分 | 备注 |
| 主<br><br>要<br><br>项<br><br>目 | 一、工具、材料准备选用正确、戴安全帽 | | 15 | (1) 工具、材料准备工作,选择错误一项扣 5 分<br>(2) 不戴安全帽扣 10 分 | | | | |
| | 二、拉线制作<br>(1) 上下拉线把回头长度尺寸符合要求<br>(2) 尾线穿过线夹时方向正确<br>(3) 线夹压舌与钢绞线接触紧密<br>(4) 钢绞线无松散现象<br>(5) 钢线卡安装位置、方向正确 | | 30 | (1) 每项超差±2cm 扣 1 分<br>(2) 穿错一处扣 5 分<br>(3) 接触不紧密扣 5 分<br>(4) 有松散现象扣 5 分<br>(5) 安装不正确扣 5 分 | | | | |

续表

| 考核项目 | 考核内容及要求 | 配分 | 评分标准 | 扣分 | 得分 | 备注 |
|---|---|---|---|---|---|---|
| 主要项目 | 三、拉线固定<br>（1）登杆熟练<br>（2）拉线上下把固定点位置正确（拉线角度）<br>（3）紧线时操作方法正确<br>（4）UT形线夹紧固螺母时操作顺序正确，螺杆露出螺母的长度符合要求 | 45 | （1）登杆操作不熟练扣10分<br>（2）固定点位置选择不当扣5分<br>（3）紧线操作方法不正确扣10分<br>（4）UT形线夹安装错误扣15分，螺杆露出螺母的长度不符合要求扣2分 | ， |  |  |
| 安全文明操作 | （1）工作结束整理工具、材料并清理现场<br>（2）操作过程中上下传递工具、材料不抛扔 | 10 | （1）不做一项扣2分<br>（2）违章扣5分 |  |  |  |

# 第四节　绝缘子绑扎与横担组装技能训练

## 一、实训目的
（1）学会进行针式绝缘子和蝶式绝缘子终端绑扎。
（2）学会进行横担的组装。

## 二、工具、设备与材料
针式绝缘子和蝶式绝缘子各1个，$\Phi$3.2mm绑扎线若干，常用电工工具1套。

## 三、实训内容及步骤
（一）绝缘子绑扎与横担组装基本知识的准备

1. 绝缘子的种类与作用

绝缘子是架空线路设备主要器件之一，它的作用是使导线和杆塔绝缘，同时还承受导线及各种附件的机械荷重。因此它必须有良好的电气性能和足够的机械强度。

绝缘子种类很多，大体上有针式、蝶式、悬式、瓷横担式等几种，另外还有硅橡胶绝缘子。各种绝缘子型式如图7-4所示。

（1）低压绝缘子：分针式和蝶式两种，低压绝缘子常用于低压线路的直线杆、耐张杆、转角杆、分支杆、终端杆。

（2）高压针式绝缘子：目前生产的有6、10、15、20、35kV五个额定电压等级。针式绝缘子均用在线路的直线杆塔上。

（3）高压悬式绝缘子：这是高压线路应用最多的一种绝缘子，用在耐张、转角、分支及终端杆上。

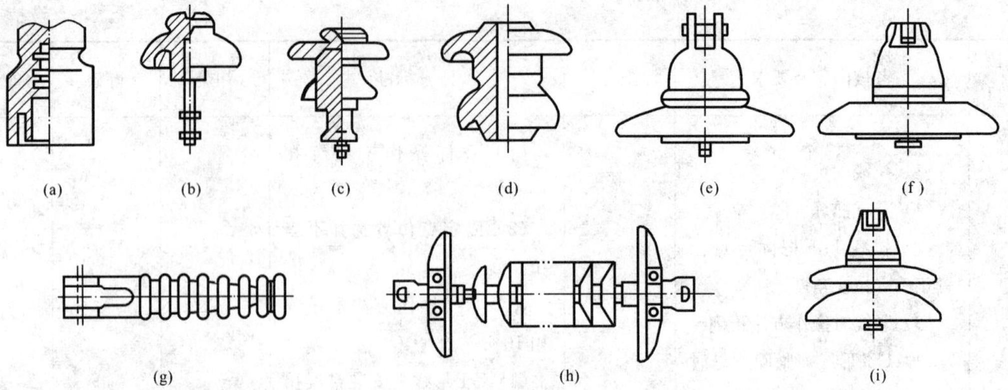

图 7-4　各类绝缘子

(a) 低压针式；(b) 高压针式；(c) 高压悬式；(d) 低压蝴蝶式；(e) 槽形悬式；

(f) 球形悬式；(g) 瓷横担；(h) 硅橡胶绝缘子；(i) 防污型

(4) 高压蝶式绝缘子：可用于耐张、转角、分支和终端杆，多数情况是和高压悬式绝缘子配合使用。

(5) 瓷拉棒式及瓷横担绝缘子：是近年来广泛应用在 10kV 及 35kV 的导线线号不太大的线路上。前者用于耐张杆上作耐张绝缘子用，而后者用在直线杆上。

(6) 硅橡胶绝缘子：是近年来推广使用的新型防污绝缘子，具有体积小、重量轻、抗拉机械强度高、不易破损的特点，安装、维护方便，具有良好的防污性能。这种绝缘子串一般用在 35～220kV 线路上。

(7) 防污绝缘子：它是悬式绝缘子的一种，由于构造上增大了瓷质部分尺寸，从而增大了泄漏距离，提高了污闪电压值和防污性能，用在空气污秽严重的地区。

各种绝缘子的符号意义为：P 表示针式；E 表示蝶式；X 表示悬式；D 表示低压。符号后面的数字表示耐压或机电荷载或抗弯抗拉强度。如 P-10 型为针式绝缘子，耐压 10kV；E-6 型为蝶式绝缘子，耐压 6kV；X-3C 型表示悬式绝缘子，机电荷载为 3t，槽形连接；X.4.5 型表示悬式绝缘子，机电荷载为 4.5t，球头形连接等。

2. 绝缘子的绑扎工艺

架空配电线路的导线在针式绝缘子及碟式绝缘子上的固定，普遍采用绑线缠绕法。绑扎导线用的绑线材料与导线相同，即铜导线用铜绑线绑扎，铝导线及钢芯铝绞线用铝绑线绑扎，以防电化腐蚀。铜绑线的直径应为 2.2～2.6mm，铝绑线的直径应为 2.6～3mm，使用前应做退火处理。

在绑扎铝导线中，为防止碰伤、磨损导线，应在导线与绝缘子接触处缠绕铝包带；缠绕方向应与导线外层捻向一致；并且应超出绑扎部分或金具外 30mm。

(1) 蝶式绝缘子的绑扎方法见表 7-26。

(2) 针式绝缘子的顶部绑扎方法和步骤见表 7-27。

(3) 针式绝缘子的颈部绑扎。横担上的导线被紧线后，就可着手绑扎了。对针式绝缘子而言，有高压针式和低压针式绝缘子两种，其绑扎方法相同。这里以高压针式绝缘子为例，绑扎方法见表 7-28。

**表 7-26**　　　　　　　　　　　　蝶式绝缘子的绑扎

| 序号 | 示　意　图 | 操　作　方　法 |
|---|---|---|
| 1 | 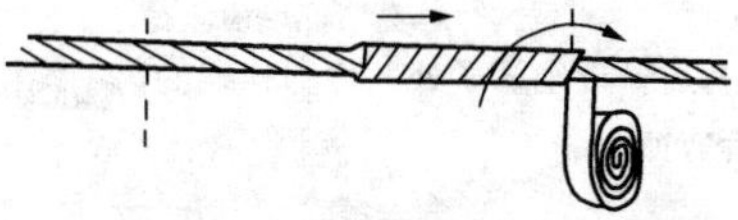 | 铝质架空导线很轻，铝芯线极易磨损。通常在绑扎处的电线表面包缠两层铝箔带。包缠时从导线绑扎处的中心开始，先向右边方向包缠到保护层全长的 1/2 处 |
| 2 | 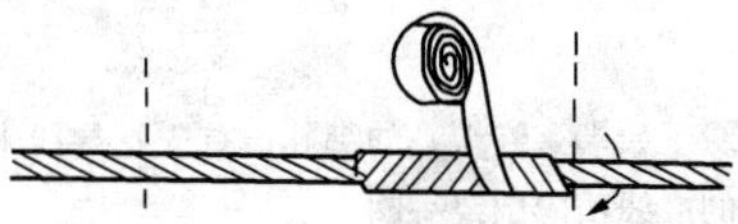 | 反方向重叠朝中心方向包缠 |
| 3 | 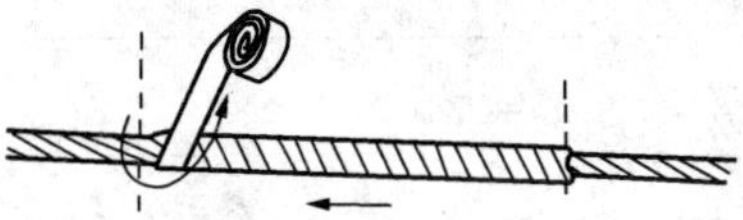 | 通过中心后，继续向左方向包缠，到保护层全长的左端，再反向重新朝中心方向包缠，直到中心为止 |
| 4 | 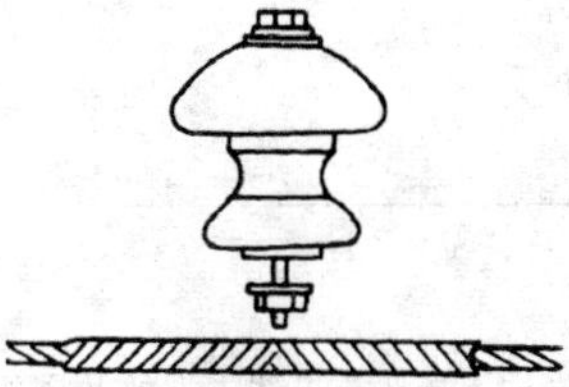 | 包缠好的保护层收尾点，正对准绝缘子与电线的绑扎处中心点<br>铝箔带每圈排列必须整齐、紧密、平展、前后圈带与带之间不可压叠 |
| 5 | 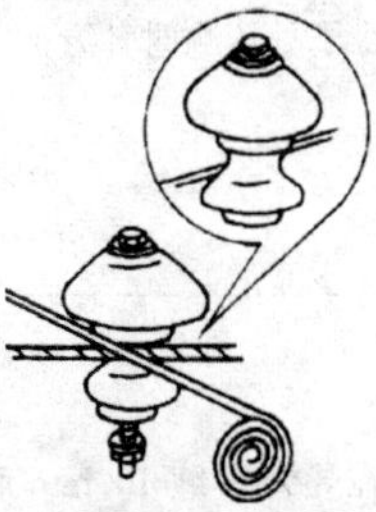 | 蝶式绝缘子直线杆的绑扎。首先把导线紧贴在蝶形绝缘子嵌线槽内，把绑扎线一端留出足够在嵌线槽中绕一圈和在导线上绕 10 圈的长度，并使绑扎线与导线成 X 状相交 |
| 6 | 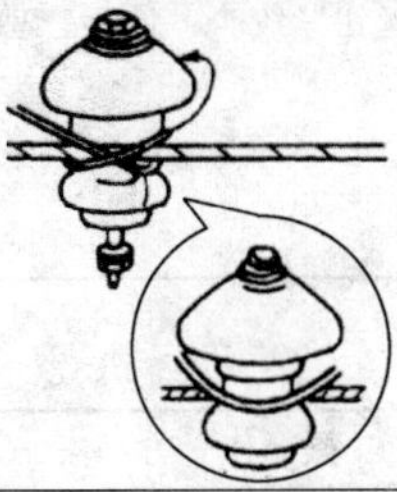 | 将绑扎线圈从导线右边下方绕嵌线槽背后，缠至导线左边下方，并压住原绑扎线和导线，然后绕至导线右边，再从导线右边上方围绕，至导线左边下方 |
| 7 | 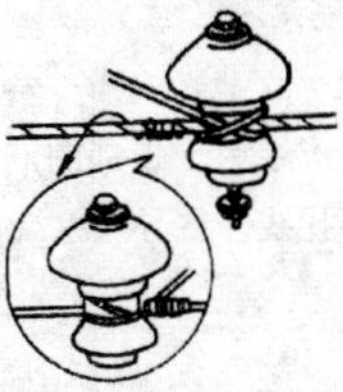 | 在导线左边贴近绝缘子处开始，把绑扎线紧缠在导线上，缠满 10 圈后剪掉余端 |

续表

| 序号 | 示　意　图 | 操　作　方　法 |
|---|---|---|
| 8 | 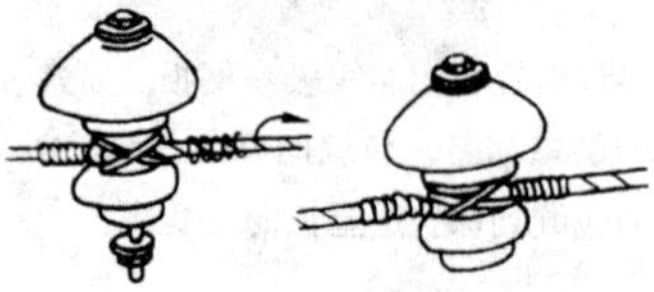 | 　在导线右边贴近绝缘子处，将绑扎线的另一端围绕导线缠满 10 圈后剪掉余端 |
| 9 | 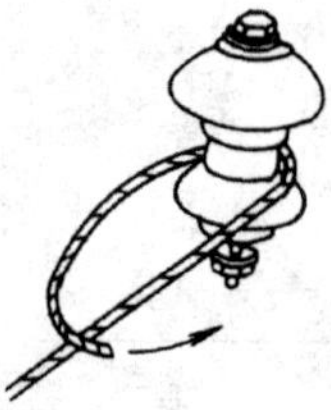 | 　蝶式绝缘子始端（终端）的绑扎。首先把导线末端先在蝶式绝缘子的嵌线槽内围绕一圈 |
| 10 | 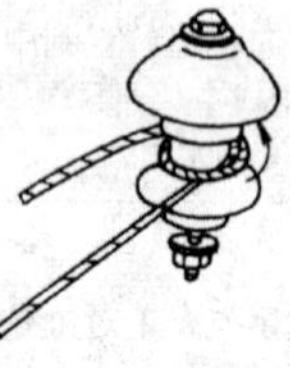 | 　接着把导线末端压住第一圈后，再绕第二圈，绕时要拉紧 |
| 11 | 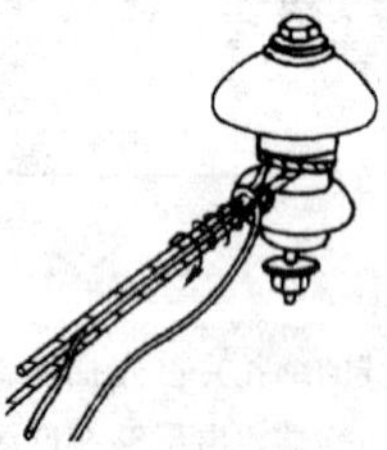 | 　将绑扎线短端嵌入导线与导线末端的并合处凹缝中，把绑扎线长端在贴近绝缘子处依顺时针方向将导线紧紧地缠扎在一起 |
| 12 | 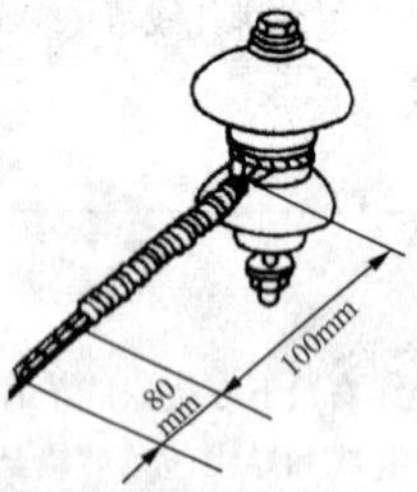 | 　把绑扎线的长端在导线紧缠 100mm 后，与绑扎线的短端与长端的尾端用钢丝钳紧绞合 6 圈后，剪去余端，并使它紧贴两导线的夹缝中 |

**表 7-27　　　　　　　　针式绝缘子的顶部绑扎**

| 序号 | 示　意　图 | 操　作　方　法 |
|---|---|---|
| 1 |  | 　把导线嵌入高压针式绝缘子顶部的嵌线槽中，并在导线右边靠绝缘子处加上绑扎线。在导线上绕 3 圈 |

| 序号 | 示 意 图 | 操 作 方 法 |
|------|---------|-------------|
| 2 | | 将绑扎线长端按顺时针方向从绝缘子颈槽中围绕到导线左边内侧 |
| 3 | | 紧接着在贴近绝缘子处，在导线上缠绕3圈 |
| 4 | | 然后再按顺时针方向围绕到导线右边外围，并在导线上再缠绕3圈（位置排列在原3圈之外侧） |
| 5 | | 再围绕到导线左边，继续缠绕3圈（也排列在原3圈之外侧） |
| 6 | | 重复上述方法，把绑扎线围绕到导线右边外侧，并斜压在顶槽中的导线，继续扎到导线左边内侧 |
| 7 | | 接着从导线左边内侧按逆时针方向围绕到导线右边内侧 |
| 8 | | 然后把绑扎线从导线右边内侧斜压住顶槽中导线，并绕到导线左边外侧，使顶槽中导线被绑扎线压成 X 状 |
| 9 | | 最后将绑扎线从导线右边外侧按顺时针方向围绕到绑扎线短端处，并相交于绝缘子中间互绞6圈后剪去余端即妥 |
| 10 | | 绑顶完毕。在高压架空线路直线杆多采用顶部绑扎法，俗称"绑顶" |

**表 7-28**                         **针式绝缘子的颈部绑扎**

| 序号 | 示 意 图 | 操 作 方 法 |
|---|---|---|
| 1 | | 将绑扎线盘成绑扎线圈，再把待绑扎的导线用铝铂带包缠后，先把绑线短端在贴近绝缘子处的导线右边重绕 3 圈，接着与绑扎线长端互绞 6 圈，并把导线嵌入绝缘子颈部的嵌线槽内 |
| 2 | | 一手把导线扳紧在嵌线槽中，另一手把绑扎线长端从绝缘子背后紧紧地围绕到导线左下方 |
| 3 | | 接着把绑扎线长端从导线的左下方围绕到导线的右上方，并按照上步所述方法把绑扎线长端绕绝缘子一圈 |
| 4 | | 将绑扎线长端再围绕到导线左上方并继续绕到导线右下方，使绑扎线在导线上形成 X 形的交叉绑扎 |
| 5 | | 再将绑扎线围绕到导线左上方 |
| 6 | | 最后把绑扎线长端在贴近绝缘子处紧缠导线 3 圈后，向绝缘子背部绕去，与绑扎线短端紧绕 6 圈后，剪去余端即妥 |
| 7 | | 绑扎完毕。在高压架空线路转角杆，电线嵌入绝缘子颈槽，此法俗称"绑脖"法 |

3. 金具

将架空电力线路绝缘子、导线和避雷线悬挂或拉紧在杆塔上，将导线、避雷线接续起来，以及将拉线固定在杆塔上，所用的金属零件统称线路金具。

线路金具按其性能和用途大致可分为悬垂线夹、耐张线夹、连接金具、接续金具、保护金具和拉线金具 6 大类，其名称和用途见表 7-29。

表 7-29　　　　　　　　　　　　　电力线路金具的分类和用途表

| 分　类 | 名　　称 | 用　　途 |
|---|---|---|
| 悬垂线夹 | 悬垂线夹 | 用于将导线固定在直线杆塔的悬垂绝缘子串上，或将避雷线悬挂在直线杆塔的避雷线支架上 |
| 耐张线夹 | 螺栓形耐张线夹<br>楔形耐张线夹 | 用于将导线固定在耐张、转角杆塔的绝缘子串上，适用于固定中小截面导线<br>用于将避雷线（镀锌钢绞线）固定在耐张、转角杆塔上 |
| 连接金具 | U 形挂环、二联板、直角挂板、延长环、U 形螺丝等球头挂环、碗头挂板 | 这类金具又称为通用金具，多用于绝缘子串与杆塔之间、线夹与绝缘子之间及避雷线线夹与杆塔之间的连接球窝形绝缘子的专用金具 |
| 接续金具 | 接续管（圆形）<br><br>接续管（椭圆形）<br>补修管<br><br>并沟线夹 | 一种用于大截面导线（钢芯铝绞线）的接续，另一种用于避雷线（镀锌钢绞线）的接续<br>用于中小截面导线的接续<br>一种用于导线（钢芯铝绞线）的补修，另一种用于避雷线（镀锌钢绞线）的补修<br>一种用于导线作为跳线时的接续，另一种用于避雷线（镀锌钢绞线）作为跳线时的接续 |
| 保护金具 | 防振锤、预绞丝护线条<br>预绞丝补修条<br>重锤 | 抑制导线、避雷线振动，起保护作用<br>起保护导线的作用<br>导线损伤时补修用<br>抑制悬垂绝缘子串及跳线绝缘子串摇摆角过大及直线杆塔上导线、避雷线上拔 |
| 拉线金具 | UT 形线夹<br>楔形线夹<br>拉线二联板 | 可调式的用于固定和调整杆塔拉线下端<br>不可调式的用于固定杆塔拉线上端<br>用于连接两根组合拉线 |

部分常用金具外形如图 7-5 所示，横担固定金具外形如图 7-6 所示。

4. 接地装置

接地装置是接地体和接地线的总称。接地体指埋入地中并直接与大地接触的金属导体（也称接地极）。接地体分人工接地体和自然接地体两种。人工接地体由各种钢材制作，敷设在杆塔基础周围地下专为泄导雷电流。自然接地体是利用杆塔基础或拉线基础中的金属构件兼作接地体作用。接地线是指将杆塔与接地体连接的金属导体（也称接地引下线），一般用镀锌钢绞线做成。

接地体的敷设方法一般分为水平敷设和垂直敷设及复合敷设三种。

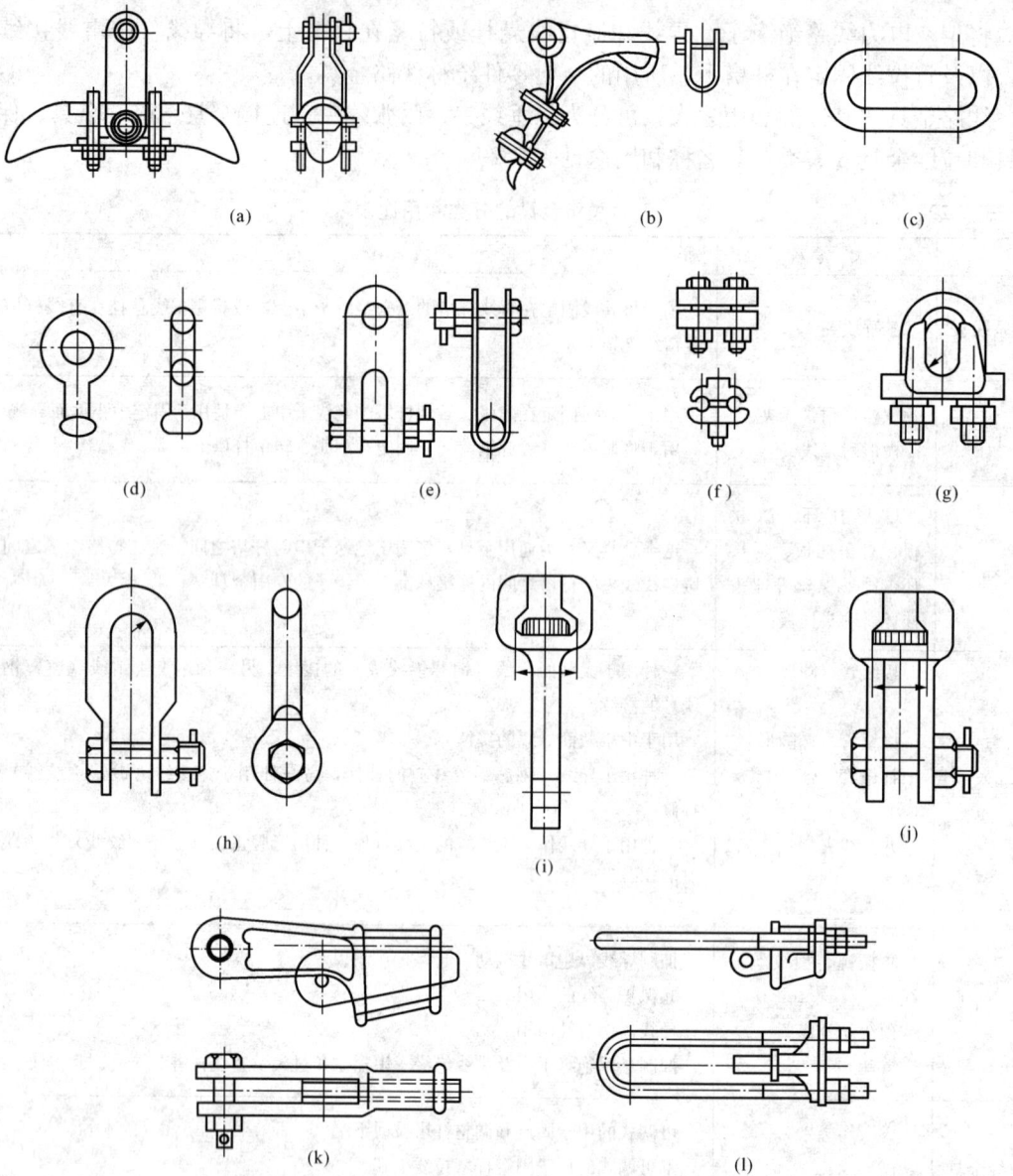

图 7-5　部分常用金具外形图

（a）悬垂线夹；（b）耐张线夹；（c）挂环；（d）球头挂环；（e）直角挂板；（f）并沟线夹；
（g）钢线卡子；（h）U 形挂环；（i）单联碗头挂板；（j）双碗头挂板；（k）楔形线夹；（l）UT 形线夹

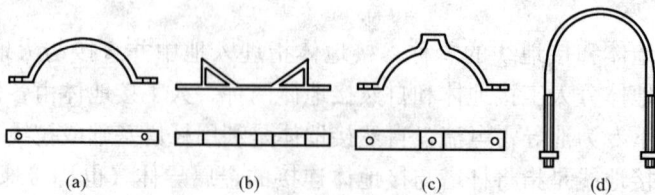

图 7-6　横担固定金具

（a）圆形抱箍；（b）横担垫铁；（c）带凸抱箍；（d）横担抱箍

（二）绝缘子绑扎与横担组装具体操作步骤

（1）绝缘子绑扎与横担组装具体操作步骤见表 7-30。

表 7-30　　　　　　　　　　　绝缘子绑扎与横担组装具体操作步骤

| 序号 | 示 意 图 与 操 作 步 骤 |
|---|---|
| 1 | 正确准备、选用工具、材料，戴安全帽 |
| 2 | 登杆：系好安全带、带好工具袋、尼龙绳，穿好脚扣登杆，登到杆顶装横担位置，将保险带在杆上绕两圈后扣好，稳定身体后，在杆上绑滑轮，用套牛扣扣在杆上。把尼龙绳穿过滑轮，两端放到地面 |
| 3 | 吊横担：地面的人把横担拴在尼龙绳上，并用 U 形抱箍、M 形抱箍拴在横担上，用滑轮将横担吊到杆顶 |
| 4 | 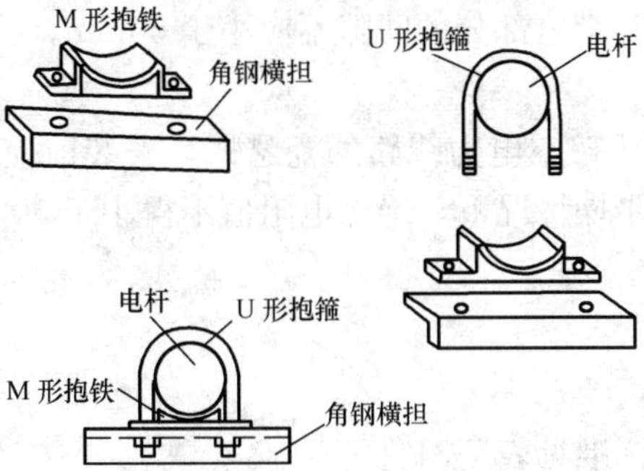 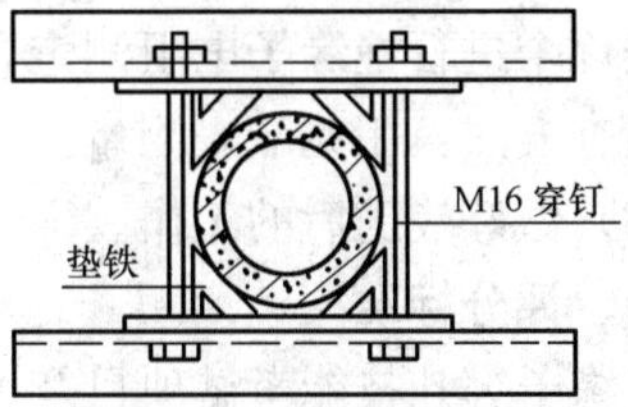 图（a）　单横担的安装　　　图（b）　双横担的安装<br><br>装横担：把横担移到身前保险带上，紧靠电杆，取下抱箍，按图（a）、图（b）所示装好，紧固螺栓。紧固过程中，依杆下人的指示，调整横担的方向和水平度。多横担电杆组装横担时，从电杆最上端开始。单横担装在负荷侧 |
| 5 | 装角撑：吊上角撑和半圆夹板，把角撑上部用螺栓固定在横担上，一边一块。调整安全带和脚扣到合适的高度，把半圆夹板和角撑另一端固定在电杆上，保持横担水平 |
| 6 | 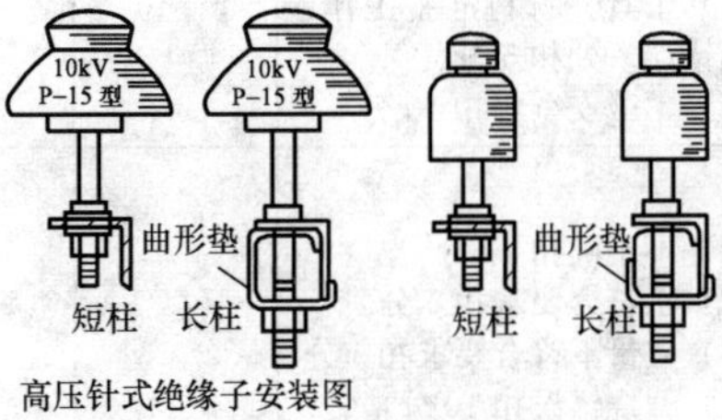 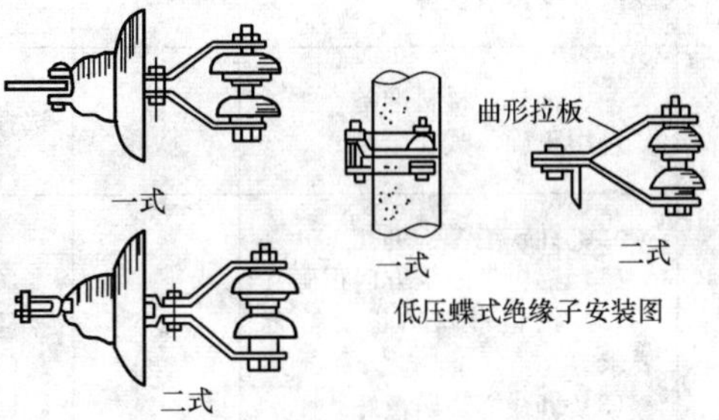 图（c）　针式绝缘子安装图　　　图（d）　蝶式绝缘子安装图<br><br>装绝缘子：调整在杆上的高度，把保险带从横担穿过来扣好。吊上绝缘子进行安装。针形绝缘子紧固时要加弹簧垫片。蝶式绝缘子安装时，固定拉铁和绝缘子的螺栓要从下向上穿。常用绝缘子的安装方法，如图（c）、（d）所示 |
| 7 | 下杆：拆下滑轮，吊到地面，解开安全带，下杆 |
| 8 | 拆除横担 |

（2）绝缘子和横担组装质量检查。

1）线路单横担安装位置：直线杆应装于受电侧；分支杆、90°转角杆（上、下）及终端杆应装于拉线侧。

检查方法：观察。

2）横担安装偏差：横担端部上下歪斜不应大于 20mm；横担端部左右扭斜不要大于 20mm。

双杆的横担，横担与电杆连接处的高度差不应大于连接距离的 5/1000；左右扭斜不应大于横担长度的 1/1000。

检查方法：用仪器测量。

3）安装绝缘子要求：安装应牢固，连接可靠，防止积水。安装时，应清除表面灰垢、附着物及不应有的涂料。绝缘子裙边与带电部分的间隙不应小于 50mm。

检查方法：观察检查。

4）安装高压绝缘子的要求：35kV 架空电力线路的瓷悬式，安装前应采用不低于 5000 兆欧表逐个进行绝缘子电阻测定，在干燥情况下，绝缘电阻值不得小于 500MΩ。

检查方法：用兆欧表测量。

（3）做好竣工后的工作。

**四、评分标准**

绝缘子绑扎技能考试项目及评分标准见表 7-31。

表 7-31　　　　　　　　　　绝缘子绑扎技能考试项目及评分标准

| 姓名 | | 学号 | | 班级 | | | 总 分 100 分 | |
|---|---|---|---|---|---|---|---|---|
| 时间定额 | | 实际操作时间 | | 超时 | | | 考试日期 | |
| 考核项目 | 考核内容及要求 | 配分 | | 评分标准 | | 扣分 | 得分 | 备注 |
| 主要项目 | 一、工具、材料准备选用正确、戴安全帽 | 15 | | （1）工具、材料准备工作，选择错误一处扣 5 分 （2）不戴安全帽扣 10 分 | | | | |
| | 二、针式绝缘子绑扎 （1）铝包带缠绕方向正确 （2）铝包带露出长度符合要求 （3）绑线缠绕质量好 （4）整体绑扎正确 | 30 | | （1）不正确扣 10 分 （2）不符合要求扣 5 分 （3）质量不符合要求扣 5 分 （4）缠绕错误扣 10 分 | | | | |
| | 三、蝶式绝缘子终端绑扎 （1）铝包带缠绕方向正确 （2）铝包带露出长度符合要求 （3）终端绑扎尺寸符合要求 （4）绑线缠绕紧密、均匀，质量好，整体绑扎正确 | 35 | | （1）不正确扣 5 分 （2）不符合要求扣 5 分 （3）尺寸不符合要求扣 10 分 （4）质量不符合要求扣 5 分，绑扎错误扣 10 分 | | | | |

续表

| 考核项目 | 考核内容及要求 | 配分 | 评分标准 | 扣分 | 得分 | 备注 |
|---|---|---|---|---|---|---|
| 主要项目 | 四、工艺质量<br>(1) 导线、绑线无损伤<br>(2) 小辫拧紧受力均匀<br>(3) 小辫要压倒 | 10 | (1) 损伤一处扣 2 分<br>(2) 不均匀扣 5 分<br>(3) 未压倒扣 2 分 | | | |
| 安全文明操作 | (1) 工作结束整理工具、材料并清理现场<br>(2) 操作过程中上下传递工具、材料不抛扔 | 10 | (1) 不做一项扣 2 分<br>(2) 违章扣 5 分 | | | |

### 五、停电更换针式绝缘子技能训练

#### (一) 实训目的

根据某单位现场对 10kV××线××杆停电更换针式绝缘子作业指导书进行停电更换针式绝缘子的操作。

#### (二) 更换针式绝缘子作业指导书范本

## 10kV××线 3#—1 杆停电更换针式绝缘子作业指导书

### （范　本）

编写：＿＿＿＿＿　＿＿＿＿＿年＿＿月＿＿日

审核：＿＿＿＿＿　＿＿＿＿＿年＿＿月＿＿日

批准：＿＿＿＿＿　＿＿＿＿＿年＿＿月＿＿日

作业负责人：＿＿＿＿＿＿＿＿＿＿

作业时间：年　月　日　时至　　年　月　日　时

### ××局模拟线路场

### 一、范围

本指导书适用××局 10kV××线 3#—1 杆停电更换针式绝缘子作业。

### 二、引用文件

1. 国家电网安监［2005］83 号文《电力安全工作规程》（电力线路部分）

2. GBJ 232—82《10kV 及以下架空配电线路施工及验收规程》

3. SD 292—88《架空配电线路及设备运行规程》

### 三、检修前准备

#### (一) 准备工作安排

| 完成情况 | 序　号 | 内　　容 | 标　　准 | 责任人 | 备注 |
|---|---|---|---|---|---|
| | 1 | 现场勘察，查阅图纸资料 | 明确作业任务，技术标准 | | |
| | 2 | 工作前按规定向设备管理单位提出停电申请，并得到许可 | 符合调度规范 | | |

续表

| 完成情况 | 序　号 | 内　容 | 标　准 | 责任人 | 备注 |
|---|---|---|---|---|---|
| | 3 | 准备好检修用的工器具及材料 | 工器具必须有试验合格证，材料应充足齐全 | | |
| | 4 | 填写第一种工作票 | 安全措施符合现场实际，按《工作票实施细则》要求进行填写 | | |

（二）人员要求

| 完成情况 | 序　号 | 内　容 | 责任人 | 备　注 |
|---|---|---|---|---|
| | 1 | 作业人员经《电力安全工作规程》（电力线路部分）考试合格 | | |
| | 2 | 本周期体检合格，作业前精神状态良好 | | |

（三）工器具

| 完成情况 | 序　号 | 内　容 | 型　号 | 单位 | 数量 | 备注 |
|---|---|---|---|---|---|---|
| | 1 | 滑车 | 0.5t | 顶 | 1 | |
| | 2 | 吊绳 | 25m | 根 | 1 | |
| | 3 | 千斤扣 | $\Phi9\times1.0m$ | 个 | 1 | |
| | 4 | 脚扣 | | 副 | 若干 | |
| | 5 | 安全带（含安全绳） | | 条 | 1 | |
| | 6 | 个人保安线 | | 根 | 1 | |
| | 7 | 验电器 | 10kV专用 | 支 | 1 | |
| | 8 | 绝缘手套 | | 副 | | |
| | 9 | 接地线 | 10kV专用 | 组 | 2 | |

（四）材料

| 完成情况 | 序号 | 内　容 | 型　号 | 单　位 | 数　量 | 备　注 |
|---|---|---|---|---|---|---|
| | 1 | 针式绝缘子 | P-10 | 个 | 1 | 现场摇测合格，500V兆欧表、2500V兆欧表 |
| | 2 | 绑扎线 | $\Phi3.2mm$ | m | 适量 | |

（五）作业分工

| 完成情况 | 序号 | 作业内容 | 分组负责人 | 作业人员 | 备注 |
|---|---|---|---|---|---|
| | 1 | 验电、装拆接地线人员各一名 | | | |
| | 2 | 更换针式绝缘子人员一名 | | | |
| | 3 | 监护人一名 | | | |

## （六）危险点分析及控制措施

| 完成情况 | 序号 | 危　险　点 | 控制措施 |
|---|---|---|---|
| | 1 | 登杆时由于电杆倾倒或没有抓稳踏牢，造成高空摔跌 | 作业人员登杆前应检查杆根、拉线及脚扣是否牢靠，登杆时不能失去安全带保护 |
| | 2 | 杆上作业未系安全带和安全绳、安全带未系在牢固构件上或系安全带后扣环没有扣好，造成高空坠落 | 在杆塔上作业时，必须使用双保险安全带，戴好安全帽。安全带要系在牢固构件上，防止安全带被锋利物伤害，系安全带后，要检查扣环是否扣好，杆塔上作业转位时，不得失去安全带保护 |
| | 3 | 未按规定进行验电、装设接地线造成电击伤人 | 验电要使用合格专用验电器。验电时应戴绝缘手套，保持与导线足够的安全距离，并有专人监护。验明确无电压后，立即在工作地段两端及分支线装设地线；装设接地线时应先接接地端，后接导体端，拆地线时的顺序相反；必须使用合格的绝缘棒，人体不得接触导线和接地线 |
| | 4 | 工作现场未设围栏或高空坠物伤人 | （1）工作现场装设围栏，挂安全标志牌，设专人监护，防止外人误入伤人<br>（2）杆塔上作业人员防止掉东西，使用的工具、材料等使用绳索传递，不得乱扔 |
| | 5 | 工器具使用不当会导致失灵 | 按规定要求正确使用工器具 |

## 四、作业程序

### （一）开工

| 完成情况 | 序号 | 内　　容 | 作业人员签字 |
|---|---|---|---|
| | 1 | 安排充足的工作人员，所需工器具、材料准备齐全 | |
| | 2 | 得到许可人许可 | |
| | 3 | 站队"三交"，详细交待工作任务、安全措施及注意事项、作业人员知晓后签字确认 | |
| | 4 | 实施自设安全措施，确保作业安全 | |
| | 5 | 工作负责人发布开工令 | |

### （二）作业内容及标准

| 完成情况 | 序号 | 作业内容 | 作业步骤及标准 | 安全措施注意事项 | 责任人签字 |
|---|---|---|---|---|---|
| | 1 | 验电挂地线 | （1）作业人员登杆时应核对线路名称、杆塔号、标志是否与停电线路相符<br>（2）作业人员分别携带验电器、接地线登上杆塔，系好安全带后，先进行验电，验电应逐相进行，验明一相无电后立即挂一相接地线，挂个人保安线，任务完成后报告工作负责人 | （1）登杆塔注意抓稳踏牢<br>（2）作业转位时不得失去安全带保护<br>（3）接地线的装设应牢固、可靠 | |

续表

| 完成情况 | 序号 | 作业内容 | 作业步骤及标准 | 安全措施注意事项 | 责任人签字 |
|---|---|---|---|---|---|
|  | 2 | 更换针式绝缘子 | （1）松绑扎线，将导线移出旧针式绝缘子，拆除旧针式绝缘子<br>（2）将旧针式绝缘子用绳索吊下，吊新针式绝缘子上杆<br>（3）安装新针式绝缘子，导线复位绑扎<br>（4）放下工器具，拆除个人保安线 | （1）安装过程中用绳索传递材料、工具时注意防止空中坠物伤人<br>（2）使用脚扣和安全带时要注意操作规范 |  |
|  | 3 | 拆除接地线 | （1）工作负责人检查线路设备上有无遗留的工具及材料，命令拆除接地线<br>（2）拆接地线的程序与挂接地线的程序相反<br>（3）作业人员拆除接地线下杆，工作结束 | （1）拆接地线时必须戴绝缘手套，并且先拆导线端后拆接地端<br>（2）拆除的接地线应用绳索传递下杆 |  |

（三）竣工

| 完成情况 | 序号 | 内　　容 | 负责人签字 |
|---|---|---|---|
|  | 1 | 清理工作现场 |  |
|  | 2 | 检查电杆横担上有无遗留工具和材料 |  |
|  | 3 | 检查接地线是否全部拆除，并核对数量 |  |
|  | 4 | 经检查无问题后，工作负责人向工作许可人汇报，履行工作终结手续 |  |
|  | 5 | 所有工作班成员站队，进行本次作业小结，并整理资料，存档 |  |

## 五、消缺记录

| 完成情况 | 序号 | 缺　陷　内　容 | 消缺人员签字 |
|---|---|---|---|
|  |  |  |  |
|  |  |  |  |

## 六、验收总结

| 序　号 | 验　修　总　结 |
|---|---|
| 1 | 验收评估 |
| 2 | 存在问题及处理意见 |

## 七、附录 [使用的工作票（停电线路区域图）]

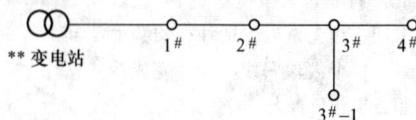

## 第五节　配电线路的施工技能训练

**一、实训目的**

（1）学会进行配电线路基础施工的方法。

（2）学会进行配电线路的装配、组立与导线的架设。

**二、工具、设备与材料**

底盘、卡盘和拉线盘各 1 个、长柄铁锹 1 把、人字抱杆、钢筋混凝土杆、横担、耐张绝缘子、地锚、放线滑车、紧线器、绞磨等配电线路施工与架设工器具。

**三、实训内容及步骤**

（一）配电线路基础施工的基本知识

1. 基础

杆塔埋入地下部分统称为基础。基础的作用是保证电杆稳定，不因电杆的垂直荷载、水平荷载、事故断线张力和外力作用而上拔、下沉或倾倒。

钢筋混凝土电杆基础一般采用三盘，即底盘、卡盘和拉线盘，通常用钢筋混凝土预制而成，在现场组装。底盘用于减少杆根底部地基承受的下压力，防止电杆下沉。卡盘用于增加土壤的抗倾覆力，防止电杆倾斜。拉线盘用于增加拉线的抗拔力，防止拉线上拔。特殊情况下，可采用现场浇制混凝土基础。

2. 基坑开挖

（1）直线杆基坑开挖。

直线杆基坑开挖一般采用圆形直挖式，在土质条件较硬、且垂直负载不大的情况下，水泥杆埋深已有足够的稳定性，不需放置圆底盘或卡盘。

挖坑方法一般采用 2.8～3.0m 长柄铁锹直接挖掘，坑深与坑口直径应根据水泥杆的长度及杆根直径来确定。例如 $\Phi190mm \times 15m$，坑深按电杆全长 1/6 考虑，如需要计算准确，则按计算公式 $h = H/10 + 0.7$ 来计算电杆埋深。电杆基础坑深度应符合设计要求。电杆基础坑深度的允许误差应为 +100mm，-50mm。坑口开挖 0.5m，人力开挖应遵守以下规定。

1）散土：挖出的土一般堆放在离坑边 0.5m 以外的四周，否则将会影响挖坑工作。

2）水坑：当挖至一定深度坑内出水时，应在坑的一角挖一小坑（或排水沟），然后用水桶将水排出。

3）砂坑：如遇流砂或其他松散易塌的土质，可适当增加坑口直径。对于比较难起的散土，可采用双锹来挖，并到要求深度后立即立杆，以防散土松塌影响坑深度。

开挖时，洞口的大小应根据水泥杆根部直径略放裕度。坑位可以在标桩上，以标桩为中心画一圆坑线，并在通过标桩的线路中心线前后的两点各加副桩。

（2）方形基础开挖。

方形基础开挖主要适用于转角杆、直线杆、耐张杆、终端杆，需要安装底盘、卡盘、拉线盘和套筒基础。开挖时，方坑口的大小应根据方底盘、卡盘、拉线盘的不同长度和宽度略放裕度。坑位应在标桩上，以标桩为中心画一个方坑线，并在通过标桩的线路中心线、分角线前后的两点（各 5m）各加副桩，不保留标桩。先用短锹沿方坑线开挖，对埋深度较深的套筒基础，需人员在基坑内挖土，安装的基础采用梯形开挖，坑底与坑口要有一定的坡度。坑土应尽可能抛离坑口 0.5m 以外，以减少坑口四周的压力。挖至规定要求深度时坑底须操平修正。

（3）水泥电杆底、卡、拉线盘的安装。

1）底、拉盘的吊装。如有条件时，底、拉盘的吊装可用吊车安装，这样既方便省力，又比较安全。在没有条件时，一般根据底、拉盘的质量采取不同的吊装方法。质量大于 300kg 及以上的底、拉盘一般采用 1000mm×6500mm 组合的人字抱杆吊装。300kg 以下质量的底、拉盘，一般采用人力的简易方法吊装。这种方法首先将底、拉盘移出坑口，两侧用吊绳固定或环套，坑口下方至坑底放置有一定斜度的钢钎或木棍，在指挥人员的统一指挥下，用人缓缓将底、拉盘下放，到坑底后将钢钎或木棍抽出，解出吊绳再用钢钎调整底、拉盘中心即可。

找正底盘的中心时，一般可将坑基两侧副桩上的圆钉用线绳连成一线或根据分坑记录数据找出中心点，再用垂球的尖端来确定中心点是否偏移。如有偏差，则可用钢钎拨动底盘，调整到中心点为止，最后用漂泊异泥土将底盘四周覆盖并填平夯实。

找正拉盘中心时，一般将拉盘拉棒与基坑中心花杆及拉线副桩对准一条垂线。如拉盘偏差需用钢钎撬正。移动后即在拉棒处按照规定的角度挖好马槽，将拉线棒旋转在马槽后即覆土。

2）卡盘的安装。安装卡盘的过程如下：直线杆采用上下两只卡盘"士"字形安装。下卡盘紧贴电杆本身根部将 U 字抱箍拧紧固定。上卡盘放置在离地面 0.35m 处两样紧贴电杆本身将 U 字抱箍拧紧。一般上、下卡盘的方向在电杆受力方向。如果大于 10°及以上的转角杆，一般采用"十"字形安装。卡盘安装于电杆分角线内侧，上、下两侧夹角的放置要求与直线杆相同。

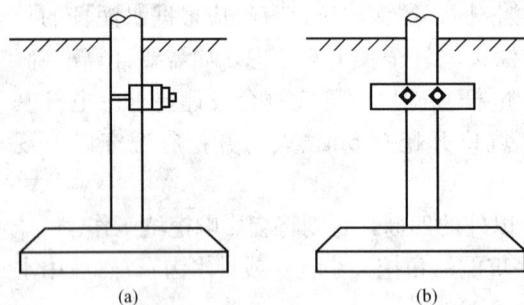

图 7-7　底盘和卡盘安装图
(a) 正视图；(b) 右视图

底盘和卡盘的装设示意图，如图 7-7 所示。

（4）基坑开挖的质量要求。

1）电杆基坑深度应符合设计规定。电杆基坑深度的允许偏差应为+100mm、-50mm。同基基坑在允许偏差范围内应与最深一坑持平。

2）双杆基坑底应符合下列要求：①根开的中心偏差不应超过±30mm。②两杆坑深度宜一致。

3）电杆基坑底采用底盘时，底盘有圆槽面应与电杆中心线垂直，找正后应填土夯实至底盘表面。底盘安装允许偏差应使电杆组立后满足电杆允许偏差规定。

4）电杆基础采用卡盘时，应符合下列规定：①安装前将其下土壤分层回填夯实。②安装位置、方向、深度应符合设计要求。深度允许偏差为±50mm。当设计无要求时，上平面距地面不应小于 500mm。③与电杆连接应紧密。

5）基坑回填土应符合下列规定：①土块应打碎。②35kV 架空电力线路基坑每回填 300mm 应夯实一次；10kV 及以下架空线路基坑每回填 500mm 应夯实一次。③松软土质的基坑，回填土时应增加夯实次数或采取加固措施。④回填土后的电杆基坑宜设置防沉土层。土层上部面积不宜小于坑口面积；培土高度应超出地面 300mm。

（二）配电线路的装配与组立基本知识

1. 电杆的装配

架空配电线路的电杆，普遍采用钢筋混凝土杆。

（1）电杆的装配方法。

钢筋混凝土电杆使用角铁横担时一般都用抱箍固定，如图 7-8 所示。横担安装后就可安装绝缘子。

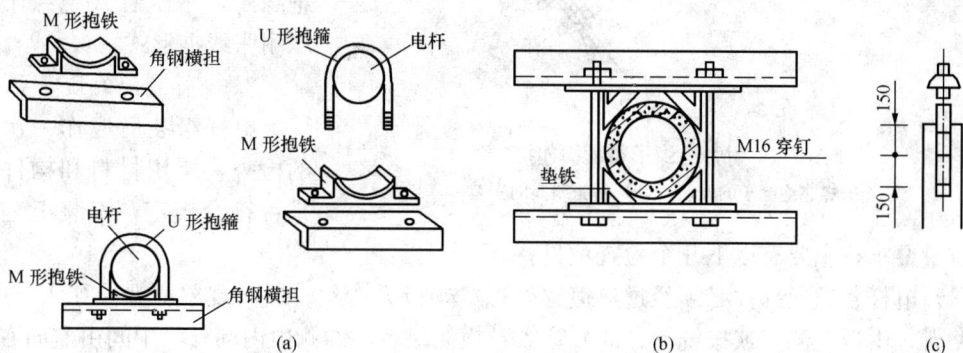

图 7-8 钢筋混凝土电杆横担安装
(a) 单横担安装；(b) 双横担安装；(c) 头铁安装

（2）横担的安装要求。

1）单横担在电杆上的安装位置一般在线路受电侧；承力杆单横担装在张力的反侧；直线杆、终端杆横担与线路方向一致。

2）横担安装应平直，上下歪斜或左右（前后）扭斜的最大偏差应不大于横担长度的 1%。

3）上层横担准线与水泥杆顶部的距离为 200mm。

4）水平排列，同杆架设的双回路或多回路，横担间的垂直距离不应小于表 7-32 所列。

表 7-32  同杆架设线路横担之间的最小垂直距离  m

| 导线排列方式 | 直线杆 | 分支或转角杆 | 导线操作方式 | 直线杆 | 分支或转角杆 |
|---|---|---|---|---|---|
| 高压线与高压线 | 0.80 | 0.45（距上横担）<br>0.60（距下横担） | 高压线与低压线 | 1.20 | 1.00 |
|  |  |  | 低压线与低压线 | 0.60 | 0.30 |

5）15°以下的转角杆，一般采用单横担，15°～45°的转角杆，一般采用十字横担。

（3）10kV 架空配电线路绝缘子与横担的连接。

1）直线杆宜采用针式绝缘子或瓷横担。

2）耐张杆宜采用一个悬式绝缘子和一个蝶式绝缘子或两个悬式绝缘子串及耐张线夹，如图 7-9 所示。

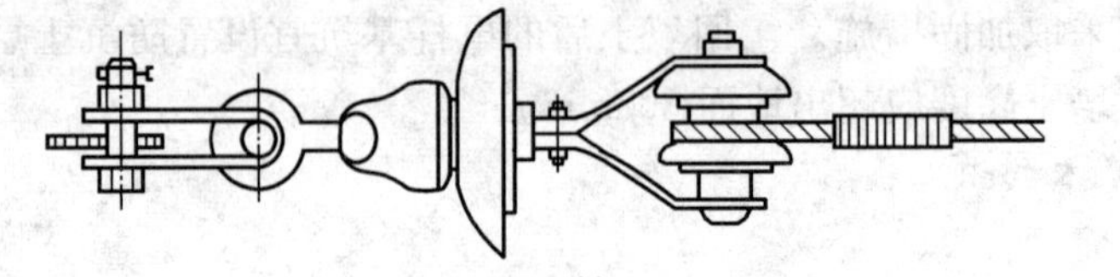

图 7-9　耐张绝缘子与横担连接
(a) 蝶式绝缘子的安装；(b) 耐张线夹的安装

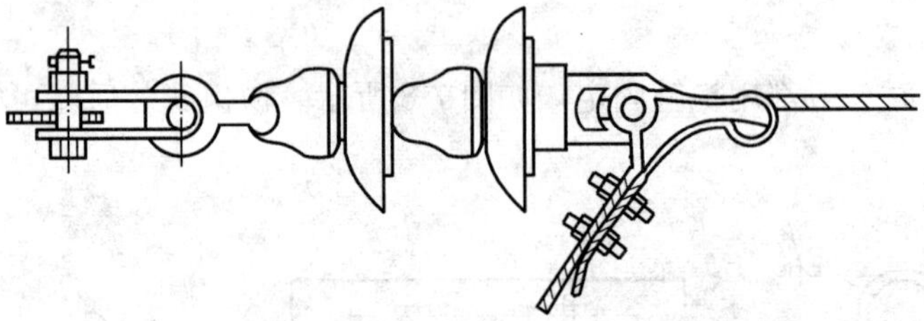

(4) 低压架空绝缘线路绝缘子与横担连接。

1) 直线杆应采用低压针式绝缘子、低压蝶式绝缘子或低压悬挂线夹。如图 7-10 所示为低压蝶式绝缘子与横担连接的两种形式。

2) 耐张杆宜采用低压蝶式绝缘子，一个悬式绝缘子或低压耐张线夹形式。

**2. 电杆装配的质量要求**

电杆组装后应作一次全面的检查，所用材料和构件规范是否符合规定，安装工艺是否符合质量要求，主要有以下几个检查项目。

(1) 电杆各螺丝部件必须经过热镀锌处理，丝口无滑丝、断丝现象。螺栓穿入方向为：顺线路者，由送电侧（或按统一方向）穿入；横线路者，两侧由内向外，中间由左向右（指面向受电侧）或按统一方向；垂直地面者，一律由下向上穿。采用螺栓连接构件时，螺栓应与构件面垂直，螺栓头平面与构件间不应有间隙，螺母拧紧后，螺杆露出螺母的长度，单螺母不应小于 2 个螺距；双螺母可与螺母相平。

(2) 横担应牢固地安装在电杆上，并与电杆保持垂直，且平正，上下歪斜或左右（前后）扭斜的最大偏差应不大于横担长度的 1%，如果是 2 层以上横担，各横担间应保持平行。

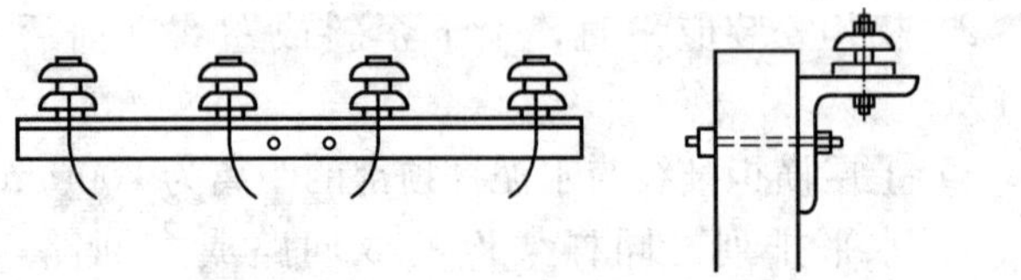

(3) 瓷横担绝缘子安装时，当直立安装时顶端顺线歪斜不应大于

图 7-10　低压蝶式绝缘子与横担安装

10mm；水平安装时，顶端宜向上翘起 5°～15°；顶端顺线路歪斜不应大于 20mm；当安装于转角杆时，顶端竖直安装的瓷横担支架应安装在转角的内角侧。

(4) 针式绝缘子安装在横担上应垂直牢固，并无松动现象，凡是在铁横担上安装针式绝缘子时，应有弹簧垫圈或用双螺帽紧固以防松脱。

**3. 电杆的埋设深度**

一般电杆的埋设深度采用表 7-33 所列值。

表 7-33　　　　　　　　　　电杆的埋设深度　　　　　　　　　　　　　m

| 杆高 | 8.0 | 9.0 | 10.0 | 11.0 | 12.0 | 13.0 | 15.0 | 18.0 |
|------|-----|-----|------|------|------|------|------|------|
| 埋深 | 1.5 | 1.6 | 1.7 | 1.8 | 1.9 | 2.0 | 2.3 | 2.7 |

（三）电杆的组立

在配电线路施工中，电杆组立的常用方法有：固定式人字抱杆，倒落式人字抱杆、叉杆立杆、独脚抱杆和汽车吊杆方法。固定式人字抱杆适用于起吊 18m 及以下的拔梢杆；倒落式人字抱杆多用于 15m 及以下强度较高的电杆；叉杆立杆只限于 10m 以下质量较轻的水泥杆；独脚抱杆起吊电杆的方法适用于地形较差、场地较小，而且不能设置倒落式人字抱杆所需要的牵引设备和制动设备的场合。

1. 电杆组立的常用方法

（1）固定式人字抱杆整体吊立。

1）抱杆高度选择：一般可取电杆重心高度加 2～3m，或根据吊点距离和上下长度、滑车组两滑轮碰头的距离适当增加裕度来考虑。

2）横风绳：距杆坑中心距离，可取电杆高度的 1.2～1.5 倍。

3）滑车组的选择：应根据水泥杆质量来确定。水泥杆质量在 1000kg 以下时，采用走一走一滑车组牵引；水泥杆质量在 1000～1500kg 时，采用走一走二滑车组牵引；水泥杆质量在 1500～2000kg 时，采用走二走二滑车组牵引。

4）18m 电杆单点起吊时，由于预应力杆有时吊点处承受弯矩较大，因此必须采取加绑措施来加强吊点处的抗弯强度。

5）如果土质较差时，抱杆脚需铺垫道木或垫木，以防止抱杆起吊后受力下沉。

6）抱杆的根开一般根据电杆质量与抱杆高度来确定，根据实践经验，一般在 2～3m 左右范围内。

7）起吊过程中，要求起立缓慢均匀牵引。电杆离地 0.5m 左右时，应停止起吊，全面检查横风绳受力情况以及地锚是否牢固。水泥杆竖立进坑时，应注意上下的横风绳受力情况，并要求缓慢松下牵引绳。

固定式人字抱杆起吊场地布置如图 7-11 所示。

（2）倒落式人字抱杆整体起吊。

1）抱杆的长度取电杆高度的 1/2，抱杆根开一般取抱杆长度的 1/4～1/3，具体可视现场实际决定，以不使抱杆在起吊过程中与电杆碰擦为原则。抱杆起动时，抱杆对地面的夹角一般在 60°～70°之间。

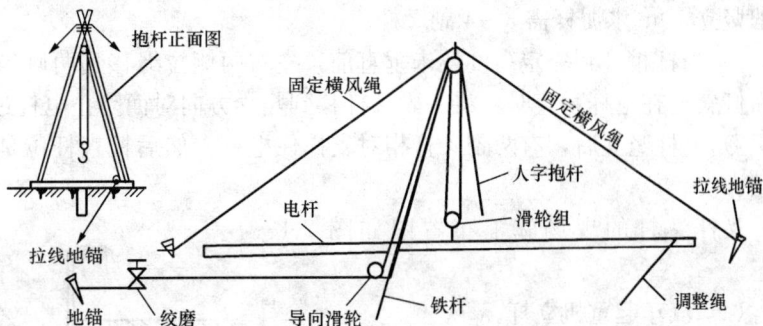

图 7-11　固定人字抱杆起吊电杆布置示意图

2）电杆起吊过程中，电杆离地 0.5～1m 左右应停止起吊，进行冲击试验，检查各部受力情况，各绳扣是否牢固，各锚桩有无起动，主杆有无弯曲、产生裂纹、偏斜，抱杆两侧受力是否均匀，抱杆脚有无滑动及下沉等，若确定无异常才能继续起吊。

3）电杆离地 30°～45°左右，应使电杆根部落盘，最迟也应在抱杆脱帽前使杆根部落盘。

当电杆离地 45°左右后，应注意抱杆脱帽。脱帽时电杆应停止起立，待抱杆落下并撤离后继续起立，此时要注意带好缆风绳。

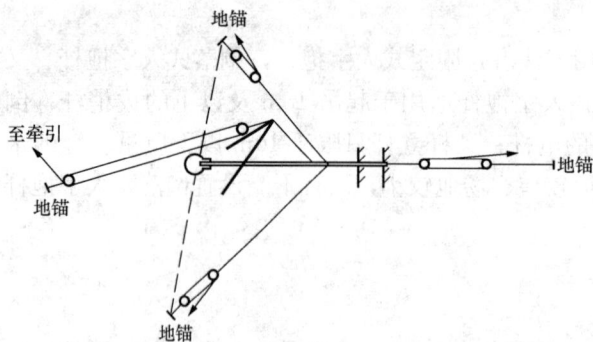

图 7-12　倒落式人字抱杆整体起吊现场施工布置图

倒落式人字抱杆整体起吊现场施工布置如图 7-12 所示。

（3）叉杆立杆。

1）电杆梢部两侧用活结各拴直径 25mm 左右、长度超过杆长 1.5 倍的棕绳或具有足够强度的线绳一根，作为拉绳和晃绳，防止电杆在起身过程中左右倾斜。在电杆起升高度不大时，两侧拉绳可移至叉杆对面保持一定角度用人力牵引电杆帮助起升。

2）马槽尽可能开挖至洞底部，使电杆起升过程中有一定的坡度保持稳定。

3）电杆根部移至基坑马槽内，顶住滑板。

4）电杆梢部开始用杠棒缓缓抬起，随即用顶板顶住，可逐渐向前交替移动使杆梢逐渐升高。

5）当电杆梢部升至一定高度时，加入一副叉杆，使叉杆、顶板、杠棒合一交替移动逐步使杆梢升高。到一定高度时，再加入另一副较长的叉杆与拉绳合一用力使电杆再度升高。一般竖立 10m 水泥杆需 3～4 副叉杆。

6）当杆梢升到一定高度还未垂直前，左右两侧拉绳移到两侧当作控制晃绳使电杆不向左右倾斜。在电杆垂直时，将一副叉杆移到竖立方向对面防止电杆过牵引倾倒。

7）电杆竖立后，有两副叉杆相对支撑住电杆，然后检查杆位是否在线路中心，再覆土分层夯实。

叉杆立杆的现场施工布置图如图 7-13 所示。

（4）汽车起重机立杆。

这种方法是城市主干道中理想的立杆方法，既安全，效率又高。其突出优点是机械化程度高，减轻了笨重的体力劳动，不但减少了施工人员，而且提高了施工进度，应尽量采用。

4）当电杆离地 70°左右时，应带住后缆风绳以防 180°倒杆，并放慢起吊速度。

5）当电杆离地 80°左右时，应立即停止牵引，利用牵引系统的自重，缓缓调整杆身，并收紧各侧临时缆风绳。

6）待电杆竖正并及时填土夯实后，方可登杆拆除起吊工器具与设备。

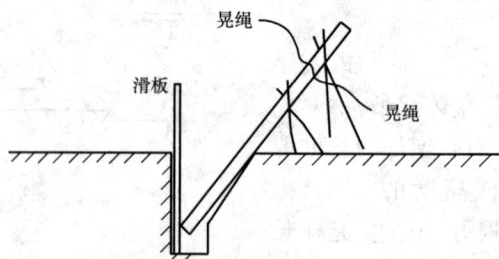

图 7-13　叉杆立杆的现场施工布置图

立杆时先将汽车起重机开到距坑口适当位置，放下吊车液压脚，撑起起重机，然后将吊钩吊在杆身重心偏上处。当杆梢吊离地面 0.5～1m 时，停止起吊，检查各部受力和安全情况，确认无问题后再继续起吊。起吊时由一人指挥，将电杆缓缓吊起，当根部吊离地面后，由二人将杆根拉至坑口上，指挥吊车缓缓下落，直至放到坑底。然后回填土进行埋杆，并将电杆调正。

2. 立杆的质量要求

(1) 电杆根据中心与线路中心线的横向位移：直线杆不得大于 50mm；转角杆应向内角侧预偏 100mm。

(2) 导线紧好后，直线杆顶端在各方向的最大偏移不得超过杆长的 1/200；转角杆应向外角中心线方向倾斜 100～200mm；终端杆不应向导线侧倾斜，应向拉线侧倾斜 100～200mm；分支杆应向拉线侧倾斜 100mm。

3. 立杆的安全注意事项

(1) 立杆要设专人统一指挥，开工前，讲明施工方法及信号，工作人员要明确分工，密切配合，服从指挥。在居民区和交通道路上立杆时，应设专人看守。

(2) 立杆要使用合格的起重设备，严禁过载使用。

(3) 立杆过程中，杆坑内严禁有人工作。除指挥人及指挥人员外，其他人员必须在远离杆下 1.2 倍杆高的距离以外。

(4) 固定式人字抱杆起吊电杆时抱杆的前后拉线和抱杆的中心位置，这三点应在一直线上，这样才会稳固，拉线应固定在地锚上。

(5) 电杆起立登膛后，应首先填土夯实完全牢固后才可登杆作业。

(6) 作业人员必须戴好安全帽。

4. 电杆组立质量要求

(1) 单电杆组立要求。

1) 直线杆的横向位移不应大于 50mm。

2) 直线杆的倾斜。35kV 架空线路不应大于杆长的 3‰；10kV 及以下架空线路杆梢的位移不应大于杆梢直径的 1/2。

3) 转角杆的横向位移不应大于 50mm。

4) 转角杆应向外预偏，紧线后不应向内角倾斜。向外角的倾斜，其杆梢位移不应大于杆梢直径。

5) 终端杆立好后，应向拉线侧预偏，其预偏值不应大于杆梢直径，紧线后不应向受力侧倾斜。

(2) 双电杆组立要求。

1) 直线杆结构中心与中心桩之间的横向位移，不应大于 50mm；转角杆结构中心与中心桩之间的横、顺向位移，不应大于 50mm。

2) 迈步不应大于 30mm；根开不应超过 ±30mm。

(四) 配电线路导线的架设

1. 放线前的准备工作

(1) 通道的清理。

线路通过的走廊应该留有通道，通道内的高大树木、房屋以及其他障碍物等，在架线施工之前均应进行处理，并且应严格按设计要求进行。

(2) 跨越架的搭设。

配电线路通常要跨越公路、铁路、其他线路等各种障碍物，为了不使导线受到损伤及不影响被跨越物的安全运行，在架线施工之前，对这些交叉跨越的障碍物，通常采用搭设跨越架的方法，使导线在跨越架上安全通过障碍物。

跨越架的结构有单侧跨越架和双侧跨越架两种，如图 7-14 和图 7-15 所示。

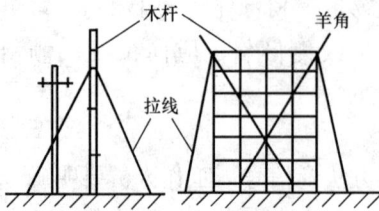

图 7-14　单侧跨越架

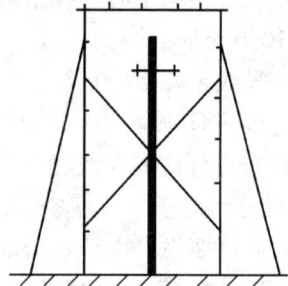

图 7-15　双侧跨越架

单侧跨越架是在被跨越物的一侧搭设跨越架，用于等级较低的通信线路、建筑物以及停电的低压电力线路，即使导线与被跨越物相碰也不致发生危险。双侧跨越架是在被跨越物的两侧搭设，用于跨越公路、铁路、重要通信线路和 10kV 及以上电力线路。双侧跨越架也有在两侧各搭成架结构的，以增强跨越架的稳定性，用于较宽的一级公路和铁路。

搭设一般跨越架适用于跨越铁路、公路、通信线路及 10kV 停电线路。材料可以采用毛竹、木杆、钢管等。跨越架立柱间的距离一般为 1.5m 左右，横杆上下距离一般为 1.0m 左右，以便于上下攀登为宜。跨越架的平面应绑设 X 形的斜杆，跨越架上部两端角应有伸出1.5～2m 的羊角杆，并应加设支柱、斜撑或打拉线以增强稳定。立柱及支撑杆应埋入地下不小于 0.5m，封顶一般采用斜向或交叉封顶。

跨越架的搭设应由下而上依次进行，不得上下同时进行，或先搭框架后搭中间，并应有专人送杆和接杆。登杆作业人员应绑扎腰带，并拴结可靠。拆除时应由上向下进行，不得无次序进行拆除工作或成片推倒，不得上下抛掷材料。

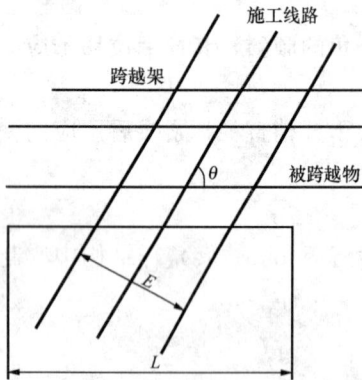

图 7-16　跨越架的宽度

如施工线路与被跨越物是垂直交叉时，跨越架的宽度应比施工线路的两边各宽出 1.5m，若被跨越物为带电线路，则应各宽出 2m，跨越架中心应在施工线路的中心线上，如图 7-16 所示。如施工线路与被跨越物不垂直交叉时，可按式（7-1）计算跨越架的宽度

$$L = \frac{E+3}{\sin\theta} \tag{7-1}$$

式中　$L$——跨越架的宽度，m；

$E$——施工线路两边线之间的距离，m；

$\theta$——施工线路与被跨越物之间的交叉角。

（3）绝缘子串组装。

线路使用的各种绝缘子及金具，在安装之前必须进行仔细检查，其规格应符合设计要求及产品质量标准。

绝缘子在安装前应先做外观检查，查看瓷质部分有无损坏或裂纹，有无其他缺陷等，如有，则严禁使用。

金具应做外观检查，检查有无变形、镀锌层有无脱落，有无弯曲裂纹等。

组装绝缘子串时，应检查绝缘子的碗头与弹簧销子之间的间隙，在安装好弹簧销子的情况下，球头不得从碗头中脱出。弹簧销子的开口端应穿出绝缘子帽的方孔外，以防掉出。固定穿钉的开口销子，每个都必须开口 $60°\sim90°$，开口不得有折断、裂纹等现象。禁止用线材代替开口销子。

组装绝缘子串时，禁止用锉刀或榔头锤击，以防破坏镀锌层。

耐张串上的弹簧销子、螺栓及穿钉一律由上向下穿入，个别情况可由内向外、由左向右穿入。

（4）放线滑车。

1）放线滑车的种类。放线滑车可分为单轮、三轮和五轮，其形状如图 7-17 所示。单轮放线滑车适用展放单根导线，三轮放线滑车适用展放双导线，其中间轮通过牵引绳。五轮放线滑车，适用展放四导线。

2）选配放线滑车时的要求：①放线滑车的滑轮数应与展导线的方法及导线根数相适应。②滑轮槽宽度应能顺利通过导线的接续管和保护接续

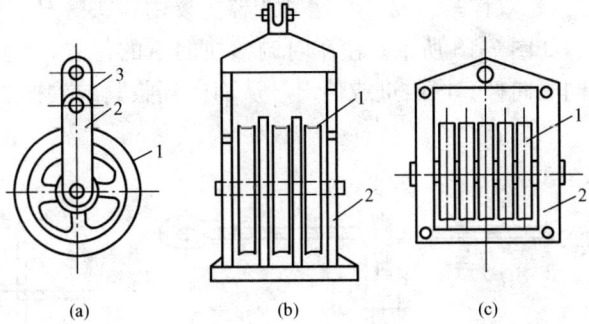

图 7-17　放线滑车
(a) 单轮；(b) 三轮；(c) 五轮
1—滑轮；2—支架；3—吊环

管的钢甲套，同时还能够通过牵引绳、导引绳的连接金具和牵引板。③放线滑车的轮槽直径应大于导线直径的 10 倍，以防导线附加弯矩过大，损伤导线。

3）挂放线滑车。在展放导线前，应将绝缘子串悬挂于横担挂线点上，直线杆针式绝缘子可在组装前安装，亦可在组立后杆上安装。

绝缘子串挂线夹的位置，应先挂放线滑车，随绝缘子串一起挂于横担上。放线滑车与绝缘子串的连接应可靠，在任何摆动的情况下，都不能脱落，并应在滑车内放好引线绳，以备牵引导线之用。

2. 放线的施工步骤

（1）布线（排线）。

展放导线之前应先布线，布线应根据每盘线的长度和质量，合理地分配在各耐张段，以求接头最少，不剩或少剩导线。

（2）导线的检查。

展放导线时应防止导线损伤的措施，并应进行外观检查，检查导线的型号、规格、出厂标记（如钢芯的断点标记及绝缘导线的长度标记），对于铝绞线、钢芯铝绞线表面不得有腐蚀的斑点，不得有松股、断股及硬伤的现象。架空绝缘电线表面不得有气泡、鼓肚、砂眼、露芯、绝缘断裂及绝缘霉变现象。

（3）放线。

放线的方法一般分为普通放线（人力放线和机械牵引放线）与专用张力放线机放线两种，对于配电线路，一般采用人力放线。

人力放线就是靠人力拽着导线沿线进行展放。放线时应注意：

1）放线架应支架牢靠，出线端应从线轴上方抽出，线轴处应有专人看管。

2）导线经过地区要消除障碍，拖拽导线时应不能损伤导线。

3）在每基电杆上应悬挂铝制放线滑车，把导线放入滑车轮槽内。

4）在每基电杆位置应设专人监护护线，随时注意导线的情况。

5）放线完毕，应及时适度收紧，注意安全。

3. 紧线施工

（1）紧线的工器具。

1）双钩紧线器。双钩紧线器主要由钩头螺杆、螺母杆套、棘轮扳手及换向爪等部件组成，如图 7-18 所示。使用时调整换向爪的位置，然后反复摇动把手，两端的钩头螺杆就可以同时向杆套内收进或伸出，从而达到收紧或放松的目的。

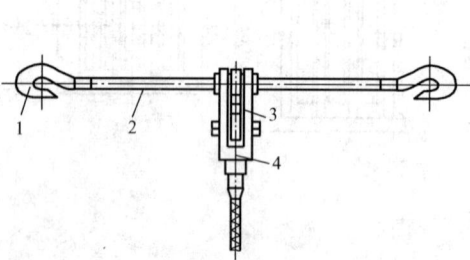

图 7-18　双钩紧线器构造图
1—钩头螺杆或叉头螺杆；2—螺母杆套；
3—棘轮扳手；4—换向爪

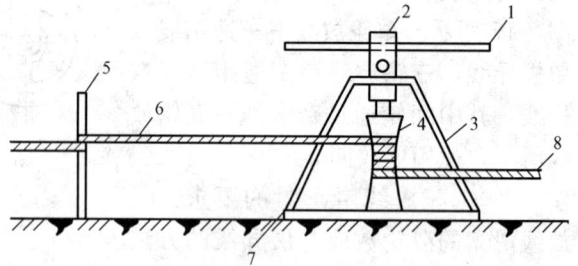

图 7-19　绞磨安置方法
1—磨杆；2—磨头；3—磨架；4—磨芯；
5—木桩；6—尾绳；7—地锚；8—磨绳受力侧

2）绞磨。绞磨分为人力绞磨和机动绞磨两种，人力绞磨是依靠人力驱动磨轴旋转，机动绞磨是依靠油泵驱动磨轴旋转。下面主要介绍人力绞磨的使用方法。绞磨的安置方法如图 7-19 所示。①绞磨应根据制造厂名牌规定的允许荷重使用，不准超载。对于自己设计制造的绞磨，其允许荷重必须经过试验确定。②使用前，应检查绞磨的棘轮停止器是否灵活、有效。发现磨芯、磨轴损坏及制动、逆止装置失灵时，应禁止使用。③在牵引受力暂停工作时绞磨应使用棘轮停止器给以制动，并用铁棍别住磨杆将尾绳缠在木桩或地锚上，操作人员应手扶磨杆，以防止绞磨倒转而丧失牵引力。④磨绳受力侧应在磨芯的下方绕入，由上退出。磨绳在磨芯上缠绕圈数不得小于 5 圈，拉绞磨尾绳不得少于两人，而且距绞磨不少于 2.5m，同时不得站在尾绳圈中间。⑤绞磨受力后磨架不应倾斜或悬空，牵引钢绳应水平进入磨芯，必要时可在绞磨前方稍远处设置转向滑车使牵引钢丝绳水平方向进入磨芯。绞磨受力后采用倒转绞磨的方法松磨绳。

（2）紧线准备。

1）派专人进入现场检查导线有无损伤，所有连接是否符合工艺要求，导线间有无交叉。

2）清除紧线区的各种障碍物。

3）检查两端耐张杆的补强拉线或永久拉线是否做好，并已调整。

4）检查牵引设备是否准备就绪。

5）检查导线是否都放入滑车轮槽内。

6）通信联系保持良好。

7）观测弧垂人员均应到位。

8）交叉跨越措施是否稳妥可靠。

（3）紧线操作。

紧线的方法有单线法、双线法、三线法，施工时应根据具体情况采用。

1）单线法。所谓单线法即是一线一紧的方法。这种施工方法的优点是所需设备少，所需牵引力小，要求紧线人数不多，施工时不容易发生混乱，比较容易施工。缺点是进度慢，紧线时间长。

2）双线法。双线法是同时紧两根架空导线，如图 7-20 所示。

3）三线法。三线法是一次同时紧三根导线，如图 7-21 所示。此法在实际工作中使用不多。

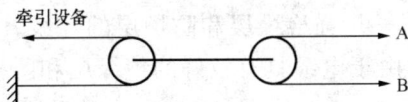

图 7-20 双线法紧线示意图　　　　图 7-21 三线法紧线示意图

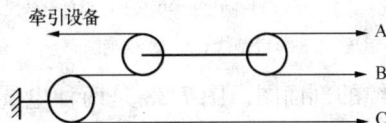

不管采用哪种紧线方法，都应做到：紧线前应首先收紧余线，用人力徐徐将导线拉紧，整个耐张段导线离地 2～3m 左右时，紧线端导线与紧线器连接，用牵引设备牵引钢丝绳来紧线，或靠人力将导线拉紧至导线接近弧垂要求时，杆上工作人员再用紧线器紧线。

紧线时，一边收紧导线，一边观测弧垂，待导线弧垂将要接近设计规定要求时，牵引设备的操作人员缓慢牵引收紧导线，以便观测弧垂。

观测弧垂时，应待导线处于稳定后再进行，观测时应尽量按规定值使各相导线之间弧垂基本一致，减少误差。

采用单线紧线时，一般先紧中相，后紧两边相，中相略紧，这样在两边相紧线后可使导线水平弧垂容易一致。两边相紧线时，第一相不能过紧，以免将横担拉斜，待第二相紧好后再逐相调整。

采用双线法紧线时，两边相导线同时收紧后再紧中相，待三相全部紧起后，再逐相调整。

无论采用哪种紧线法，都必须考虑耐张线夹、蝶形线夹及跨接搭头时的余线。

（4）注意事项。

1）对于耐张段和孤立段，紧线时导线拉力较大，因此应严密监视各杆是否有倾斜变形现象。

2）导线和紧线器连接时，应防止导线损伤或滑动。

3）应考虑导线的初伸长。

4）禁止用电杆或树木做紧线地锚。

5）在紧线作业时，导线垂直下方不允许站人，并不允许行人通过。

# 第六节　电力电缆线路敷设技能训练

## 一、实训目的

学会进行电缆线路的敷设。

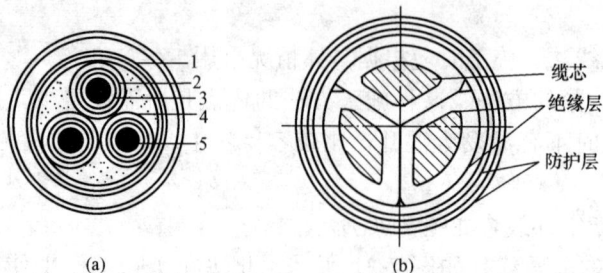

图 7-22　电缆剖面图

(a) 圆形线芯；(b) 扇形线芯

1—铝皮；2—缠带绝缘；3—芯线绝缘；4—填充物；5—导体

## 二、工具、设备与材料

根据实际施工与训练内容及步骤的要求，列出电缆线路的敷设工具、设备与材料。

## 三、实训内容及步骤

### (一) 电缆线路的基本知识

#### 1. 电缆

(1) 电缆的结构与外形。

电缆是在绝缘导线的外面加上增强绝缘层和防护层的导线。图 7-22 为电缆的剖面图。图 7-23 是两种电缆的结构图。由于电缆具有较好的绝缘层和防护层，敷设时不需要再另外采用其他绝缘措施。

(2) 电缆的类型。

按绝缘材料的不同，常用电力电缆有以下几类：

1) 油浸纸绝缘电缆。

2) 聚氯乙烯绝缘、聚氯乙烯护套电缆，即全塑电缆。

3) 交联聚乙烯绝缘、聚氯乙烯护套电缆。

4) 橡皮绝缘、聚氯乙烯护套电缆，即橡皮电缆。

5) 橡皮绝缘、橡皮护套电缆，即橡套软电缆。

常用电缆型号中字母的排列次序和字符含义见表 7-34、表 7-35。

电缆型号写在前面，后面的数字是外护层的含义，只有铠装电缆才有。旧型号中的外护层代号 29、30，分别为新型号 23 和 33。如：ZLQ20 型电缆表示铝芯、纸绝缘、铅包、裸钢带铠装电缆。VLV22 型电缆表示铝芯、聚氯乙烯绝缘、聚氯乙烯护套、钢带铠装塑料电缆。

低压电缆的截面可以按表 7-36 选择。

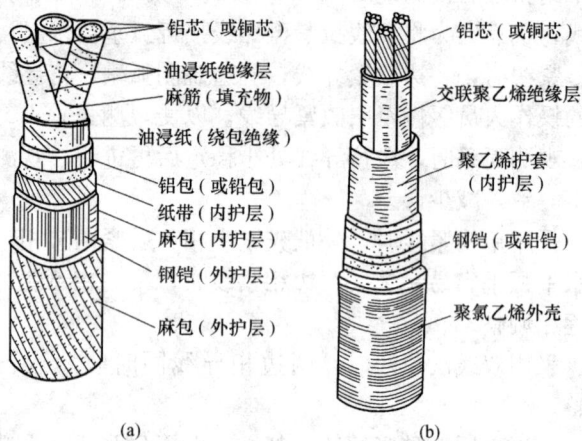

图 7-23　电力电缆的结构

(a) 油浸纸绝缘电力电缆；(b) 交联聚乙烯塑料绝缘电力电缆

| 表 7-34 | 电缆型号含义 | |
|---|---|---|
| 类　别 | 绝缘种类 | 线芯材料 |
| 电力电缆（不表示）<br>K——控制电缆<br>P——信号电缆<br>Y——移动式软电缆<br>H——市内电话电缆 | Z——纸绝缘<br>X——橡皮绝缘<br>V——聚氯乙烯<br>Y——聚乙烯<br>YJ——交联聚乙烯 | T——铜（一般不表示）<br>L——铝 |

续表

| 类　　别 | | 绝缘种类 | 线芯材料 |
|---|---|---|---|
| 外护层 | | 内护层 | 其他特征 |
| Q——铅包<br>L——铝包<br>H——橡套<br>V——聚氯乙烯套<br>Y——聚乙烯套 | | D——不滴液<br>F——分相护套<br><br>P——屏蔽<br>C——重型 | 2个数字（见表7-32） |

表 7-35　　　　　　　　　　　　　　外护层代号含义

| 第一个数字 | | 第二个数字 | |
|---|---|---|---|
| 0 | 无 | 0 | 无 |
| 1 | — | 1 | 纤维绕包 |
| 2 | 双钢带 | 2 | 聚氯乙烯护套 |
| 3 | 细圆钢丝 | 3 | 聚乙烯护套 |
| 4 | 粗圆钢丝 | 4 | |

表 7-36　　　　　　　　　　电力电缆及裸电线安全载流量表

| 截 面<br>(mm²) | 1～3kV 聚氯乙烯绝缘聚氯乙烯护套<br>电力电缆长期连续允许载流量（A） | | | | | | | | 1～3kV 聚氯乙烯绝缘聚氯乙烯护套铠装铝芯<br>电力电缆长期连续允许载流量（A） | | | | | | | | 裸铝导线 | | 裸钢导线 | |
|---|---|---|---|---|---|---|---|---|---|---|---|---|---|---|---|---|---|---|---|---|
| | 空气中敷设 | | | | | | | | 直埋地中敷设 | | | | | | | | | | | |
| | 铝　芯 | | | | 铜　芯 | | | | 土壤热阻系数<br>$\rho_1$＝80℃·cm/W | | | | 土壤热阻系数<br>$\rho_1$＝120℃·cm/W | | | | 户内 | 户外 | 户内 | 户外 |
| | 一芯 | 二芯 | 三芯 | 四芯 | 一芯 | 二芯 | 三芯 | 四芯 | 一芯 | 二芯 | 三芯 | 四芯 | 一芯 | 二芯 | 三芯 | 四芯 | | | | |
| 4 | 31 | 26 | 22 | 22 | 41 | 35 | 29 | 29 | — | 25 | 30 | 29 | — | 32 | 27 | 26 | — | — | 25 | 50 |
| 6 | 41 | 34 | 29 | 29 | 54 | 44 | 38 | 38 | — | 43 | 38 | 37 | — | 40 | 34 | 34 | — | — | 35 | 70 |
| 10 | 55 | 46 | 40 | 40 | 72 | 60 | 52 | 52 | 75 | 56 | 51 | 50 | 69 | 52 | 46 | 56 | 55 | 75 | 60 | 95 |
| 16 | 74 | 61 | 53 | 53 | 97 | 79 | 69 | 69 | 99 | 76 | 67 | 65 | 90 | 70 | 60 | 59 | 80 | 105 | 100 | 130 |
| 25 | 102 | 83 | 72 | 72 | 132 | 100 | 95 | 93 | 134 | 100 | 88 | 85 | 119 | 91 | 79 | 77 | 110 | 135 | 140 | 180 |
| 35 | 124 | 95 | 87 | 87 | 162 | 124 | 113 | 113 | 160 | 123 | 407 | 140 | 145 | 108 | 96 | 97 | 135 | 170 | 175 | 220 |
| 50 | 157 | 120 | 108 | 108 | 304 | 155 | 140 | 140 | 197 | 147 | 193 | 135 | 177 | 132 | 116 | 118 | 170 | 215 | 220 | 270 |
| 70 | 195 | 151 | 135 | 135 | 253 | 196 | 175 | 175 | 243 | 140 | 152 | 162 | 206 | 160 | 142 | 145 | 215 | 285 | 280 | 340 |
| 95 | 230 | 182 | 165 | 166 | 300 | 248 | 214 | 214 | 587 | 214 | 150 | 196 | 256 | 191 | 155 | 171 | 260 | 325 | 340 | 415 |
| 120 | 276 | 211 | 191 | 191 | 356 | 273 | 267 | 367 | 331 | 241 | 218 | 223 | 294 | 219 | 190 | 194 | 310 | 375 | 405 | 485 |
| 150 | 316 | 242 | 225 | 225 | 410 | 315 | 290 | 293 | 376 | 277 | 348 | 252 | 334 | 246 | 216 | 218 | 370 | 410 | 480 | 570 |
| 185 | 358 | — | 257 | 257 | 265 | — | 332 | 332 | 422 | — | 279 | 284 | 374 | — | 242 | 246 | 425 | 510 | 560 | 645 |
| 240 | 425 | — | 305 | 306 | 552 | — | 396 | 396 | 492 | — | 334 | — | 436 | — | 295 | — | — | 610 | 650 | 770 |
| 300 | 490 | — | — | — | 636 | — | — | — | 551 | — | — | — | 488 | — | — | — | — | 650 | | |
| 400 | 589 | — | — | — | 757 | — | — | — | 656 | — | — | — | 580 | — | — | — | | | | |
| 500 | 680 | — | — | — | 886 | — | — | — | 145 | — | — | — | 658 | — | — | — | | | | |
| 625 | 787 | — | — | — | 1025 | — | — | — | 840 | — | — | — | 748 | — | — | — | | | | |
| 800 | 934 | — | — | — | 1338 | — | — | — | 990 | — | — | — | 868 | — | — | — | | | | |

**2. 电缆线路电气工程图**

电缆线路电气工程图是描述电缆敷设、安装、连接的具体布置及工艺要求的简图，一般用平面布置图表示。在平面布置图上常用的图形符号见表7-37。

表 7-37　　　　　　　　　　　　　　　　　电缆线路常用图形符号

| 图形符号 | 说　　明 | 图形符号 | 说　　明 |
|---|---|---|---|
| ○ | 管道线路，管孔数量，截面尺寸或其他特性（如管道的排列形式）可标注在管道线路的上方 | ▭▭ | 手孔的一般符号 |
| ○6 | 示例：6 孔管道的线路 | (a) | 电力电缆与其他设施交叉点 u—交叉点编号 （a）电缆无保护 （b）电缆有保护 |
| ------ | 电缆铺砖保护 | (b) | |
| ▭ | 电缆穿管保护，可加注文字符号表示其规格数量 | | |
| ⌒ | 电缆预留 | ▽ ▷ | 电缆密封终端头（示出带一根三芯电缆） |
| ◇ | 电缆中间接线盒 | | |
| ◆ | 电缆分支接线盒 | | 电缆桥架 |
| ▭ | 入孔一般符号，需要时可按实际形状绘制 | ＊ | ＊ 为注明回路号及电缆截面芯数 |

　　电缆工程的竣工平面图如图 7-24 所示。图中标出了电缆线路的走向、敷设方法、各段线路的长度及局部处理方法。图中电缆采用直接埋地敷设，在穿过道路的位置穿混凝土排管

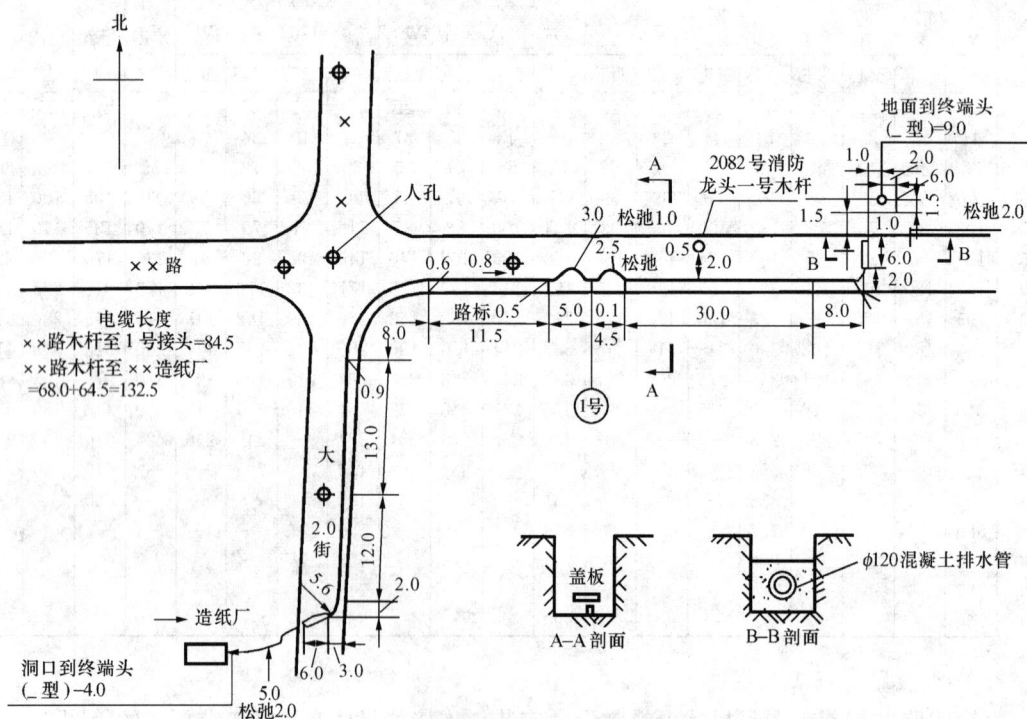

图 7-24　电缆线路竣工平面图

保护。在中途 1 号位置电缆有一个中间接头，在中间接头两侧和线路的起止点，采用把直线改圆弧的方法做了预留长度，且在图中标出了松弛量。

（二）电缆线路的敷设方法

电缆线路常用的敷设方法有直接埋地敷设、电缆沟敷设、电缆隧道敷设、排管敷设和室内外明敷设。

1. 电缆的直接埋地敷设

电缆的直接埋地敷设是把电缆直接埋入地下，这是在电缆根数较少、土壤中不含有腐蚀电缆的物质时采用的敷设方法，直接埋法投资较少而且速度较快。直接埋地敷设要使用铠装电缆，埋地深度一般大于 0.7m，农田中大于 1m，如图中没有标明，一般取 0.8m。

电缆埋地敷设是在地上挖一条深度 0.9m 左右的沟，沟宽 0.6m，如果电缆根数较多，沟宽要加宽，电缆间距不小于 100mm。沟底平整后，铺上 100mm 厚筛过的松土或细砂土，作为电缆的垫层。电缆应松弛地敷在沟底，以便伸缩。在电缆上再铺上 100mm 厚的软土或细砂土。上面盖混凝土盖板或黏土砖，覆盖宽度应超过电缆直径两侧 50mm。最后在电缆沟内填土，覆土要高出地面(150～200mm)，并在电缆线路的两端、转弯处和中间接头处竖立一根露出地面的混凝土标示桩，以便检修，如图 7-25 所示。

由于电缆的整体性好，不易做接头，每次维修需要截取很长一段电缆。在施工时，要预留出将来维修用的长度，一般电缆终端头预留 1.5m，中间头预留两端各 2m。直埋敷设时，预留电缆采用把直线改成弧线的方法，将来需要用时，把弧线改成直线，直埋电缆的预留方式，如图 7-26 所示。

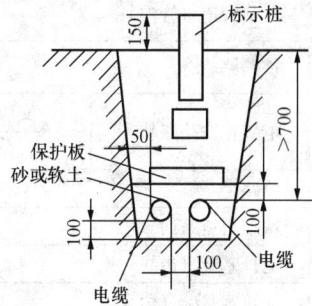

图 7-25　电缆直接埋地敷设

埋设电缆时，电缆间、电缆与其他管道、道路、建筑物等之间平行和交叉时的最小距离，应符合表 7-38 的规定。电缆穿过铁路、公路、城市街道、厂区道路和排水沟时，应穿钢管保护，保护管两端宜伸出路基两边各 2m，伸出排水沟 1m。

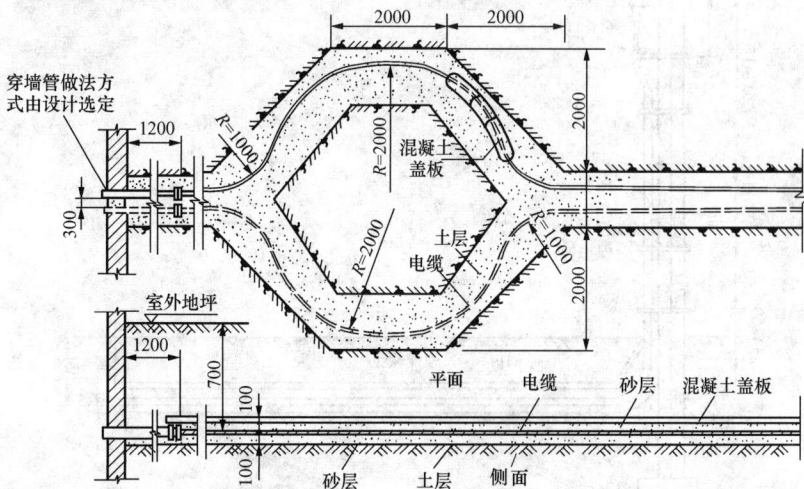

图 7-26　直埋电缆预留做法

表 7-38　　电缆之间、电缆与管道、道路、建筑物之间平行和交叉时的最小允许净距

| 序号 | 项　　目 | | 最小允许净距（m） | | 备　　注 |
|---|---|---|---|---|---|
| | | | 平行 | 交叉 | |
| 1 | 电力电缆间及其与控制电缆间<br>（1）10kV 及以下<br>（2）10kV 以上 | | 0.10<br>0.25 | 0.50<br>0.50 | ①控制电缆间平行敷高的间距不作规定；序号第"1"，"3"项，当电缆穿管或用隔板隔开时，平行净距可降低为 0.1m |
| 2 | 控制电缆间 | | — | 0.50 | ②在交叉点前后 1m 范围内，如电缆穿入管中或用隔板隔开，交叉净距可降低为 0.25m |
| 3 | 不同使用部门的电缆间 | | 0.50 | 0.50 | |
| 4 | 热管道（管沟）及热力设备 | | 2.00 | 0.50 | ①虽净距能满足要求，但检修管路可能伤及电缆时，在交叉点前后 1m 范围内，应采取保护措施 |
| 5 | 油管道（管沟） | | 1.00 | 0.50 | |
| 6 | 可燃气体及易燃液体管道（管沟） | | 1.00 | 0.50 | ②当交叉净距不能满足要求时，应将电缆穿入管中，则其净距可减为 0.25m |
| 7 | 其他管道（管沟） | | 0.50 | 0.50 | ③对序号第 4 项，应采取隔热措施，使电缆周围土壤的温升不超过 10℃ |
| 8 | 铁路路轨 | | 3.00 | 1.00 | |
| 9 | 电气化铁路路轨 | 交流 | 3.00 | 1.00 | 如不满足要求，应采取适当防蚀措施 |
| | | 直流 | 10.00 | 1.00 | |
| 10 | 公路 | | 1.50 | 1.00 | 特殊情况，平行净距可酌减 |
| 11 | 城市街道路面 | | 1.00 | 0.70 | |
| 12 | 电杆基础（边线） | | 1.00 | | |
| 13 | 建筑物基础（边线） | | 0.60 | | |
| 14 | 排水沟 | | 1.00 | 0.50 | |

**注**　当电缆穿管或者其他管道有防护设施（如管道的保温层等）时，表中净距应从管壁或防护设施的外壁算起。

　　架空线有时不能直接引到建筑物，这时要使用一段电缆直接埋地引入建筑物，直埋电缆引至电杆的做法，如图 7-27 所示。

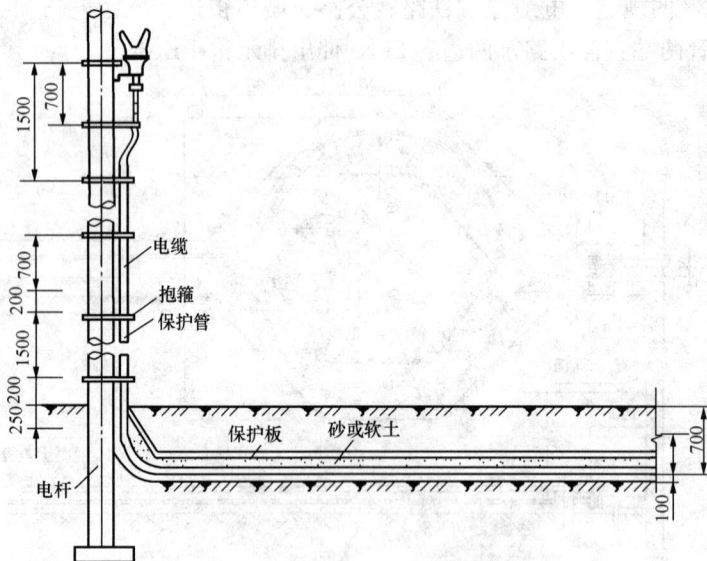

图 7-27　直埋电缆引至电杆的做法

直埋电缆进入建筑物和穿过建筑物墙、楼板时，都要加钢管保护，如图 7-28 所示。直埋电缆进入建筑物时，由于室内外湿度差较大，电缆应采取防水防潮的封闭措施，其做法如图 7-29、图7-30 所示，必要时再以沥青或防水水泥密封。

2. 电缆在排管内的敷设

直埋电缆敷设适用于允许经常开挖地面的场合，如果地面不允许经常开挖，为了避免在检修电缆时开挖地面，可以把电缆敷设在地下排管中。用来敷设电缆的排管是用预制好的混凝土管块拼接起来的，也可以用多根灰硬塑料管排成一定形

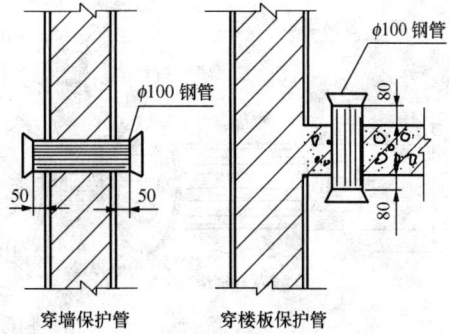

图 7-28　电缆穿墙保护管和穿楼板保护管

式。图 7-31 是电缆排管敷设方法。排管顶部距地面，在人行道下为 0.5m，一般地区为 0.7m。施工时，先按设计要求挖沟，并在沟底以素土夯实，再铺 1∶3 水泥砂浆垫层，将清理干净的管块下到沟底，排列整齐，管孔对正，接口缠上胶条；再用 1∶3 水泥砂浆封实。整个排管对电缆入孔井方向有不小于 1‰ 的坡度，以防管内积水。

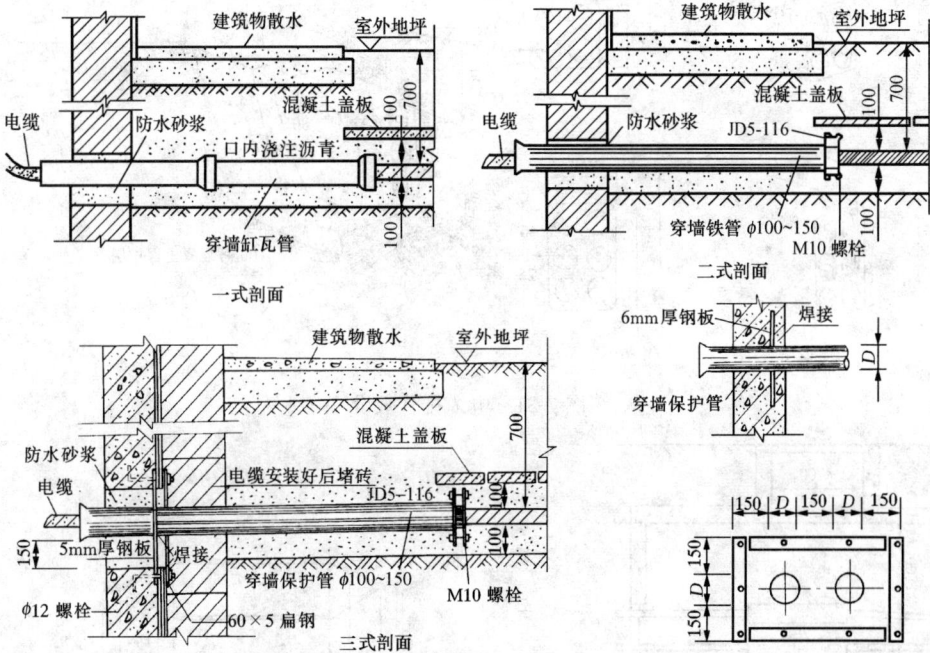

图 7-29　直埋电缆引入建筑物内的做法

为了便于检修和接线，在排管分支、转变处和直线段每 50～100m 处要挖一电缆井入孔，以便工人进入井内检修电缆之用，井的断面如图 7-32 所示。

电缆敷设在井内支架上便于施工与检修，图中右下角为积水坑。

为了保证管内清洁无毛刺，拉入电缆前，先用排管扫除器通入管孔内来回拉，以清除管内毛刺和污物，避免损伤电缆外皮，如图 7-33 所示。

在排管中敷设电缆时，把电缆盘放在井口，然后用预先穿入排管眼中的网丝绳把电缆拉

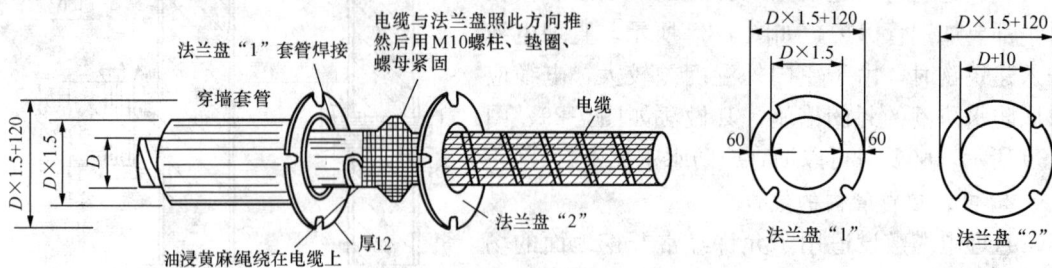

法兰盘"1"套管焊接
穿墙套管
电缆与法兰盘照此方向推，
然后用M10螺柱、垫圈、
螺母紧固
电缆
油浸黄麻绳绕在电缆上
厚12
法兰盘"2"
法兰盘"1"
法兰盘"2"

图 7-30　封闭式电缆穿墙保护管的做法

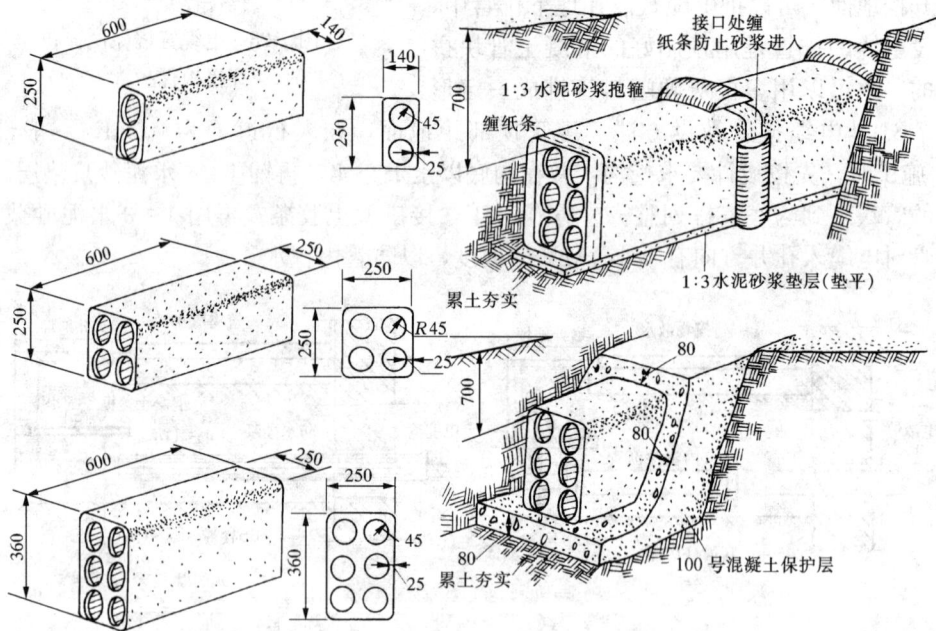

接口处缠
纸条防止砂浆进入
1:3 水泥砂浆抱箍
缠纸条
1:3 水泥砂浆垫层(垫平)
累土夯实
累土夯实
100号混凝土保护层

图 7-31　电缆排管敷设

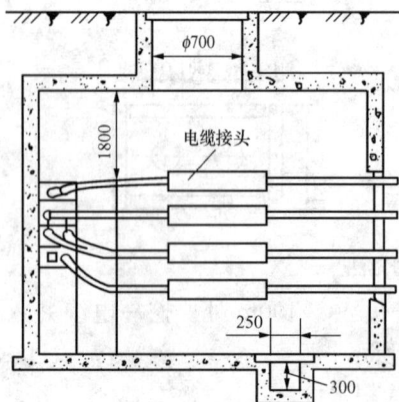

电缆接头

图 7-32　电缆排管入孔井断面

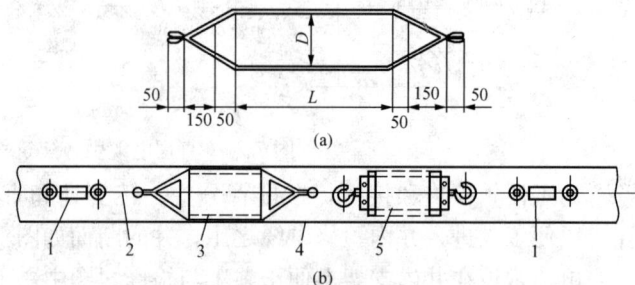

(a)
(b)

图 7-33　排管扫除器
(a) 管路疏通试验棒；(b) 试验棒疏通管路示意图
1—防捻器；2—钢丝绳；3—试验棒；4—管路；5—圆形钢丝刷

入孔内，电力电缆每孔内一根。在排管口处套上光滑的喇叭口，坑口装设滑轮。图 7-34 是在两入孔井间敷设电缆的示意图。

3. 电缆在电缆沟或电缆隧道内敷设

厂区内当平行敷设电缆根数很多时，可采用在电缆沟或电缆隧道内敷设的方式。电缆隧道可以说是尺寸较大的电缆沟，用砖砌或用混凝土浇灌而成。在电缆隧道中敷设，电缆均放在支架上，支架可以为单侧也可为双侧，每层支架上可以放若干根电缆。在沟内或隧道内敷设电缆的方法，如图 7-35 所示。

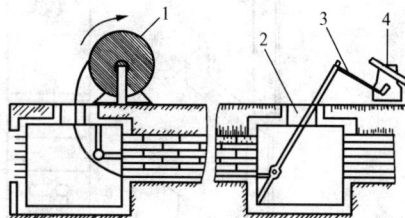

图 7-34　在两入孔井间敷设电缆
1—电缆盘；2—井坑；3—绳索；4—绞磨

电缆沟（隧道）内的支架间隔 1m，上下层间隔 150mm，最下层距地 100mm，电缆沟（隧道）内要有排水沟，保护坡为 1‰的坡度。每隔 50m 应设一个 0.4m×0.4m×0.4m 的积水坑。电缆沟和电缆隧道上也要设计入孔井，便于电缆接头施工及维修。有些小电缆沟就在地面下，沟底距离地面 500mm，电缆直接摆放在沟底，维修时可以不下到井内进行操作，只要把手伸入井中，这种电缆井叫手孔井。

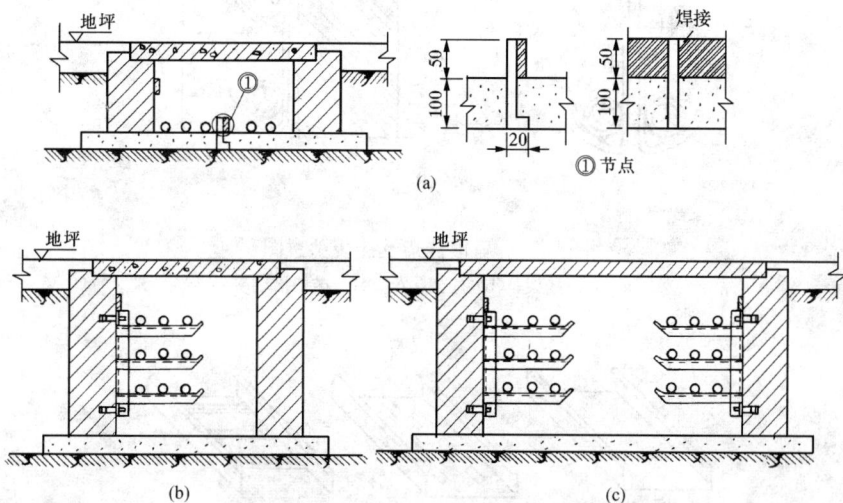

图 7-35　电缆沟（隧道）内电缆的敷设
（a）无支架；（b）单侧支架；（c）双侧支架

4. 电缆明敷设

电缆明敷设是直接敷设在建筑构架上，可以像在电缆沟中一样使用支架，也可以使用钢索悬挂或用挂钩悬挂，如图 7-36 所示。目前有一种专门的电缆桥架，用于电缆明敷设。它是在专用支架上先放电缆槽，放入电缆后可以在上面加盖板，既美观又清洁。电缆桥架分为槽式、盘式和梯级式，如图 7-37 所示。

电缆桥架的安装方式，如图 7-38 所示。

安装桥架的支架如图 7-39 所示。

各类电缆桥架的空间架如图 7-40～图 7-42 所示。

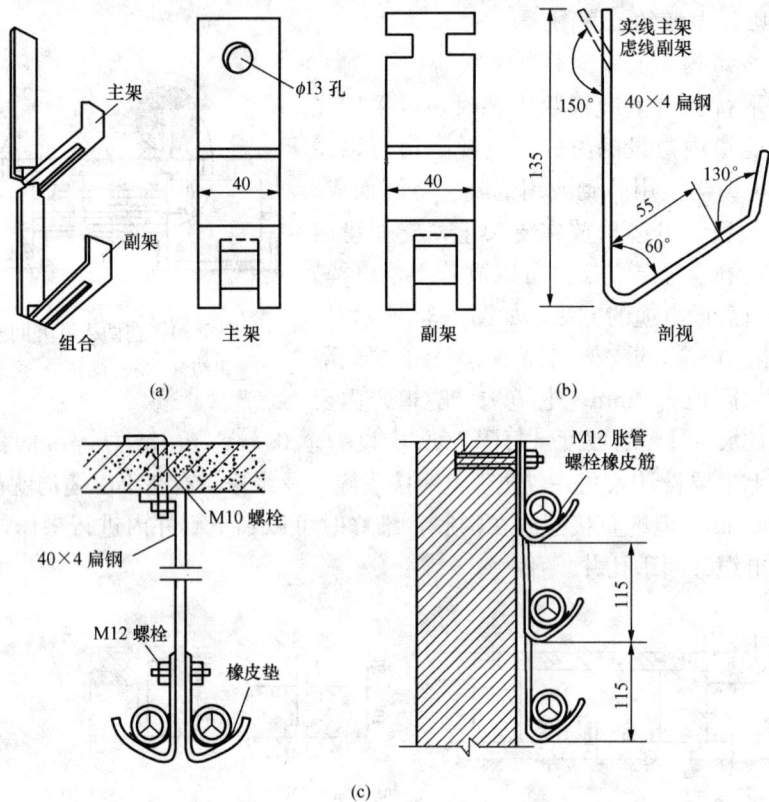

图 7-36 扁钢挂架及挂装示意图

（a）扁钢挂架；（b）挂架吊架；（c）挂架沿墙安装

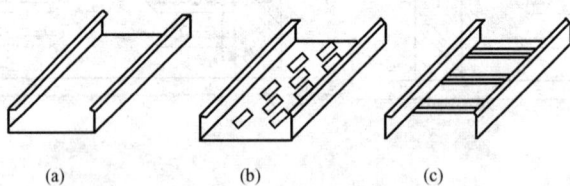

图 7-37 电缆桥架

（a）槽式；（b）盘式；（c）梯级式

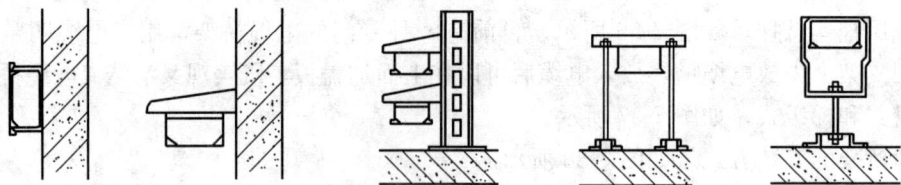

图 7-38 电缆桥架安装方式示意图

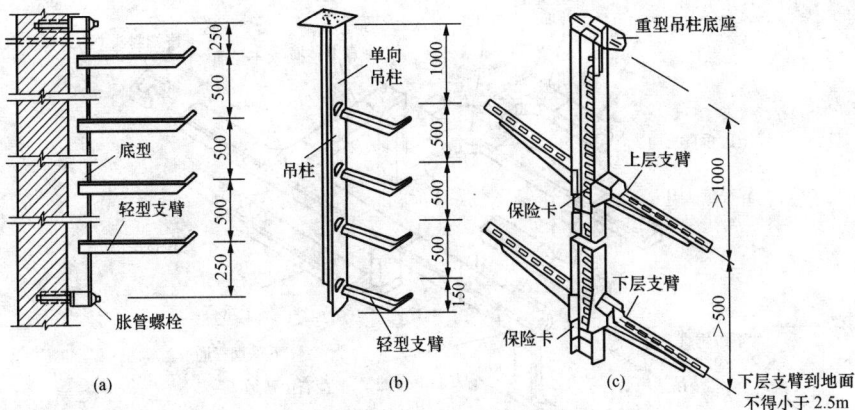

图 7-39　支架组装图

(a) QI 型支架；(b) 轻型吊架；(c) 重型吊架

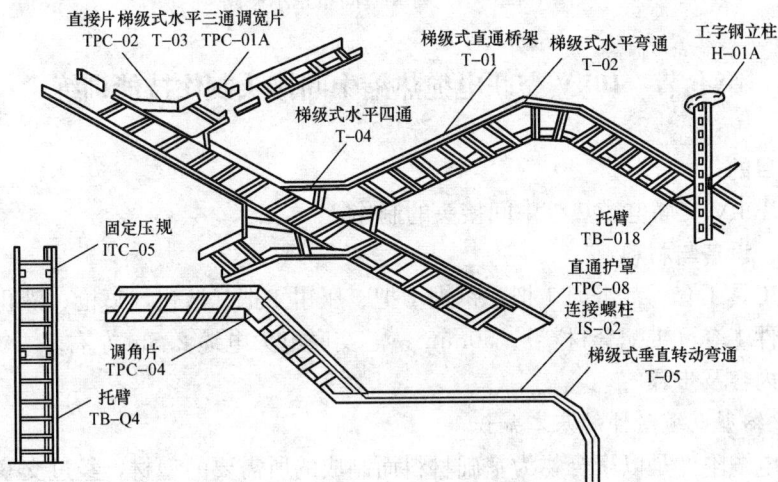

图 7-40　梯级式桥架空间布置示意图

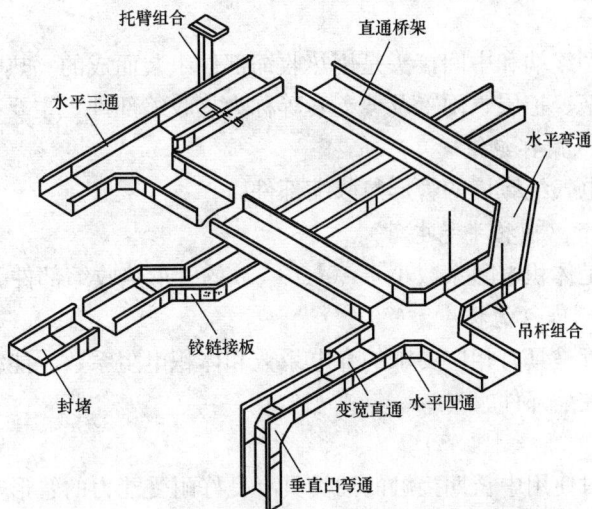

图 7-41　托盘式桥架空间布置示意图

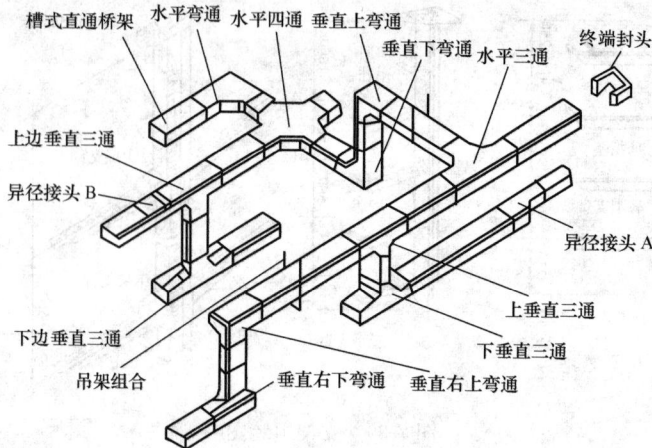

图 7-42　槽式桥架空间布置示意图

# 第七节　10kV 交联电缆热缩中间接头制作技能训练

## 一、实训目的

学会进行 10kV 交联电缆热缩中间接头的制作。

## 二、工具、设备与材料

常用电工工具 1 套、裁纸刀 1 把、钢锯 1 把、压钳 1 把、液化气喷枪、液化气、热缩中间接头电缆附件 1 套（带配套材料）、50mm² 三芯交联电力电缆 2.5m 左右。

## 三、实训内容及步骤

（一）热收缩型电缆附件的基本知识

热收缩型电缆附件是以聚合物为基础材料而制成的所需要的型材，经过交联工艺，使聚合物的线性分子变成网状结构的体型分子，经加热扩张至规定尺寸，再加热能自行收缩到预定尺寸的电缆附件。

绝缘电缆热收缩型终端和中间接头是用热收缩部件组装而成的。热收缩型终端和中间接头用的附加绝缘、屏蔽、护层、雨罩及分支套等称为热收缩部件，主要有以下几种。

1. 热收缩绝缘管（简称绝缘管）

热收缩绝缘管是电气绝缘用的管形热收缩部件。

2. 热收缩半导电管（简称半导电管）

热收缩半导电管是体积电阻系数小于 $10^3\Omega\cdot cm$ 的管形热收缩部件。

3. 热收缩应力控制管（简称应力管）

热收缩应力控制管是具有相应要求的介电系数和体积电阻系数、能缓和电缆端部和接头处电场集中的管形热收缩部件。

4. 热收缩耐油管（简称耐油管）

热收缩耐油管是对使用中长期接触的油类具有良好耐受能力的管形热收缩部件。

5. 热收缩护套管（简称护套管）

热收缩护套管是作为密封，并具有一定的机械保护作用的管形热收缩部件。

6. 热收缩相色管（简称相色管）

热收缩相色管是作为电缆线芯相位标志的管形热收缩部件。

7. 热收缩分支套（简称分支套）

热收缩分支套作为多芯电缆线芯分开处密封保护用的分支形热收缩部件，其中以半导电材料制作的称为热收缩半导电分支套（简称半导电分支套）。

8. 热收缩雨裙（简称雨裙）

热收缩雨裙用于电缆终端，增加泄漏距离和湿闪络距离的伞形热收缩部件。

9. 热熔胶

热熔胶是加热熔化黏合的胶黏材料，与热收缩部件配用，以保证加热收缩后界面紧密黏合，起到密封、防漏和防潮作用的胶状物。

10. 填充胶

填充胶与热收缩部件配用，填充收缩后界面结合处空隙部的胶状物。

上述各种类型的热收缩部件，在制造厂内已经通过加热扩张成所需的形状和尺寸并冷却定型。使用时经加热可以迅速地收缩到扩张前的尺寸，加热收缩后的热收缩部件可紧密地包敷在各种部件上组装成各种类型的热收缩电缆附件。

热收缩电缆附件是用热收缩材料代替瓷套和壳体，以具有特征参数的热收缩管改善电缆终端的电场分布，以软质弹性胶填充内部空隙，用热熔胶进行密封，从而获得了体积小、重量轻、安装方便、性能优良的热收缩电缆附件。

电缆附件型号的组成和排列顺序规定如下：

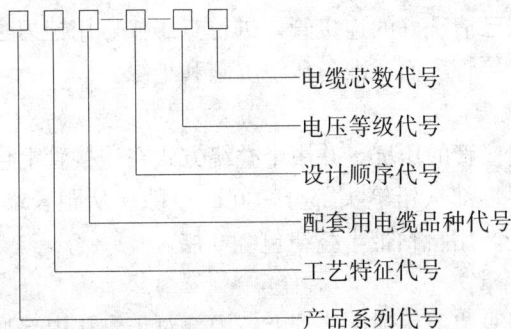

其中，系列代号：N——户内型终端系列；W——户外型终端系列；J——直通型接头系列。

工艺特征代号：RS——热缩型。

配套使用电缆品种代号：（省略）——绝缘电力电缆；Z——纸绝缘电力电缆；J——挤包绝缘电力电缆。

设计的先后顺序代号：1——第 1 次设计；2——第 2 次设计；以下类推。

电压等级代号：1——1.8/3kV 以下；2——3.6/6.6kV、6.6/10kV；3——8.7/10kV、8.7/15kV；4——12/30kV；5——21/35kV、26/35 kV。

（1）WRS-1-33、JB 7829—1995 表示：8.7/10kV 交联电力电缆户外型热收缩终端，第 1 次设计。

（2）NRSZ-2-33、JB 7829—1995 表示：8.7/10kV 三芯纸绝缘电力电缆户内型热收缩终端，第2次设计。

（二）10kV交联电缆热缩中间接头制作的操作步骤

**1. 剥切电缆**

按图7-43所示尺寸剥切电缆，从内向外依次为外护套、钢铠、内护套。把电缆芯线适当地分开，在图中接头中心处重叠200mm，从中心处锯断线芯，锯口要平齐。

**2. 剥切各相线铜屏蔽层及半导电屏蔽层**

剥切尺寸如图7-44所示，绝缘层的前端削成铅笔头形，在绝缘层与半导电层相接处刷15mm长导电漆。

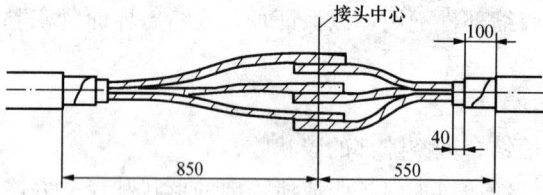

图 7-43　电缆剥切尺寸

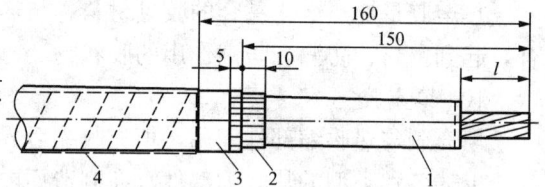

图 7-44　各层剥切尺寸
1—绝缘层；2—导电层；3—半导电层；4—铜屏蔽带

**3. 套上各种热缩管**

将内护套，铠装铁盒，外护套依次套在电缆上，将热缩绝缘管、半导电管、铜丝网管依次套在各相线芯长端上，铜丝网管要扩张缩短。

**4. 压接连接管**

将三相线芯分别插入已清洗好的连接管，进行点压接。用锉刀去除连接管表面毛刺，校直电缆，用清洁剂清洁连接管表面，准备包绕屏蔽和绝缘。

**5. 包绕屏蔽层和绝缘层**

用半导体胶带填平连接管的压坑，并用半叠绕方式在连接管上包绕两层。用自粘带拉伸包绕填平连接管与绝缘层端部（铅笔头部分）间的空隙。从距长端半导体10mm处开始到短端距半导体层10mm处，用自粘带半叠绕包绕6层。

**6. 装热缩管和铜丝网管**

将热缩绝缘管从长端线芯上移到连接管上，中部对正，从中部加热向两端收缩。加热时要均匀缓慢环绕进行，保证完好收缩。在绝缘管两端与半导电层上用半导电带以半叠绕方式绕包成约40mm长的锥形坡，以达到平滑过渡。将热缩半导电管从长端移到绝缘管上，中部对正，从中部向两端加热收缩。两端部包压在铜带屏蔽层上约10～20mm。将铜丝网从长端移到半导电管上，对正中心，将铜丝网拉紧拉直，平滑紧凑地包在半导电管上，两端用铜丝绑在铜带屏蔽层上并用焊锡焊好。

**7. 热缩内护套**

将三线芯并拢收紧用塑料带缠绕扎紧。在内护套端部用热熔胶带缠绕1～2层或涂密封胶。将热缩内护套移到线芯外，从中部开始加热收缩。

**8. 装铠装铁盒并焊接地线**

将铠装铁盒移到热缩内护套外。用油麻分五点扎紧。在两端钢铠上及铁盒上焊铜编织接地线进行跨接。

9. 装热缩外护套

在铁盒两端用热熔胶带缠绕 1～2 层或涂密封胶，将热缩外护套套在铠装铁盒外，从中部向两端加热收缩。收缩完毕后，在热缩外护套两端用自粘胶带包 3 层，包在热缩外护套上和电缆外套上各 100mm。待中间完全冷却后，才可移动。

**四、评分标准**

10kV 交联电缆热缩中间接头制作技能考试项目及评分标准见表 7-39。

表 7-39　　　　　10kV 交联电缆热缩中间接头制作技能考试项目及评分标准

| 姓名 | | 学号 | | 班级 | | 总分 100 分 | |
|---|---|---|---|---|---|---|---|
| 时间定额 | | 实际操作时间 | | 超时 | | 考试日期 | |
| 考核项目 | 考核内容及要求 | 配分 | 评分标准 | | 扣分 | 得分 | 备注 |
| 主要项目 | 一、工具、材料准备<br>选用正确、戴安全帽 | 10 | 材料准备，选用不正确一项扣 5 分，不戴安全帽扣 5 分 | | | | |
| | 二、剥切电缆<br>剥切位置正确、锯口要平齐 | 10 | 位置不正确、锯口不齐扣 5～10 分 | | | | |
| | 三、剥切线芯绝缘<br>剥切位置正确、不伤线芯 | 10 | 位置不正确、损伤线芯扣 3～10 分 | | | | |
| | 四、包绝缘层<br>使用材料正确，包绕平滑紧密 | 10 | 使用材料不正确，包绕不平滑扣 3～10 分 | | | | |
| | 五、装热套管<br>热缩不皱、不裂、不焦 | 10 | 有皱、裂、焦扣 3～10 分 | | | | |
| | 六、装护套<br>内外护套热缩不皱、不裂、不焦，铠装铁盒扎紧 | 20 | 有皱、裂、焦扣 3～20 分，铁盒扎不紧扣 5 分 | | | | |
| | 七、套热缩管<br>层次正确 | 5 | 层次不正确扣 2～5 分 | | | | |
| | 八、压接线管<br>压坑位置正确，不翻边 | 10 | 位置不正确、翻边，扣 2～10 分 | | | | |
| | 九、焊接<br>焊接点牢固、光滑 | 5 | 焊接点不牢固、不光滑，扣 2～10 分 | | | | |
| 安全文明操作 | 工作结束整理工具、材料并清理现场 | 10 | (1) 不做一项扣 2 分<br>(2) 违章扣 5 分<br>(3) 超时 5min 扣 2 分 | | | | |

## 第八节　6～15kV 交联电缆户内、外电缆
## 热缩终端头制作技能训练

**一、实训目的**

学会制作 6～15kV 交联电缆户内、外电缆热缩终端头。

**二、工具、设备与材料**

常用电工工具 1 套、裁纸刀 1 把、钢锯 1 把、压钳 1 把、液化气喷枪、液化气、热缩电缆附件 1 套（带配套材料）、50mm² 三芯交联电力电缆 2.5m 左右。

**三、实训内容及步骤**

（一）电缆终端头的基本知识

1. 电缆终端头的分类

（1）户内终端头。安装在室内环境下使电缆与供电设备相连接。既不受阳光直接辐射，又不暴露在大气环境下使用的终端。

（2）户外终端头。安装在室外环境下使电缆与架空线或其他室外电气设备相连接。受阳光直接辐射，或暴露在大气环境下使用的终端。

2. 电缆终端头的基本技术要求

（1）导体连接良好。对于终端接头，要求电缆芯线与出线杆、出线鼻子有良好的电气连接；对于中间接头，要求电缆芯线与连接管之间有良好的电气连接。要求接点的接点电阻要小而且稳定。与同长度同截面导线的电阻相比，对新装的电缆头其比值不应大于 1；对已运行的接头，其比值不应大于 1.2。

（2）绝缘可靠。要有能满足电缆线路在各种状态下长期安全运行的绝缘性能，所用绝缘材料不应因在运行条件下加速老化而导致绝缘性降低。

（3）密封良好。结构上要能有效地防止外界水分和有害物质侵入到绝缘体中，并能防止接头内部的绝缘剂向外流失，避免"呼吸"现象发生，保持气密性。

（4）有足够的机械强度。连接点的抗拉强度不应低于同截面线芯的 60%。能适应各种运行条件，能承受电缆线路上产生的机械应力，不受损伤。

（5）能经受电气设备交接验收试验标准规定的直流耐压实验。

制作好的电缆头要尽可能做到结构简单、体积小、省材料、安装维修方便，并兼顾形状的美观。

3. 电缆终端头的制作安装要求

（1）在接头制作安装工作中，安装人员必须保持手和工具、材料的清洁与干燥，安装时不准抽烟。

（2）做接头前，电缆应经过试验并合格。对油浸纸绝缘电缆，在安装前应严格校验潮气，有潮气的电缆不能使用。其校验方法是将绝缘纸用钳子撕下（不能用手），浸入 150℃ 的电缆油中，不应有泡沫或响声。

（3）做接头用的全套零部件、配套材料和专用工具、模具必须备齐。检查各种材料规格与电缆规格是否相符，检查全部零部件是否完好、无缺陷。

（4）应避免在雨天、雾天、大风天及湿度在 80% 以上的环境下进行施工。如需紧急处

理，应做好防护措施。

(5) 在尘土较多及重灰污染区，应在帐篷内进行操作。

(6) 气温低于 0℃时，要将电缆预先加热后方可进行施工。

(7) 应尽量缩短接头的操作时间，以减少电缆绝缘裸露在空气中的时间。

(二) 电缆终端头制作的操作步骤

1. 剥外护套

将电缆垂直固定，经测试合格后，剥除电缆外护套 650mm，如图 7-45 所示。

2. 剥铠装、内护层

保留 30mm 铠装层，用绑扎线扎紧后剥除，再保留 10mm 内护层，其余剥除。临时包绑扎线芯端部，清理填充物，将三芯分开并整形，如图 7-46 所示。

3. 焊地线及屏蔽地线

清理铠装表面，并用锉刀将铠装表面打毛，用绑扎线将铜编织线扎紧在铠装层上，焊牢。再用焊锡焊实编织线空隙，以形成防潮段，在与铠装地线不重叠的位置，将铜编织线分成三股，分别用绑扎线扎紧。在内护套以上 30mm 范围的各相铜屏蔽上，并用焊锡将其焊牢，再用锡焊焊实编织空隙，形成防潮段（注意单接地时用一根铜编织带同时连接三相铜屏蔽及铠装，其余步骤类同），如图 7-47 所示。

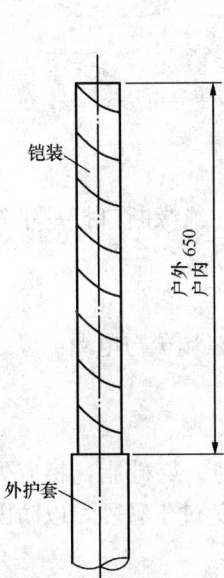

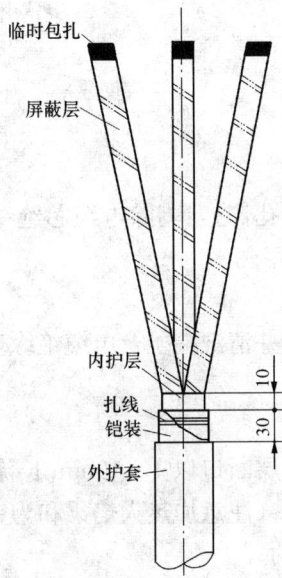

图 7-45　剥外护套　　　　图 7-46　剥铠装、内护层　　　　图 7-47　焊地线及屏蔽地线

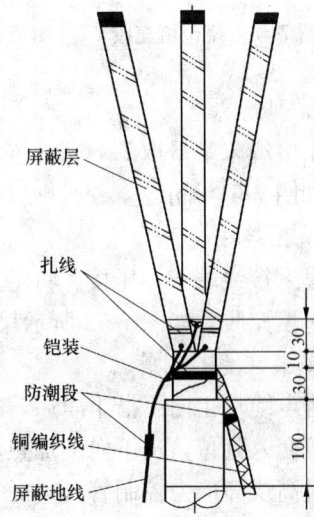

4. 绕包填充胶

掀起铜编织线，在电缆外护套断口绕上两层填充胶，然后将接地铜编织带压入填充胶里。在外面再绕上几层填充胶，使铜编织线分别埋入填充胶里（注意两铜编织线不能接触），再分别绕包三叉口（注意绕包后的外径小于分支手套内径）。最后在离护套断口约 50mm 处，将铜编织线固定，如图 7-48 所示。

5. 装分支手套

将分支手套套入已包好填充胶的电缆根部，往下压紧，由分支的根部处向两端加热收缩固定，如图 7-49 所示。

6. 剥铜屏蔽及半导电层

从分支手套端部量取 20mm 铜屏蔽层，其余剥除，再量取 20mm 半导电层按图 7-50 将半导电层处理成坡口形状，清理线芯绝缘表面。

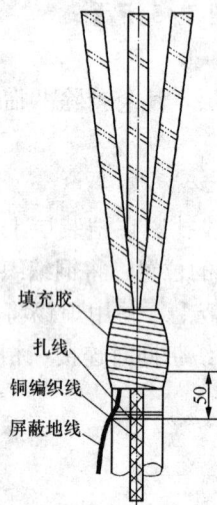

图 7-48　绕包填充胶　　　图 7-49　装分支手套　　　图 7-50　剥铜屏蔽及半导电层

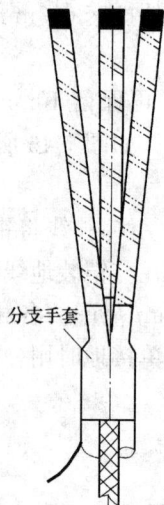

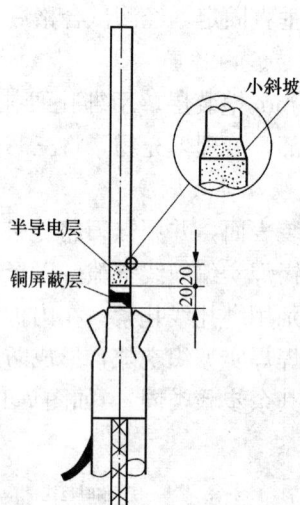

7. 剥线芯绝缘

由电缆末端量取 $L+5mm$（$L$ 为端子孔深），剥除电缆芯绝缘，并在绝缘断口打一小斜坡，如图 7-51 所示。

8. 压接线端子

套上接线端子，压接。将毛刺打光，并清洗端子及电缆绝缘表面。在端子与电缆绝缘之间绕包填充胶，如图 7-52 所示尺寸。

9. 装应力控制管

将电缆从上向下揩干净后，在半导电层断口以上 110mm 长涂上薄薄一层硅脂，将应力控制管套入到位，从下向上加热收缩固定（注意加热火焰柔和为宜，避免过于猛烈，以防因温度过高烧坏应力控制管），如图 7-53 所示。

10. 固定外绝缘管

将绝缘管有密封胶一端套至分支手套三叉根部，从下往上加热收缩固定，如图 7-54 所示。

11. 固定密封相色管

户内头将密封相色管套在端子部分，先预热端子，由上往下加热收缩固定（户内头安装完毕），如图 7-55 所示。

12. 固定雨裙及相色管

按图 7-56 套入三孔雨裙、单孔雨裙，加热颈部收缩固定，将密封管套在端子部位，先

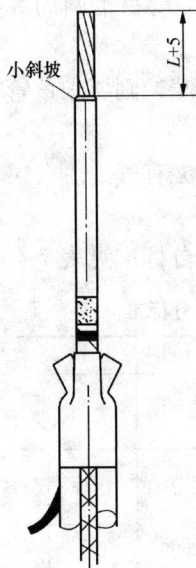

图 7-51　剥线芯绝缘　　　　图 7-52　压接线端子　　　　图 7-53　装应力控制管

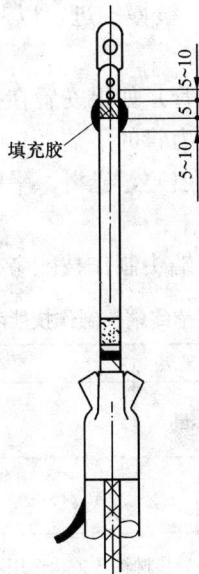

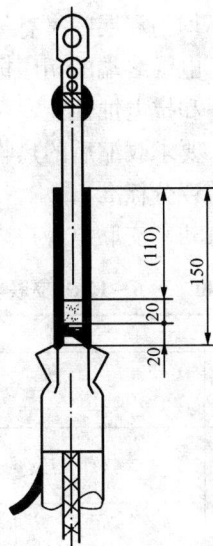

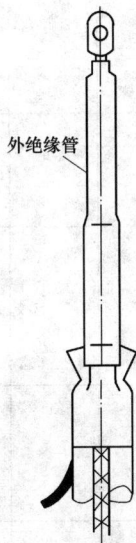

图 7-54　固定外绝缘管　　　图 7-55　固定密封相色管　　　图 7-56　固定雨裙及相色管

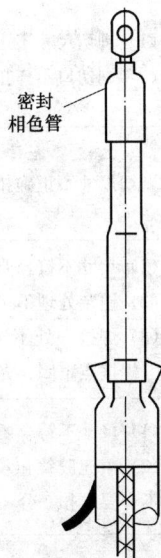

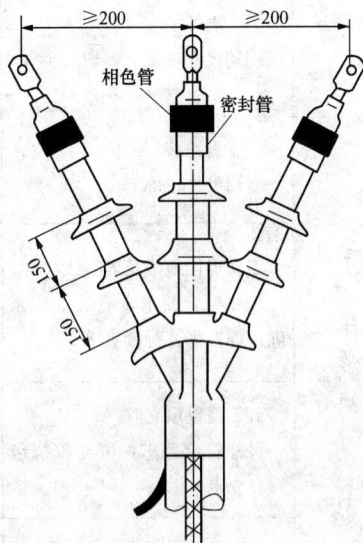

预热端子，由上往下加热收缩固定，最后，将相色管套在密封管上加热收缩，户外终端安装完毕。

（三）电缆终端头制作的注意事项

（1）加热工具可用丙烷气体喷灯或液化气喷枪。一定要控制好火焰，不能过大，操作时要不停地晃动火源，不可对准一个位置长时间加热，以免烫伤热收缩部件。喷出的火焰应该是充分燃烧的，不可带有烟，以免炭粒子吸附在热收缩部件表面，影响其性能。

（2）在收缩管材时，一般要求从中间开始向两端或从一端向另一端沿圆周方向均匀加热，火焰方向与热收缩管轴线夹角 45°为宜，缓慢推进，以避免收缩后的管材沿圆周方向出现厚薄不均匀和层间夹有气泡的现象。

(3) 电缆终端的相序标志管（俗称相色管）如果安置在接线端子下端，则要求该管有良好的抗漏和抗电蚀性能，否则只能安置在应力管的下端。

(4) 要求收缩后的热收缩管表面无烫伤痕迹，光滑、平整，内部不夹有气泡。

**四、评分标准**

6～15kV 交联电缆户内、外电缆热缩终端头制作技能考试项目及评分标准见表 7-40。

表 7-40　　6～15kV 交联电缆户内、外电缆热缩终端头制作技能考试项目及评分标准

| 姓名 | | 学号 | | 班级 | | 总分 100 分 | | |
|---|---|---|---|---|---|---|---|---|
| 时间定额 | | 实际操作时间 | | 超时 | | 考试日期 | | |
| 考核项目 | 考核内容及要求 | 配分 | | 评分标准 | | 扣分 | 得分 | 备注 |
| 主要项目 | 一、工具、材料准备<br>选用正确、戴安全帽 | 10 | | (1) 材料准备、选用不正确一项扣 5 分<br>(2) 不戴安全帽扣 5 分 | | | | |
| | 二、剥外护套<br>剥切尺寸正确、剥切口平齐 | 5 | | (1) 剥切尺寸不正确扣 3 分<br>(2) 剥切口不齐扣 2 分 | | | | |
| | 三、剥铠装，内护套<br>剥切尺寸正确 | 5 | | 剥切尺寸不正确扣 5 分 | | | | |
| | 四、焊接地线及屏蔽线<br>尺寸符合要求，铠装处理正确，焊接工艺符合要求 | 15 | | (1) 尺寸不符合要求扣 10 分<br>(2) 铠装处理不正确扣 5 分<br>(3) 焊接一处不符合要求扣 5 分（焊接点牢固、光滑） | | | | |
| | 五、绕包填充胶<br>尺寸符合要求，填充胶绕包符合要求 | 10 | | (1) 尺寸不符合要求扣 10 分<br>(2) 填充胶绕包符合要求，一处不合要求扣 5 分 | | | | |
| | 六、装分支手套<br>加热姿势正确；分支手套热缩不皱、不裂、不焦、不紧 | 10 | | (1) 加热姿势不正确，扣 5 分<br>(2) 分支手套热缩皱、裂、焦、紧，一处不符合要求扣 5 分 | | | | |
| | 七、剥铜屏蔽及半导电层<br>剥切尺寸正确、不伤线芯 | 5 | | 剥切尺寸不正确扣 5 分 | | | | |
| | 八、剥线芯绝缘 | 5 | | 剥切尺寸不正确、伤线芯扣 5 分 | | | | |

续表

| 考核项目 | 考核内容及要求 | 配分 | 评分标准 | 扣分 | 得分 | 备注 |
|---|---|---|---|---|---|---|
| 主要项目 | 九、压接线端子<br>工具使用正确，压坑位置正确，压接后进行处理 | 5 | （1）工具使用不正确，压坑位置不正确，扣5分<br>（2）压接后未处理，扣5分 | | | |
| | 十、装应力控制管<br>固定外绝缘管<br>固定密封相色管<br>固定雨裙及相色管 | 25 | 热缩不皱、不裂、不焦，一处不合要求扣10分 | | | |
| 安全文明操作 | 工作结束整理工具、材料并清理现场 | 5 | （1）不做一项扣2分<br>（2）违章扣5分<br>（3）超时5min扣2分 | | | |

## 小　　结

本章主要介绍配电线路施工的准备工作、基本知识、施工工艺、电力电缆线路的施工等内容，通过本章的学习、实训，主要要求掌握如下内容：

（1）能识读配电线路平面图。

（2）能编制配电线路材料表和施工预算表。

（3）能说明配电线路的各组成器件与作用。

（4）掌握配电线路施工流程，能按流程进行配电线路基础施工、登杆作业，并对配电线路各部件进行安装、调整。

（5）熟悉电缆的型号与规格，能进行各种电缆头的制作，能进行电缆线路的施工。

## 思 考 与 练 习 七

1. 配电线路施工的准备工作有哪些？

2. 试编制某线路的材料表和施工预算表。

3. 配电线路由哪些部件组成？各部件有什么作用？

4. 试述 LJ-16 导线的含义。

5. 如何进行配电线路基坑的开挖工作？

6. 试述安装卡盘的过程。

7. 试述各种绝缘子的绑扎过程。

8. 连接金具有哪些类型？

9. 拉线有哪几种？各种拉线的用途如何？

10. 登杆的工具有哪些？试述登杆的过程和注意事项。

11. 登杆作业安全用具有哪些？各有什么作用？

12. 试系结各种绳扣并指出各有什么用途。

13. 配电线路的基础施工要做哪些工作？

14. 如何进行电杆的装配？

15. 电杆组立的常用方法有哪些？

16. 放线前的准备工作有哪些？

17. 试述放线的施工步骤。

18. 如何进行紧线操作？

19. 如何进行拉线的安装？

20. 什么是接户线？安装要求有哪些？

21. 试比较电缆与架空线路的优缺点。

22. 电缆的类型有哪些？

23. 电缆线路的敷设方法有哪些？

24. 对电缆头的制作安装有哪些要求？

25. 试述电缆终端头的制作过程。

# 参 考 文 献

1　熊幸明．电工电子技能训练．北京：中国电力出版社，2003.5
2　程红杰．电工工艺实习．北京：中国电力出版社，2002.1
3　任致程．画说电工工艺与操作技巧．北京：中国电力出版社，2004.3
4　谢忠均．电气设备安装实习．北京：中国电力出版社，2003.3
5　储克森．电工技能实训．北京：中国电力出版社，2006.7
6　付家才．电气控制工程实践技术．北京：化学工业出版社，2005.7
7　编写组．电工技能实战训练．北京：机械工业出版社，2004.9